BIOLOGÍA Y GEOLOGÍA

4 ESO

edebé On
ecosistema educativo inteligente

¿CÓMO SON LAS UNIDADES?

INICIO

Entrada de unidad

Índice de contenidos y propuestas para **estimular el interés.**

Vídeos para despertar la curiosidad de los alumnos.

DESARROLLO

Apartados de la unidad

Desarrollo de los **contenidos** con texto expositivo, **vídeos de contenidos** y **actividades** interactivas.

INFOGRAFÍAS

Representaciones **gráficas** y **visuales** de la información.

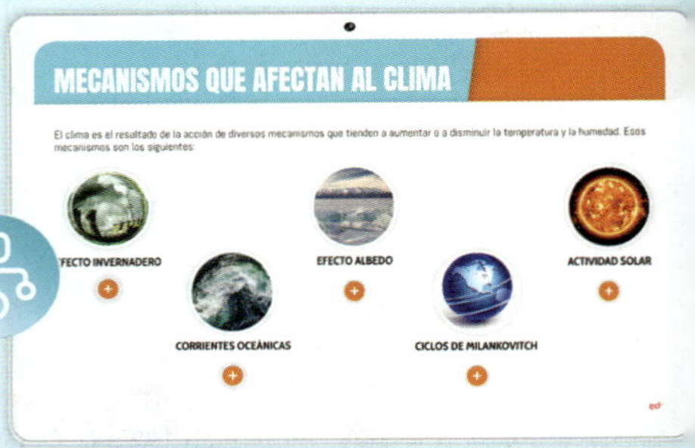

Infografías interactivas que presentan los contenidos de forma visual

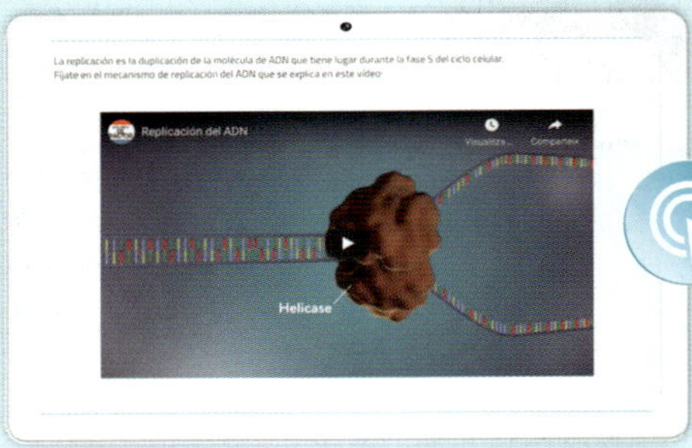

Actividades interactivas para practicar los contenidos de la unidad.

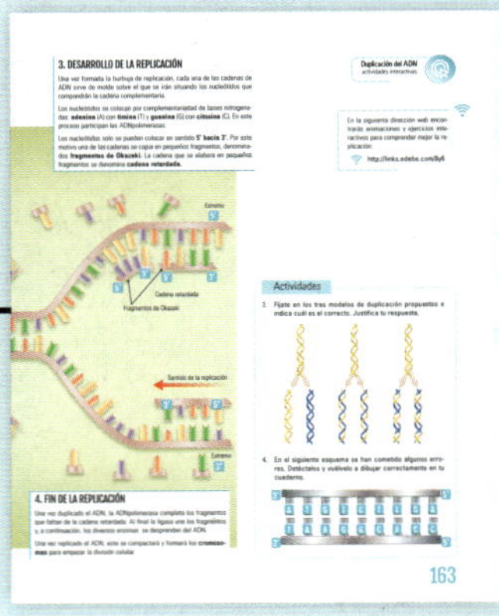

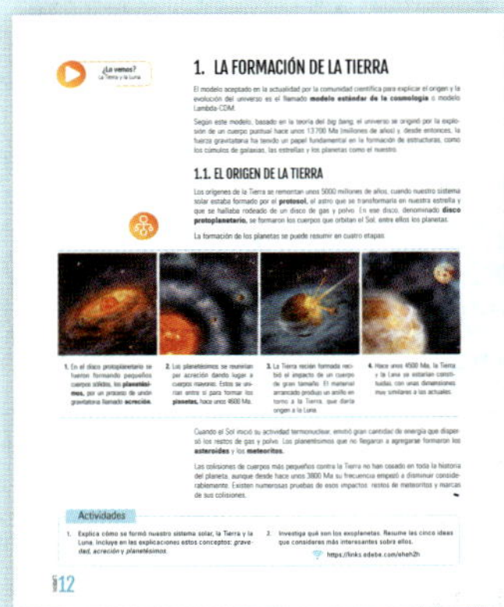

Vídeos de contenido para facilitar la comprensión.

CIERRE

Experimenta
Pequeños **experimentos** para realizar en el aula.

Ciencia a tu alcance
Propuesta de **prácticas de laboratorio** o de **PBL.**

Síntesis/ Actividades finales
Esquema de la unidad/ Actividades organizadas por apartados y por nivel en: **Prepara, Entrena y Aplica.**

Pon a prueba tus competencias
Actividades **contextualizadas** para valorar la **adquisición de competencias.**

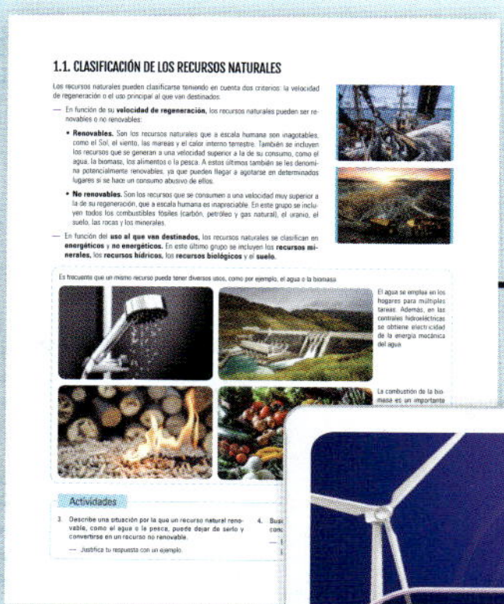

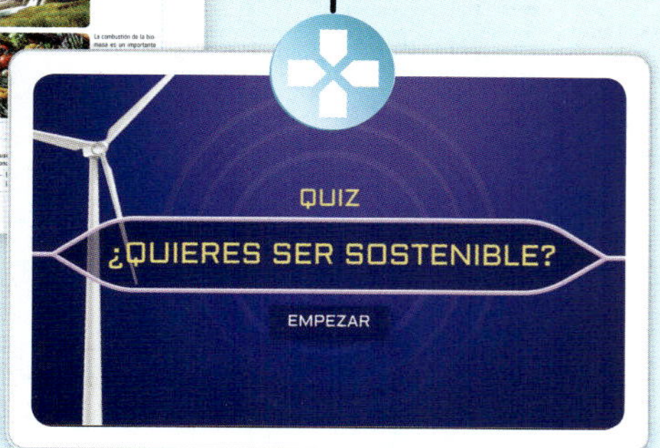

Juegos interactivos que permiten practicar los contenidos de forma lúdica.

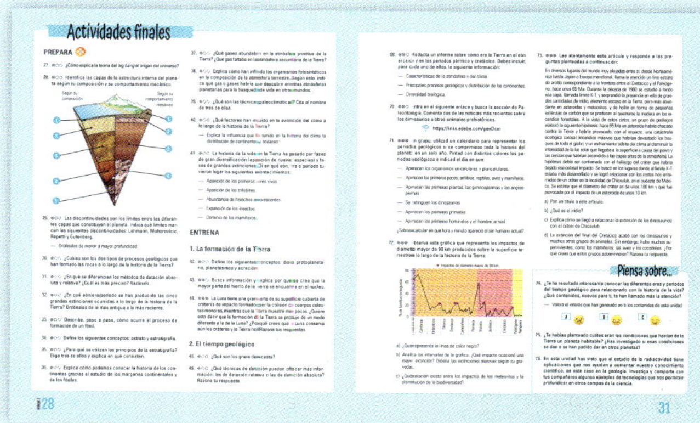

Escape unit. Juegos interactivos para repasar la unidad.

Actividades interactivas para evaluar la unidad.

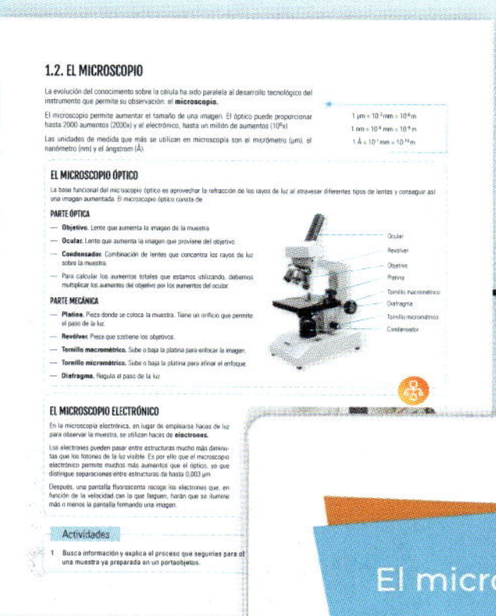

Vídeos que reproducen pequeños experimentos.

STEM

Y además en edebé On+
- Libro digital interactivo
- Biblioteca de recursos
- Vídeos, infografías, juegos educativos

ÍNDICE

CIENCIA A TU ALCANCE	ACTIVIDADES FINALES	PON A PRUEBA TUS COMPETENCIAS
La columna estratigráfica	Prepara (27 a 41) Entrena (42 a 63) Aplica (64 a 73) Piensa sobre (74 a 76)	Interpretar un perfil geológico, elaborar tres columnas estratigráficas y analizar unas gráficas del interior de la Tierra.
El riesgo geológico	Prepara (27 a 41) Entrena (42 a 59) Aplica (60 a 68) Piensa sobre (69 a 71)	Analizar un mapa de placas tectónicas y valorar unas informaciones relacionadas con la actividad geotermal y sísmica.
El perfil geológico	Prepara (29 a 42) Entrena (43 a 61) Aplica (62 a 66) Piensa sobre (67 a 69)	Profundizar en el estudio de una zona de interés volcánico e interpretar un mapa topográfico del área de estudio.
La producción primaria neta	Prepara (20 a 31) Entrena (32 a 58) Aplica (59 a 64) Piensa sobre (65 a 68)	Analizar una serie de datos sobre dinámica de poblaciones y elaborar unas gráficas a partir de ellos.
La huella de carbono	Prepara (14 a 22) Entrena (23 a 39) Aplica (40 a 50) Piensa sobre (51 a 54)	Valorar la sostenibilidad de un modelo urbano a partir de la observación de una imagen, y analizar una gráfica sobre el crecimiento demográfico.

Evaluación de competencias (128-129)

CIENCIA A TU ALCANCE	ACTIVIDADES FINALES	PON A PRUEBA TUS COMPETENCIAS
La división celular	Prepara (17 a 26) Entrena (27 a 47) Aplica (48 y 49) Piensa sobre (50 a 53)	Analizar imágenes de microscopía óptica y electrónica, y valorar e interpretar las informaciones que nos aportan.
Extracción de ADN	Prepara (15 a 24) Entrena (25 a 44) Aplica (45 a 50) Piensa sobre (51 a 53)	Interpretar datos de secuencias de ADN para establecer relaciones de parentesco y comprender los mecanismos de la terapia génica.
Descendencia y genética	Prepara (21 a 29) Entrena (30 a 53) Aplica (54 a 57) Piensa sobre (58 a 60)	Analizar diversas informaciones sobre técnicas de biotecnología y enfermedades genéticas para profundizar en el conocimiento de estos temas.
La historia evolutiva	Prepara (25 a 34) Entrena (35 a 59) Aplica (60 a 63) Piensa sobre (64 a 66)	Interpretar unos textos y unos gráficos sobre la selección natural y sobre la hominización para mejorar la comprensión de estos procesos.

Evaluación de competencias (228-231)

La Tierra

El aspecto de la superficie de la Tierra es fruto de las interacciones entre la dinámica interna y la dinámica externa. Los seres vivos de la Tierra, que constituyen la biosfera, interaccionan continuamente con la geosfera, la atmósfera y la hidrosfera y también las modifican.

La Tierra en el universo

El **sistema solar** es un sistema planetario formado por el Sol y los astros que giran a su alrededor, entre ellos la Tierra.

1. Copia y completa los textos de la siguiente infografía con las palabras que encontrarás a continuación:

anillos, terrestres, gigantes, elevadas, pocos, helio, amarilla, interiores, hidrógeno, exteriores, gran, rocosos, gaseosos, baja, satélites

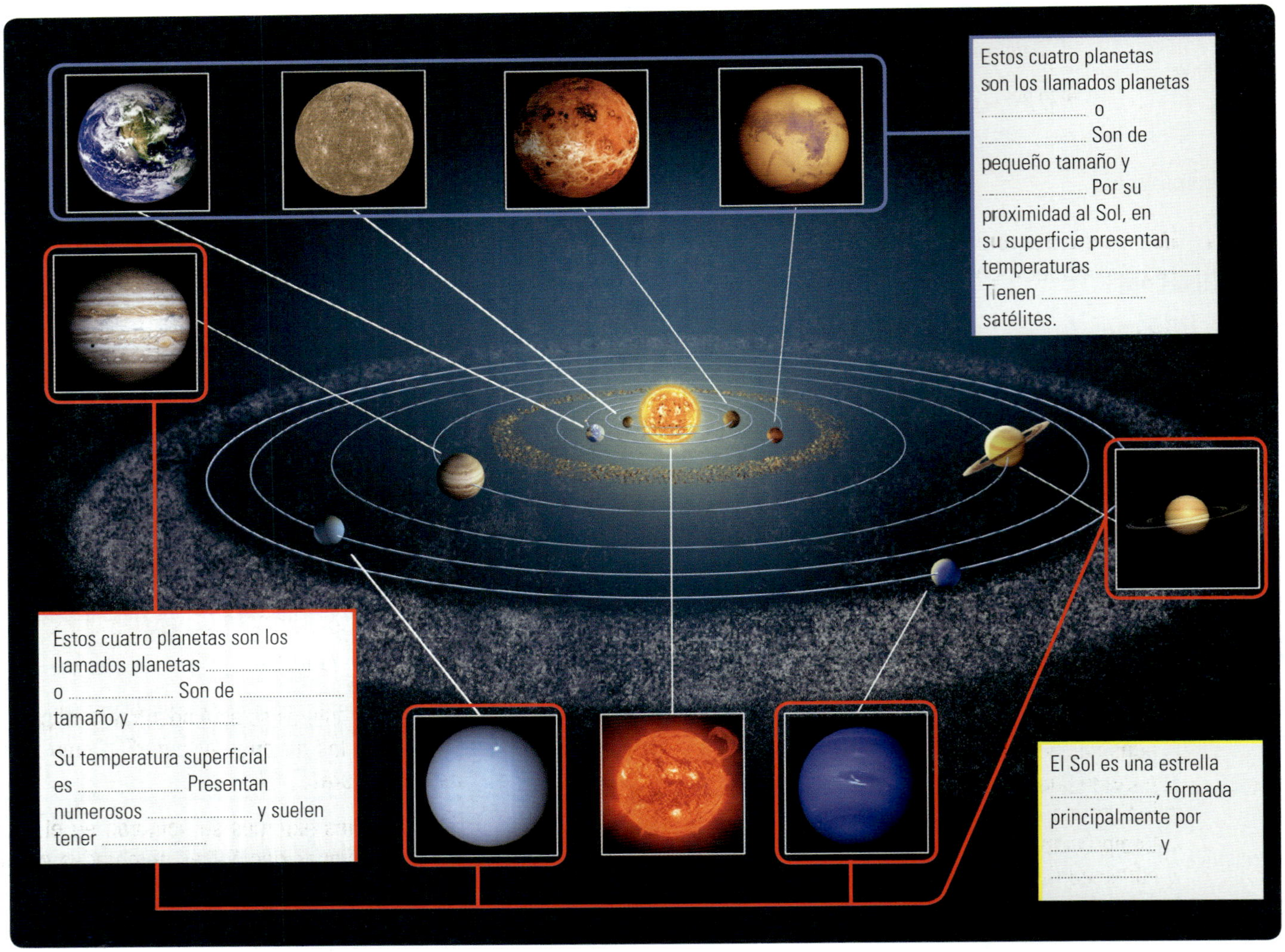

El relieve terrestre

El **relieve** es el conjunto de formaciones que constituyen la superficie de la Tierra, tanto en sus zonas emergidas como en las submarinas.

En la formación del relieve intervienen la dinámica interna y la dinámica externa. La primera es la responsable de las grandes formaciones geológicas, mientras que la segunda moldea dichas formaciones mediante los procesos geológicos externos.

2. Copia en tu cuaderno el siguiente esquema sobre el relieve terrestre y complétalo:

RELIEVE

- **Procesos geológicos** ....
  - dan lugar a **Cordilleras**
    - según su origen pueden ser:
      - Perioceánicas
      - Arco de ....
      - ....
- **Procesos** ....
  - son:
    - Meteorización
    - ....
    - ....
    - ....
  - los realizan los agentes geológicos externos como:
    - Ríos, ... y aguas salvajes
    - Agua ....
    - Olas, corrientes y mareas
    - ....
    - ....
    - Seres vivos
  - su acción depende de los factores:
    - Litológicos
    - Estructurales
    - ....
    - ....
    - ....

3. Lee este texto extraído del libro *La montaña mágica,* de Thomas Mann, y responde a las preguntas que encontrarás a continuación:

> Miró por la ventanilla. El tren serpenteaba sinuoso por un estrecho desfiladero; [...]. A la derecha, el agua murmuraba en las profundidades; a la izquierda, abetos oscuros, entre bloques de rocas, se elevaban en un cielo gris pétreo. Túneles negros como hornos se sucedían y, cuando volvía la luz, se abrían profundos abismos con pequeñas aldeas en el fondo. Luego, los abismos se cerraban y aparecían nuevos desfiladeros con restos de nieve en sus grietas y cortaduras. [...] Surgían grandiosas perspectivas del universo alpino, como torres sagradas y fantasmagóricas, que no tardaban en desaparecer de la mirada respetuosa del viajero. Hans Castorp se dijo que debía de haber dejado tras él la zona de los árboles frondosos y la de los pájaros cantores, y este pensamiento de cesación, de empobrecimiento, hizo que, poseído por el vértigo y las náuseas, se cubriese la cara con las manos durante dos segundos. Pero ya había pasado. Comprendió que la ascensión había terminado, y que habían culminado el desfiladero. En medio de un valle el tren rodaba ahora más fácilmente.

Vista desde Davos (Suiza).

— ¿En qué cordilleras se está adentrando el protagonista? ¿Cómo las describe el autor? ¿Cómo se originó esta cordillera?

— ¿Qué agentes externos se nombran en el texto? ¿A qué formaciones geológicas nombradas en el texto da lugar cada uno de ellos?

— ¿Qué otros agentes geológicos externos conoces?

4. La distribución de las estructuras volcánicas en la superficie terrestre es muy dispar. Como puedes observar en la siguiente imagen, los volcanes no solo se distribuyen en los límites entre placas tectónicas, sino que también podemos encontrarlos en el interior de algunos continentes y océanos.

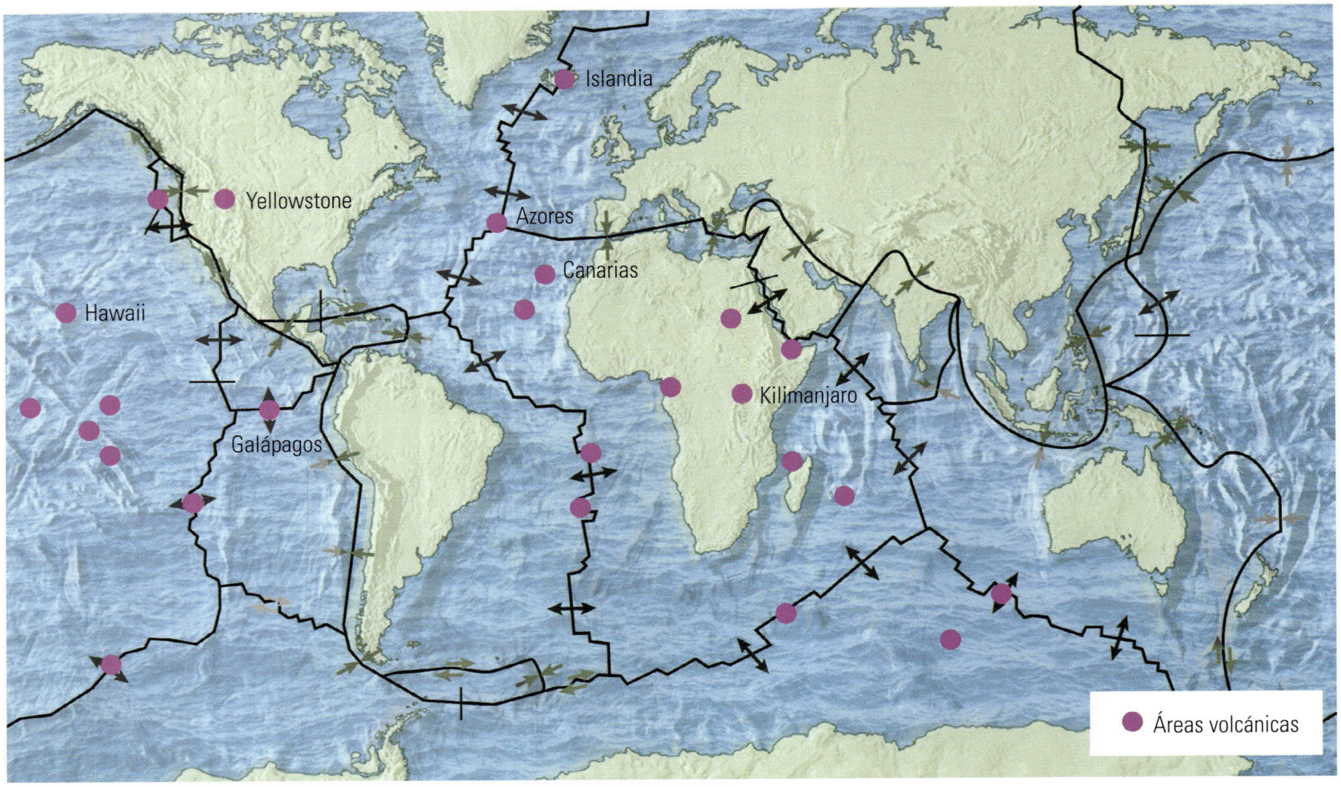

— Define el concepto de punto caliente. ¿Cómo se produce la formación de un volcán en el interior de un continente? Puedes utilizar dibujos para apoyar tu explicación.

— Los puntos calientes alejados de los límites entre placas dan lugar a los volcanes intraplaca. Nombra algunos ejemplos de volcanes intraplaca que aparecen en el mapa. Distingue los que sean oceánicos y continentales.

— Nombra alguna zona volcánica que aparezca en el mapa que esté en una zona de límite entre placas.

5. Observa las siguientes imágenes y contesta a las preguntas que se plantean:

— ¿Qué agente geológico interviene en el modelado del paisaje de las imágenes?

— Describe las diferentes formaciones del relieve y los procesos geológicos que tienen lugar en cada una de estas imágenes.

La biosfera

El **mapa mental** permite organizar con facilidad los pensamientos y representarlos de forma intuitiva y clara.

Para elaborar un mapa mental, deben seguirse estas pautas:

— El concepto que hay que trabajar se sitúa en el centro y representa la idea más importante.

— De esta idea parten una serie de ramas que representan los pensamientos principales, y de estos salen, a su vez, otras ramas que expresan los pensamientos secundarios.

— El uso de colores, símbolos, imágenes, palabras… ayuda a destacar la relación entre las ideas.

6. Siguiendo las pautas anteriores, elabora un mapa mental en el que se trabaje el concepto **Tipos de ecosistemas.** A continuación, te proponemos un posible ejemplo de inicio:

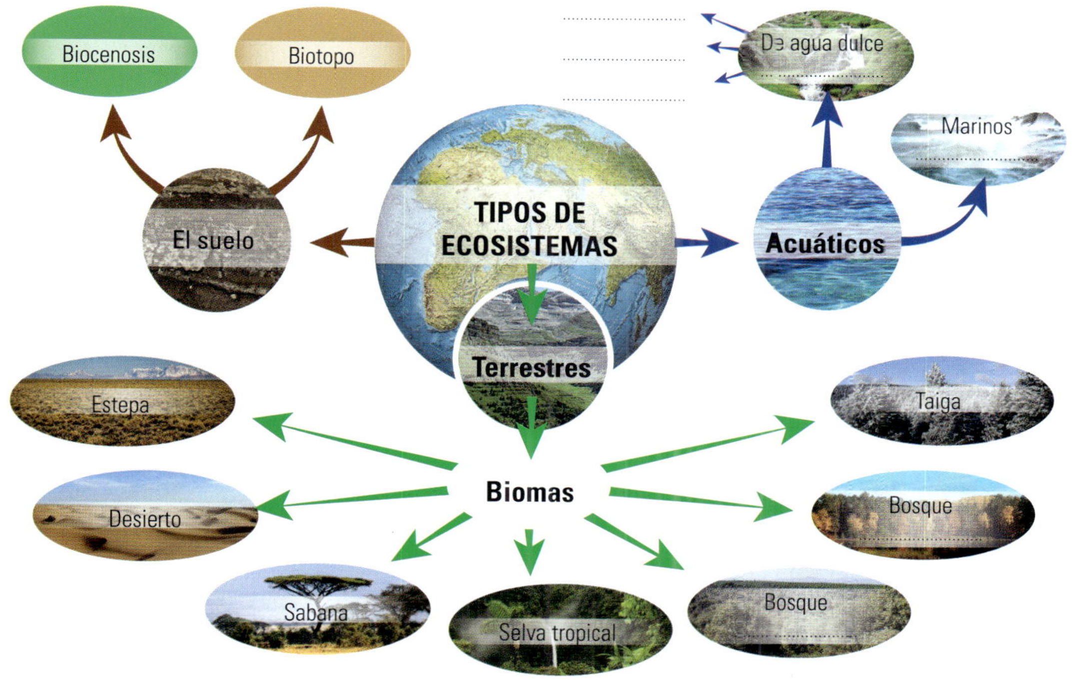

7. Identifica el tipo de impacto ambiental representado en cada una de estas imágenes. Especifica sobre qué capa terrestre tiene lugar, principalmente, así como la causa y los posibles efectos adversos:

1

Bloque 1. La Tierra

La historia de la Tierra

Contenidos

- La formación de la Tierra
- El tiempo geológico
- Los fósiles
- Estratigrafía
- Historia de los continentes
- Historia de la atmósfera y el clima
- Historia de la vida

Y además...

- **Ciencia a tu alcance**
  La columna estratigráfica

¡Para empezar!

¿Qué edad tiene la Tierra?

Las condiciones para la existencia de la vida ¿se dan solo en la Tierra?

¿Sabes que la radiactividad nos permite conocer la edad de los fósiles y de las rocas?

Si viajáramos a la Tierra de hace 3000 millones de años, ¿podríamos respirar su atmósfera?

¿Pudieron convivir el ser humano y los dinosaurios?

¿Lo vemos?
La Tierra y la Luna

1. LA FORMACIÓN DE LA TIERRA

El modelo aceptado en la actualidad por la comunidad científica para explicar el origen y la evolución del universo es el llamado **modelo estándar de la cosmología** o modelo Lambda-CDM.

Según este modelo, basado en la teoría del *big bang*, el universo se originó por la explosión de un cuerpo puntual hace unos 13 700 Ma (millones de años) y, desde entonces, la fuerza gravitatoria ha tenido un papel fundamental en la formación de estructuras, como los cúmulos de galaxias, las estrellas y los planetas como el nuestro.

1.1. EL ORIGEN DE LA TIERRA

Los orígenes de la Tierra se remontan unos 5000 millones de años, cuando nuestro sistema solar estaba formado por el **protosol,** el astro que se transformaría en nuestra estrella y que se hallaba rodeado de un disco de gas y polvo. En ese disco, denominado **disco protoplanetario,** se formaron los cuerpos que orbitan el Sol, entre ellos los planetas.

La formación de los planetas se puede resumir en cuatro etapas:

1. En el disco protoplanetario se fueron formando pequeños cuerpos sólidos, los **planetésimos,** por un proceso de unión gravitatoria llamado **acreción.**

2. Los planetésimos se reunirían por acreción dando lugar a cuerpos mayores. Estos se unirían entre sí para formar los **planetas,** hace unos 4600 Ma.

3. La Tierra recién formada recibió el impacto de un cuerpo de gran tamaño. El material arrancado produjo un anillo en torno a la Tierra, que daría origen a la Luna.

4. Hace unos 4500 Ma, la Tierra y la Luna ya estarían constituidas, con unas dimensiones muy similares a las actuales.

Cuando el Sol inició su actividad termonuclear, emitió gran cantidad de energía que dispersó los restos de gas y polvo. Los planetésimos que no llegaron a agregarse formaron los **asteroides** y los **meteoritos.**

Las colisiones de cuerpos más pequeños contra la Tierra no han cesado en toda la historia del planeta, aunque desde hace unos 3800 Ma su frecuencia empezó a disminuir considerablemente. Existen numerosas pruebas de esos impactos: restos de meteoritos y marcas de sus colisiones.

Actividades

1. Explica cómo se formó nuestro sistema solar, la Tierra y la Luna. Incluye en las explicaciones estos conceptos: *gravedad, acreción* y *planetésimos.*

2. Investiga qué son los exoplanetas. Resume las cinco ideas que consideres más interesantes sobre ellos.

https://links.edebe.com/eheh2h

1.2. LA ESTRUCTURA DE LA TIERRA

El estudio de las ondas sísmicas terrestres nos ha permitido definir la estructura interna del planeta. Esta puede estudiarse según dos criterios: su composición, que da lugar al **modelo geoquímico,** y su comportamiento mecánico, que define el **modelo geodinámico.**

MODELO GEOQUÍMICO

Corteza (1)

— Capa más ligera de la geosfera formada por silicatos que contienen Si, O, Al, Na, K y Ca.

— Se distinguen la **corteza continental** (1a) y la **corteza oceánica** (1b).

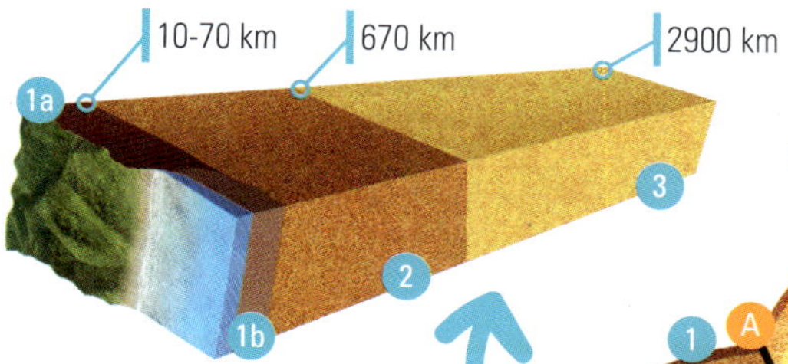

Manto

— Capa más densa formada por silicatos que contienen Si, O, Fe y Mg.

— Se divide en **manto superior** (2) y **manto inferior** (3).

Núcleo

— Capa más densa de la geosfera formada por Fe y Ni.

— Se distinguen el **núcleo externo** (4) y el **núcleo interno** (5).

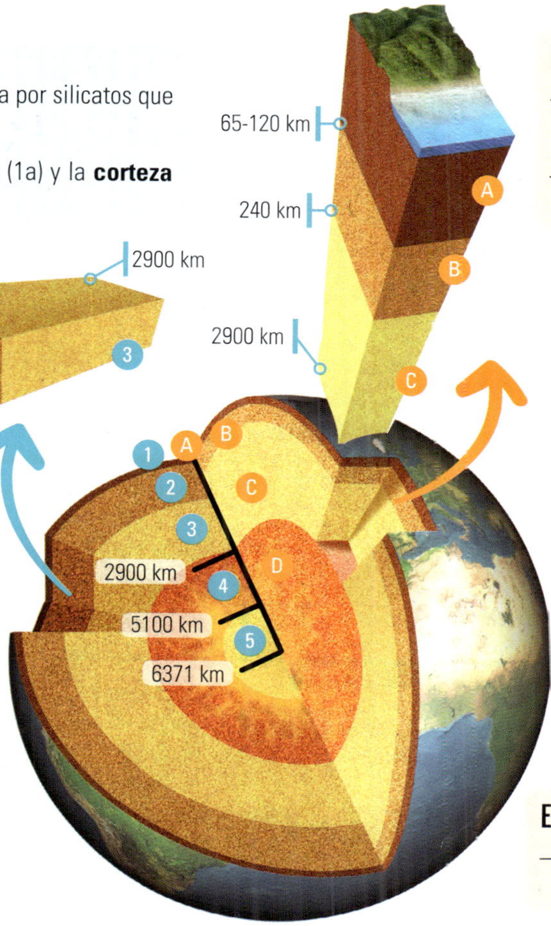

MODELO GEODINÁMICO

Litosfera (A)

— Capa rígida, formada por rocas sólidas.

— Comprende la corteza y la parte superior del manto.

Astenosfera (B)

— Capa plástica, constituida por una mezcla de materiales fundidos y sólidos.

Mesosfera (C)

— Capa rígida, aunque presenta plumas ascendentes de material fundido.

Endosfera (D)

— Formada por una parte externa fundida y otra interna rígida.

Al analizar las ondas sísmicas, se detectaron unos cambios en la dirección de estas. Los científicos relacionaron estas discontinuidades con cambios en la densidad y en el estado físico de los materiales. Por lo tanto, cada discontinuidad marca un límite entre las capas del interior terrestre. Las más importantes son:

1. **Discontinuidad de Mohorovicic:** marca el límite entre la corteza y el manto superior.
2. **Discontinuidad de Repetti:** delimita el manto superior del inferior.
3. **Discontinuidad de Gutenberg:** marca el límite entre el manto inferior y el núcleo externo.
4. **Discontinuidad de Lehmann:** separa el núcleo externo del núcleo interno.

Actividades

3. ¿Qué capas encontraríamos si excavásemos un pozo hasta una profundidad de 6000 km? Contesta a esta pregunta según los modelos geodinámico y geoquímico.

4. A partir de los datos que aparecen en esta página, determina a qué profundidad se encuentra cada una de las cuatro discontinuidades.

2. EL TIEMPO GEOLÓGICO

Durante el siglo XVII se creía que la **edad de la Tierra** era de unos 6000 años, por la interpretación que se hacía de los textos bíblicos. Ussher, en 1650, elaboró una cronología en la que llegó a fijar el 4004 a. C. como el año en que tuvo lugar la creación.

En el siglo XVIII, el naturalista Buffon estimó una edad mínima de la Tierra de 75 000 años. Se basó en el cálculo del tiempo necesario para que la Tierra, desde su formación, se enfriase hasta alcanzar su temperatura actual.

En 1956, Patterson, usando técnicas de datación por radioisótopos, determinó la edad de nuestro planeta en unos 4550 Ma.

Los procesos geológicos son lentos en comparación con nuestras vidas y marcan una escala temporal diferente. El transcurso del tiempo va asociado a fenómenos que originan cambios, que a menudo quedan reflejados en las rocas.

El estudio de las rocas ha permitido identificar y secuenciar los procesos geológicos desde la formación de la Tierra hasta la actualidad.

2.1. HISTORIA DE LOS PROCESOS GEOLÓGICOS

Se cree que la primera corteza terrestre, hace unos 4400 Ma, debió de ser más delgada que la actual, resultado de la actividad volcánica.

No obstante, no se conservan rocas tan antiguas en la superficie terrestre porque los procesos geológicos externos las han transformado. Pero quedan restos de las rocas primigenias en los cristales de **circón,** un mineral que resiste las transformaciones geológicas sin alterarse.

Los circones más antiguos tienen unos 4400 Ma de edad y se han hallado en Australia, aunque no se encuentran en su roca original. Las rocas más antiguas que se conocen son los **gneis de Acasta,** en Canadá, de unos 4000 Ma.

Estos son los procesos geológicos que han modelado la corteza terrestre:

Actividad volcánica

En los primeros tiempos la **actividad volcánica** debió de ser muy intensa, ya que la mayor parte de las rocas más antiguas son magmáticas. A medida que la Tierra se enfriaba, esta actividad disminuyó.

Un ejemplo de la gran actividad volcánica del pasado son las extensas coladas de lava denominadas ***traps.*** Los traps del Decán, en la India, se originaron hace entre 60 y 65 Ma.

Traps del Decán (Matheran, India).

Procesos geológicos externos

Los **procesos geológicos externos** debieron actuar pronto, porque algunas de las rocas más antiguas son de origen sedimentario.

Las rocas sedimentarias más primitivas se hallan en Groenlandia y tienen una antigüedad de 3850 Ma. Algunas son características de determinadas épocas, como la hulla y la antracita, formadas durante el Carbonífero.

Costa occidental de Groenlandia.

Actividades

5. Responde a las siguientes cuestiones:

a) ¿Cuáles son las rocas más antiguas de la Tierra? ¿Cuál es su antigüedad?

b) Explica por qué no se han hallado en la superficie terrestre rocas más antiguas.

6. Visiona este vídeo para saber cómo Patterson consiguió determinar la edad de la Tierra a partir de un cristal de circón. Describe brevemente el proceso.

— ¿Cuál fue la mayor dificultad a la que se enfrentó?

https://links.edebe.com/hmaj

2.2. TÉCNICAS DE DATACIÓN

¿Lo vemos?
Las técnicas de datación

Las rocas son las pruebas de la historia geológica de la Tierra. Para averiguar cuándo se formaron se utilizan los métodos de datación, que pueden ser de dos tipos:

— **Datación relativa.** Consiste en deducir la edad de un material comparando su posición con la de otros materiales de edades conocidas. La edad de la roca puede situarse en un intervalo de tiempo comprendido entre las edades de las capas que la limitan.

— **Datación absoluta.** Consiste en determinar la edad de un material analizando los isótopos radiactivos o **radioisótopos** que contienen los minerales.

En los isótopos radiactivos, el núcleo no es estable y se descompone espontáneamente. Al desintegrarse, libera energía en forma de radiación y pierde con frecuencia algún protón, con lo que acaba transformándose en otro elemento químico diferente.

Los radioisótopos se desintegran a una velocidad que varía a lo largo del tiempo. Por ello, el parámetro más útil para la datación es el **período de semidesintegración**, que es el tiempo que transcurre hasta que la cantidad de ese radioisótopo queda reducida a la mitad.

Cada radioisótopo se caracteriza por su período de semidesintegración. Se puede calcular cuánto hace que se formó una roca midiendo la proporción entre el radioisótopo original y el isótopo en que se desintegra, si conocemos su período de semidesintegración. Los radioisótopos más utilizados son los siguientes:

La presencia de fósiles en los estratos puede servir para determinar su antigüedad.

LOS RADIOISÓTOPOS

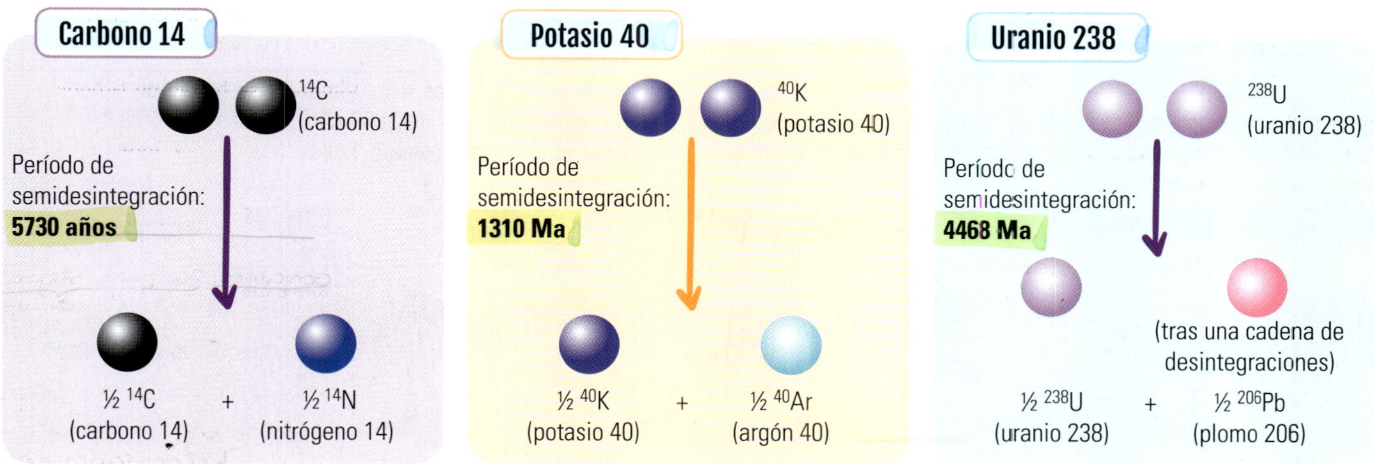

Se utiliza para datar restos de materia orgánica de hasta 70 000 años de edad.

Se usa para datar rocas y fósiles de una antigüedad mínima de 100 000 años.

Se emplea para datar las rocas más antiguas, de millones de años, y los meteoritos.

Actividades

7. Explica qué es el período de semidesintegración de un radioisótopo.

8. En una roca se mide la siguiente proporción: 1/8 de ^{40}K y 7/8 de ^{40}Ar. ¿Cuál es la edad de la roca?

— Justifica cómo has obtenido este resultado.

9. Determina qué radioisótopo es más adecuado para saber la antigüedad de:

a) Un cráneo de un fósil de dinosaurio.

b) Restos de ánforas de un poblado íbero.

c) Un meteorito.

2.3. ESCALA DEL TIEMPO GEOLÓGICO

En la Tierra se han producido cambios geológicos y biológicos trascendentales que han servido para marcar la frontera entre dos unidades temporales diferentes. Así, el tiempo geológico se divide en **eones;** estos, en **eras,** y estas, en **períodos.**

4550 Ma — 550 Ma — 245 Ma

SUPEREÓN PRECÁMBRICO

EÓN HADEICO

4550 Ma

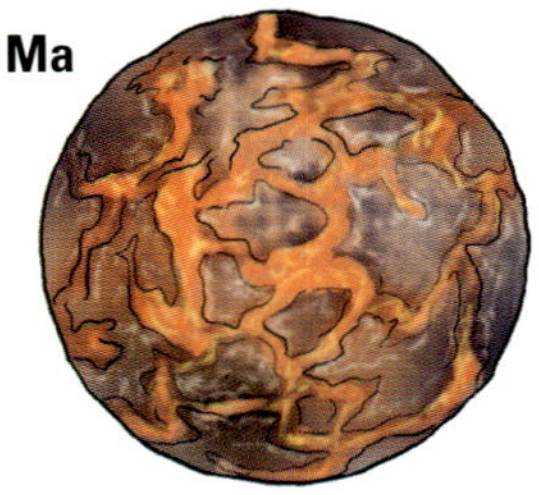

- Formación de la Tierra y de la Luna.
- Formación de la corteza terrestre.
- Atmósfera primaria.

EÓN ARCAICO

3800 Ma

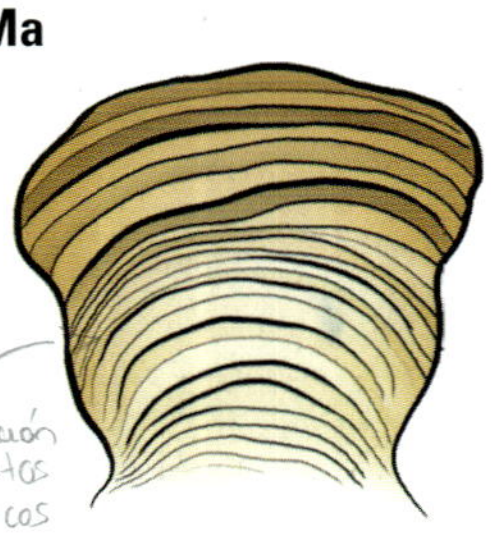

- Formación de la hidrosfera.
- Rocas más antiguas.
- Primeros seres vivos con registro fósil.
- Primeros continentes y océanos.
- Atmósfera secundaria.
- Producción de oxígeno fotosintético.

EÓN PROTEROZOICO

2500 Ma

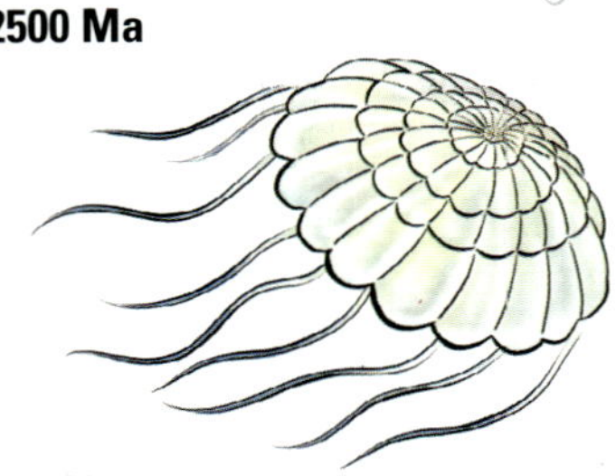

550 Ma

- Fragmentación de Rodinia, uno de los primeros supercontinentes.
- Primeras grandes glaciaciones.
- Primeros organismos pluricelulares: la fauna de Ediacara.
- Concentración del oxígeno atmosférico similar a la actual.

ERA PALEOZOICA

Cámbrico
550 Ma

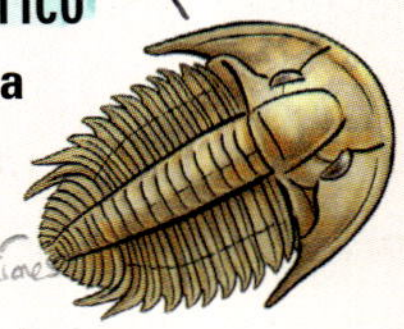

- Explosión cámbrica: aparición de muchas nuevas formas pluricelulares.
- Diversificación de la vida acuática.
- Clima cálido y húmedo.
- Fragmentación de Gondwana.

Ordovícico
505 Ma

- Aparecen los primeros peces.
- Tienen lugar diversas glaciaciones.
- Primera extinción en masa.

Silúrico
438 Ma

- Se forma la capa de ozono.
- Se inicia la colonización de los ambientes terrestres.
- Aparecen las primeras plantas terrestres.

Devónico
408 Ma

- Aparecen los primeros vertebrados terrestres, los anfibios.
- Se desarrollan los primeros insectos.
- Segunda extinción en masa.

Carbonífero
360 Ma

- Clima cálido y húmedo.
- Abundan las zonas pantanosas.
- Gran desarrollo de bosques de helechos.
- Aparición de los primeros reptiles.

Pérmico
286 Ma
245 Ma

- Aparición de las primeras gimnospermas.
- Formación de Pangea.
- Tercera extinción en masa.

- El Precámbrico comprende los primeros 8/9 de la historia de la Tierra.
- Se divide en tres eones de larga duración porque en esta época la vida evoluciona lentamente.

- Del último noveno de la historia de la Tierra, la era paleozoica representa más de la mitad.
- Se divide en seis períodos relativamente cortos debido a la mayor celeridad de los cambios biológicos.

Al final del Pérmico, se produjo la extinción en masa más grave de la historia de la Tierra. A través del registro fósil, se ha calculado que desaparecieron el 95 % de las especies marinas y el 70 % de los vertebrados terrestres.

245 Ma — 65 Ma — 0

EÓN FANEROZOICO

ERA MESOZOICA

Encrinus (planta marin.)

Triásico
245 Ma

- Expansión de los reptiles.
- Clima cálido.
- Aparición de los primeros dinosaurios.
- Aparición de los primeros mamíferos.
- Fragmentación de Pangea.
- Cuarta extinción en masa.

Ammonites (marino)

Jurásico
208 Ma

- Dominio de los dinosaurios y de otros grandes reptiles.
- Aparición de las aves.

Equinodermos (erizos de mar)

Cretácico
144 Ma

65 Ma

- Clima cálido y húmedo.
- Primeras angiospermas.
- Aparición de los primeros primates.
- Quinta extinción en masa.

- Es una etapa más corta que la paleozoica, pues la evolución y la extinción de muchos grupos de vertebrados sucedieron con mayor rapidez que en períodos anteriores.

ERA CENOZOICA

Terciario

Foraminíferos, Quercus (conta)

Paleógeno
65 Ma

- Expansión de los mamíferos y de las aves.
- Se forman las cadenas montañosas actuales.
- Clima cálido y húmedo.
- Al final del período, se produce un enfriamiento de las zonas polares.

Neógeno
23 Ma

↑ crecen

- Los continentes adquieren la forma y la distribución actuales.
- Enfriamiento progresivo del clima, que empezó a ser estacional y más seco.
- Aparición de los primeros homínidos.

Diente tiburón; Deinotherium

Cuaternario
2,5 Ma

¿fuera o dentro del cenozoico?

0 Ma

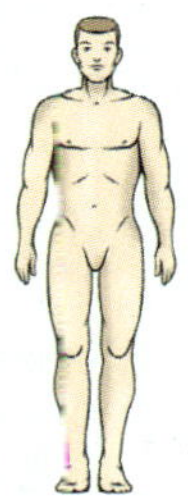

- Incluye los ciclos recientes de glaciaciones.
- Aparece el ser humano actual.
- ¿Nueva extinción causada por el ser humano?

Equus, Homínidos

- Es la era más corta y la que incluye la época actual.

Los científicos opinan que las extinciones masivas que ha habido a lo largo de la historia de la Tierra, como la del Pérmico o la del Cretácico, han tenido que ser causadas por la combinación de diversos motivos. Algunos de los más destacados podrían ser el impacto de un asteroide, un vulcanismo muy intenso en amplias zonas del planeta y una gran liberación de gases de efecto invernadero que estaban retenidos en el fondo oceánico.

Actividades

10. Representa, en un diagrama de sectores, el tiempo que comprende el supereón precámbrico y cada una de las eras del eón fanerozoico. Explica a qué se debe la duración tan diversa que presentan cada una de ellas.

11. Di en qué era y período aparece cada uno de los cinco grupos actuales de vertebrados. Observa el orden en el que se originan y relaciónalo con el origen de la vida en los medios acuático y terrestre.

¿Lo vemos?
Los fósiles guía

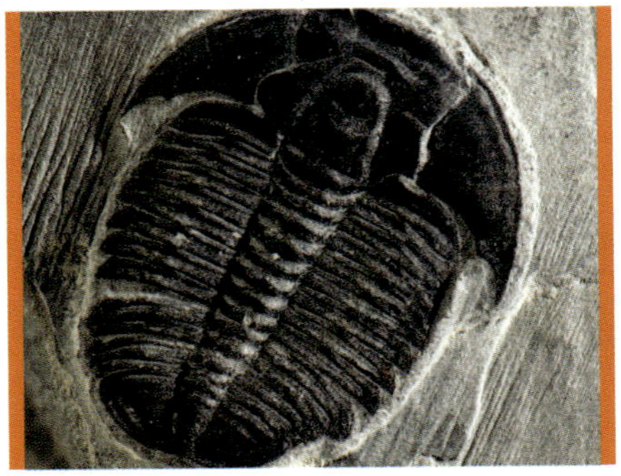

Trilobites.

Amonites.

3. LOS FÓSILES

Conocemos la historia biológica de la Tierra gracias a los **fósiles,** restos del cuerpo o de la actividad de un ser vivo que ha quedado preservado en las rocas, en hielo, ámbar u otras sustancias. Los fósiles se suelen encontrar incluidos en rocas de diversos tipos, principalmente sedimentarias. Esas rocas constituyen **yacimientos fosilíferos.**

Cada período o época de la historia del planeta ha tenido grupos de especies característicos, algunos de los cuales han fosilizado de forma abundante. Esos fósiles, que presentan una corta duración temporal y una amplia distribución geográfica, reciben el nombre de **fósiles guía** o fósiles característicos. Los fósiles guía se usan como referencia para acotar con bastante precisión la edad de los **estratos** o capas de rocas superpuestas que los contienen.

Los fósiles guía más frecuentes son:

— Los **trilobites,** para la era **paleozoica.**

— Los **amonites,** para la era **mesozoica.**

— Los **micromamíferos,** para la era **cenozoica.**

3.1. FORMACIÓN DE UN FÓSIL

La fosilización es un proceso más bien excepcional. Veamos cómo tiene lugar:

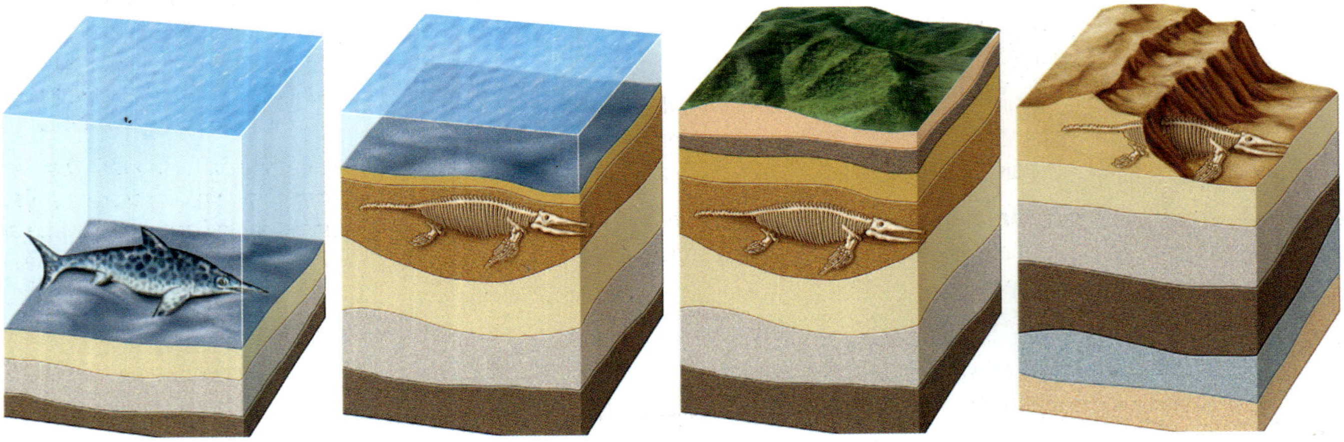

1. Los restos del organismo deben quedar enterrados rápidamente en una capa de sedimento. Este tiene que estar empapado de agua con minerales disueltos.

2. Los restos óseos quedan cubiertos por nuevas capas de sedimentos. Las sales del agua precipitan en el espacio liberado por la materia orgánica que se descompone.

3. Las sucesivas capas de sedimento comprimen el esqueleto. Estas condiciones deben mantenerse estables durante mucho tiempo.

4. Los movimientos orogénicos hacen aflorar materiales profundos, que al ser erosionados, muestran los fósiles que contenían en su interior.

Actividades

12. En grupo, investigad cuál es el yacimiento fosilífero más próximo a vuestra localidad.

— Indicad qué períodos comprende y el grupo de seres vivos que están más representados.

13. ¿Por qué se considera que la fosilización es un hecho excepcional?

14. ¿Por qué es tan difícil encontrar fósiles de las partes blandas de los animales?

4. ESTRATIGRAFÍA

El estudio del registro fósil nos ha permitido la reconstrucción de buena parte de la historia de la vida. En esta reconstrucción interviene la **estratigrafía,** que es la parte de la geología que estudia las **series estratigráficas,** o lo que es lo mismo, la sucesión de estratos que se hallan en un lugar determinado.

Estratos.

Los **estratos** son las capas superpuestas en las que se disponen las rocas y los sedimentos, fruto de la acción del agua, el viento o debido al apilamiento de los materiales volcánicos.

Para interpretar correctamente la información que contienen las rocas, se han definido los **principios de la estratigrafía.**

— **Principio de superposición.** Los estratos superiores se han formado encima de los preexistentes y, por tanto, son más recientes.

— **Principio de horizontalidad original.** Los estratos se forman como capas horizontales sobre el terreno preexistente.

— **Principio de continuidad lateral.** Los estratos de una serie determinada ocupan un área geográfica no puntual, de extensión variable y, por tanto, pueden encontrarse en series de otros lugares más o menos alejados.

— **Principio de relaciones cruzadas.** Todo fenómeno geológico que haya alterado una serie es más reciente que los estratos a los que afecta.

— **Principio de inclusión.** Toda roca incluida dentro de un estrato es más antigua que el estrato que la alberga.

— **Principio de actualismo.** Los procesos geológicos que han actuado en otras épocas han sido similares a los actuales.

Partiendo de los principios anteriores y utilizando las técnicas de datación, se sitúan en el tiempo los materiales y los procesos implicados en una serie estratigráfica. Dicha serie puede obtenerse a partir de cortes naturales del terreno o mediante sondeos para extraer muestras.

Mediante la técnica de la **correlación estratigráfica,** se identifican los mismos estratos, o estratos depositados en la misma época, en diferentes series. Así, comparando las denominadas **columnas estratigráficas,** se puede conocer la historia geológica de una región, un continente o del planeta.

NICOLAS STENO

Médico y anatomista danés (1638-1686), es considerado uno de los primeros geólogos modernos. Intrigado por la presencia de conchas marinas en lugares muy alejados del mar, su intuición científica le llevó a pensar que estos restos se formaron cuando la roca no era aún sólida, lo que contradecía la idea de inalterabilidad del mundo que imperaba en su época.

En su obra *Discurso preliminar de una disertación sobre los cuerpos sólidos de manera natural contenidos en un sólido* enunció los principios de Steno, los principales principios de la estratigrafía.

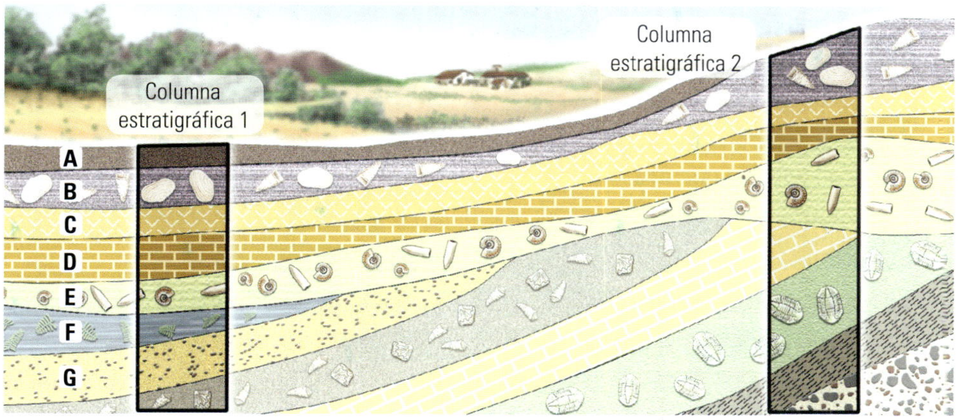

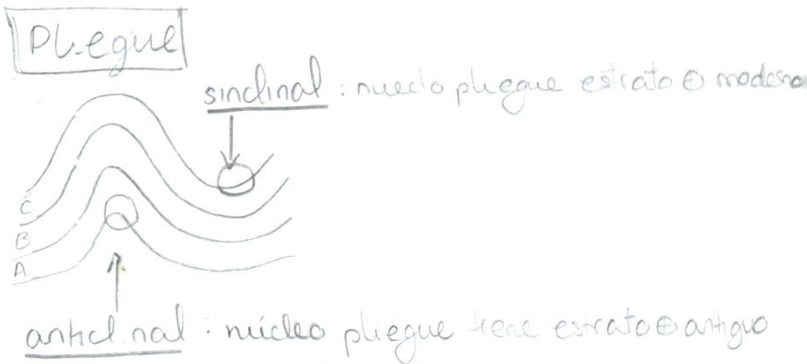

La comparación de las series estratigráficas permite determinar si un territorio ha tenido un pasado geológico común. En esta imagen se observa que este territorio ha sufrido los mismos procesos geológicos durante el período de formación de los estratos B, C, D y E.

Actividades

15. Explica qué principio estratigráfico nos permite saber la antigüedad relativa de los estratos de una serie.

16. Explica, mediante un ejemplo, en qué consiste el principio de inclusión.

Para saber más sobre...
La historia de los continentes

5. HISTORIA DE LOS CONTINENTES

La distribución de continentes y océanos de nuestro planeta ha variado a lo largo de la historia de la Tierra. Vamos a conocer esas variaciones y las técnicas que utilizan los geólogos para su estudio.

5.1. ESTUDIO DE LA HISTORIA DE LOS CONTINENTES

Los geólogos analizan las rocas que se encuentran en la superficie y en profundidad, y determinan cómo se han formado y su edad. Al estudiar las rocas que constituyen la corteza continental, se han podido diferenciar dos partes fundamentales según su antigüedad: los **cratones** y los **orógenos.**

Los **orógenos** son zonas de formación relativamente reciente.

Rodean a los cratones y constituyen grandes cordilleras. Suelen tener actividad sísmica y volcánica.

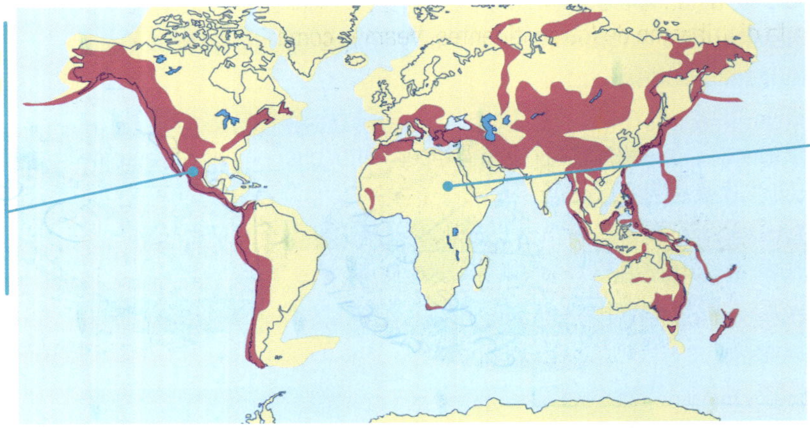

Los **cratones** son partes muy antiguas de la corteza continental, formadas en el Precámbrico.

Tienen un relieve suave y una gran estabilidad geológica.

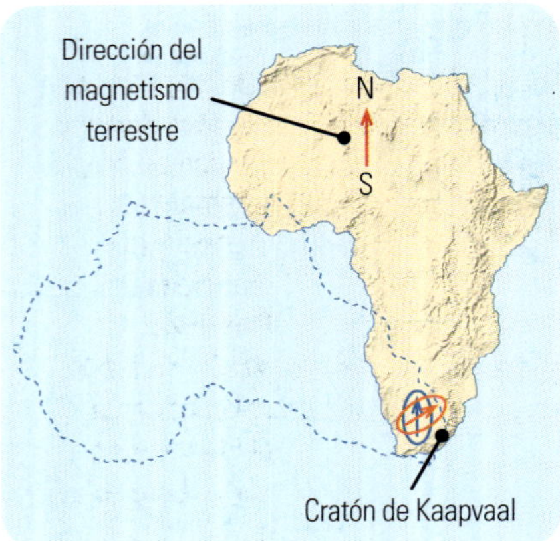

La flecha azul representa la orientación que adquirieron los minerales magnéticos formados hace 2700 Ma en el cratón de Kaapvaal.

La flecha naranja marca la orientación actual de esos minerales magnéticos.

Para escribir la historia de los continentes, es necesario estudiar:

- **El paleomagnetismo.** Los minerales ricos en hierro, al cristalizar, se orientan según el campo magnético, de modo que queda registrada la dirección de estas fuerzas. Si el mineral de hierro presenta una desviación de su orientación magnética respecto a la dirección actual, se deduce que el continente ha variado su posición y su orientación después de la formación de esas rocas.
- **Los márgenes continentales.** Los límites de la plataforma continental de algunos continentes coinciden tan bien que muestran que estuvieron antes unidos, formando uno solo.
- **Las formaciones geológicas.** La coincidencia de sistemas montañosos de la misma edad y composición en distintos continentes corrobora que estos estaban unidos en la época en que se originaron esas formaciones.
- **Los fósiles.** La distribución de algunas especies fósiles en continentes hoy alejados sugiere que estaban juntos en la época en que vivió aquella especie.
- **La paleoclimatología.** La coincidencia de cinturones climáticos en otras épocas también permite deducir las posiciones continentales.

Actividades

17. Explica qué son los cratones. A continuación, observa en el mapa la zona de Sudamérica. ¿Qué formación del relieve se corresponde con los materiales más recientes?

18. Explica qué técnicas pueden utilizar los geólogos para conocer los cambios de forma, tamaño y posición que han experimentado los continentes.

5.2. EVOLUCIÓN DE LOS CONTINENTES

A partir de las pruebas estudiadas, los geólogos han concluido que hace 3400 Ma ya existían continentes y océanos.

Los planetésimos y los cometas que colisionaron con la Tierra en formación aportaron grandes cantidades de agua. Después, la actividad volcánica lanzó esa agua en forma de vapor a la atmósfera, donde más tarde se condensó masivamente para dar lugar a los océanos.

La formación de grandes cantidades de granito, una roca menos densa que la roca volcánica de la corteza original, permitió la diferenciación horizontal de la corteza: las grandes masas graníticas se elevaron y originaron la **corteza continental,** y las rocas volcánicas constituyeron la **corteza oceánica.**

Las fuerzas tectónicas de la astenosfera fracturaron la corteza en placas que, al desplazarse, fueron cambiando la distribución de los continentes. Veamos cómo:

Para consultar mapas del mundo de los últimos 1100 Ma, puedes conectarte a la web en inglés del Paleomap Project:

https://links.edebe.com/zcif

1. Hace unos 1100 Ma, en el **Precámbrico,** el supercontinente **Rodinia** empezó a fragmentarse.

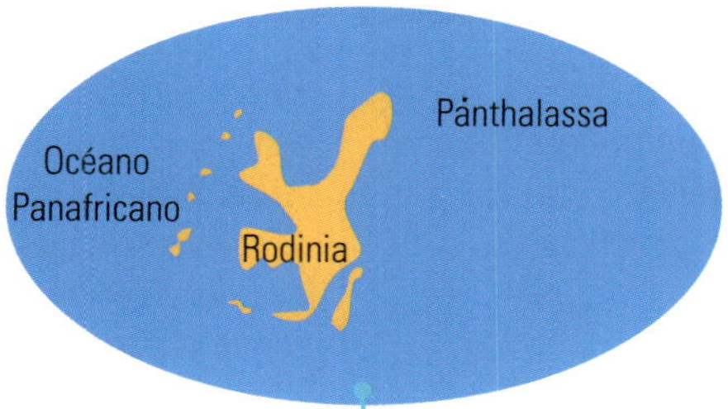

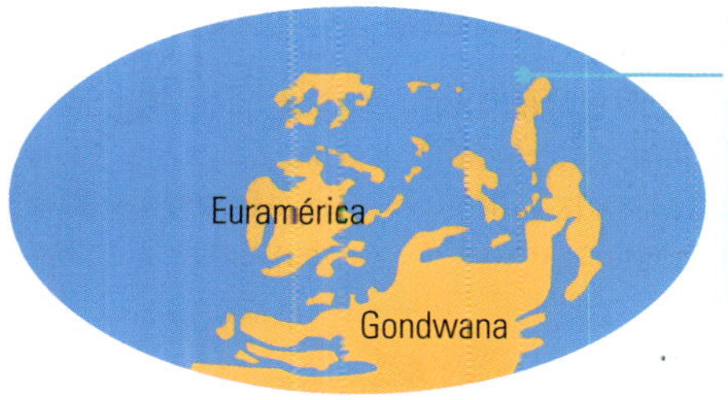

2. En los inicios de la era **paleozoica,** los fragmentos de Rodinia habían formado grandes continentes, como **Euramérica** y **Gondwana.**

3. A finales de la era paleozoica, en el **Pérmico,** los continentes colisionaron y dieron lugar al supercontinente **Pangea.**

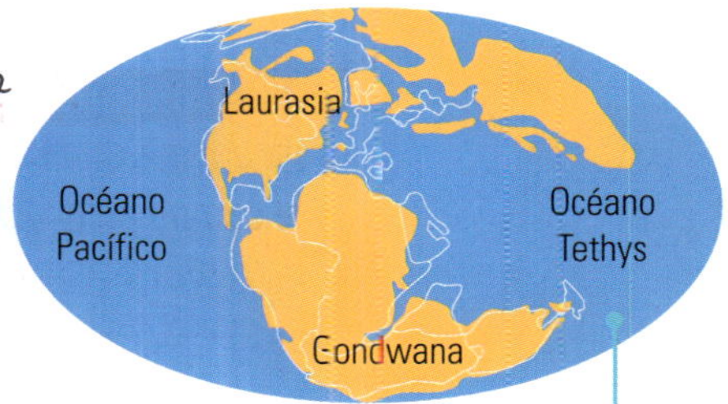

4. A lo largo de la era **mesozoica,** Pangea se fue fragmentando. El continente meridional, **Gondwana,** quedó separado del continente del hemisferio norte, **Laurasia,** por el océano **Tethys.**

5. Durante la era **cenozoica,** los fragmentos de Gondwana y Laurasia se separaron hasta constituir los **continentes actuales.**

Actividades

19. Explica la relación existente entre la densidad de las rocas y la diferenciación horizontal de la corteza terrestre que tuvo lugar durante su formación.

20. ¿Sabes cuántos supercontinentes pudo haber tenido la Tierra desde su formación? Investígalo y cita los nombres de algunos de ellos.

¿Lo vemos?
Las técnicas paleoclimáticas

6. HISTORIA DE LA ATMÓSFERA Y EL CLIMA

La capa de gases que envuelve la Tierra ha cambiado mucho a lo largo de su historia. Sus variaciones han condicionado el clima y han afectado a los seres vivos. Veamos cómo ha evolucionado la atmósfera terrestre:

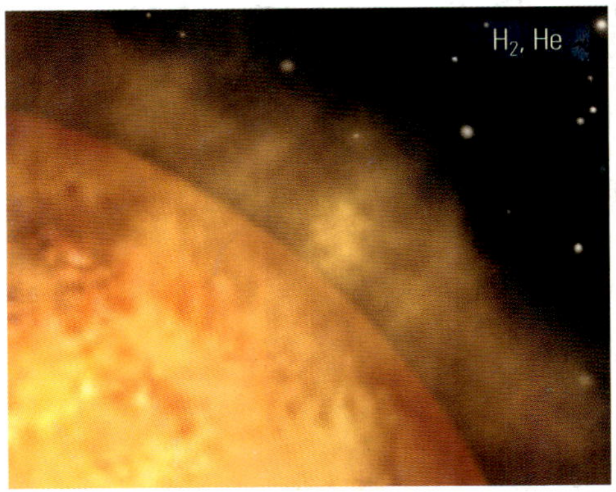

La mayor parte de la **atmósfera primitiva,** formada por helio e hidrógeno, se perdió porque la gravedad terrestre no es suficientemente fuerte para retener estos gases.

Los gases expulsados por la intensa actividad volcánica se acumularon y constituyeron la **atmósfera secundaria.** Esta era más densa que la actual y sin oxígeno libre.

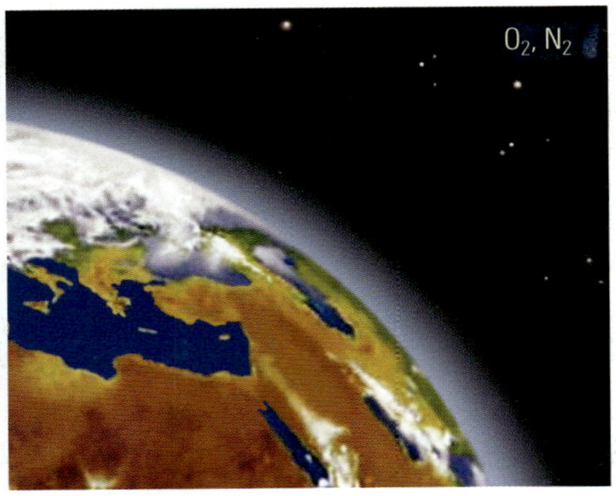

Hace 2300 Ma la actividad biológica empezó a modificar la atmósfera hasta su **composición actual:** consumió amoníaco, metano y CO_2, mientras que los organismos fotosintéticos desprendían O_2. A partir de este gas, se formó la capa de ozono (O_3) en la estratosfera.

6.1. TÉCNICAS PALEOCLIMÁTICAS

La **paleoclimatología** es la ciencia que estudia las variaciones del clima a lo largo de la historia de la Tierra. Se basa en el estudio de:

— **Los anillos de crecimiento de los árboles.** Los árboles crecen en diámetro porque cada año aparece una nueva capa de tejidos conductores. Se añade así al tronco un nuevo anillo concéntrico. En los años de sequía los anillos son finos y en los de clima favorable, más gruesos. Mediante esta técnica, se pueden estudiar las variaciones climáticas de los últimos siglos.

— **Los testigos de hielo.** En las regiones polares, el hielo no se ha fundido desde hace miles de años. Se puede perforar en esas zonas y extraer una columna, llamada testigo de hielo, para analizarla químicamente. En el hielo quedaron atrapadas pequeñas burbujas de los gases atmosféricos del momento en que precipitaba la nieve. Esas muestras de gases sirven para medir la proporción de gases invernadero y deducir las condiciones climáticas. Permite analizar el clima de algunos miles de años.

— **Los sedimentos oceánicos.** El estudio de los sedimentos acumulados en el fondo del mar permite saber en qué épocas se depositaron más o menos sedimentos. A partir de este dato, se deduce la actividad fluvial y, por tanto, las condiciones climáticas. Este método abarca períodos de algunos millones de años.

— **El polen fósil.** Se pueden deducir los ecosistemas y el clima predominante a partir del estudio del polen que se depositó en el lugar. Esta técnica cubre decenas de Ma.

— **Las relaciones isotópicas del oxígeno.** La proporción de los isótopos del oxígeno que se encuentra en algunos minerales depende de la composición atmosférica y de la temperatura en el momento en que se formó ese mineral. Esta técnica permite estudiar el clima a lo largo de toda la historia del planeta.

6.2. HISTORIA DEL CLIMA

¿Qué sabes sobre...
...los factores que afectan al clima?

El clima es el resultado de la acción de diversos mecanismos que tienden a aumentar o a disminuir la temperatura y la humedad. Esos mecanismos son los siguientes:

— **El efecto invernadero.** La presencia de gases como el metano, el dióxido de carbono y el vapor de agua retiene en la atmósfera el calor de la radiación solar.

— **El efecto albedo.** Es el reflejo de la radiación solar que incide sobre el planeta. Las superficies claras, como las zonas cubiertas de nieve y hielo, tienen mayor albedo, reflejan más cantidad de radiación solar y por tanto contribuyen a un mayor enfriamiento de la atmósfera.

— **Las variaciones de la actividad solar.** La intensidad de la radiación solar fluctúa a lo largo de amplios períodos, lo cual afecta al clima.

— **La distribución de continentes y corrientes oceánicas.** Las grandes masas continentales favorecen la formación de anticiclones estables que hacen el clima más seco. Las corrientes oceánicas dependen de la posición de los continentes y suelen transportar calor y humedad a lo largo del planeta.

— **Los ciclos de Milankovitch.** Consisten en la variación de la forma de la órbita terrestre y de la inclinación del eje de rotación en ciclos de entre 40 000 y 400 000 años. Estas variaciones favorecen o disminuyen el calentamiento de las zonas polares.

Las manchas solares son regiones del Sol con menor temperatura que en sus alrededores. El estudio de la evolución de estas manchas proporciona información sobre la actividad solar.

A lo largo del tiempo geológico, el clima de la Tierra ha experimentado grandes variaciones. Durante la primera parte del Precámbrico, hasta hace unos 2300 Ma, el clima fue más cálido que el actual. Los microorganismos productores de oxígeno cambiaron gradualmente la composición de la atmósfera y el papel de los gases invernadero fue haciéndose menos determinante. El clima fue pasando por diferentes fases: largos períodos cálidos y húmedos alternados con épocas más secas y otras frías. Cuando la actividad solar o los ciclos de Milankovitch favorecían el enfriamiento de los polos, estos se cubrieron de hielo. Al aumentar el albedo, se generalizaba el enfriamiento y el hielo incrementaba su extensión.

En las fases más cálidas, los polos han quedado libres de hielo, como en el Cámbrico, el Triásico, el Cretácico y el Paleógeno.

Durante el Pérmico y el Triásico, el clima fue seco debido a la formación de Pangea.

A lo largo de la historia de la Tierra, se han producido glaciaciones que han cubierto de hielo las zonas situadas a mayor latitud.

Actividades

21. ¿Qué técnicas pueden utilizarse para conocer las variaciones del clima durante el último millón de años? Explica brevemente en qué consisten.

22. Explica en qué se parecen el efecto albedo y el llevar ropa blanca en verano.

23. Investiga en qué consiste la teoría de la Tierra en bola de nieve. Explica qué es, en qué época geológica se sitúa y el papel que desempeñan las tillitas en ella.

24. Investiga cuáles han sido los períodos geológicos en que se han producido grandes glaciaciones.

Para saber más sobre...
La historia de la vida

7. HISTORIA DE LA VIDA

La característica que mejor identifica a la Tierra es la existencia de vida. Vamos a analizar algunos aspectos de la historia de la vida a través del estudio de los fósiles.

LOS PRIMEROS SERES VIVOS

Los restos fósiles más antiguos son **estromatolitos** creados por microorganismos de hace 3700 Ma. Los primeros seres vivos eran procariotas y lentamente evolucionaron hasta dar lugar a las células eucariotas, hace unos 2100 Ma.

Durante el **Precámbrico,** la vida se localizaba en ambientes acuáticos y era básicamente unicelular. Los primeros indicios de seres pluricelulares tienen 600 Ma y, por los restos preservados, debían de ser de animales de cuerpo blando y aplanado. Constituyen la **fauna de Ediacara.**

La fauna de Ediacara surge a finales del **Proterozoico.** Estos organismos fueron desplazados por las nuevas formas de vida que aparecieron en el Cámbrico, de modo que a inicios de este período la fauna de Ediacara se extinguió totalmente.

LA DIVERSIFICACIÓN DE LA VIDA ACUÁTICA

A lo largo del **Precámbrico,** los organismos fotosintéticos liberaron grandes cantidades de oxígeno. A continuación, a inicios del Cámbrico, aparecieron y se diversificaron numerosas especies de invertebrados con conchas y caparazones. Fue la llamada **explosión cámbrica.**

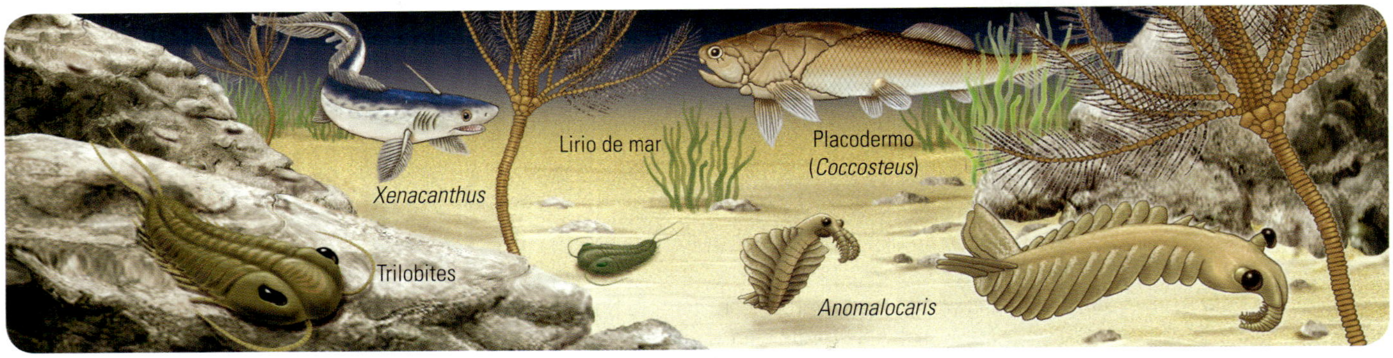

Durante la **era paleozoica** se diversificó la vida en el agua. Destacan los **trilobites,** los equinodermos, los moluscos y los corales. Los primeros **peces,** los placodermos, tenían la mitad anterior del cuerpo cubierta de placas óseas resistentes. Luego aparecieron los peces condrictios y los teleósteos.

LA CONQUISTA DEL MEDIO TERRESTRE

Las principales dificultades para colonizar el medio terrestre eran el riesgo de **desecación,** la **sustentación** de los organismos blandos y la **radiación ultravioleta,** que en el medio acuático es filtrada por el agua. Por este motivo, la vida terrestre no fue posible hasta que se hubo formado la capa de ozono estratosférico.

La primera planta terrestre es *Cooksonia,* del **Silúrico,** y los primeros animales, **artrópodos** como el ciempiés y los escorpiones. En el **Devónico** aparecieron los **insectos** y algunos peces que podían respirar oxígeno atmosférico. Estos peces fueron los precursores de los **anfibios,** con patas evolucionadas a partir de dos pares de aletas.

LA DIVERSIFICACIÓN DE LA VIDA TERRESTRE

En el último tercio de la era **paleozoica,** durante el **Carbonífero,** la vida terrestre estaba bien asentada. Se desarrollaron frondosas selvas de **helechos arborescentes,** como *Lepidodendron,* que eran el refugio de artrópodos gigantes y anfibios. El primer **reptil** corresponde a *Hylonomus.*

El período **pérmico,** más árido, propició la expansión de las **gimnospermas** y de los reptiles, que se diversificaron mucho. Aparecieron los **reptiles mamiferoides,** como *Cynognathus,* que poseían una locomoción similar a la de un mamífero y el cuerpo cubierto de pelo. Al final del Pérmico, se produjo la extinción en masa más grave de la historia

Ya en la **era mesozoica,** predominaron los bosques de helechos y gimnospermas. Los **dinosaurios,** los cocodrilos y los **mamíferos** aparecieron en el **Triásico.** Hubo también reptiles que desarrollaron el vuelo, los **pterosaurios;** y otros que se adaptaron al medio acuático, como los **ictiosaurios.**

Durante el **Cretácico** evolucionaron las **angiospermas,** lo que favoreció la expansión de los insectos. A finales de este período, se produjo otra extinción que acabó con los dinosaurios, otros reptiles, y con los **amonites,** unos cefalópodos con concha espiral.

En la **era cenozoica,** los **mamíferos** se convirtieron en el grupo dominante. Durante el Paleógeno, se desarrollaron todos los grupos de mamíferos actuales, aunque algunos, como los primates, ya existían en el Cretácico. Por primera vez, se extendieron los ecosistemas herbáceos, como praderas, estepas y sabanas. Los **homínidos** aparecieron en el **Neógeno.** Durante el Cuaternario, tanto la fauna como la flora eran muy similares a las actuales.

Actividades

25. En grupo, buscad información y describid cómo eran los siguientes seres vivos:

a) Los estromatolitos.

b) La primera planta terrestre, *Cooksonia.*

c) Los helechos arborescentes, *Lepidodendron.*

d) El primer reptil, *Hylonomus.*

26. Responde a las siguientes cuestiones sobre la conquista del medio terrestre:

a) ¿Qué dificultades debieron vencer los primeros organismos de vida terrestre?

b) Explica qué tipo de adaptaciones propias de los organismos terrestres crees que necesitaron para superar esas dificultades las primeras plantas y los primeros animales terrestres.

Ciencia a tu alcance

La columna estratigráfica

Material

- Libreta
- Guías de fósiles y rocas

1 Introducción

Ya sabemos que las rocas constituyen la fuente de información que utilizan los geólogos para conocer la historia de la Tierra. Las rocas se van depositando en forma de estratos, de modo que en muchos lugares pueden observarse series estratigráficas constituidas por rocas de tipos y edades diferentes. Vamos a analizar una columna estratigráfica, que muestra todos los estratos de una serie observada en una pared rocosa, y deduciremos, a partir de ella, cuál ha sido la historia geológica de la zona donde se halla esa serie de estratos.

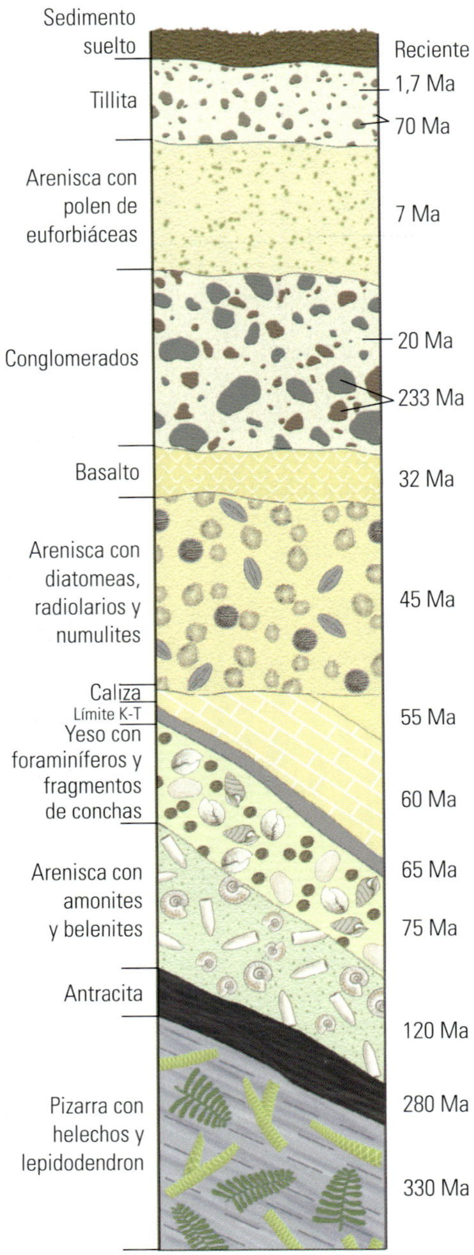

2 Procedimiento

— Observa la columna estratigráfica y anota la siguiente información de cada uno de los estratos, empezando por el inferior y siguiendo de abajo arriba:

- Tipo de roca que lo forma.
- Tipo de fósiles que contiene.
- Tipo de deformación que presenta.
- Edad.

— Ahora, anota los datos que pueden deducirse sobre la época en que se formó cada estrato a partir de la información que tienes detallada entre paréntesis:

- Era y período (edad).
- Tipo de ambiente: terrestre, marino, lacustre (fósiles y tipo de roca).
- Actividad geológica predominante: volcánica, procesos de erosión/sedimentación (tipo de roca).
- Clima (fósiles y tipo de roca).

— Con estos datos bien ordenados, redacta un breve informe sobre la historia geológica del territorio donde se halla esta serie estratigráfica en el que se indique, por orden cronológico, la siguiente información:

- Tipo de ambiente.
- Actividad geológica predominante.
- Clima.
- Comunidades de seres vivos.

3 Actividades

a) En este ejemplo, te hemos proporcionado la edad de cada estrato. Explica qué método habría podido usarse para determinarla.

b) ¿Existe algún principio de la estratigrafía que aparentemente no se cumpla en este caso? Elabora una hipótesis para explicar qué tipo de proceso geológico puede haberlo causado. Aplica el principio de relaciones cruzadas para situar ese proceso en el tiempo.

c) ¿Has empleado el principio de actualismo para tus deducciones? Si ha sido así, explica cómo con un ejemplo.

d) ¿Es posible aplicar el principio de inclusión? Explica en qué estrato puede utilizarse.

Síntesis

LA TIERRA

- se formó en el
  - **Disco protoplanetario**
    - que contenía
      - **Planetésimos**
        - que se unieron por
          - **Acreción**
- su tiempo se mide en
  - **Eones y eras**
    - que son
      - Supereón precámbrico
        - Eón hadeico
        - Eón arcaico
        - Eón proterozoico
      - Eón fanerozoico
        - Era paleozoica
        - Era mesozoica
        - Era cenozoica
    - que se han determinado por el estudio de
      - **Rocas**
        - cuya edad se conoce mediante
          - **Técnicas de datación**
            - que pueden ser
              - Absolutas (por radioisótopos)
              - Relativas
- experimenta cambios en
  - **Seres vivos**
    - que se conocen por el estudio de
      - Fósiles
  - **Continentes**
    - que se conocen por el estudio de
      - Paleomagnetismo
      - Márgenes continentales
      - Formaciones geológicas
      - Fósiles
      - Paleoclimatología
  - **Atmósfera y clima**
    - que se conocen por el estudio de
      - Anillos de crecimiento
      - Testigos de hielo
      - Sedimentos oceánicos
      - Polen fósil
      - Relaciones isotópicas del oxígeno

Actividades finales

PREPARA

27. ●○○ ¿Cómo explica la teoría del *big bang* el origen del universo?

28. ●○○ Identifica las capas de la estructura interna del planeta según su composición y su comportamiento mecánico.

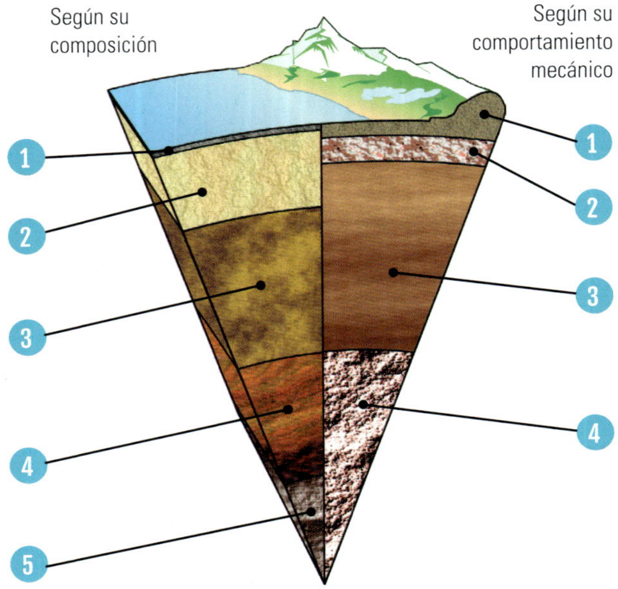

29. ●○○ Las discontinuidades son los límites entre las diferentes capas que constituyen el planeta. Indica qué límites marcan las siguientes discontinuidades: Lehmann, Mohorovicic, Repetti y Gutenberg.

— Ordénalas de menor a mayor profundidad.

30. ●○○ ¿Cuáles son los dos tipos de procesos geológicos que han formado las rocas a lo largo de la historia de la Tierra?

31. ●○○ ¿En qué se diferencian los métodos de datación absoluta y relativa? ¿Cuál es más preciso? Razónalo.

32. ●○○ ¿En qué eón/era/período se han producido las cinco grandes extinciones ocurridas a lo largo de la historia de la Tierra? Ordénalas de la más antigua a la más reciente.

33. ●○○ Describe, paso a paso, cómo ocurre el proceso de formación de un fósil.

34. ●○○ Define los siguientes conceptos: estrato y estratigrafía.

35. ●○○ ¿Para qué se utilizan los principios de la estratigrafía? Elige tres de ellos y explica en qué consisten.

36. ●○○ Explica cómo podemos conocer la historia de los continentes gracias al estudio de los márgenes continentales y de los fósiles.

37. ●○○ ¿Qué gases abundaban en la atmósfera primitiva de la Tierra? ¿Qué gas faltaba en la atmósfera secundaria de la Tierra?

38. ●○○ Explica cómo han influido los organismos fotosintéticos en la composición de la atmósfera terrestre. Según esto, indica qué gas o gases habría que descubrir en otras atmósferas planetarias para la búsqueda de vida en otros mundos.

39. ●○○ ¿Qué son las técnicas paleoclimáticas? Cita el nombre de tres de ellas.

40. ●○○ ¿Qué factores han influido en la evolución del clima a lo largo de la historia de la Tierra?

— Explica la influencia que ha tenido en la historia del clima la distribución de continentes y océanos.

41. ●○○ La historia de la vida en la Tierra ha pasado por fases de gran diversificación (aparición de nuevas especies) y fases de grandes extinciones. Di en qué eón, era o período tuvieron lugar los siguientes acontecimientos:

— Aparición de los primeros seres vivos.

— Aparición de los trilobites.

— Abundancia de helechos arborescentes.

— Expansión de los insectos.

— Dominio de los mamíferos.

ENTRENA

1. La formación de la Tierra

42. ●○○ Define los siguientes conceptos: disco protoplanetario, planetésimos y acreción.

43. ●●○ Busca información y explica por qué se cree que la mayor parte del hierro de la Tierra se encuentra en el núcleo.

44. ●●● La Luna tiene una gran parte de su superficie cubierta de cráteres de impacto formados por la colisión de cuerpos celestes menores, mientras que la Tierra muestra muy pocos. ¿Quiere esto decir que la formación de la Tierra se produjo de un modo diferente a la de la Luna? ¿Por qué crees que la Luna conserva aún los cráteres y la Tierra no? Razona tus respuestas.

2. El tiempo geológico

45. ●○○ ¿Qué son los gneis de Acasta?

46. ●○○ ¿Qué técnicas de datación pueden ofrecer más información: las de datación relativa o las de datación absoluta? Razona tu respuesta.

47. ●●○ Explica cómo puede determinarse la edad de una roca mediante el análisis de los radioisótopos de sus cristales de circón.

48. ●●○ Investiga qué otros métodos de datación absoluta, además del análisis de radioisótopos, se pueden utilizar para conocer la edad de determinados materiales y acontecimientos geológicos de nuestro planeta.

3. Los fósiles

49. ●○○ ¿Qué es un fósil guía? Indica cuál es el fósil guía característico de la era mesozoica.

50. ●●○ Observa estas fotografías y determina qué fósiles corresponden a una parte petrificada de un animal; cuáles, a una marca de su actividad, y cuáles no se pueden clasificar en ninguna de estas dos categorías:

a) Investiga qué es un coprolito y una icnita. Explícalo brevemente e identifícalos en las fotografías.

b) ¿Qué fósiles corresponden a la marca del organismo sobre la roca?

c) ¿Qué fósiles no están petrificados? ¿Cómo se denominan las sustancias que contienen los fósiles? Explica cómo se han podido formar estos fósiles.

4. Estratigrafía

51. ●○○ Explica en qué consisten los principios de superposición y horizontalidad original de la estratigrafía.

— ¿Cómo nos ayudan estos principios a entender la información que nos proporciona una columna estratigráfica?

52. ●●○ Dibuja la columna estratigráfica que se observaría en un corte del terreno que siguiera la dirección de la flecha en cada caso. Fíjate en el ejemplo.

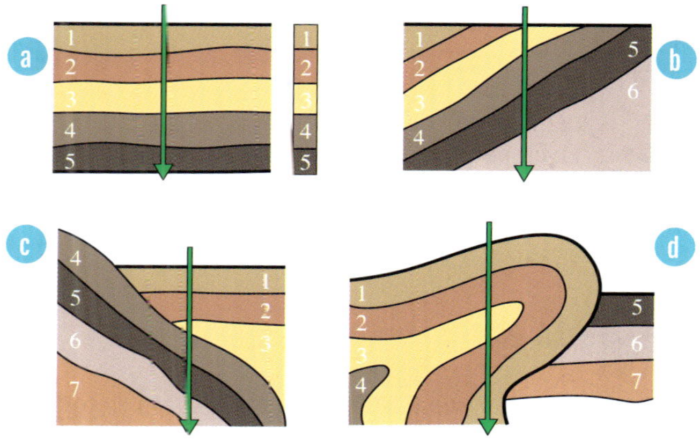

— ¿Se cumple el principio de superposición en todas las columnas? ¿Por qué?

5. Historia de los continentes

53. ●○○ Define los siguientes conceptos: orógeno y cratón.

54. ●○○ Elabora un esquema en el que expliques brevemente cuáles son los cinco ámbitos de estudio que se utilizan para conocer la historia de los continentes.

55. ●●○ Este dibujo muestra la disposición hipotética de los continentes de Australia y la Antártida durante el Cretácico.

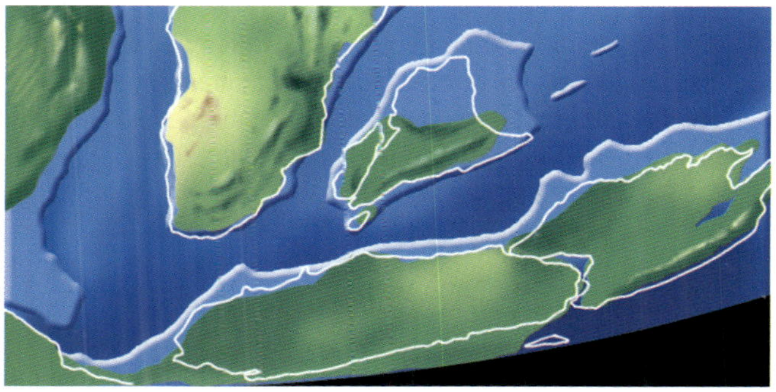

— ¿Qué aspectos de estos continentes estudiarías para comprobar si la hipótesis es correcta?

56. ●●○ Indica si las siguientes afirmaciones son verdaderas o falsas, y corrige las falsas.

a. Si una roca presenta minerales cuya orientación magnética es distinta a la orientación actual, se deduce que ese continente ha variado su posición después de la formación de la roca.

b. La distribución de algunas especies fósiles en continentes hoy alejados sugiere que estaban separados en la época en que vivió aquella especie.

Actividades finales

c. Los límites de la plataforma continental de algunos continentes coinciden tan bien que muestran que estuvieron antes unidos, formando uno solo.

d. La coincidencia de sistemas montañosos o macizos rocosos de la misma edad y composición demuestra que los continentes estaban separados en la época en que se originaron esas formaciones.

57. ●●○ La fauna y la flora fósil de la era mesozoica de África y Sudamérica son similares, pero las que corresponden a la cenozoica en ambas zonas muestran claras diferencias. ¿Puedes explicar a qué es debido esto?

6. Historia de la atmósfera y el clima

58. ●○○ ¿Qué técnica podemos utilizar para determinar la edad de un árbol? Explícalo y di qué otro tipo de información podemos obtener utilizando esta técnica.

59. ●●○ Explica, de forma cronológica, cómo ha evolucionado la atmósfera desde que apareció en nuestro planeta hasta la actualidad.

60. ●●○ Uno de los gases que han permitido el desarrollo de la vida en la Tierra ha sido el ozono. ¿Cuándo se comenzó a formar esta capa en la atmósfera? ¿Qué funciones cumple esta capa?

7. Historia de la vida

61. ●○○ ¿Qué fue la explosión cámbrica?

62. ●●○ La evolución de la vida en la Tierra y la expansión y la distribución de las diferentes especies han dependido de las condiciones ambientales en la superficie del planeta. Pon un ejemplo que ilustre claramente esta relación.

63. ●●● Los siguientes mapas muestran la superficie emergida en una región del Sudeste Asiático durante las glaciaciones del Cuaternario y en la actualidad.

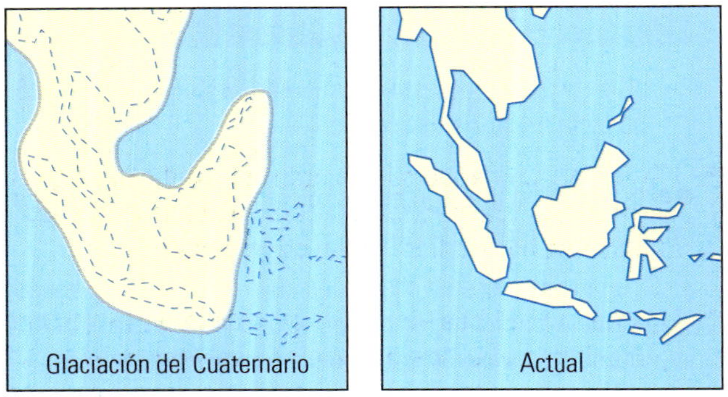

a) ¿A qué crees que es debida la diferente geografía de esta zona en esas dos épocas?

b) ¿Qué esperaríamos del estudio de la fauna actual de las distintas islas de Indonesia? Redacta una hipótesis con esa predicción. Investiga sobre las especies de rinoceronte de Asia para contrastar la hipótesis.

APLICA

64. ●●○ ¿Por qué crees que los meteoritos son la mejor muestra para determinar la edad de los planetas? Piensa en cómo se formaron los meteoritos y qué procesos deben de haber sufrido sus rocas.

65. ●●○ Indica y razona qué método de datación por radioisótopos utilizarías para fechar las siguientes muestras:

— Un meteorito hallado en la Antártida.

— Un fósil de trilobites.

— Utensilios de hueso y madera hallados junto a restos humanos en Canadá.

66. ●●○ Los avances en geología y paleontología que tuvieron lugar entre los años 1700-1900 permitieron la aparición de diversas corrientes de pensamiento que intentaban explicar la historia de la Tierra. Busca información sobre estas corrientes y di cuáles son sus principios básicos.

67. ●●○ Completa en tu cuaderno el esquema que representa la desintegración de una roca que contiene 8 g del radioisótopo potasio 40.

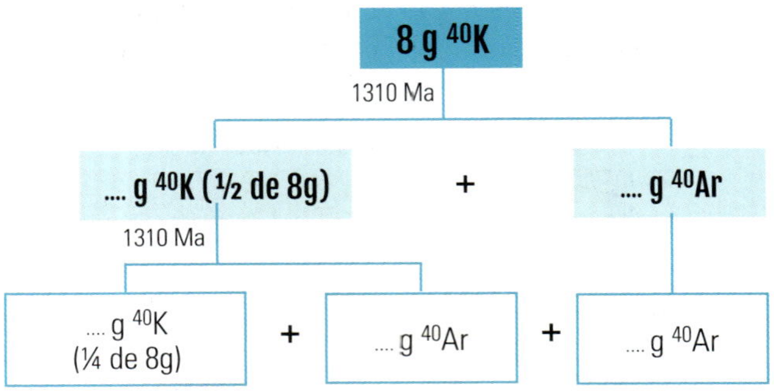

— A partir del gráfico, deduce el período de semidesintegración de ^{40}K. ¿Cuál es la edad de la roca si los análisis han detectado una proporción de 1/4 ^{40}K y 3/4 ^{40}Ar?

68. ●●○ Las investigaciones más recientes apuntan que la actividad geológica interna estaría generada por el ascenso de materiales fundidos desde el mismo núcleo terrestre. Estas columnas de material fundido ascendente se denominan plumas térmicas.

— Aplicad la técnica cooperativa Estructura 1-2-4 para explicar qué son las plumas térmicas. Podéis consultar este artículo:

https://links.edebe.com/qwfkfe

69. ●●○ Redacta un informe sobre cómo era la Tierra en el eón arcaico y en los períodos pérmico y cretácico. Debes incluir, para cada uno de ellos, la siguiente información:

— Características de la atmósfera y del clima.

— Principales procesos geológicos y distribución de los continentes.

— Diversidad biológica.

70. ●●○ Entra en el siguiente enlace y busca la sección de Paleontología. Comenta dos de las noticias más recientes sobre los dinosaurios u otros animales prehistóricos.

https://links.edebe.com/genDcm

71. ●●● En grupo, utilizad un calendario para representar los períodos geológicos si se comprimiese toda la historia del planeta en un solo año. Pintad con distintos colores los períodos geológicos e indicad el día en que:

— Aparecen los organismos unicelulares y pluricelulares.

— Aparecen los primeros peces, anfibios, reptiles, aves y mamíferos.

— Aparecen las primeras plantas, las gimnospermas y las angiospermas.

— Se extinguen los dinosaurios.

— Aparecen los primeros primates.

— Aparecen los primeros homínidos y el hombre actual.

¿Sabrías calcular en qué hora y minuto apareció el ser humano actual?

72. ●●● Observa esta gráfica que representa los impactos de diámetro mayor de 90 km producidos sobre la superficie terrestre a lo largo de la historia de la Tierra:

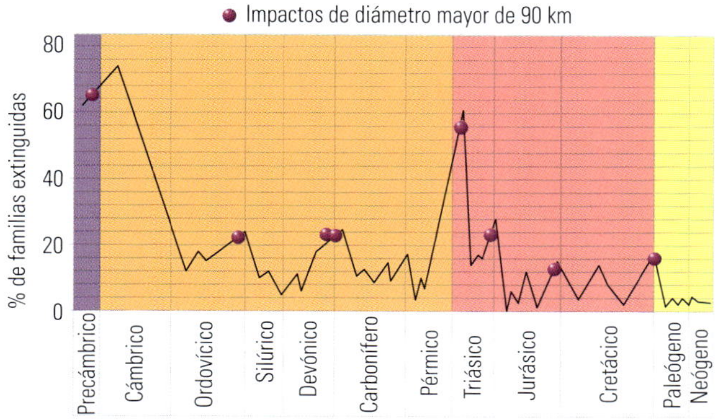

a) ¿Qué representa la línea de color negro?

b) Analiza los intervalos de la gráfica. ¿Qué impacto ocasionó una mayor extinción? Ordena las extinciones masivas según su gravedad.

c) ¿Qué relación existe entre los impactos de los meteoritos y la disminución de la biodiversidad?

73. ●●● Lee atentamente este artículo y responde a las preguntas planteadas a continuación:

En diversos lugares del mundo muy alejados entre sí, desde Norteamérica hasta Japón o Europa meridional, llama la atención un fino estrato de arcilla correspondiente a la frontera entre el Cretácico y el Paleógeno, hace unos 65 Ma. Durante la década de 1980 se estudió a fondo esa capa, llamada límite K-T, y sorprendió la presencia en ella de grandes cantidades de iridio, elemento escaso en la Tierra, pero más abundante en asteroides y meteoritos, y de hollín en forma de pequeñas esférulas de carbón que se producen al quemarse la madera en los incendios forestales. A la vista de estos datos, un grupo de geólogos elaboró la siguiente hipótesis: hace 65 Ma un asteroide habría chocado contra la Tierra y habría provocado, con el impacto, una catástrofe ecológica colosal (incendios masivos que habrían devastado los bosques de todo el globo; y un enfriamiento súbito del clima al disminuir la intensidad de la luz solar que llegaba a la superficie a causa del polvo y las cenizas que habrían ascendido a las capas altas de la atmósfera). La hipótesis debía ser confirmada con el hallazgo del cráter que habría dejado ese colosal impacto. Se buscó en los lugares donde el límite K-T estaba más desarrollado y se logró relacionar con los restos hoy enterrados de un cráter en la localidad de Chicxulub, en el sudeste de México. Se estima que el diámetro del cráter es de unos 180 km y que fue provocado por el impacto de un asteroide de unos 10 km.

a) Pon un título a este artículo.

b) ¿Qué es el iridio?

c) Explica cómo se llegó a relacionar la extinción de los dinosaurios con el cráter de Chicxulub.

d) La extinción del final del Cretácico acabó con los dinosaurios y muchos otros grupos de animales. Sin embargo, hubo muchos supervivientes, como los mamíferos, las aves y los cocodrilos. ¿Por qué crees que estos grupos sobrevivieron? Razona tu respuesta.

Piensa sobre...

74. ¿Te ha resultado interesante conocer las diferentes eras y períodos del tiempo geológico para relacionarlo con la historia de la vida? ¿Qué contenidos, nuevos para ti, te han llamado más la atención?

— Valora el interés que han generado en ti los contenidos de esta unidad.

A B C

75. ¿Te habías planteado cuáles eran las condiciones que hacían de la Tierra un planeta habitable? ¿Has investigado si esas condiciones se dan o se han podido dar en otros planetas?

76. En esta unidad has visto que el estudio de la radiactividad tiene aplicaciones que nos ayudan a aumentar nuestro conocimiento científico, en este caso en la geología. Investiga y comparte con tus compañeros algunos ejemplos de tecnologías que nos permiten profundizar en otros campos de la ciencia.

Pon a prueba tus competencias

77. Lee atentamente el siguiente texto y completa las actividades que encontrarás a continuación:

El Ayuntamiento de una localidad quiere construir un polideportivo para sus habitantes. Se ha encargado a un equipo de geólogos un estudio del terreno para poder elegir el lugar más adecuado para la obra. Se pretende construir los cimientos del edificio sobre una base lo más sólida posible. Después de examinar la superficie del terreno y de efectuar tres perforaciones en los puntos A, B y C, los geólogos han confeccionado un perfil geológico, que es una de las herramientas básicas que se utilizan para interpretar la estructura geológica de un lugar.

Este es el perfil geológico que se ha obtenido de la zona:

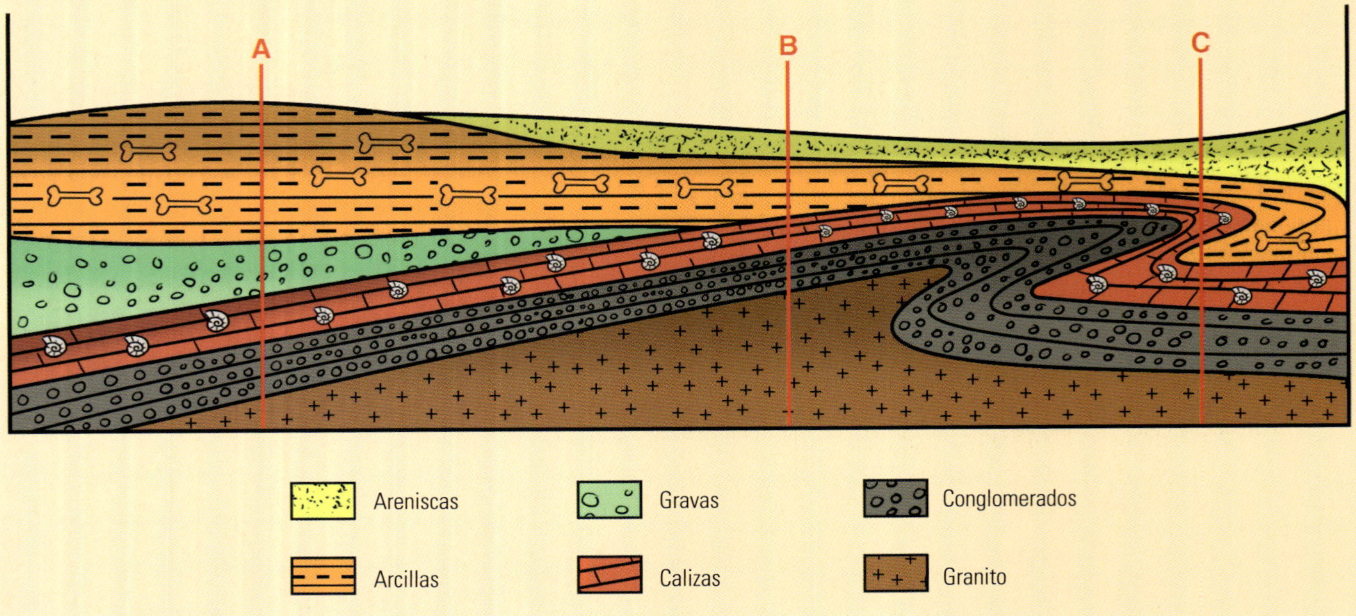

A. ¿Cómo se denomina cada una de las franjas representadas en el esquema? ¿Por qué se representan con colores y símbolos distintos?

B. ¿Cuál es la capa más reciente? ¿En qué principio te basas para afirmarlo?

C. Para confeccionar el estudio, los geólogos llevaron a cabo tres perforaciones en el terreno que se corresponden con las líneas marcadas como A, B y C. Dibuja las columnas estratigráficas e indica los materiales que se encontraron.

— Analiza las similitudes y las diferencias entre las tres perforaciones. Propón una explicación que analice las diferencias. ¿Se cumple el principio de superposición en todas las columnas? Justifica la respuesta.

D. ¿En qué zona del terreno se encuentran rocas sólidas a menor profundidad? Razona sobre en qué zona recomendarías construir los cimientos del polideportivo.

E. Los geólogos han decidido realizar una datación mediante radioisótopos. El resultado determinó que la capa de arcillas tiene una antigüedad de 25 Ma y que los conglomerados son mucho más antiguos, con 300 Ma. ¿De qué tipo de datación se trata?

F. Al analizar las columnas estratigráficas, los geólogos han identificado fósiles en el estrato de arcillas. Uno de los científicos cree haber descubierto un diente de dinosaurio, pero su compañero le comenta que esto no es posible. ¿Quién crees que tiene razón? Justifica tu respuesta.

G. Los geólogos también han encontrado fósiles en la capa de calizas, concretamente de amonites.

— A partir de estos datos, estima la antigüedad de la capa de calizas. ¿De qué tipo de datación se trata?

H. Los geólogos han analizado las muestras de conglomerados para poder descubrir fósiles. ¿Qué grupo de seres vivos podrían encontrar? Justifica tu respuesta.

— ¿Por qué crees que no han tenido en cuenta la capa de granito para encontrar fósiles?

78. Lee con detenimiento este texto y completa las actividades:

Gracias al estudio de las muestras de meteoritos y de las ondas sísmicas que se producen durante los terremotos, los científicos han deducido la naturaleza de los materiales que constituyen las diferentes capas de la geosfera terrestre, la temperatura y la presión a las que se encuentran, y también, su estado físico. Con esta información, los geólogos estiman los siguientes datos:

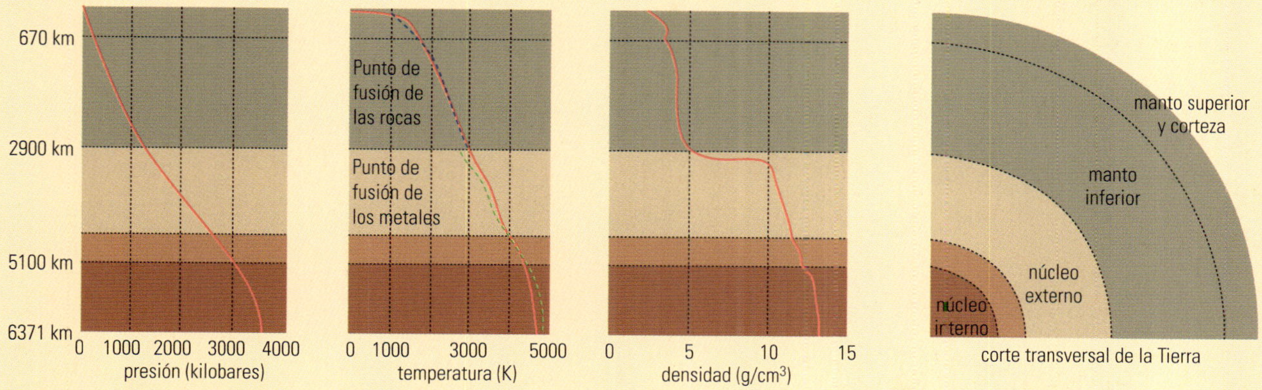

Estas conclusiones se podrían verificar si se pudiera efectuar una perforación hasta el núcleo terrestre; pero, de momento, la perforación más profunda realizada por el ser humano tuvo lugar en Rusia, concretamente en la península de Kola, cerca de la frontera con Finlandia. Se eligió esta zona porque se calculó que la corteza continental basáltica tiene un grosor de solamente 35 km.

El proyecto de perforación se inició en 1970 y terminó en 1989, alcanzando una profundidad máxima de 12 262 metros. Se dató que las rocas perforadas más profundas tenían una antigüedad de 2700 millones de años.

Un gran descubrimiento que se hizo fue la detección de una enorme cantidad de hidrógeno mezclado con el fango que se extraía del pozo.

Otro proyecto similar fue llevado a cabo por los Estados Unidos en 1957 y recibió el nombre de «Proyecto de Mohole», en honor a la discontinuidad de Mohorovicic. Los estadounidenses decidieron perforar la corteza oceánica del Pacífico en las costas mexicanas. Se detuvo sin descubrimientos importantes en 1966 por falta de financiación.

Pozo de Kola.

A. Observa las gráficas y describe cómo varían la presión, la temperatura y la densidad con la profundidad.

B. Fíjate en la gráfica de la temperatura y determina qué capas de la geosfera se encuentran en estado fundido. ¿Puedes explicar por qué las rocas situadas en el núcleo interno no se encuentran en estado líquido si se hallan a mayor temperatura que las del núcleo externo?

C. Si el radio terrestre mide 6371 km, ¿qué porcentaje de su grosor se consiguió perforar en el pozo de Kola? ¿Crees que los datos obtenidos son representativos del interior terrestre? Justifica tu respuesta.

D. ¿Qué tipo de roca perforaron durante la construcción del pozo? ¿Recuerdas de qué tipo de roca se trata: sedimentaria, metamórfica o magmática?

— ¿En qué era y período se formaron las rocas más profundas encontradas en este sondeo?

E. Uno de los campos de estudio de los científicos que realizaron esta perforación era el de las discontinuidades sísmicas.

— ¿Qué discontinuidad tenían más cercana? ¿A qué profundidad esperaban localizarla?

— ¿Qué capas terrestres limita esta discontinuidad?

2

Bloque 1. La Tierra

Geodinámica interna

Contenidos

- La litosfera terrestre
- La dinámica de la litosfera
- El ciclo de Wilson
- Los riesgos volcánico y sísmico

Y además...

- Ciencia a tu alcance
  El riesgo geológico

¡Te sorprenderás!

¿Conoces los marsupiales? ¿Por qué solo existen en Australia y en Sudamérica?

¿Por qué los volcanes expulsan lava?

¿Sabes qué es una pluma térmica?

¿Existen volcanes alejados de las zonas de contacto entre las placas tectónicas?

¿Has vivido alguna vez un terremoto?

1. LA LITOSFERA TERRESTRE

La capa externa de la Tierra formada por la corteza y la parte más exterior del manto se denomina **litosfera.** Esta capa se sitúa sobre la **astenosfera** y se diferencia de ella por su comportamiento: la litosfera es una capa rígida y sólida, mientras que la astenosfera es más plástica y se comporta como un fluido, de modo que está sometida a corrientes de convección.

La litosfera se encuentra fracturada en diversos fragmentos llamados **placas litosféricas.** Existen ocho placas principales: Pacífica, Norteamericana, Sudamericana, de Nazca, Euroasiática, Africana, Australiana y Antártica. Las demás placas son de menor tamaño, por lo que a menudo se las califica como subplacas, como por ejemplo, la de Cocos o la Filipina.

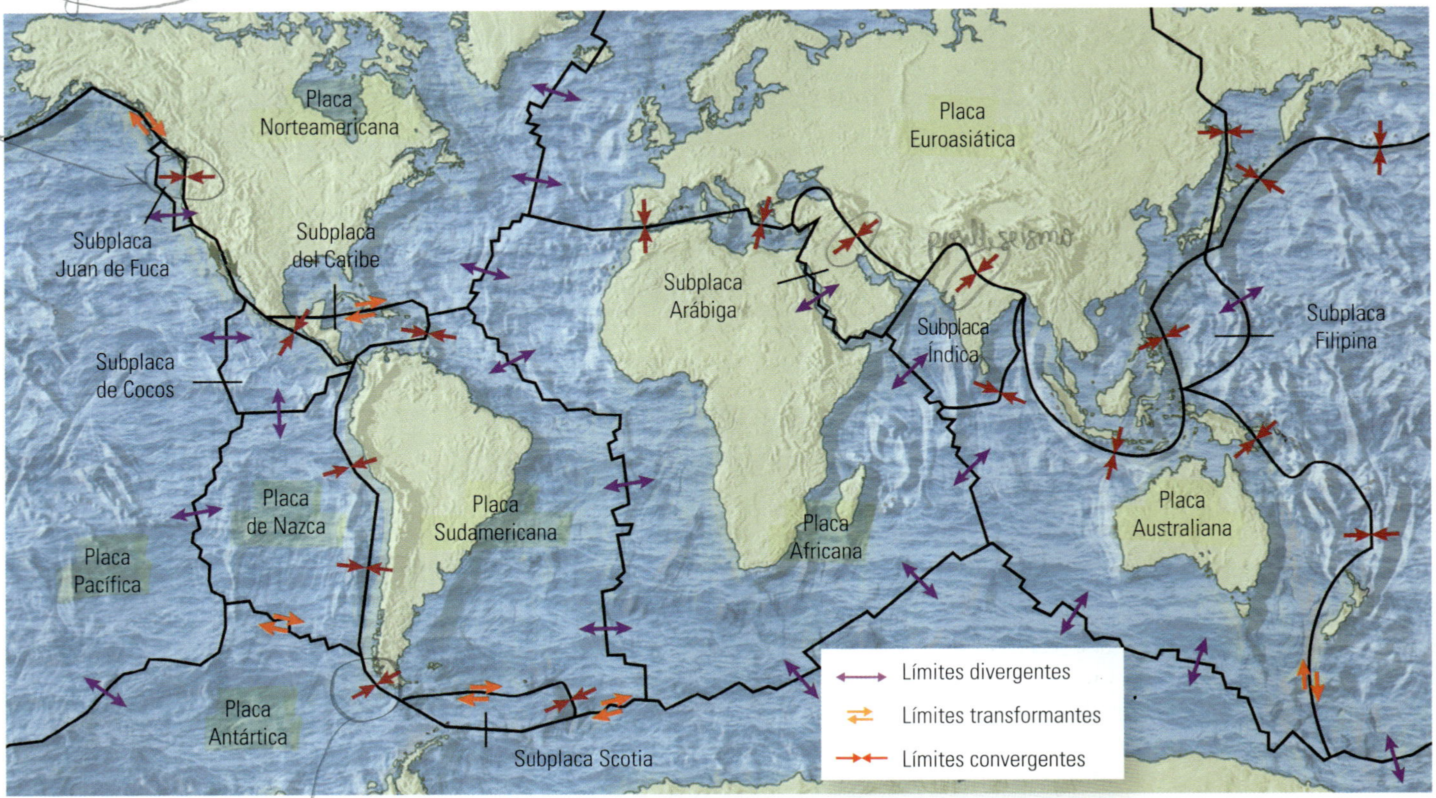

La mayoría de las placas tectónicas contiene dos tipos de litosfera:

— **Litosfera oceánica.** Es la más delgada y la más densa. Constituye el fondo de los océanos.

— **Litosfera continental.** Es más gruesa y ligera, y coincide con las zonas emergidas.

1.1. LA TEORÍA DE LA DERIVA CONTINENTAL

¿Lo vemos?
Las pruebas de la deriva continental

Alfred Wegener fue un meteorólogo alemán que enunció en 1912 la teoría sobre la **deriva continental.** En ella exponía que los continentes, lejos de encontrarse en una situación estática, se desplazaban lentamente. De este modo, Wegener explica que hace 300 millones de años la tierra emergida se encontraba en forma de un solo continente llamado *Pangea,* rodeado de un único océano denominado *Panthalassa.*

Los geólogos de su época no aceptaron la teoría de la deriva continental porque no podía explicar cómo se desplazaban los continentes.

Para sustentar su teoría, Wegener recopiló diversas pruebas:

Pruebas geográficas

La coincidencia de las costas de algunos continentes indica que estos habían estado unidos y que se separaron posteriormente.

Pruebas paleontológicas

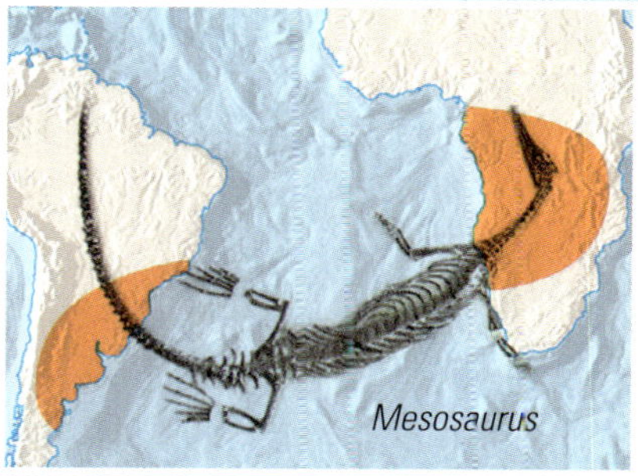

La presencia de fósiles similares en diferentes continentes sugiere que estos debieron de estar unidos en el pasado.

Pruebas geológicas

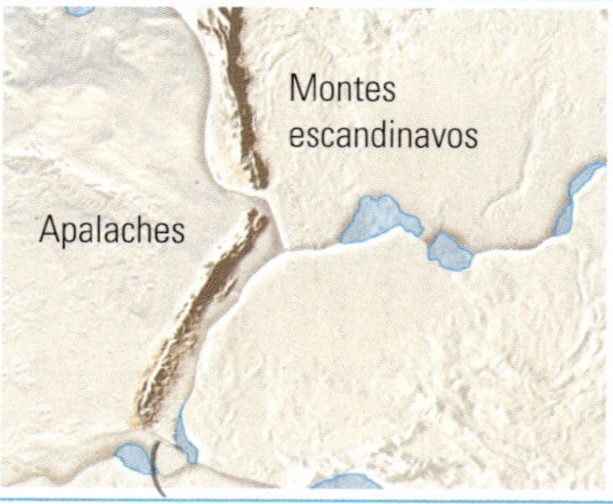

Existen antiguas formaciones geológicas similares separadas actualmente por el mar. Esto da a entender que estas regiones estuvieron unidas en épocas anteriores.

Pruebas biológicas

Algunos organismos, al evolucionar después de separarse los continentes, han originado especies distintas, como los marsupiales australianos y sudamericanos.

1.2. LA TEORÍA DE LA TECTÓNICA DE PLACAS

Con posterioridad a los estudios de Wegener, los avances científicos proporcionaron nuevas evidencias que corroboraban el movimiento de los continentes. Esto dio lugar a la teoría de la **tectónica de placas,** que a su vez explica la formación de las cordilleras, el vulcanismo y la sismicidad. Veamos a continuación las principales evidencias:

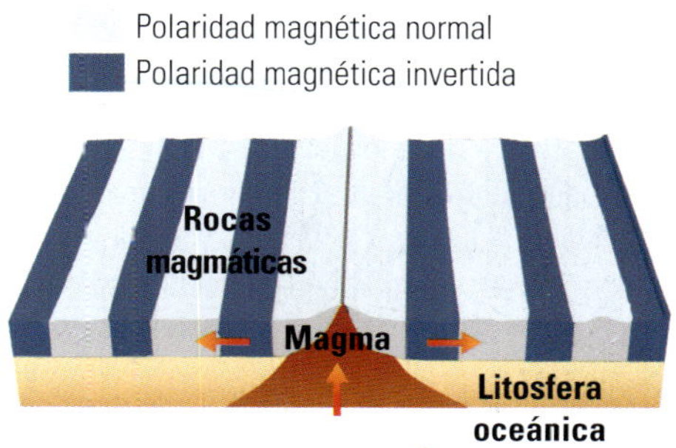

- La **edad de las rocas del fondo oceánico.** Las edades de las rocas situadas en las zonas centrales de los océanos son más recientes que las de las ubicadas en las zonas próximas a los continentes. Esto es una prueba de la expansión del fondo de los océanos a partir de un eje central, las dorsales oceánicas, ya que, a medida que se van formando las rocas volcánicas en el centro, las originadas anteriormente se van desplazando y alejando de este.
- El **paleomagnetismo de las rocas del fondo oceánico.** Las rocas magmáticas adquieren la polaridad del campo magnético existente en el momento de su formación. El fondo de los océanos muestra bandas simétricas de polaridad normal e invertida que se alternan a ambos lados de las dorsales.
- La **distribución de volcanes y terremotos.** Se disponen alineados y se concentran en determinadas zonas que coinciden con los límites propuestos para las placas tectónicas.
- El análisis de la **paleoclimatología.** Estos estudios han demostrado que en todos los continentes del sur y en la India aconteció un clima glacial. Esto significa que existió un único continente cerca del polo sur, que se fracturó dando lugar a otros continentes que se desplazaron hasta su ubicación actual.
- El **estudio de las estructuras submarinas.** Gracias a la exploración de los océanos, se han podido cartografiar las dorsales oceánicas, largas cordilleras submarinas que recorren los principales océanos. En el centro de estas dorsales se han encontrado numerosas señales del magmatismo que ha originado las rocas del fondo oceánico.

Actividades

1. Anota en una lista las placas y las subplacas que constituyen cada continente. ¿Qué placas no han aparecido en la lista anterior? ¿En qué se diferencian de las que constituyen los continentes?
2. Investiga cómo se denomina la subplaca en la que se encuentra la Península Ibérica. ¿Todo el territorio español se encuentra en esta placa? Justifica tu respuesta.

¿Lo vemos?
Un planeta activo

1.3. LA ENERGÍA QUE MUEVE LAS PLACAS

La **capa D"** es una región situada entre el núcleo y la mesosfera, que tiene un papel activo en el movimiento convectivo de los materiales del interior terrestre.

En esta región se acumulan los materiales fríos que descienden de capas superiores. También sería el lugar donde se inician las plumas térmicas.

La Tierra es un planeta geológicamente activo gracias al calor que mantiene en su interior. Una parte de este calor se conserva desde las primeras etapas de formación del planeta, cuando la Tierra era bombardeada por innumerables meteoritos y llegó a estar casi totalmente fundida. Además de este calor residual, en las capas profundas de la Tierra se genera calor debido a la desintegración de los elementos radiactivos presentes en su interior.

El calor contenido en el interior terrestre es el motor que mueve las placas litosféricas y el responsable del vulcanismo y la sismicidad asociada. Pero, para ello, es necesario que exista un mecanismo que permita la transmisión de calor desde las capas internas de la Tierra hacia la litosfera. Existen varias hipótesis para explicar la transmisión de calor:

Sistema de corrientes de convección

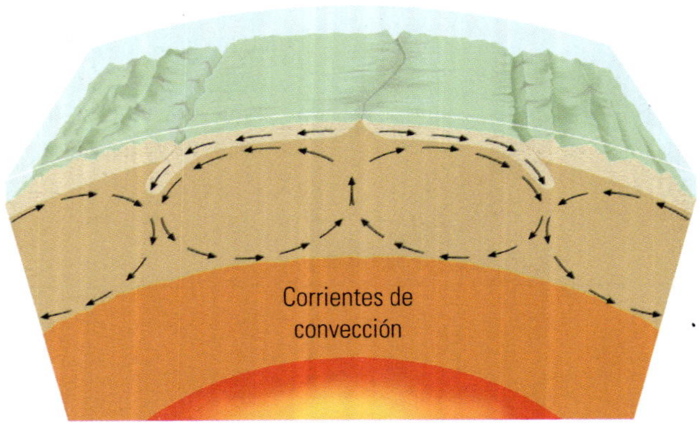

Según esta hipótesis, el manto actúa como un fluido: los materiales más calientes y menos densos ascienden hacia la superficie, y allí se enfrían para después iniciar su descenso. El resultado es la transmisión de energía desde el núcleo hasta la superficie mediante corrientes de convección. Gracias a esta energía, la astenosfera arrastraría la litosfera, que flota sobre ella, y provocaría su desplazamiento.

Plumas térmicas

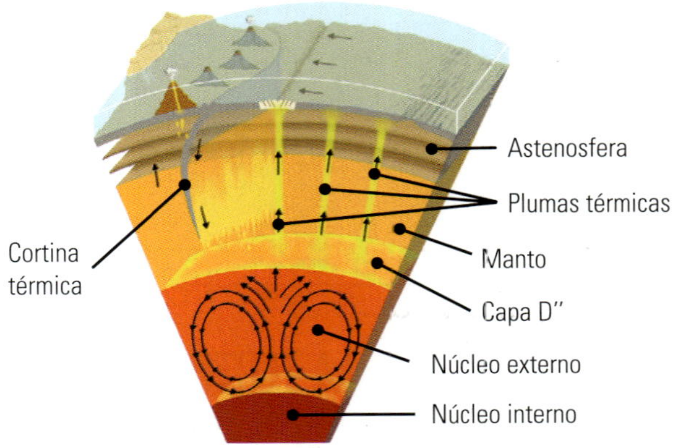

Estudios recientes consideran que la astenosfera no parece ser una capa fluida continua. Es más probable que exista un ascenso de materiales fundidos desde los límites del núcleo en forma de **plumas térmicas** que llegan hasta la litosfera. El descenso de materiales hacia capas más profundas se realizaría en forma de láminas anchas o **cortinas térmicas** hasta el fondo de la mesosfera (la capa D").

Algunos geólogos van más allá y opinan que las corrientes de convección no pueden ser el principal mecanismo responsable del movimiento de las placas. Piensan que la **fuerza de la gravedad** también está implicada en el proceso. Así, en las zonas en las que se hunden los materiales, el peso de estos arrastra el resto de la placa y facilita el movimiento de los materiales hacia el interior terrestre.

Actividades

3. Explica de dónde procede el calor del interior terrestre.
4. ¿Qué exponía Wegener en su teoría de la deriva continental? Busca información sobre la vida y los descubrimientos de Wegener, y explica qué motivos dieron los científicos de su época para no aceptar sus teorías.
5. ¿Por qué la edad de las rocas del fondo oceánico es mayor cerca de los continentes que en el centro de los océanos?
6. ¿Entre qué capas se sitúa la capa D"? ¿Cuál es su papel en el movimiento de la litosfera terrestre?
7. Lee este artículo sobre la tectónica de placas y valora los puntos que la ciencia puede explicar y los que aún quedan por concretar. ¿Crees que el hecho de que haya procesos que todavía no se pueden precisar resta credibilidad a esta teoría? Justifica tu respuesta.

https://links.edebe.com/9q52j

2. LA DINÁMICA DE LA LITOSFERA

¿Lo vemos?
Los límites entre placas

Las diferentes placas que constituyen la litosfera generan entre sí tres tipos de bordes o contactos entre placas:

— Los **límites** o **bordes divergentes,** en los que las placas se separan y el espacio generado se llena con materiales fundidos que provienen del manto. Como resultado, se formará nueva litosfera.

— Los **límites** o **bordes convergentes,** en los que las placas chocan una contra otra. Según la naturaleza de las placas que convergen, se formará una zona de subducción en la que se destruye litosfera o una zona de obducción en la que los materiales se pliegan y forman nuevas cordilleras.

— Los **límites** o **bordes conservativos,** en los que ni se crea ni se destruye litosfera. En estos límites las placas se desplazan lateralmente y se originan las fallas transformantes.

Gran valle del rift
Placa somalí y africana

2.1. LÍMITES DIVERGENTES

¿Qué sabes sobre...
...los límites divergentes?

Los límites divergentes aparecen en las zonas en las que una placa tectónica se fractura. Se trata de un proceso que dura millones de años y en el que podemos establecer estas cuatro fases:

1. VULCANISMO INCIPIENTE

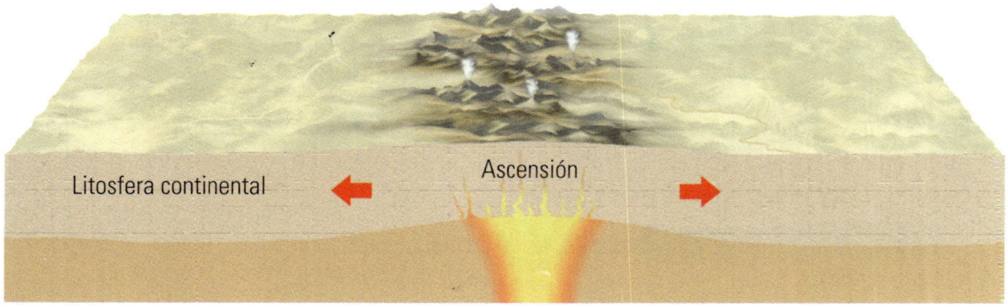

En algunas regiones continentales del planeta, se produce un flujo de calor importante desde zonas profundas. Se trata de las **plumas térmicas** o **puntos calientes.** Los materiales fundidos ascienden y presionan la litosfera, de modo que pueden provocar fracturas.

2. FORMACIÓN DE UN RIFT

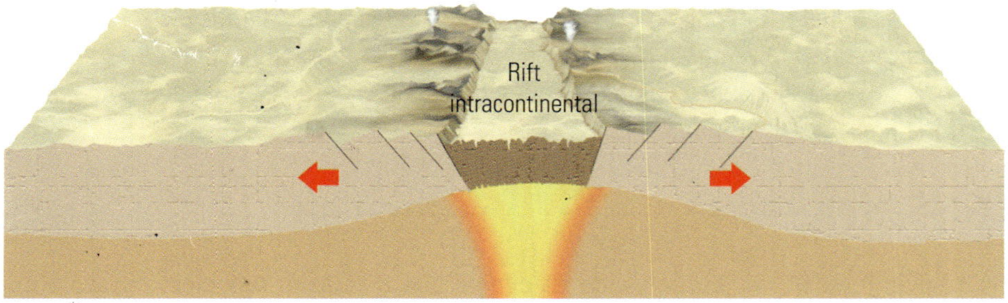

Las fracturas se manifiestan en forma de múltiples fallas normales, que dan lugar a grandes depresiones llamadas **rifts intracontinentales.** Es lo que ocurre actualmente en el este del continente africano.

La fracturación en los rifts suele ir acompañada de fenómenos volcánicos: el calor acumulado bajo la litosfera, a causa de la presencia de las plumas térmicas, produce la fusión de las rocas del manto y da lugar a magmas que tienden a ascender, en algunos casos, hasta la superficie. Un ejemplo de vulcanismo de este tipo es el Kilimanjaro, un volcán situado en el Gran Valle del Rift y que constituye la montaña más alta de África.

Kilimanjaro.

3. MAR LINEAL

Mar Rojo.

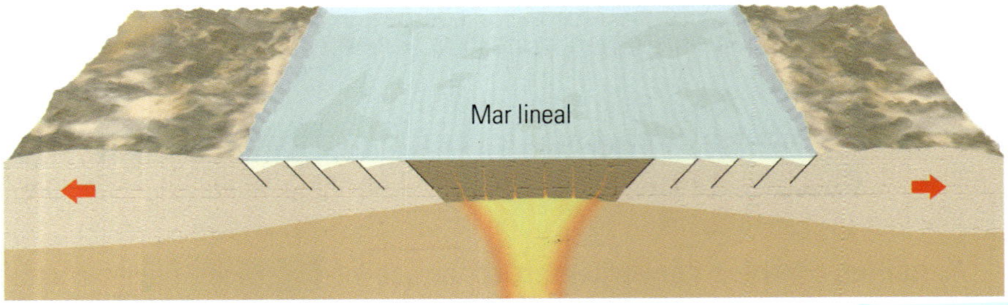

La expansión de la litosfera y su hundimiento provocan que estas grandes depresiones puedan quedar invadidas por el océano. En estos casos, se genera un mar lineal, estrecho y de poca profundidad, como el mar Rojo.

4. DORSAL OCEÁNICA

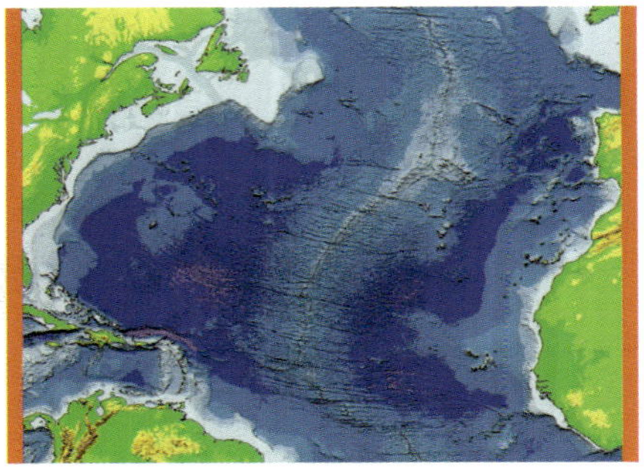

Dorsal atlántica.

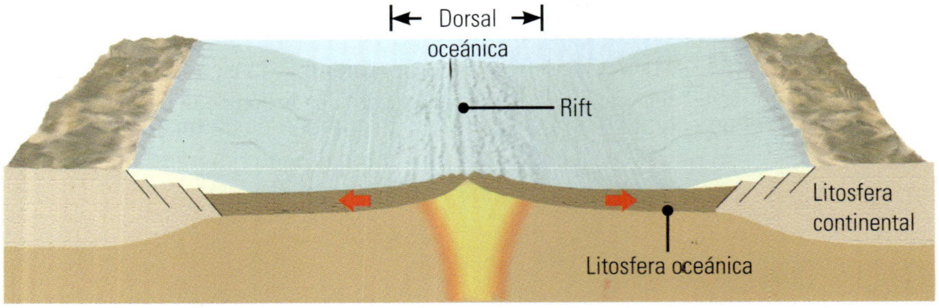

La litosfera continental queda separada en dos bloques, y los aportes de magma de la actividad volcánica empiezan a generar una **dorsal oceánica.** La dorsal será la zona de contacto entre las dos nuevas placas. En ella se observan muchas fallas perpendiculares al eje de la dorsal.

En esta nueva dorsal, las continuas erupciones submarinas expulsarán materiales que generarán nueva litosfera oceánica. Normalmente, la velocidad de expansión de la litosfera oceánica es de algunos centímetros al año.

La zona central de las dorsales, donde se da el vulcanismo submarino, sigue recibiendo el nombre de **rift.**

Las chimeneas submarinas de agua caliente son una muestra del magmatismo presente en las dorsales oceánicas.

Estos procesos explican la creación de nueva litosfera de tipo oceánico, que a su vez provoca una expansión de los océanos.

Existen tres grandes dorsales correspondientes a los océanos Atlántico, Pacífico e Índico. Sin embargo, si analizamos con detalle su relieve y su estructura, podremos comprobar que todas ellas se encuentran unidas y que pueden considerarse como una única gran estructura de escala planetaria.

Actividades

8. ¿Qué tipo de fallas se generan en los bordes divergentes o constructivos? ¿Por qué?

9. ¿Qué origen tiene el material que forma la litosfera oceánica?

10. Explica brevemente cómo se forma una dorsal oceánica, utilizando el ejemplo de la dorsal atlántica.

11. Teniendo en cuenta que el océano Atlántico empezó a expandirse hace 200 millones de años y que la distancia aproximada entre Sudamérica y África es de 5000 km, calcula la velocidad de expansión del océano en centímetros/año.

12. Observa el mapa de placas de la página 36 y explica qué placas limitan con la dorsal atlántica.

2.2. LÍMITES CONVERGENTES

¿Lo vemos? Los límites convergentes

En los límites convergentes se produce la colisión de dos placas, y el resultado de esta dependerá de la naturaleza de las placas implicadas.

— Cuando una de las dos placas es **oceánica,** se produce un proceso de destrucción de litosfera en las **zonas de subducción.** En estas zonas, la litosfera oceánica se hunde bajo la otra placa, penetrando en la astenosfera. Las altas temperaturas producen la fusión de los materiales y el magma resultante asciende y provoca una importante actividad volcánica.

El plano de contacto entre las dos placas, que tiene una inclinación de unos 45°, se denomina **plano de Benioff.**

Existen dos tipos de zonas de subducción:

Zona de subducción de tipo andino

Es la zona de contacto entre una placa con **litosfera continental** y otra con **litosfera oceánica.** La oceánica es más densa y subduce bajo la continental. La fusión de la litosfera oceánica genera magmas que ascienden hacia la superficie.

Este tipo de contacto origina los llamados **orógenos térmicos,** como la cordillera de los Andes, formada por la subducción entre las placas de Nazca y la Sudamericana.

Zona de subducción de tipo arco de islas

En las zonas de contacto entre **dos placas con litosfera oceánica,** una de ellas subduce bajo la otra y se genera un **arco de islas.** Estas zonas muestran un intenso vulcanismo que origina islas volcánicas alineadas sobre la zona de contacto entre las placas.

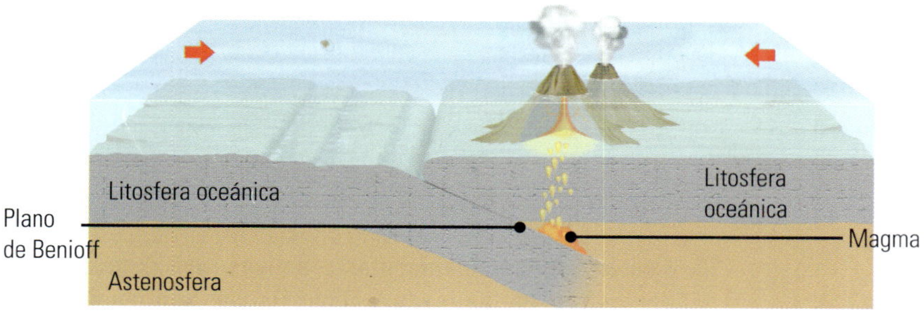

Algunos arcos de islas son las islas de Japón, Filipinas o las Aleutianas. Estas islas también constituyen **orógenos térmicos** en los que abundan los volcanes.

ORÓGENOS TÉRMICOS

Son formaciones montañosas producidas por la convergencia entre dos placas oceánicas que generan un arco de islas, o entre una placa oceánica y otra continental, que generan una cordillera de tipo andino.

Se caracterizan por una intensa actividad volcánica.

Cordillera de los Andes, desde Santiago (Chile).

Japón
Placa Filipina y Pacífica subduce bajo la Euroasiática y la Norteameric.

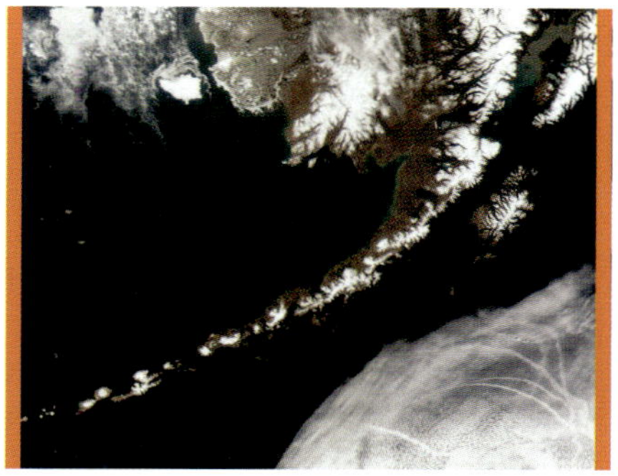

Islas Aleutianas.

ORÓGENOS DE COLISIÓN

Son formaciones montañosas que se producen en las zonas de obducción, es decir, de convergencia entre dos placas continentales. No presentan vulcanismo pero sí una intensa deformación del terreno con fallas inversas, cabalgamientos y mantos de corrimiento.

En la Península Ibérica, los Pirineos, la cordillera Cantábrica y las cordilleras Béticas son orógenos de colisión.

— Cuando las dos placas que colisionan están formadas por litosfera continental, se forma una **zona de obducción.** En ella, los materiales, al ser menos densos que la litosfera oceánica, no pueden subducir y se pliegan.

Zona de obducción

En las zonas de obducción, los materiales plegados provocan un aumento del grosor de la litosfera continental y se originan los orógenos de colisión, es decir, grandes cordilleras como la del Himalaya, en Asia, o los montes Urales.

En estas zonas se producen terremotos con frecuencia y acaban convirtiéndose, a largo plazo, en **zonas de sutura** en las que las dos placas quedan finalmente unidas en una sola. Una vez suturada, la zona se estabiliza geológicamente.

Himalaya → Placa Indoaustraliana y Euroasiática

2.3. LÍMITES CONSERVATIVOS

Además de las zonas de construcción y de destrucción de litosfera, existen contactos entre placas en los que estas se desplazan lateralmente una respecto de la otra.

Falla de San Andrés.

Fallas transformantes

Los desplazamientos laterales dan lugar al desarrollo de **fallas transformantes,** cuyo efecto es una gran frecuencia de movimientos sísmicos en las regiones afectadas. Este proceso se da, por ejemplo, en California, donde la placa Pacífica se desplaza hacia el norte respecto a la placa Norteamericana, y origina fallas como la de San Andrés.

Actividades

13. Explica qué es el plano de Benioff.

14. ¿Cuál debe ser la naturaleza de las placas para originar un conjunto de islas como las Filipinas? ¿Y la cordillera de los Andes? ¿Y la cordillera del Himalaya?

15. Existen zonas volcánicamente activas en algunos puntos del interior de las placas, como Hawái. Son las llamadas *zonas de intraplaca*. Investiga a qué es debido el vulcanismo de estas zonas. Busca información y nombra dos ejemplos más de vulcanismo de intraplaca.

2.4. PROCESOS GEOLÓGICOS EN LOS LÍMITES ENTRE PLACAS

Los principales procesos y estructuras geológicos que se producen en los límites entre placas son:

Los pliegues

Son deformaciones de los estratos que se producen cuando los materiales están sometidos a una compresión en condiciones de presión y temperatura elevadas. Los pliegues son propios de los límites convergentes.

Los pliegues en cuyo núcleo se encuentran los estratos más antiguos reciben el nombre de **anticlinales,** mientras que aquellos en los que el material del núcleo es el más moderno se llaman **sinclinales.**

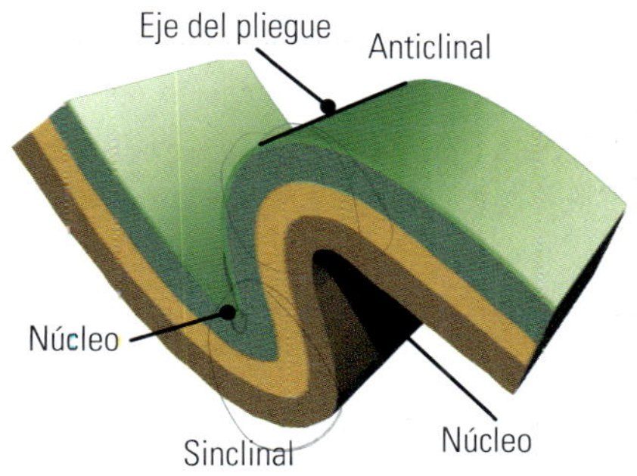

Las fallas y los cabalgamientos

— Las **fallas** son fracturas del terreno en las que se aprecia un desplazamiento relativo entre los bloques resultantes. Cuando se produce una distensión del terreno, se generan **fallas normales,** mientras que, cuando hay compresión, aparecen **fallas inversas.** En las **fallas transformantes,** los bloques se desplazan lateralmente. Las fallas normales están asociadas a límites divergentes; las inversas, a límites convergentes, y las transformantes, a límites conservativos.

— Los **cabalgamientos** evolucionan a partir de fallas inversas, cuando las fuerzas de compresión continuadas provocan que uno de los bloques se desplace sobre el otro. Este fenómeno da lugar a una repetición de la serie de estratos.

Cuando el bloque superior avanza distancias importantes sobre el inferior, se habla de **manto de corrimiento.** Entonces, el bloque inferior se denomina **autóctono,** y el superior recibe el nombre de **alóctono.**

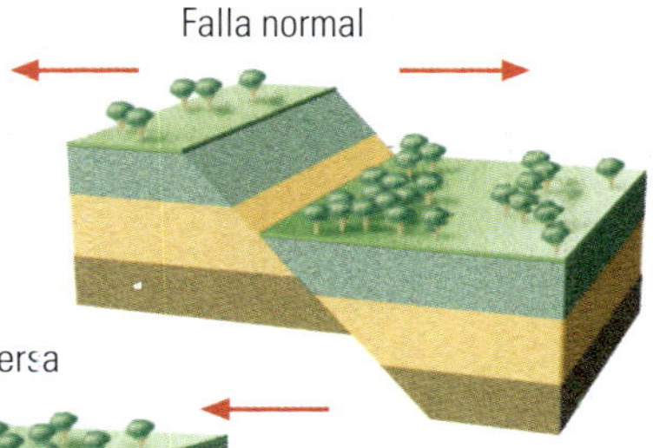

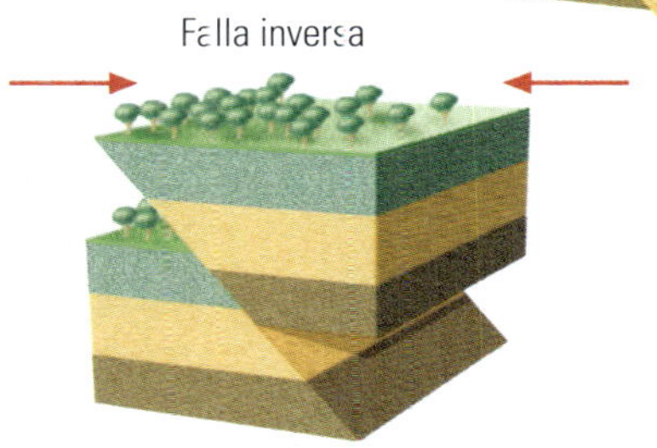

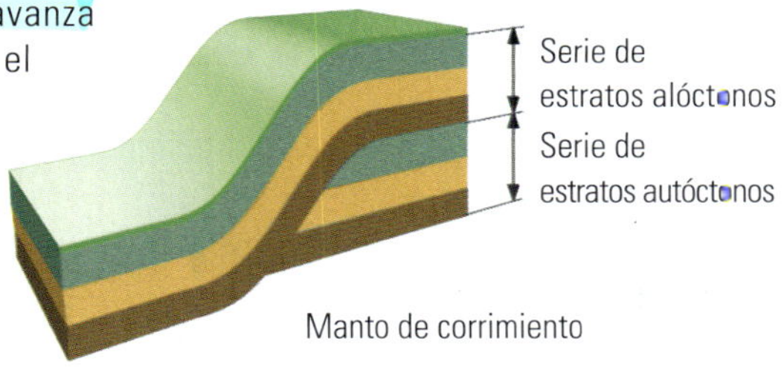

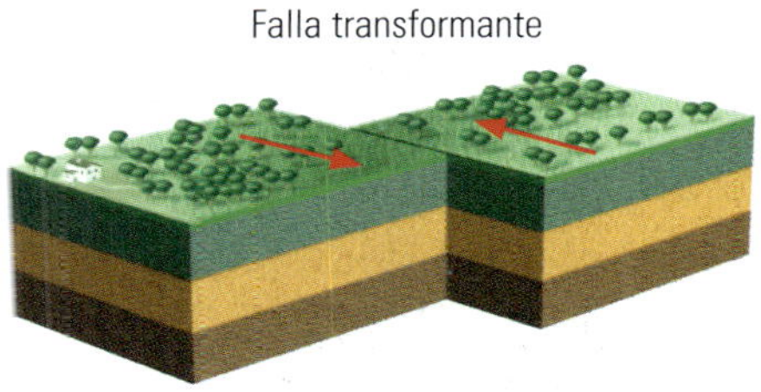

El magmatismo y el metamorfismo

— El **magmatismo** se produce a causa de la fusión de las rocas de la litosfera oceánica durante la subducción. Puede manifestarse en forma de **vulcanismo,** como hemos visto antes, o en forma de **plutonismo,** cuando el magma solidifica lentamente durante su ascenso dentro de la litosfera continental.

— El **metamorfismo** consiste en la transformación de algunas rocas a causa de los elevados valores de presión y temperatura existentes en estas regiones. Como consecuencia, se generan las rocas metamórficas. Los procesos metamórficos pueden aparecer en todo tipo de límites.

Actividades

16. Observa el esquema de los pliegues y deduce qué son el núcleo y el eje del pliegue.

17. ¿Por qué en los materiales situados a gran profundidad es más fácil que se formen pliegues que en las capas superiores?

¿Lo vemos?
¿Qué es el ciclo de Wilson?

3. EL CICLO DE WILSON

La litosfera está sujeta a un ciclo dinámico de formación y destrucción continuo denominado **ciclo de Wilson.** A continuación, podemos ver en qué consiste:

Ciclo de Wilson

1 **Formación de un rift intracontinental** debido a la fragmentación de una placa continental.

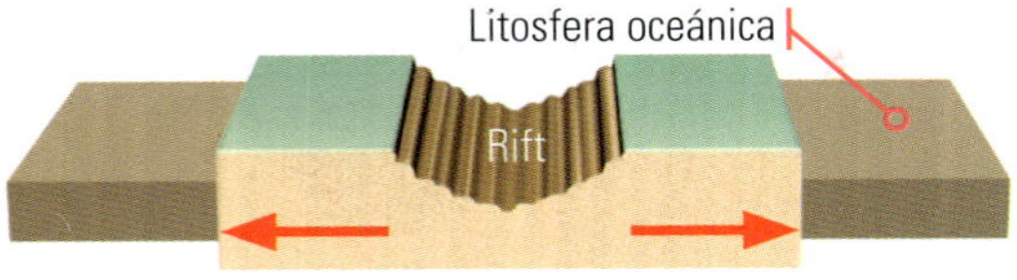

2 **Separación de las placas continentales** por la aparición de una dorsal que genera litosfera oceánica. Expansión oceánica.

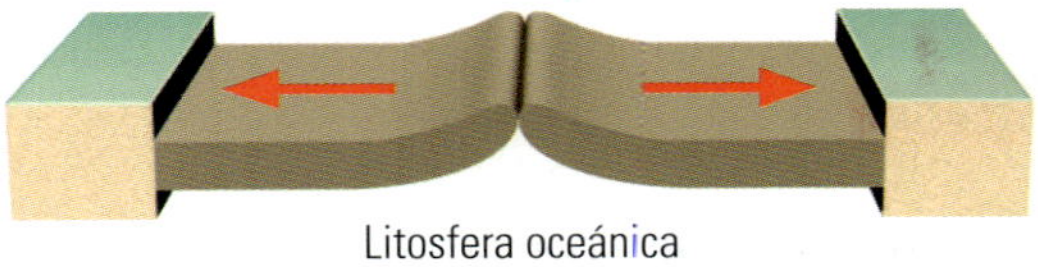

3 

Subducción de la litosfera oceánica bajo la litosfera continental. Formación de cordilleras costeras.

4 

Cierre de la cuenca oceánica. Formación de cordilleras por colisión de las placas continentales.

El reciclaje de la litosfera afecta, básicamente, a la litosfera oceánica, que es la que se genera en las dorsales y se destruye en las zonas de subducción. La litosfera continental, en cambio, permanece mucho más estable.

¿Qué sabes sobre...
...el relieve de la litosfera?

3.1. LAS FORMACIONES DEL RELIEVE DE LA LITOSFERA

El ciclo de destrucción y formación de litosfera provoca relieves característicos.

La **plataforma continental** se encuentra en las zonas de transición entre la litosfera continental y la oceánica, dentro de la placa continental.

Las **dorsales oceánicas** son cordilleras submarinas que pueden elevarse más de 2000 m sobre el fondo. Se encuentran en los bordes divergentes.

Las **fosas abisales** son las zonas más profundas de los océanos. Pueden llegar a los 11 km de profundidad y se encuentran en las zonas de subducción.

El **talud continental** es la zona que constituye el límite entre la litosfera continental y la oceánica. Tiene una pendiente elevada.

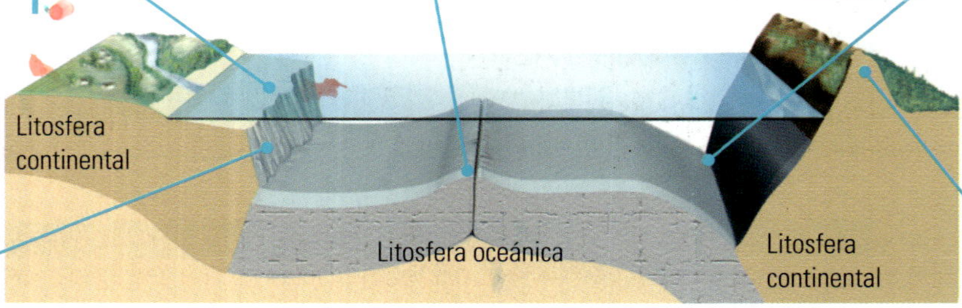

Las **cordilleras** se forman por procesos de subducción, o bien, debido a una colisión continental.

Actividades

18. Identifica zonas de la geografía terrestre que puedan servir para ilustrar las cuatro fases del ciclo de Wilson.

19. Investiga cuáles son y dónde se localizan las fosas abisales más profundas del mundo.

4. LOS RIESGOS VOLCÁNICO Y SÍSMICO

La dinámica litosférica conlleva el desarrollo de procesos geológicos que pueden dar lugar a situaciones de riesgo, como el vulcanismo y la sismicidad.

4.1. EL RIESGO VOLCÁNICO

Las erupciones volcánicas pueden suponer un riesgo en función de tres factores: la exposición, la vulnerabilidad y la peligrosidad.

— La **exposición** depende del grado de presencia humana en las zonas de influencia de los volcanes: a más densidad de población, mayor exposición.

— La **vulnerabilidad** depende de la calidad de las construcciones y las infraestructuras, que pueden estar mejor o peor adaptadas al riesgo volcánico.

— La **peligrosidad** depende del tipo de erupción volcánica y de los procesos que lleva asociados. Vamos a analizar cómo varía este factor según el tipo de contacto entre placas.

INGE LEHMANN

Sismóloga danesa (1888-1993). Su mayor descubrimiento, en 1936, fue la conocida como *discontinuidad de Lehmann*, que marcaba el límite entre el núcleo externo líquido y el interno sólido. Gracias al estudio de las ondas sísmicas, fue la primera científica en postular que el núcleo terrestre estaba dividido en dos partes.

Fue la primera mujer en recibir la Medalla William Bowie, máxima distinción de la Unión Geofísica Americana.

En los **bordes constructivos,** el riesgo es escaso, ya que la mayor parte de las erupciones se produce en las dorsales oceánicas.

En las zonas de rift intracontinental, existe un cierto riesgo, aunque no es muy elevado. Las erupciones son **estrombolianas** y emiten lava fluida y fragmentos sólidos, llamados *piroclastos*. Su grado de explosividad es bajo y su peligrosidad es moderada.

Volcán Eyjafjallajokull, Islandia.

En los **bordes destructivos,** el riesgo volcánico es el más elevado.

Las erupciones características son las **plinianas** o **peleanas,** que se consideran las más peligrosas. Producen violentas explosiones por la emisión de grandes cantidades de gases y piroclastos. También pueden provocar coladas piroclásticas, nubes ardientes y lluvia de ceniza.

Volcán Sakurajima, Japón.

En las **zonas de intraplaca continentales,** las erupciones son de tipo **estromboliano.**

Esto sucede, por ejemplo, en Italia, en los volcanes Etna y Estrómboli. El riesgo asociado se cuantifica como medio.

Volcán Stromboli, Italia.

En las **zonas de intraplaca oceánicas,** el vulcanismo genera lavas muy fluidas, sin explosiones y de peligrosidad mínima.

Son erupciones **hawaianas o efusivas,** y originan islas como Hawái. Son las que producen un menor riesgo.

Volcán Kilauea, Hawái.

Actividades

20. Investiga qué son las coladas piroclásticas, las nubes ardientes y las lluvias de ceniza, y analiza los riesgos que comportan.

21. ¿En qué contexto geológico se desarrolla el vulcanismo de las islas Canarias? ¿Qué tipo de erupciones pueden producirse, por tanto, en Canarias?

¿Lo vemos?
El riesgo sísmico

4.2. EL RIESGO SÍSMICO

Los terremotos se producen como consecuencia del movimiento de las fallas en las zonas de contacto entre placas litosféricas, como las zonas de subducción, las zonas de colisión continental y las zonas de fallas transformantes.

El foco de un terremoto, del que parten las ondas sísmicas, se denomina **hipocentro,** mientras que el punto de la superficie más cercano se llama **epicentro.** La profundidad del hipocentro es un factor condicionante del riesgo sísmico, ya que los terremotos poco profundos suelen ser más graves.

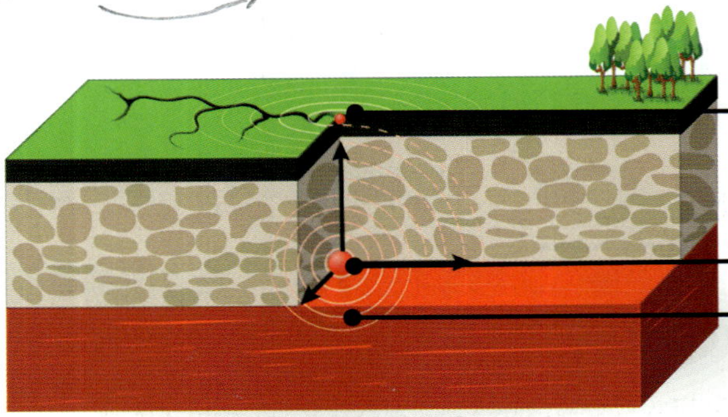

En el caso de los terremotos con epicentro en el mar, la sacudida puede desencadenar grandes olas, llamadas **tsunamis,** de efectos muy destructivos en la costa.

La gravedad de un terremoto se evalúa midiendo su *magnitud* y su *intensidad.*

— La **magnitud** de un terremoto depende de la energía liberada y puede medirse con el **sismógrafo.** Se expresa en la escala de **Richter,** en la que un grado de aumento implica una energía liberada 32 veces mayor. Es una escala abierta, pero prácticamente no se registran terremotos de magnitud superior a 9. La magnitud de los terremotos que causan daños importantes y víctimas entre la población oscila, normalmente, entre 6 y 8.

La magnitud es un valor único para cada terremoto y no depende de la distancia al epicentro.

— La **intensidad** valora los efectos del terremoto y se mide según la escala de **Mercalli** o **MSK,** dividida en 12 grados que se expresan en números romanos. Cada grado se define a partir de algunos efectos concretos. Hoy en día se utiliza una versión actualizada denominada *escala de intensidad modificada de Mercalli.*

La intensidad depende de la proximidad al epicentro y del sustrato geológico, por lo que un seísmo da lugar a intensidades mayores en los lugares cercanos al epicentro y menores en los lugares alejados o de sustrato geológico más consolidado.

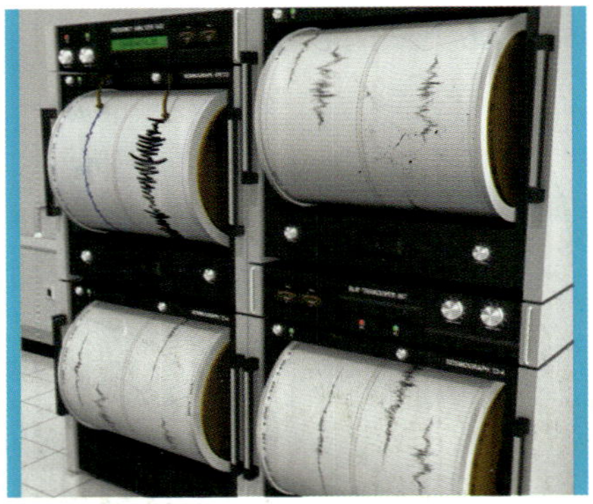

Sismógrafos.

Actividades

22. Compara la escala de Richter y la de Mercalli, e identifica las diferencias más importantes.

23. Valora qué factores relacionados con el grado de desarrollo y la riqueza de un país repercuten en los daños que ocasiona un terremoto.

24. En algunos casos, las consecuencias de un terremoto pueden repercutir en áreas situadas a miles de kilómetros. Un ejemplo son los tsunamis, unas olas enormes generadas por un terremoto con epicentro en el mar que cuando impactan en la costa son muy destructivas.

a) ¿Cuáles crees que son las zonas con un riesgo más elevado de tsunamis?

b) Busca información sobre los tsunamis de los últimos años. Indica cuándo sucedieron, qué países afectaron y cuál fue la magnitud del seísmo que los originó.

c) ¿Crees que las medidas preventivas pueden ser de ayuda en estos casos?

4.3. VULCANISMO Y SISMICIDAD EN ESPAÑA

¿Qué sabes sobre...
...el riesgo geológico en España?

El territorio peninsular de España se sitúa en la subplaca Ibérica, que forma parte de la placa Euroasiática. La Península se encuentra en una zona de límites convergentes entre las placas Euroasiática y Africana; es una zona en la que se producen terremotos, algunos de ellos de intensidad notable, pero no vulcanismo, que solamente es activo en el archipiélago canario.

EL VULCANISMO

Las últimas erupciones han tenido lugar en La Palma, en 1971, con la erupción del volcán **Teneguía,** y en El Hierro, donde en 2011 hubo una **erupción submarina** cerca de su costa. También encontramos actividad volcánica histórica en el Teide, en Tenerife y en el Parque Nacional de Timanfaya, en Lanzarote.

Existen zonas volcánicas ya extinguidas en el sudeste de la Península, desde el cabo de Gata (Almería) hasta Mazarrón (Murcia); en las islas Columbretes (Castellón); en el Campo de Calatrava (Ciudad Real), y en La Garrotxa (Girona).

Volcán Teneguía, en la isla de La Palma.

LA SISMICIDAD

El riesgo sísmico en España se materializa, por un lado, en Granada, Almería y Murcia y, por otro, en los Pirineos.

En la zona del sudeste peninsular es donde se produce la mayoría de los terremotos. El seísmo más grave ocurrido en España en las últimas décadas sucedió en **Lorca** (Murcia) en 2011. Su magnitud fue de 5,1 en la escala Richter; ocasionó graves daños en numerosas viviendas e incluso víctimas mortales.

En años posteriores tuvieron lugar otros terremotos de magnitud similar, como el ocurrido en 2015 en Ossa de Montiel (Albacete), de una magnitud de 5,2, pero que no causó víctimas.

4.4. PREVENCIÓN DEL RIESGO

Para reducir los riesgos, es necesario aplicar una serie de medidas de prevención:

— Elaborar **mapas de riesgo** volcánico y sísmico.

— **Planificar** los **usos** del **territorio** según su peligrosidad. Un ejemplo sería la prohibición de construir vías de comunicación o zonas residenciales en las áreas de mayor riesgo; es decir, las más peligrosas.

— Seguir rigurosamente las **normas de construcción** de edificios e infraestructuras que minimizan los efectos de los seísmos. Estas normas se adecuan a la sismicidad de cada zona, de modo que, en los lugares con riesgo de sufrir terremotos intensos, las normas son más estrictas.

— **Sensibilizar** y **educar** a la **población** para que sepa cómo actuar en caso de una crisis volcánica o un terremoto.

— Organizar y proteger a la población en caso de riesgo mediante **planes de evacuación** y la habilitación de **centros de acogida.**

Simulacro de evacuación.

Actividades

25. ¿En qué zonas de España cabe esperar que se produzcan terremotos? Argumenta tu respuesta.

26. ¿En vuestro centro educativo ponéis en práctica algún simulacro de evacuación? ¿En qué consiste? ¿Lo consideras útil?

Ciencia a tu alcance

El riesgo geológico

Material

- Ordenador conectado a la Red.
- Calculadora.

1 Introducción

En estadística se denomina **período de retorno** o de **recurrencia** al tiempo que transcurre entre dos procesos que tienen una probabilidad baja de suceder. Este parámetro matemático tiene una importante aplicación en el estudio de los riesgos geológicos, porque se utiliza para prever el tiempo medio que debe transcurrir en una zona concreta para que tenga lugar una erupción volcánica o un terremoto de una magnitud determinada.

Conocido el período de retorno sísmico o volcánico, pueden elaborarse **mapas de riesgo,** que son una herramienta importante como medida de prevención.

En esta actividad, vamos a recopilar datos sobre los terremotos que han tenido lugar en el área de California, al oeste de los Estados Unidos. Con esta información, calcularemos el período de retorno, lo que nos permitirá efectuar una predicción sísmica.

2 Procedimiento

— Busca información sobre los terremotos producidos en California y en sus proximidades desde el año 1900. Puedes acceder a la siguiente web:

https://links.edebe.com/c8iac

— Selecciona los terremotos de una magnitud superior o igual a 6.

— Con los datos obtenidos, confecciona una tabla similar a la siguiente. Ordena los terremotos por fecha, del más antiguo al más reciente.

Año	Magnitud

3 Actividades

a) ¿Cuántos terremotos has registrado en la tabla?

b) ¿Qué período de tiempo ha transcurrido desde el más antiguo al más reciente? Divide este valor entre el número de terremotos de magnitud igual o superior a 6 y habrás obtenido el período de retorno.

c) Ahora elimina de la tabla los terremotos de magnitud inferior a 7 y repite la operación.

d) ¿Crees que conocer el período de retorno para un gran terremoto tiene alguna aplicación práctica como medida de prevención? Justifica tu respuesta.

Síntesis

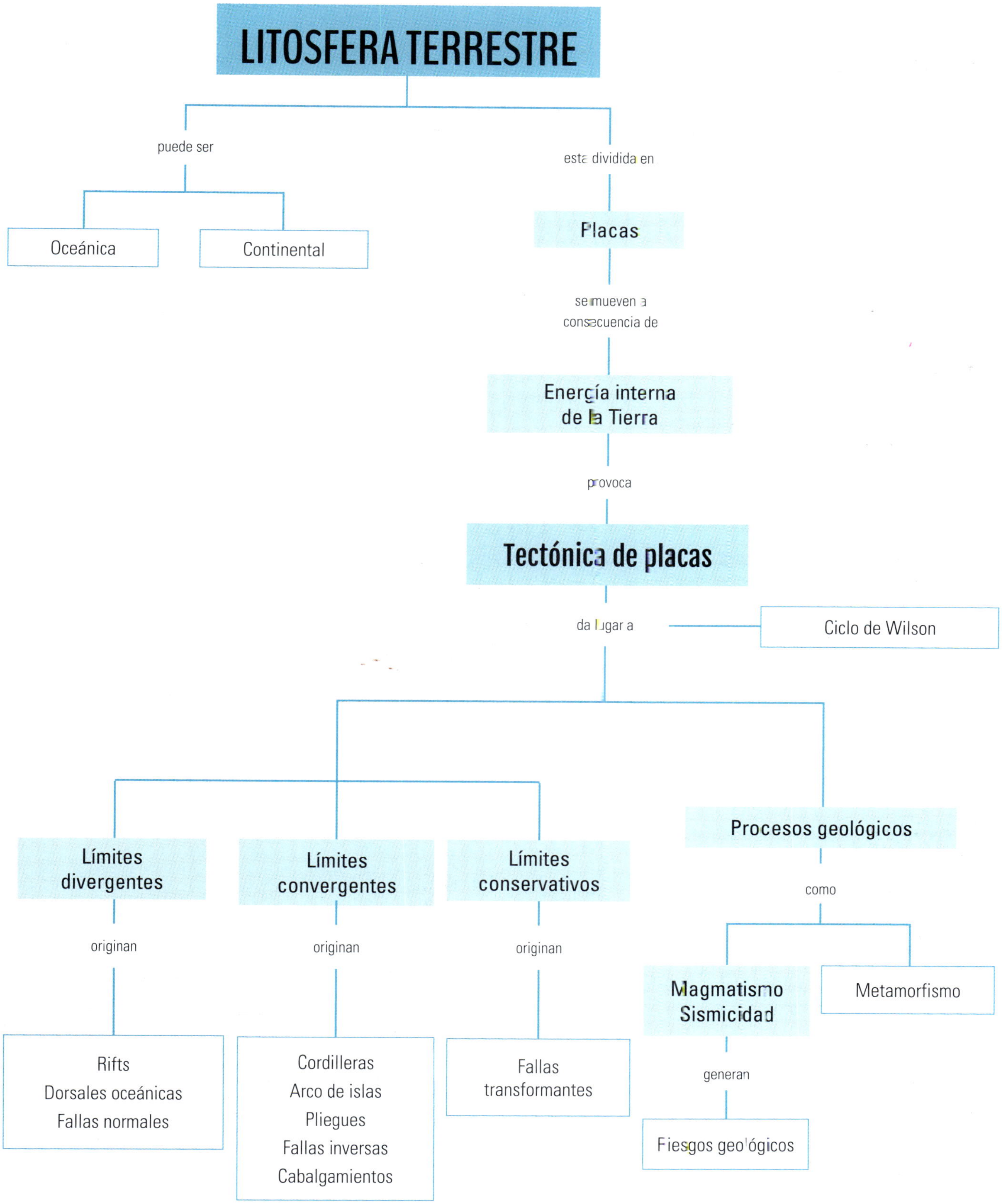
LITOSFERA TERRESTRE
puede ser
Oceánica
Continental
está dividida en
Placas
se mueven a consecuencia de
Energía interna de la Tierra
provoca
Tectónica de placas
da lugar a
Ciclo de Wilson
Límites divergentes
originan
Rifts
Dorsales oceánicas
Fallas normales
Límites convergentes
originan
Cordilleras
Arco de islas
Pliegues
Fallas inversas
Cabalgamientos
Límites conservativos
originan
Fallas transformantes
Procesos geológicos
como
Magmatismo
Sismicidad
generan
Riesgos geológicos
Metamorfismo

Actividades finales

PREPARA

27. ●○○ ¿Qué es la litosfera? ¿Cuáles son los dos tipos de litosfera que existen? ¿Qué características las hacen distintas?

28. ●○○ Observa el mapa de placas litosféricas de la página 36 y determina:

a) El tipo de contacto que se genera entre la placa Africana y la Euroasiática; entre la de Cocos y la de Nazca; entre la del Caribe y la Norteamericana.

b) El tipo de contactos que delimitan la placa Australiana y la Euroasiática.

29. ●○○ ¿Qué pruebas recopiló Alfred Wegener para sustentar su teoría de la deriva continental? Nómbralas y explícalas.

30. ●○○ Enumera y explica de forma simplificada las evidencias que corroboran la tectónica de placas.

31. ●○○ ¿Qué fenómeno producido en el manto provoca el desplazamiento de la litosfera? ¿En qué consiste?

32. ●○○ ¿Cuáles son los tres tipos de límites que existen entre las placas tectónicas? ¿Qué movimiento realizan las placas en cada uno ellos?

33. ●○○ ¿En qué tipo de límites se produce la expansión de los océanos? Explica brevemente qué sucede.

34. ●○○ ¿Qué diferencia existe entre obducción y subducción?

35. ●○○ ¿Qué es el plano de Benioff? ¿En qué tipo de límites entre placas se localiza?

36. ●○○ ¿Qué tipo de formación geológica es característica de los límites conservativos? ¿En qué consiste?

37. ●○○ Completa en tu cuaderno una tabla como esta sobre los procesos que tienen más protagonismo en los contextos geológicos citados y explica por qué:

	Magmatismo	Sismicidad
Dorsal		
Zona de subducción		
Zona de obducción		
Zona de intraplaca		
Zona de fallas transformantes		

38. ●○○ Según el ciclo de Wilson, ¿qué tipo de litosfera es la que más rápidamente se recicla? ¿Qué fenómeno provoca su creación? ¿Y su destrucción?

39. ●○○ Observa los siguientes dibujos, indica el nombre de cada una de las formaciones e identifica en qué contexto geológico se originan preferentemente.

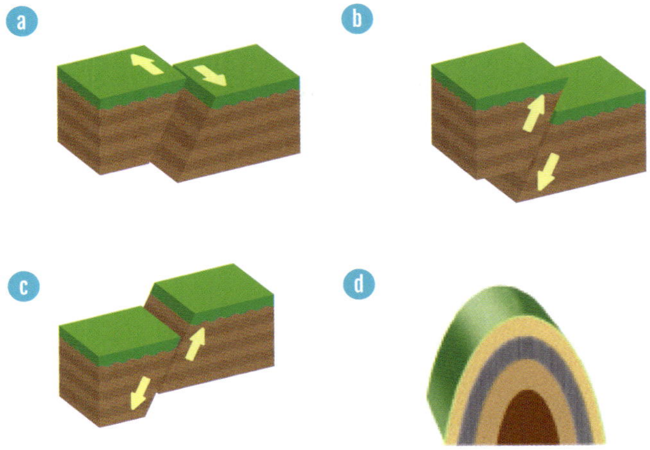

40. ●○○ Enumera los diferentes tipos de erupciones volcánicas y ordénalos según su peligrosidad.

41. ●○○ ¿En qué región de España se han producido las erupciones volcánicas más recientes?

ENTRENA

1. La litosfera terrestre

42. ●○○ Define los siguientes conceptos: placa litosférica, deriva continental y pluma térmica.

43. ●●○ Indica los nombres de las placas y subplacas litosféricas marcadas en este mapa:

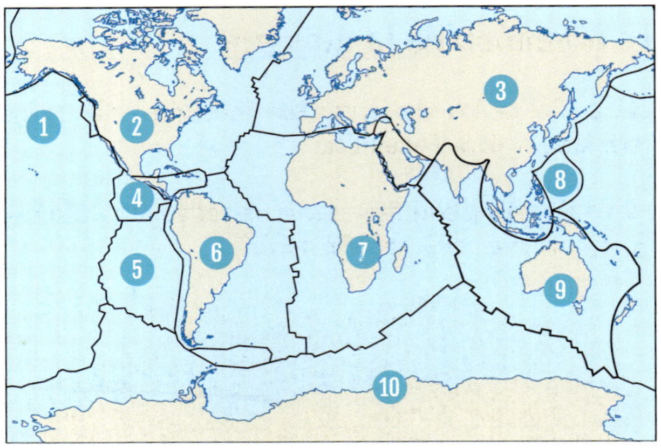

Escribe el nombre de una placa formada:

— Por litosfera oceánica exclusivamente.

— Por litosfera continental principalmente.

— Por litosfera oceánica y continental.

44. ●●○ ¿Cómo puedes explicar que en la India hubiera en el pasado un clima glacial? ¿Quiere decir esto que se ha producido un cambio climático radical en la Tierra?

45. ●●○ Ordena cronológicamente los siguientes mapas que representan la evolución de la distribución de los continentes desde *Pangea,* hace aproximadamente 200 millones de años, hasta la actualidad.

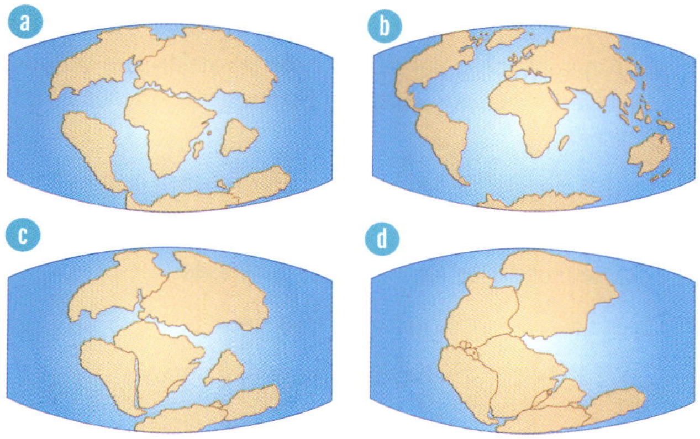

46. ●●○ Detalla el mecanismo que en la actualidad se considera más probable para explicar la transmisión del calor desde el interior terrestre hasta la litosfera. ¿Qué papel desempeña la capa D″ en este proceso?

47. ●●● *Glossopteris* es una planta que apareció durante el inicio del Pérmico y que a lo largo de este período fue la vegetación dominante en el sur del continente de Gondwana. Al final de este período, desapareció. Explica cómo la presencia de estos fósiles en distintos puntos del planeta muy alejados entre sí, como por ejemplo Australia, la Antártida, Madagascar y Tailandia, corrobora la teoría de la deriva continental postulada por Wegener.

2. La dinámica de la litosfera

48. ●○○ Define los siguientes términos: rift intracontinental, mar lineal y dorsal oceánica.

49. ●●○ Este esquema representa un corte del volcán Kilimanjaro situado en el Gran Valle del Rift.

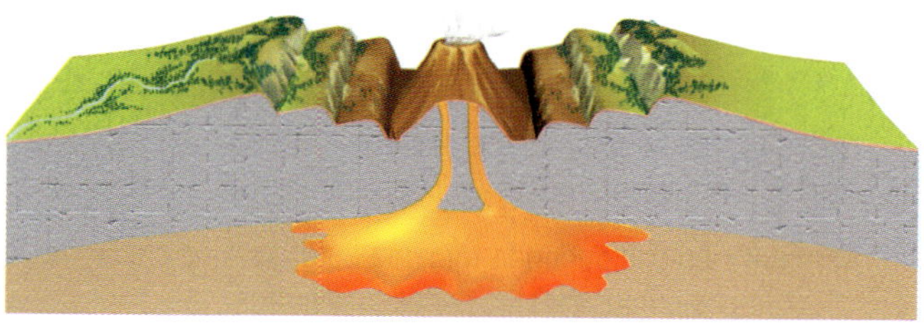

a) Reproduce este esquema en tu cuaderno y señala la litosfera y la astenosfera. Indica qué tipo de fallas, normales o inversas, aparecen representadas.

b) Explica cómo se ha formado este rift intracontinental. ¿A qué tipo de límite de placas está asociado?

c) ¿Cómo evolucionará el rift hasta convertirse en una dorsal oceánica?

50. ●●○ ¿Cuál es el origen de las fallas transformantes asociadas a las dorsales oceánicas?

51. ●●○ ¿Por qué se genera un arco de islas en la zona de subducción de dos placas litosféricas oceánicas?

— Explica la diferencia que existe entre las zonas de subducción de tipo andino y las de tipo arco de islas. Pon un ejemplo de cada una.

52. ●●● La mayor parte del vulcanismo de la Tierra pasa desapercibido porque se produce en las dorsales, bajo los océanos. Islandia es una excepción. ¿Por qué?

3. El ciclo de Wilson

53. ●○○ ¿Qué es una fosa abisal? Explica en qué tipo de límites entre placas se forman.

54. ●●○ La edad de las rocas de la litosfera oceánica tiene, como mucho, unos 200 Ma, mientras que la de los continentes puede alcanzar los 3000 Ma. ¿Por qué el reciclaje de la litosfera oceánica es más rápido que el de la litosfera continental?

55. ●●○ Los datos científicos de que se dispone indican que en la historia de la Tierra ha habido, como mínimo, tres ocasiones en las que la mayoría de las tierras emergidas formaban un supercontinente. Relaciona este hecho con la teoría de la tectónica de placas y, concretamente, con el ciclo de Wilson.

4. Los riesgos volcánico y sísmico

56. ●○○ ¿Cuáles son los tres factores que se utilizan para evaluar el riesgo volcánico? Defínelos.

57. ●○○ ¿Qué diferencia hay entre el epicentro y el hipocentro de un terremoto?

58. ●●○ Sabemos que los terremotos y los volcanes no se distribuyen de forma homogénea a lo largo del planeta.

a) ¿En qué zonas del planeta se localizan con mayor frecuencia?

b) ¿Cuál es la causa de esta distribución?

59. ●●○ Evalúa el riesgo volcánico en España.

a) ¿En qué zonas del país se da este tipo de riesgo? ¿Conoces algún volcán activo o potencialmente peligroso en España? ¿Qué relación guarda este vulcanismo con la tectónica de placas?

Actividades finales

b) Si sustituimos los materiales de construcción de las viviendas de una zona volcánica por otros no inflamables, disminuimos el riesgo volcánico en la zona. ¿Qué factor condicionante del riesgo hemos mejorado: la peligrosidad, la vulnerabilidad o la exposición? Razona la respuesta.

APLICA

60. Observa la gráfica y contesta a las cuestiones que se plantean:

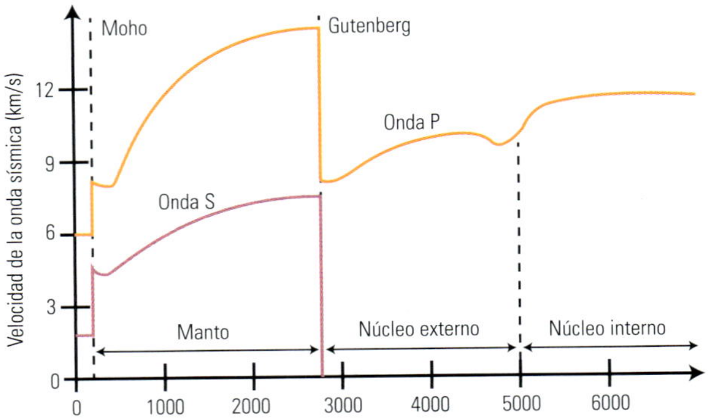

a) ¿Cuál es la velocidad de las ondas sísmicas S y P a 1500 km de profundidad? ¿Y a 3000 km?

b) ¿Cuál puede ser el motivo de este descenso de velocidad?

c) ¿Qué sucede con la velocidad de las ondas P a partir de los 3000 km de profundidad?

d) Relaciona la información que aparece en esta gráfica con las capas del interior de la Tierra a las que hace referencia.

61. La existencia de la astenosfera fue sugerida a principios del siglo XX para explicar el fenómeno de la isostasia. Investiga qué científico supuso la existencia de esta capa y el papel que tiene en la isostasia.

— ¿Cuál es la opinión de los científicos en la actualidad sobre la existencia o no de la astenosfera?

62. Observa la disposición de los siguientes estratos y di qué tipo de proceso puede haberlos generado. Explica en qué consiste este proceso.

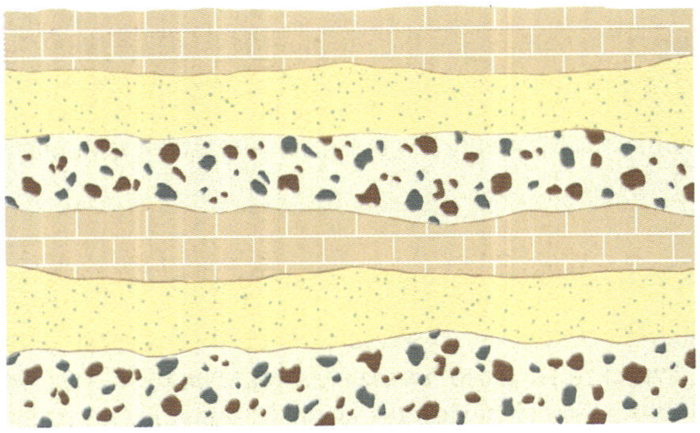

63. Los Pirineos y los Alpes se han formado a consecuencia del choque entre las placas Africana y Euroasiática. Explica qué tipo de litosfera está implicado en este proceso orogénico y cómo ha tenido lugar. Puedes ilustrarlo con un esquema.

64. El estudio de la geosfera y de la dinámica interna de la Tierra te ha interesado tanto que has decidido viajar a una zona donde puedas admirar y estudiar volcanes.

a) ¿A qué regiones del mundo deberías viajar para ver volcanes activos? ¿Puedes quedarte en España para ver fenómenos volcánicos?

b) ¿Qué medidas de seguridad deberás seguir si quieres filmar una erupción volcánica?

c) ¿Qué erupciones son las menos peligrosas?

Puedes consultar los siguientes enlaces:

https://links.edebe.com/jxj

https://links.edebe.com/vag

65. Los productos volcánicos expulsados durante las erupciones son lava, gases y piroclastos.

a) Consulta esta web y determina:

https://links.edebe.com/akh3

— Los grados de viscosidad de la lava y el riesgo que comporta cada uno.

— Los gases que suelen ser expulsados por el volcán y su peligrosidad.

— La clasificación de los piroclastos según su tamaño.

b) ¿En qué tipo de erupción volcánica prácticamente no se emiten piroclastos?

66. Aunque la magnitud de un terremoto nos indica la energía desarrollada en él, no existe una relación perfecta entre esta y los daños ocasionados. Así, en algunos lugares con alta densidad de población, como Japón, pueden producirse terremotos de magnitud cercana a 8 y ocasionar escasos daños y víctimas, mientras que, en lugares como Afganistán o ciertas zonas de Turquía, terremotos de magnitud algo superior a 6 han causado numerosas víctimas y daños materiales.

a) Explica cómo el grado de desarrollo puede influir en la incidencia de los terremotos en la población.

b) ¿Qué medidas deberían tomarse para que una ciudad resistiera en lo posible los efectos de los terremotos?

c) ¿Has recibido formación sobre cómo comportarte ante un terremoto? ¿Crees que los niños y niñas japoneses saben cómo reaccionar ante esas situaciones?

d) Consulta el enlace y describe qué harías si de repente se produjera un terremoto en las situaciones siguientes:

https://links.edebe.com/j4m

- Si estuvieras en la calle.
- Si estuvieras en un piso alto.
- Si estuvieras en la planta baja de un local.
- Si estuvieras volando en un avión.

67. ●●● **En el laboratorio se pueden simular las plumas térmicas. En grupo, llevad a cabo la siguiente actividad, que requiere este material:**

— Dos vasos de cristal transparente, agua, sal.

— Unas gotas de colorante soluble en agua.

— Dos superficies cuadradas y rígidas de plástico que permitan cubrir los vasos. Uno de los cuadrados debe ser más pequeño que el otro y presentar dos agujeros de 1 cm de diámetro situados a unos 2 cm de distancia uno de otro.

El procedimiento se expone a continuación:

— Se llena un vaso con agua muy caliente, se le añade el colorante y se agita. Se tapa el vaso con la placa de plástico agujereada de modo que los dos agujeros queden dentro del recinto del vaso.

— El otro vaso se llena de agua fría y se le añaden unas cucharaditas de sal. Se agita y se tapa el vaso con el otro trozo de plástico rígido.

— Con cuidado y determinación, se coloca el vaso de sal invertido sobre el otro vaso. Lentamente, se retira la placa de plástico sin agujeros sin que se mueva la otra placa. Se observa cómo un penacho de agua con colorante asciende desde el vaso inferior al vaso superior. Del mismo modo, el agua transparente desciende por el otro agujero hacia el fondo del vaso inferior.

a) Explica el resultado de este experimento.

b) ¿Para qué se utiliza la sal en esta experiencia?

c) ¿Se generaría una pluma térmica si la posición de los vasos estuviera invertida?

d) Explica desde un punto de vista físico por qué asciende el agua coloreada y desciende el agua salada.

68. ●●● Sobre la litosfera terrestre actúa el principio de isostasia. Este principio supone que la litosfera se encuentra en equilibrio con las capas inferiores que la sustentan. La litosfera terrestre es menos densa que la capa sobre la que flota, y una fracción de esta se hunde por el principio de flotabilidad, del mismo modo que una parte del iceberg se hunde en el agua. Así, los continentes muestran una parte emergida y otra sumergida que se mantienen en equilibrio gracias a lentos movimientos verticales de ascenso y de descenso de la litosfera. Observa este dibujo, que representa unos bloques de madera que flotan sobre un medio líquido:

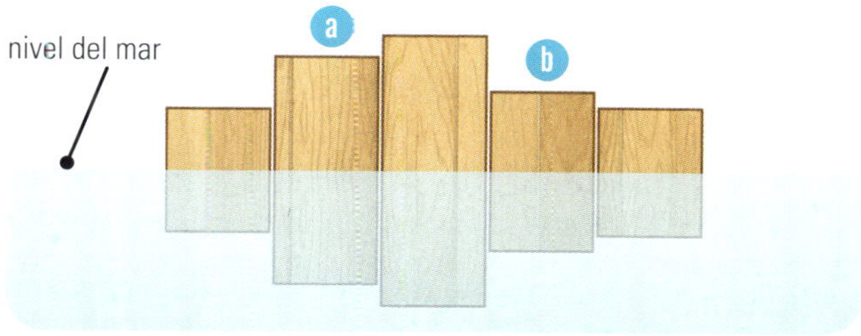

a) ¿Qué le sucederá al bloque A si se añade peso a la parte emergida? ¿Qué le sucederá al bloque B si se pierde parte del material emergido?

b) Como el comportamiento de la litosfera es similar al de los bloques de madera, deduce si se elevará o se hundirá la litosfera en los siguientes casos:

— Acumulación de grandes cantidades de hielo.

— Erosión de los materiales emergidos.

— Deshielo de un glaciar.

— Acumulación de grandes cantidades de sedimentos.

c) ¿Dónde crees que la litosfera estará más hundida en la capa inferior que la sustenta: en una zona llana de escasa altitud sobre el nivel del mar, o en una zona montañosa de gran altitud? Justifica la respuesta.

Piensa sobre...

69. Para interpretar correctamente la formación de las cordilleras terrestres y la distribución de la gran diversidad de seres vivos en nuestro planeta, es importante conocer el movimiento de los continentes y la evolución que ha sufrido su ubicación a lo largo de las eras geológicas.

a) ¿Podrías explicar por qué solo encontramos marsupiales en Australia y en Sudamérica?

b) ¿Crees que con los contenidos estudiados en esta unidad tienes la suficiente información para responder a esta pregunta?

A B C

70. Las nuevas hipótesis que intentan explicar el movimiento de las placas tectónicas se centran en la existencia de las denominadas "plumas térmicas". ¿Cómo se produce la formación de estas plumas? ¿Crees que son importantes las corrientes de convección para que se produzca el movimiento de las plumas térmicas?

71. Conociendo, gracias a lo estudiado en esta unidad, el riesgo sísmico que hay en nuestro país, ¿crees que se toman medidas suficientes en tu localidad para afrontar un terremoto de gran intensidad? ¿Existen medidas de prevención en tu centro educativo ante un posible terremoto? ¿Piensas que son suficientes?

Pon a prueba tus competencias

72. Lee atentamente este texto y completa las actividades planteadas a continuación:

Lucía trabaja en una empresa dedicada a la construcción de edificios sismorresistentes. Es una ingeniera que, juntamente con un equipo de arquitectos, diseña edificios que soportan mejor el efecto de los terremotos.

La empresa ha propuesto ampliar el negocio y quiere determinar en qué zonas terrestres el riesgo sísmico es más elevado. Lucía es una de las integrantes del grupo encargado de proponer las ubicaciones para estas nuevas delegaciones. Para estudiar qué zonas pueden ser las más adecuadas para las sedes de la empresa, Lucía consulta un mapa de placas tectónicas similar al siguiente:

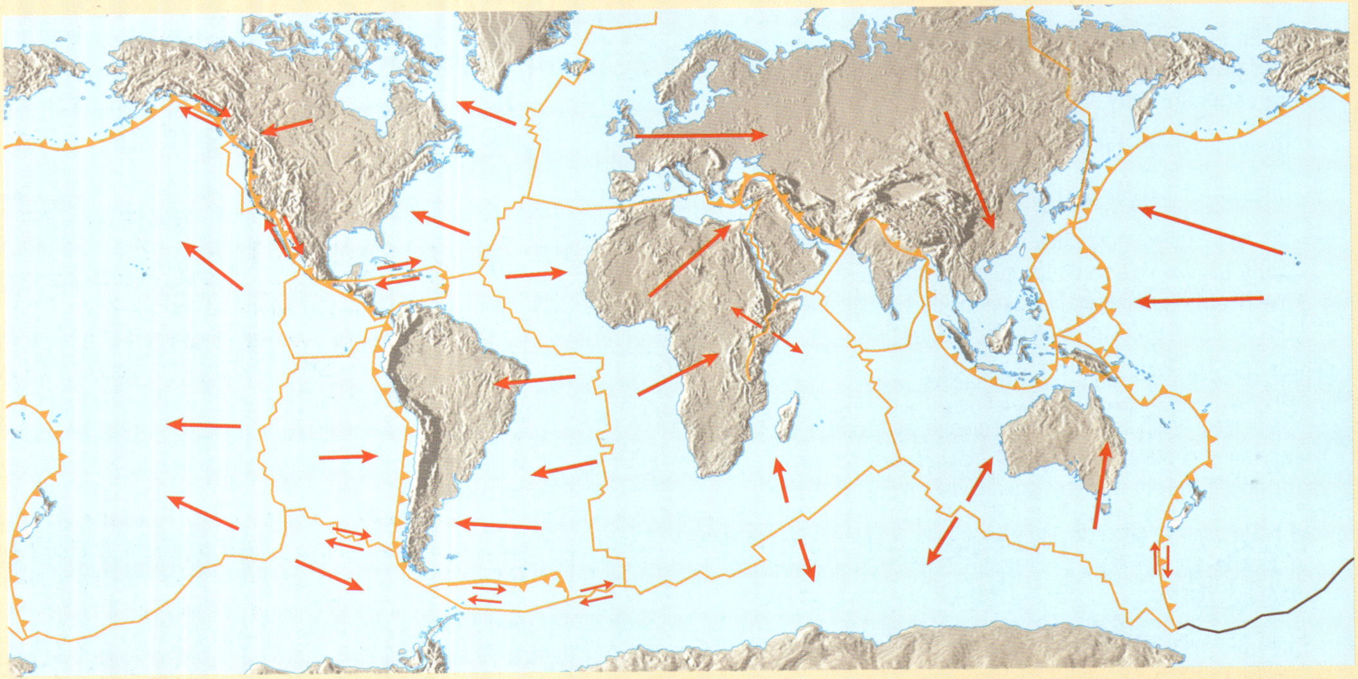

Lucía, por sus conocimientos en geología, sabe que no todos los contactos entre placas generan la misma sismicidad. Por ejemplo, en las placas con límites divergentes, donde se construye litosfera, los fenómenos volcánicos son más numerosos que los sísmicos. No sucede lo mismo en los límites convergentes, en los que los terremotos son muy frecuentes, como también lo son en los límites conservativos que generan fallas transformantes.

A. Identifica en el mapa cómo se representan los distintos límites entre las placas. A continuación, fotocopia el mapa y señala:

— Dos límites divergentes en los que podamos encontrar dorsales oceánicas.

— Dos límites conservativos con fallas transformantes.

— Dos límites convergentes en los que haya zonas de subducción.

B. Observa la lista de países en los que la empresa de Lucía tiene contactos comerciales:

Perú - Nepal - Senegal - Japón
Brasil - México - Islandia - Sudáfrica
Filipinas - Irán - Finlandia - Costa Rica

— ¿En qué países sería interesante potenciar la construcción de edificios sismorresistentes?

— ¿En qué países se podría abrir una delegación para fomentar la prevención de riesgos volcánicos?

C. Localiza en el mapa la cordillera del Himalaya y observa cuál es la dinámica de las placas en esta zona.

— ¿Crees que sus montañas seguirán creciendo o decreciendo en un futuro?

— Según este mismo criterio, ¿qué piensas que sucederá con el océano Atlántico?

D. Lucía comprueba que el punto más al este de Sudamérica se encuentra a unos 5200 km del punto de la costa africana situado a la misma latitud. Sabe que ambos continentes se separan a un ritmo de 3,9 cm cada año en este punto de la litosfera. Calcula cuándo estuvieron unidos ambos puntos, suponiendo que el movimiento ha sido constante a lo largo de la historia.

73. La actividad interna terrestre provoca distintas manifestaciones que son visibles en la superficie terrestre. En algunas situaciones, estas manifestaciones provocan riesgos en las poblaciones cercanas al lugar en que han sucedido; pero, en otros casos, el ser humano y también los animales les saben sacar partido. Observa estas noticias y completa las actividades que se plantean a continuación:

El macaco japonés *(Macaca fuscata)* es un primate que vive en los bosques y las montañas de Japón. Este mono está bien adaptado al frío y puede soportar las bajas temperaturas de hasta -15 °C que asolan las islas durante el invierno. Estos primates han aprendido a localizar fuentes termales y se sumergen en ellas para calentarse.

En Islandia existen muchos puntos de la superficie terrestre en los que la energía geotérmica se puede emplear para obtener electricidad y para dotar de agua caliente a las viviendas. Esto es posible porque en Islandia se han localizado más de 200 volcanes y más de 600 manantiales de agua caliente.

El terremoto de magnitud 7,8 ocurrido en Nepal en abril de 2015 generó una fuerte avalancha de nieve que provocó la muerte de 22 alpinistas en el campo base del monte Everest. El balance del seísmo fue devastador al provocar en el país 8700 muertes y la destrucción de medio millón de viviendas. También se ha comprobado que el terremoto desplazó el monte Everest tres centímetros hacia el suroeste.

A. **Observa la posición del archipiélago japonés y de Islandia en el mapa de placas de la página anterior, y elige la opción correcta en cada caso:**

a) El archipiélago japonés es un ejemplo de arco de islas que se ha producido en la zona de *subducción/obducción* como resultado de la *colisión/separación* de dos placas, ambas *continentales/oceánicas*. En estas zonas, el vulcanismo es intenso porque en la placa que *subduce/queda* en la superficie los materiales se funden y ascienden.

b) Islandia es una zona *emergida/sumergida* de la dorsal situada entre las placas *Africana y Sudamericana/Norteamericana y Euroasiática* y cuyos límites son *convergentes/divergentes*. En la zona *central/proximal* de la dorsal, el rift, el vulcanismo es activo.

— Deduce, a partir de los textos anteriores, por qué en Japón y en Islandia existen muchas fuentes termales.

— ¿Crees que en Japón y en Islandia el riesgo geológico por vulcanismo o sismicidad es elevado? ¿Por qué?

B. **Los terremotos son otra de las manifestaciones de la dinámica interna frecuentes en las zonas de contacto entre placas. ¿Crees que el seísmo ocurrido en Nepal es un fenómeno aislado? Justifica la respuesta.**

— Según el valor de la magnitud del seísmo, ¿consideras que se trata de un terremoto fuerte o débil?

— Investiga en esta web cuál ha sido el terremoto de mayor magnitud del que se tiene constancia:

https://links.edebe.com/jep95r

— ¿Qué medidas aconsejarías a los gobernantes del Nepal para reducir el riesgo sísmico?

3

Bloque 1. La Tierra

Geodinámica externa

Contenidos

- La formación del relieve
- Procesos geológicos externos
- Agentes geológicos externos
- Los sistemas morfoclimáticos
- El ciclo de las rocas
- El estudio del relieve

Y además...

- **Ciencia a tu alcance**
  El perfil geológico

¡Para empezar!

¿La Tierra podría llegar a ser una inmensa llanura sin relieve?

¿El agua puede disolver las rocas? ¿Y algún tipo de roca en especial?

¿Has visitado alguna vez un delta? ¿Y una cueva?

¿Las mareas actúan con la misma intensidad en todos los mares y océanos?

1. LA FORMACIÓN DEL RELIEVE

Asómate
El relieve

La actividad geológica de nuestro planeta es debida al calor interno de la Tierra y a la interacción de la energía solar con la atmósfera y la hidrosfera.

Como consecuencia de esta actividad geológica, la superficie de nuestro planeta presenta una gran variedad de formas del relieve.

El **relieve** es el conjunto de formas y accidentes geográficos visibles en la superficie terrestre; ha sido modelado gracias a la acción combinada de las dinámicas interna y externa del planeta.

La **dinámica interna** del planeta es la que da lugar a las estructuras geológicas de más envergadura, como las grandes cordilleras, generadas por la acción de la tectónica de placas. Es también el caso de las islas oceánicas de origen volcánico, así como de los volcanes continentales.

Los volcanes, a causa de las erupciones, son los responsables de modificaciones del relieve muy significativas y de gran extensión.

La **dinámica externa** se manifiesta a través de los agentes geológicos, como el agua o el viento, y actúa sobre las estructuras generadas por la dinámica interna.

Según su forma, existen relieves **positivos,** como las montañas, y relieves **negativos,** como los valles. A largo plazo, los agentes externos tienden siempre a igualar el terreno, ya que erosionan los relieves positivos y depositan materiales en los negativos.

Actividades

1. ¿Cómo actúa la dinámica interna en la formación del relieve? ¿Y la dinámica externa?

   — Explica, con un ejemplo, cómo los agentes externos igualan el terreno.

2. Cita un ejemplo de relieve positivo y otro de relieve negativo, diferentes a los que se mencionan en el texto.

3. Valora si los efectos de la dinámica externa son siempre lentos y los de la dinámica interna bruscos. Toma como ejemplo la formación de un volcán y la formación de un valle.

   — Describe otros ejemplos de cambios del relieve (lentos y bruscos) asociados a las dos dinámicas.

1.1. LAS CORDILLERAS

Las cordilleras u **orógenos** son las estructuras geológicas de mayor tamaño apreciables en la superficie terrestre. Su origen se debe a la actividad generada por el calor interno, aunque después, al estar expuestas a la dinámica superficial, sufren los procesos asociados a los agentes externos.

Las características de las cordilleras dependen de los procesos que las han originado. Según este criterio, los principales tipos de cordilleras son las *perioceánicas*, los *arcos de islas* y las *intercontinentales*.

¿Qué sabes sobre...
...los tipos de cordilleras?

CORDILLERAS PERIOCEÁNICAS

Se originan en las zonas de subducción de litosfera oceánica bajo litosfera continental y se sitúan sobre la línea de la costa. El ejemplo más característico es el de los Andes, por lo que a este tipo de cordilleras también se las denomina andinas.

Están formadas por materiales magmáticos y en ellas son abundantes los volcanes de erupciones plinianas.

Cordillera de los Andes.

ARCOS DE ISLAS

Se trata de cadenas de islas de origen volcánico que se forman en las zonas de subducción de litosfera oceánica bajo litosfera oceánica. La disposición de las islas tiene forma de arco.

Algunos ejemplos característicos de arcos de islas son Japón, Filipinas, Indonesia o Nueva Zelanda, situadas todas en el océano Pacífico.

Indonesia.

CORDILLERAS INTERCONTINENTALES

Se forman a causa del choque entre placas de litosfera continental. Así, los sedimentos que se encuentran entre las dos placas quedan atrapados, se pliegan y dan lugar a estos relieves.

La cordillera más alta del mundo, el Himalaya, se formó a causa de la colisión entre la placa Indoaustraliana y la placa Euroasiática.

Cordillera del Himalaya.

Actividades

4. Mira este vídeo en el que se explica cómo se formó la cordillera del Himalaya:

https://links.edebe.com/t4hzkg

— ¿Por qué en estas montañas de origen relativamente reciente aparecen restos de fósiles marinos? Argumenta tu respuesta teniendo en cuenta la tectónica de placas.

5. Sitúa en un mapa de España las cordilleras Béticas, la cordillera Cantábrica, el Macizo Ibérico y los Pirineos. A continuación, explica qué tipo de cordilleras son y cómo se formaron. Puedes consultar estas webs:

https://links.edebe.com/mnhy

https://links.edebe.com/qyrim

2. PROCESOS GEOLÓGICOS EXTERNOS

Para saber más sobre...
Los procesos geológicos externos

La dinámica geológica externa se basa en cuatro procesos fundamentales, llevados a cabo por los agentes geológicos externos. Estos procesos son la *meteorización*, la *erosión*, el *transporte* y la *sedimentación*. Las zonas de la superficie terrestre donde tienen lugar todos estos procesos reciben el nombre de **medios sedimentarios.**

LA METEORIZACIÓN

Roca afectada por meteorización física (termoclastismo) y química (oxidación).

Es el proceso por el que las rocas de la superficie expuestas a los agentes externos sufren transformaciones en su ubicación original, convirtiéndose en materiales más débiles. Esta transformación puede ser debida a cambios en la composición o en el grado de fragmentación.

Se definen tres tipos de meteorización: *física, química* y *biológica*.

— **La meteorización física.** Se produce por la acción de factores que provocan modificaciones en la integridad física de la roca, pero sin alterar su naturaleza. Puede ser:

- **Gelifracción:** se produce como consecuencia de la congelación y la descongelación del agua acumulada entre las grietas de las rocas. Es típica de zonas de montaña.
- **Haloclastismo:** es debido a la cristalización de las sales disueltas en el agua que penetra en los poros de las rocas. Tiene lugar en zonas costeras y en climas áridos.
- **Termoclastismo:** provocado por los cambios bruscos de temperatura. Es característico de las zonas desérticas. Allí, las constantes dilataciones y contracciones que sufren las rocas facilitan su fragmentación.

Meteorización química: oxidación.

— **La meteorización química.** Se produce a causa de reacciones químicas que modifican los minerales de la roca original, denominada **roca madre,** y da lugar a otros minerales menos resistentes.

Así, por ejemplo, en las **oxidaciones,** el oxígeno reacciona con minerales que contienen metales, como el hierro, para originar óxidos e hidróxidos. El resultado es una roca con una capa superficial que se disgrega y se fragmenta con facilidad.

— **La meteorización biológica.** Los seres vivos producen transformaciones en las rocas, como las raíces de las plantas (que fragmentan las rocas), o algunos animales de hábitos subterráneos (que favorecen la disgregación de los materiales). También existen animales que liberan sustancias al medio que producen meteorización química.

FACTORES QUE AFECTAN A LA METEORIZACIÓN

Meteorización biológica.

— **La litología de la roca madre.** Según su composición, las rocas son más o menos resistentes: las magmáticas sufren con facilidad meteorización química, mientras que las sedimentarias se alteran básicamente por procesos físicos.

— **El clima.** En climas húmedos, son más importantes las meteorizaciones química y biológica, mientras que en climas áridos solo se da la meteorización física.

— **La topografía.** Los relieves llanos favorecen la infiltración del agua y, por tanto, la meteorización.

— **El tiempo de exposición.** El grado de meteorización que sufren las rocas depende del tiempo que lleven expuestas a los agentes externos.

LA EROSIÓN

La erosión o denudación de las rocas es el desgaste de estas a causa de la acción de los agentes externos. Como consecuencia, se obtienen partículas que reciben el nombre de **sedimento** o **detritos.**

La **erosionabilidad** de las rocas es la facilidad con la que pueden erosionarse y depende de su litología; es decir, del tipo de roca y del grado de meteorización que presenten. Cuanto más meteorizadas están, más erosionables son.

La **erosividad** es la capacidad que tiene un agente geológico para erosionar los materiales.

Terreno erosionado.

EL TRANSPORTE

Es el traslado del sedimento hasta zonas más o menos lejanas. Puede realizarse de diversas maneras, en función de la naturaleza del sedimento y de la energía del medio de transporte.

- El **transporte aéreo** es llevado a cabo por el viento. Puede ser por *rodadura*, cuando los granos de sedimento ruedan por la superficie; por *saltación*, cuando las partículas se desplazan dando pequeños saltos al colisionar entre ellas; o por *suspensión*, cuando la velocidad del viento es elevada o las partículas transportadas son pequeñas.
- En el **transporte acuático** se dan los mismos procesos que en el aéreo; es decir, rodadura, saltación y suspensión, además de la *flotación*, que afecta a las partículas menos densas que el agua. También existe el transporte en *disolución*, en el caso de las sales disueltas en el agua.
- En el **hielo,** los sedimentos se transportan incrustados en él, independientemente de su tamaño.

Tormenta de arena. Transporte aéreo de partículas.

LA SEDIMENTACIÓN

Consiste en el depósito de los materiales transportados. Se produce cuando el medio de transporte pierde velocidad, también cuando el sedimento disuelto precipita en condiciones físico-químicas favorables, o bien cuando el hielo se funde y deposita el material transportado. La zona donde se lleva a cabo la sedimentación recibe el nombre de **cuenca sedimentaria.**

Desembocadura de un curso de agua. Sedimentación.

LA DIAGÉNESIS

La **diagénesis** es el conjunto de procesos mediante los cuales el sedimento depositado por los agentes externos se convierte en una roca compacta. Algunos de estos procesos son la *compactación* y la *deshidratación* del sedimento, o la *cementación* de las partículas.

Conglomerado. Roca sedimentaria formada por diagénesis.

Actividades

6. ¿Qué diferencia existe entre meteorización y erosión?
7. Define erosividad y erosionabilidad. Justifica por qué los terrenos desprovistos de vegetación presentan una mayor erosionabilidad.
8. Los seres humanos somos una especie que actuamos en gran medida en el transporte y la sedimentación de materiales. Piensa y describe algunas situaciones en las que se lleven a cabo estas dos acciones propias de los agentes geológicos externos.

3. AGENTES GEOLÓGICOS EXTERNOS

Las aguas superficiales, el agua subterránea, el mar, los glaciares y el viento son agentes geológicos externos que actúan gracias a la energía del Sol. Este calienta el agua del mar y las masas de aire, y da lugar a las borrascas y a los anticiclones, que, a su vez, provocan las precipitaciones y los vientos.

¿Qué sabes sobre... ...torrentes, ríos y aguas salvajes?

3.1. TORRENTES, RÍOS Y AGUAS SALVAJES

Se trata de cursos de agua superficial provocados en gran medida por las precipitaciones. Como los tres tienen una dinámica muy distinta, su acción modeladora varía en cada caso. Veamos cómo.

LOS TORRENTES

Los torrentes son cursos de agua generalmente cortos y de caudal irregular. Solo suelen llevar agua cuando llueve. Pueden tener una gran pendiente. En ellos se distinguen:

— La **cuenca de recepción,** que es la zona que recoge el agua de las precipitaciones.

— El **canal de desagüe,** por donde circula el agua y donde se producen la erosión y el transporte.

— El **cono de deyección,** situado al final del torrente, donde se depositan los sedimentos transportados.

Cascadas en el curso alto de un río.

LOS RÍOS

Los ríos tienen un caudal relativamente regular y un recorrido largo. Se distinguen tres tramos:

— En el **curso alto,** la pendiente es elevada y dominan la erosión y el transporte. Se forman valles encajados con **rápidos, cascadas, cañones** y **desfiladeros.**

— En el **curso medio,** la pendiente disminuye. Se da una combinación de erosión y sedimentación, con lo que se forman **meandros** y **terrazas fluviales.**

— En el **curso bajo,** la pendiente es muy suave. El río pierde prácticamente su capacidad de erosionar y tan solo deposita sedimentos, acción que origina las **llanuras aluviales.** Un ejemplo de estas llanuras son los **deltas.**

Badlands

LAS AGUAS SALVAJES

Son las aguas superficiales que discurren sin un cauce fijo y que, por ello, producen una erosión intensa. Afectan especialmente a los terrenos arcillosos, sin vegetación y con elevada pendiente. Así se originan las **cárcavas,** formaciones con profundos surcos excavados por el agua en las rocas. Cuando la zona afectada es extensa, el conjunto se denomina ***badlands,*** que significa 'tierras malas'. Son zonas que han perdido la capa de suelo fértil y en las que la vegetación predominante es la estepa.

Actividades

9. Deduce y explica de qué depende la erosividad del agua de un torrente.

10. Averigua qué condiciones son necesarias para la formación de un delta y di dónde encontraremos más deltas: en el litoral mediterráneo o en el cantábrico. ¿Por qué?

11. Busca información y define qué son los rápidos, los cañones, los meandros y las chimeneas de hadas.

a) Relaciona cada una de estas formas de relieve con el tipo de curso de agua que las provoca.

b) Cita algunos ejemplos de estas formaciones que se encuentren en tu comunidad autónoma.

3.2. EL AGUA SUBTERRÁNEA

Una parte del agua que precipita sobre los continentes se infiltra hacia el subsuelo a través de rocas permeables, hasta encontrar una capa de roca impermeable que la retiene. De este modo, las masas de roca porosa y permeable se saturan de agua y constituyen los llamados **acuíferos subterráneos.**

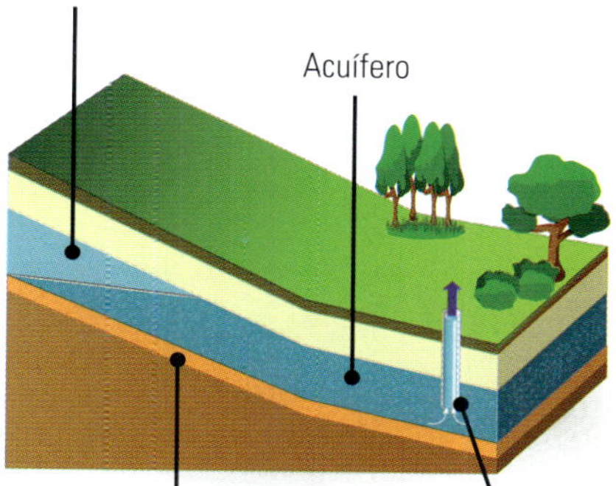

En estos acuíferos el agua circula muy lentamente. Se recargan por la infiltración procedente del agua de las precipitaciones o de las aguas superficiales. La descarga puede ser natural (fuentes, manantiales, ríos y lagos) o artificial (pozos).

El agua subterránea puede meteorizar y erosionar las rocas, no por su velocidad, sino por su poder de disolución sobre algunos materiales. Esto sucede en rocas como el **yeso** o la **sal común,** o en las **calizas.**

En el caso de las calizas, compuestas de carbonato cálcico, este no es directamente soluble en agua, sino que es disuelto por el ácido carbónico que se forma al combinarse el agua con el dióxido de carbono del aire.

$$CO_2 + H_2O \longrightarrow H_2CO_3$$

Dióxido de carbono — Ácido carbónico

¿Qué sabes sobre... ...el modelado kárstico?

En el **modelado kárstico,** propio de zonas calcáreas, encontramos, por tanto, formas de relieve y estructuras debidas a la disolución del carbonato cálcico, y otras, debidas a la precipitación de este mismo carbonato, que una vez disuelto precipita cuando se dan las condiciones ambientales necesarias.

Dolina.

ESTRUCTURAS FORMADAS POR DISOLUCIÓN DEL CARBONATO CÁLCICO

— Las **simas.** Son pozos verticales originados por el agua que se infiltra en el subsuelo.

— Las **cavernas.** Son cavidades subterráneas.

— Las **dolinas.** Son hundimientos circulares del terreno causados por la disolución del subsuelo.

Caverna con estalagmitas, estalactitas y columnas.

ESTRUCTURAS FORMADAS POR PRECIPITACIÓN DEL CARBONATO CÁLCICO

— Las **estalagmitas.** Se forman en el suelo de las cavernas y crecen hacia arriba.

— Las **estalactitas.** Se forman en el techo de las cavernas y crecen hacia abajo.

— Las **columnas.** Se originan cuando se unen una estalagmita y una estalactita.

EXPERIMENTA

Identificación de una roca caliza

Bajo la supervisión de tu profesor o profesora, vierte con un cuentagotas un par de gotas de disolución de ácido clorhídrico (también puede utilizarse salfumán) sobre un trozo de mármol. El mármol es una roca metamórfica con un elevado contenido de carbonato cálcico.

Observa cómo se produce una efervescencia que indica que el carbonato cálcico que forma la roca se disuelve, liberándose CO_2.

La reacción que se produce es la siguiente:

$$CaCO_3 + 2HCl = CO_2 + CaCl_2 + H_2O$$

Carbonato cálcico — Ácido clorhídrico — Cloruro de calcio

Las rocas que contienen carbonato cálcico, como el mármol, son sensibles a la acción de ácidos. De idéntico modo, sucede en el proceso de formación del modelado kárstico.

3.3. OLAS, CORRIENTES, MAREAS Y GLACIARES

El agua del mar y los glaciares también son agentes modeladores del relieve, el primero en las zonas donde las aguas interaccionan con las rocas del litoral y el segundo en los valles de la alta montaña.

LAS OLAS

Las olas erosionan las rocas del litoral, transportan el sedimento producido y lo depositan posteriormente. Esto provoca unos efectos en el relieve:

— **Efectos de la erosión de las olas.** La acción de las olas se concentra en los **acantilados,** pues erosionan y socavan su base de forma que estos se inestabilizan y se desmoronan. En consecuencia, los acantilados retroceden.

— Transporte:

— **Efectos de la sedimentación producida por las olas.** Los sedimentos generados por la erosión de los acantilados se depositan junto con los aportados por los ríos en las zonas más protegidas, como las calas o las ensenadas, y originan las **playas.**

Retroceso acantilados

LAS CORRIENTES Y LAS MAREAS

— Las **corrientes** se producen por diferencias de temperatura y salinidad del agua o a causa de la fuerza del viento (corrientes superficiales). Cuando las corrientes se dan en zonas poco profundas, pueden erosionar y transportar materiales finos del fondo y depositarlos allí donde pierden velocidad.

— Las **mareas** son oscilaciones periódicas del nivel del mar que se producen por la atracción del Sol y la Luna sobre los océanos. Esta atracción deforma las masas de agua y origina una subida del nivel del mar, llamada **pleamar** o marea alta, y una bajada de este, llamada **bajamar** o marea baja.

En las costas donde las oscilaciones de las mareas son importantes, los ríos suelen desembocar en forma de estuario. En esas zonas se producen procesos de erosión, transporte y sedimentación causados por la corriente de agua marina que, periódicamente, remonta el río o lo desciende.

Estuarios / rías

LOS GLACIARES

El hielo, al ser un material sólido, es un gran agente erosionador que arranca fragmentos de roca a su paso. Los **glaciares alpinos** son masas de hielo que descienden por los valles en zonas de alta montaña arrastrando materiales erosionados. En las zonas donde el hielo se funde (en los laterales y en el frente del glaciar), se produce la sedimentación de todo el material arrastrado. Este sedimento, a diferencia del arrastrado por los ríos, no está clasificado por tamaños y recibe el nombre de **till,** y los depósitos que forma, **morrenas.** Son características las morrenas *laterales* y *terminales.* (frontales)

El resultado de la acción glaciar son los **valles en forma de U,** las **rocas estriadas** por la abrasión, y los **lagos** que ocupan las cavidades excavadas por la acción del hielo.

- Circo glaciares

Actividades

12. ¿Todos los tipos de rocas son aptos para formar un acuífero? Razona la respuesta.

13. ¿Qué condiciones se han de dar para que se desarrolle un modelado kárstico? Averigua el nombre de alguna zona con formaciones kársticas de tu comunidad autónoma.

14. En las zonas polares, los glaciares se denominan inlandsis. Investiga las diferencias entre este tipo de glaciares y los alpinos.

15. ¿De dónde procede el sedimento, la arena o la grava que forma las playas?

3.4. EL VIENTO Y LOS SERES VIVOS

Ambos agentes geológicos causan notables impactos en el relieve: el viento, gracias a su gran poder erosivo y de transporte de materiales; y los seres vivos, por su acción, tanto erosiva como constructora de relieve.

Para saber más sobre...
Los seres vivos como agentes geológicos

EL VIENTO

El viento, al igual que los demás agentes geológicos externos, es capaz de erosionar, transportar y sedimentar. Puede provocar los siguientes efectos:

— **Efectos de la erosión eólica.** La capacidad erosiva del viento se debe a las partículas que transporta, que al colisionar con las rocas, las desgastan. Esta erosión genera formaciones como las **rocas en pedestal y los arcos.**

— **Efectos de la sedimentación eólica.** La arena que transporta el viento se deposita en zonas donde se forman los **campos de dunas,** grandes extensiones de arenas móviles. En otros casos, cuando el viento transporta partículas mucho más finas, como la arcilla, estas pueden desplazarse miles de kilómetros hasta zonas donde constituyen extensos depósitos llamados ***loess.***

Las rocas en pedestal se forman porque el impacto de las partículas arrastradas por el viento es mayor en la base de las rocas.

LOS SERES VIVOS

La acción que realizan los seres vivos sobre el relieve se denomina **acción biótica** y puede tener un efecto destructivo o constructivo.

— La acción **destructiva** puede producirse de forma **mecánica** como es el caso de las raíces de las plantas que al crecer actúan como cuñas; y también de forma **química,** como hacen los musgos, los hongos, los líquenes y algunas especies de animales, de algas y de bacterias que liberan sustancias corrosivas que causan la meteorización de la roca. meteorización física y química

— La **construcción** del relieve se debe a los organismos que, gracias a su actividad, posibilitan la formación de rocas sedimentarias. Ejemplos de esta acción son los pólipos coralinos, que originan las **rocas coralinas;** o las algas cianofíceas, que generan unas estructuras rocosas llamadas **estromatolitos.**

Estromatolitos en la reserva marina de Shark bay (Australia).

De todos los seres vivos, el ser humano es el que más cambios geomorfológicos provoca. La construcción de infraestructuras, como vías de comunicación, la urbanización de extensas áreas, la construcción de puertos que modifican la dinámica litoral, o la deforestación, que facilita la posterior erosión del terreno, se traducen en importantes modificaciones del relieve.

Actividades

16. ¿Qué evidencias existen en tu entorno próximo de los cambios en el relieve causados por el ser humano?

a) Elaborad un breve informe en el que identifiquéis las principales infraestructuras que afectan al relieve de vuestra localidad.

b) Poned en común vuestras respuestas con el resto de compañeros y compañeras.

17. Visiona este vídeo y explica cómo se ha formado la Gran Barrera de Coral. ¿Cuándo empezó a crearse? ¿Qué grupo de animales han sido sus constructores? ¿Qué relación se establece entre estos organismos, las zooxantelas y el aumento de la temperatura del mar?

https://links.edebe.com/yjsz

4. LOS SISTEMAS MORFOCLIMÁTICOS

El clima condiciona, en gran medida, los procesos geológicos externos que modelan el relieve. Por ello existen relieves característicos de determinados tipos de clima. Esta asociación entre climas y modelados del relieve recibe el nombre de **sistemas morfoclimáticos,** que se corresponden con las principales zonas climáticas del planeta.

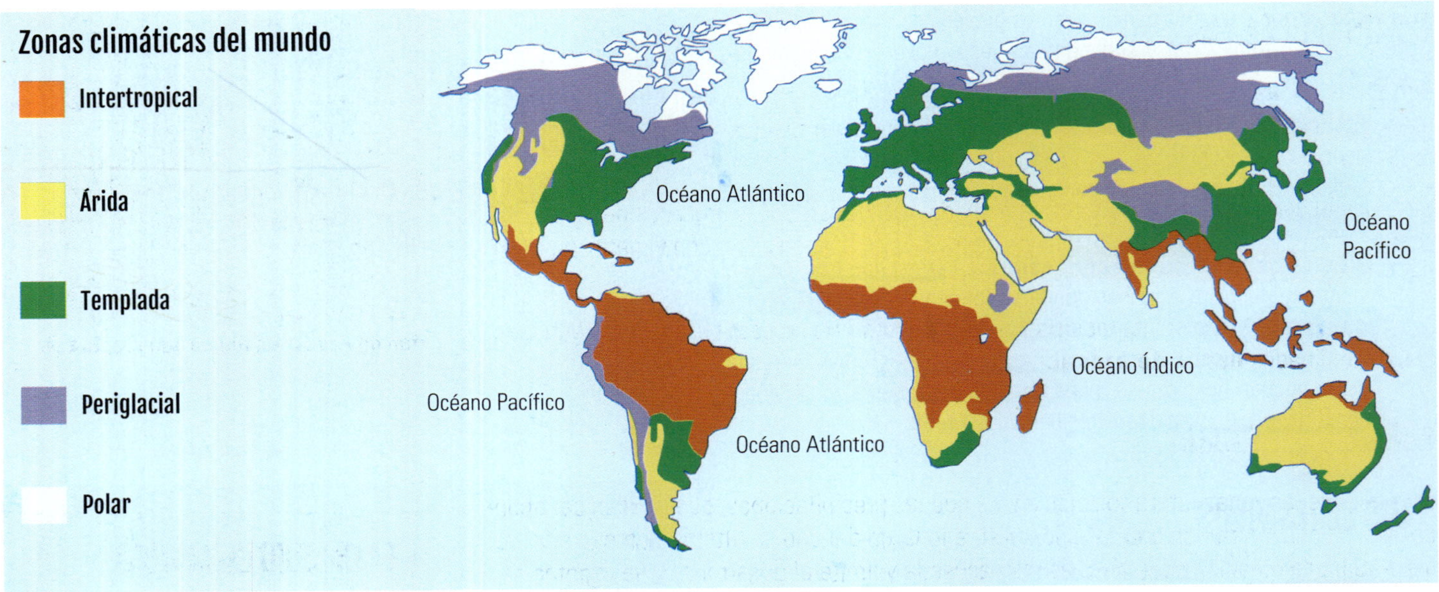

Asómate
Las zonas áridas

4.1. SISTEMA DE ZONAS ÁRIDAS

Agrupa a los climas áridos, cuya característica principal es el déficit hídrico. La falta de agua superficial condiciona que el viento sea el principal agente modelador del terreno. Distinguimos dos dominios: el **desértico** y el **subdesértico.**

Gran Erg Oriental, en el desierto del Sahara.

DOMINIO DESÉRTICO

Son zonas con precipitación anual inferior a 200 mm. La variación estacional de las temperaturas depende de la latitud, pero en todos los casos se da un notable contraste térmico entre la noche y el día que fomenta el termoclastismo.

Son característicos de este dominio los *regs* y los *ergs*.

- Los **ergs** son zonas donde se acumula la arena transportada y depositada por el viento.
- Los **regs** son desiertos pedregosos, sin arena, en los que abundan los procesos de termoclastismo que fragmentan las piedras.

Paisaje de cárcavas en el Death Valley, Estados Unidos.

DOMINIO SUBDESÉRTICO

Las precipitaciones son escasas y concentradas en unas épocas muy concretas, y el terreno presenta poca cobertura vegetal. El bioma característico es la estepa. Las aguas salvajes son el principal agente erosivo y el paisaje típico, las **cárcavas.** En estas zonas también es destacable la acción modeladora del viento.

4.2. SISTEMA DE ZONAS INTERTROPICALES

Asómate
Las zonas intertropicales

Se sitúa entre los dos trópicos. El clima característico muestra temperaturas elevadas y precipitaciones abundantes. La estacionalidad, es decir, la diferencia de temperatura entre el verano y el invierno, es escasa o prácticamente nula. En esta categoría se distinguen el *clima tropical húmedo,* lluvioso todo el año y asociado al **dominio de selva,** y el *clima tropical seco,* con una estación seca que define el **dominio de sabana.**

DOMINIO DE SELVA

Son zonas en las que las precipitaciones son abundantes y distribuidas a lo largo de todo el año, sin estación seca. Las temperaturas son cálidas y presentan una escasa oscilación, tanto diaria como estacional.

La principal característica es la elevada humedad que favorece los procesos de meteorización química. Esta da lugar a paisajes de colinas de contorno suave, con vegetación abundante.

En las zonas graníticas son característicos los promontorios rocosos de formas redondeadas denominados **panes de azúcar.**

Pan de Azúcar en Río de Janeiro, Brasil.

DOMINIO DE SABANA

Es propio de las zonas intertropicales en las que las precipitaciones, que pueden ser abundantes, se concentran en una estación. Así, a lo largo del año se alterna una estación húmeda con una estación seca. Esta es muy acusada y limita el desarrollo de la vegetación.

Además de la meteorización química, destaca la acción de las aguas salvajes que erosionan fácilmente el suelo. Son típicas las **extensas llanuras** con vegetación principalmente herbácea y árboles dispersos.

Sabana en el Tsavo East National Park, Kenya.

ODS

EL CAMBIO CLIMÁTICO

La distribución de climas en el mundo depende de factores como la latitud, la orografía, la continentalidad o la distribución de las corrientes marinas.

El aumento de la temperatura global del planeta provoca un incremento en el ritmo de fusión de los hielos polares. Esta inyección de agua dulce en los océanos varía su salinidad y, por tanto, afecta a la dinámica de las corrientes marinas. Como consecuencia, el clima de muchas zonas puede alterarse y puede llegar a ser mucho más frío o mucho más cálido de lo normal.

Actividades

18. ¿Por qué en las zonas áridas domina la meteorización física?

— Explica algunos procesos característicos de este tipo de meteorización.

19. Cita tres diferencias entre los sistemas morfoclimáticos de zonas áridas y de zonas intertropicales.

20. Compara el mapa de las zonas climáticas con un atlas y nombra dos países cuya zona climática predominante sea la intertropical, y otros dos países que estén incluidos en la zona árida.

Asómate
Las zonas templadas

4.3. SISTEMA DE ZONAS TEMPLADAS

Se encuentra en latitudes medias, entre los 20 ° y los 60 °. Las principales características del clima son una pluviosidad variable con balance hídrico positivo y unas temperaturas moderadas.

Dentro de esta categoría, se define el *clima mediterráneo,* caracterizado por un verano seco; el *clima oceánico,* húmedo durante todo el año, y el *clima continental,* más seco en invierno que el oceánico y con una marcada amplitud térmica entre verano e invierno. El paisaje de la Península Ibérica pertenece mayoritariamente a este sistema.

En el sistema de zonas templadas se distinguen tres dominios:

Macizo calcáreo. Peñón de Ifach (Calpe, Alicante).

DOMINIO MEDITERRÁNEO

Son zonas de clima templado y seco en las que las precipitaciones se concentran en primavera y otoño, y provocan inundaciones de forma frecuente. Los cauces de torrentes y ramblas transcurren secos, excepto en los períodos de lluvias, en los que circula una gran cantidad de agua cargada de sedimentos. Por este motivo, es habitual la presencia de conos de deyección en el fondo de los valles.

La vegetación natural de este dominio ha sido en gran parte sustituida, debido a la histórica presencia humana, por otros tipos de vegetación como los cultivos que protegen, en menor medida, de la erosión.

La erosión de las rocas calizas es reducida porque las precipitaciones son generalmente escasas e irregulares; abundan las **cordilleras** y los **macizos calcáreos.**

Cuando la vegetación es escasa y los materiales son blandos se forman ***badlands.*** En estas zonas, la pérdida de suelo puede ser alta y aumenta el riesgo de desertización.

Llanura de inundación.

DOMINIO OCEÁNICO

El clima es templado y húmedo, y la cobertura vegetal, abundante. Todo ello contribuye a que la erosión no sea tan acusada. Los ríos son los principales agentes modeladores del relieve.

Los **valles fluviales** y las **llanuras de inundación** son algunas de las formaciones representativas de este dominio.

DOMINIO CONTINENTAL

Es propio de las zonas continentales interiores, donde se da una gran amplitud térmica entre las estaciones fría y cálida. Una forma de relieve característica de este dominio son las extensas **llanuras** con **cerros aislados.**

Las amplias llanuras son características del dominio continental. Están, a menudo, dedicadas al cultivo de cereales.

4.4. SISTEMA DE ZONAS POLARES Y PERIGLACIALES

Asómate
Las zonas polares y periglaciales

El clima en estos sistemas es el propio de las latitudes altas, próximas a los polos, y de las zonas de alta montaña. Se caracteriza por las bajas temperaturas. Diferenciamos:

— El *clima polar,* en las áreas limitadas por los círculos polares y en el que la temperatura raramente supera los 0 °C.

— El *clima subártico,* típico de latitudes más bajas, como el norte de Canadá o Siberia, en el que las temperaturas pueden superar los 10 °C de uno a tres meses al año.

Se distinguen dos dominios: el **glacial** y el **periglacial.**

Inlandsis, Groenlandia.

DOMINIO GLACIAL

Son zonas siempre cubiertas de hielo. Las precipitaciones son en forma de nieve y, al compactarse, originan capas de hielo que se depositan unas encima de otras. Esto da lugar a los *inlandsis* y los *glaciares alpinos.*

Desde la última glaciación, que tuvo lugar hace unos 18 000 años, la superficie helada ha ido retrocediendo. No obstante, en la actualidad las mediciones indican que el ritmo de la reducción de estas zonas ha aumentado de forma considerable, seguramente debido a la incidencia del cambio climático sobre estas formaciones.

Los **inlandsis** o glaciares de casquete son extensos campos de hielo que se localizan en zonas de elevada latitud, como Groenlandia o la Antártida.

Los **glaciares alpinos** se hallan en las cordilleras de elevada altitud.

Glaciar alpino.

DOMINIO PERIGLACIAL

Son zonas de transición entre los climas glaciales y los más templados. Este dominio es más amplio en el hemisferio norte, donde encontramos una mayor proporción de tierra emergida en estas latitudes.

La congelación durante la estación fría y la fusión del hielo durante la estación cálida potencian la gelifracción, que produce fragmentos de roca que se desprenden y se acumulan en **canchales** en las vertientes montañosas.

Los ríos de las zonas periglaciales dan lugar a las **llanuras periglaciales,** en las que abundan los lagos y los pantanos.

Llanura periglacial en Yamal, Siberia.

(*) Torrente, ríos, deltas y rías

Actividades

21. Las características del dominio mediterráneo ¿solo se dan en la cuenca mediterránea? ¿En qué otras zonas del mundo podemos encontrarlo?

22. En un mapa de la Península Ibérica, sitúa dónde encontraremos cada uno de los dominios de los sistemas morfoclimáticos de zonas templadas.

23. ¿Cuál es el dominio climático de la zona en la que vives? ¿Qué características presenta el paisaje?

24. Investiga si en la Península existen sistemas morfoclimáticos de dominic glacial. En caso afirmativo, sitúalos y explica su formación.

5. EL CICLO DE LAS ROCAS

Las rocas de la corteza terrestre se forman a partir de los diferentes procesos geológicos, tanto externos como internos. Estas rocas están sometidas a diferentes transformaciones y a un reciclaje continuo que dan lugar al **ciclo de las rocas.**

ROCAS SEDIMENTARIAS

- Se forman a partir de sedimentos que experimentan la **diagénesis.**
- Los sedimentos proceden de rocas preexistentes de cualquier tipo que han sido erosionadas.
- Pueden ser de origen físico o químico:
  - — Rocas de **origen físico:** el **conglomerado** y la **arenisca.** Están constituidas a partir de la agregación de partículas sólidas.
  - — Rocas de **origen químico:** la **caliza,** el **yeso** y las sales. Están formadas a partir de sedimento disuelto.

Conglomerado.

Yeso.

ROCAS MAGMÁTICAS

- Se forman a partir de material fundido o **magma** que se solidifica.
- Pueden ser volcánicas o plutónicas:
  - — Rocas **volcánicas:** se forman cuando el magma solidifica rápidamente al salir a la superficie. Es el caso del **basalto.**
  - — Rocas **plutónicas:** se forman cuando el magma solidifica lentamente en el interior de la litosfera. Es el caso del **granito.**

Basalto.

Granito.

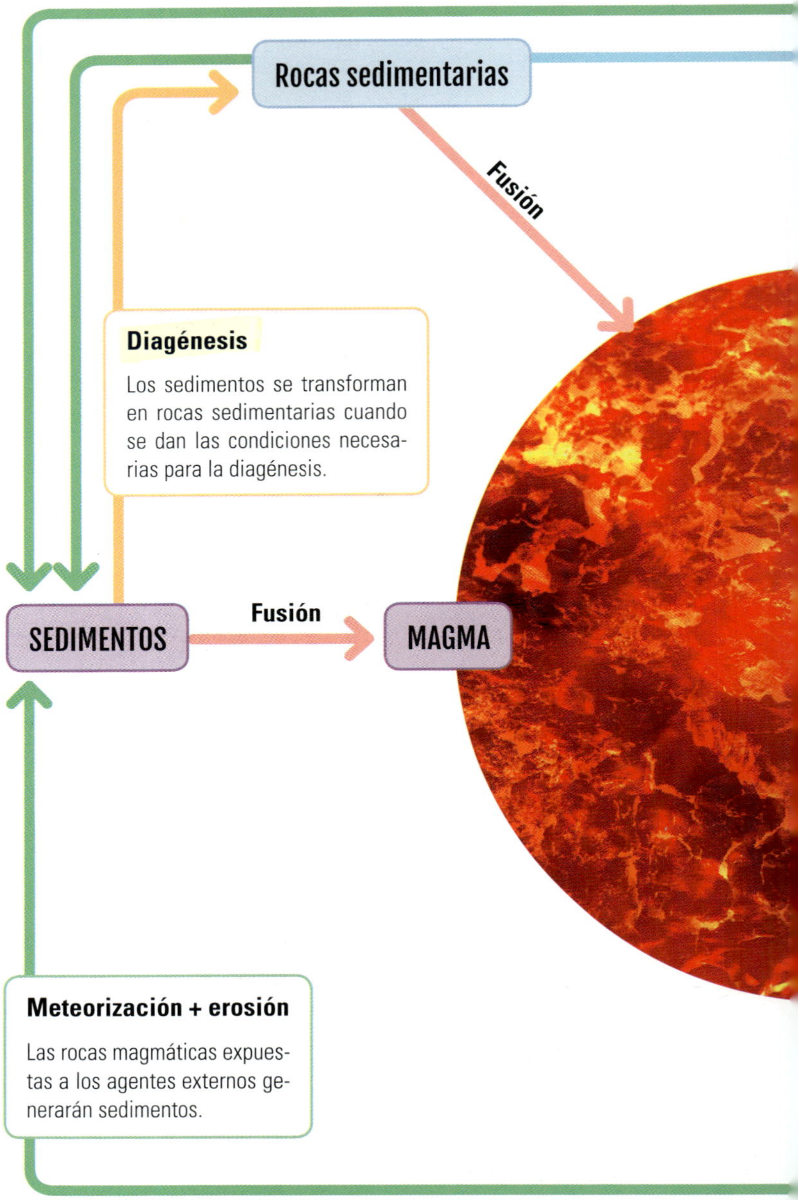

Actividades

25. Confecciona un esquema con los distintos tipos de roca y algunos ejemplos. Puedes ampliar la información en la siguiente web:

https://links.edebe.com/5s4

En función de su origen, las rocas se clasifican en tres grandes grupos: **sedimentarias, metamórficas** y **magmáticas.** Cada uno de los tres tipos de rocas puede originar cualquiera de los otros dos, dependiendo de los procesos a los que se vean sometidas.

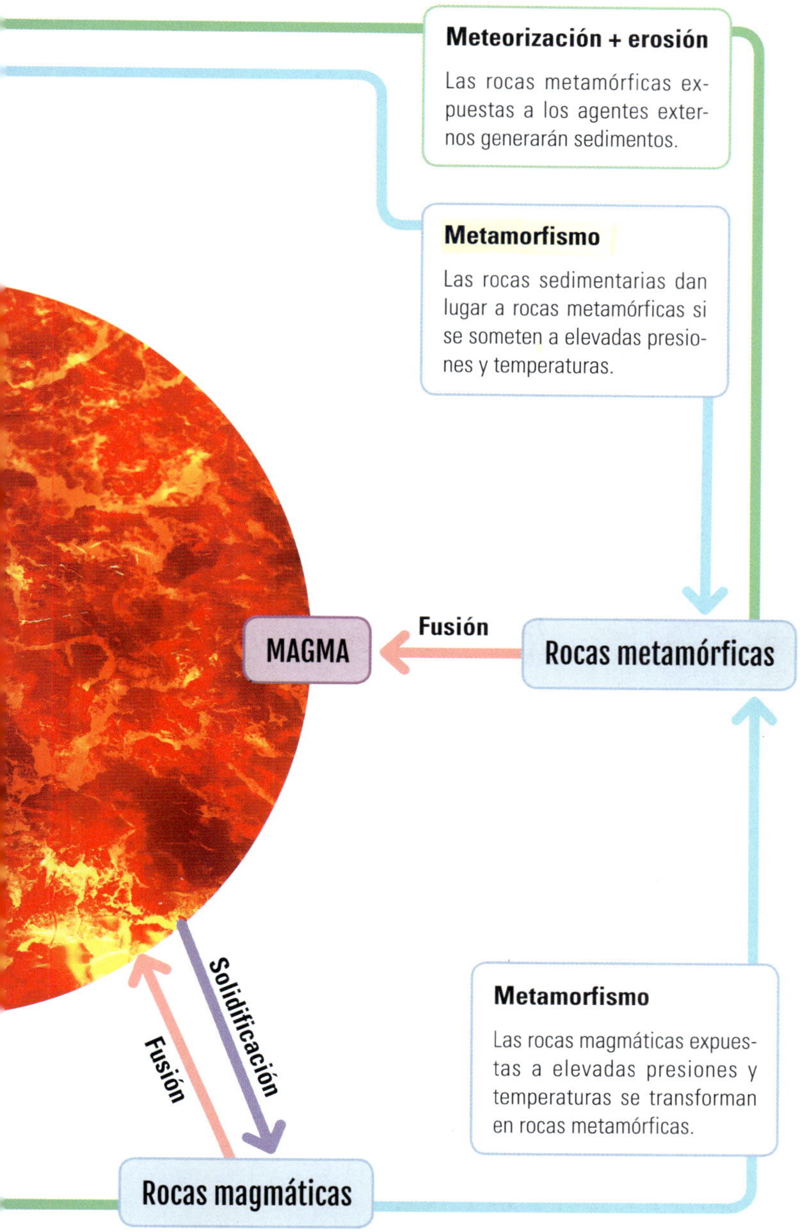

ROCAS METAMÓRFICAS

Pizarra

Mármol.

Esquisto.

- Se forman cuando las rocas quedan expuestas a **temperaturas y presiones elevadas,** que provocan cambios en su estructura y en su composición química.
- Los cambios en las rocas se pueden producir por estar sometidas a movimientos y fuerzas tectónicas o por la proximidad de magmas o rocas magmáticas todavía calientes.
- Algunas rocas metamórficas son la **pizarra**, el **esquisto,** la **cuarcita,** el **gneis** y el **mármol.**

Pizarra< Esquisto< Gneis< Mármol

pueden tener fósiles

WILLIAM SMITH

Geólogo inglés (Church II, 1769-Northampton, 1839).

Se considera el padre de la geología inglesa, ya que elaboró el primer mapa geológico del país.

Sus descubrimientos se centraron en la comprensión de los procesos sedimentarios a partir del estudio de los estratos.

También fue el precursor del uso de los fósiles para datar y comparar los estratos de las rocas.

Actividades

26. Explica cómo a partir de un granito (roca magmática) puede formarse una cuarcita (roca metamórfica que proviene de la arenisca, que, a su vez, es una roca sedimentaria).

27. ¿Se podría formar otra vez un granito a partir de la cuarcita? En caso afirmativo, explica cómo sería el proceso basándote en el ciclo de las rocas.

Para saber más...
El mapa topográfico

6. EL ESTUDIO DEL RELIEVE

Los procesos geológicos modelan el relieve y forman distintos paisajes. El análisis del relieve requiere la utilización de técnicas de estudio, como la interpretación de mapas.

6.1. MAPA TOPOGRÁFICO

Un **mapa topográfico** se caracteriza por representar la orografía o relieve del terreno, es decir, los cambios de altitud que se indican mediante las denominadas curvas de nivel. También se suelen representar mediante símbolos la orografía, la hidrografía, las poblaciones, las vías de comunicación y los límites administrativos.

Elementos de un mapa topográfico

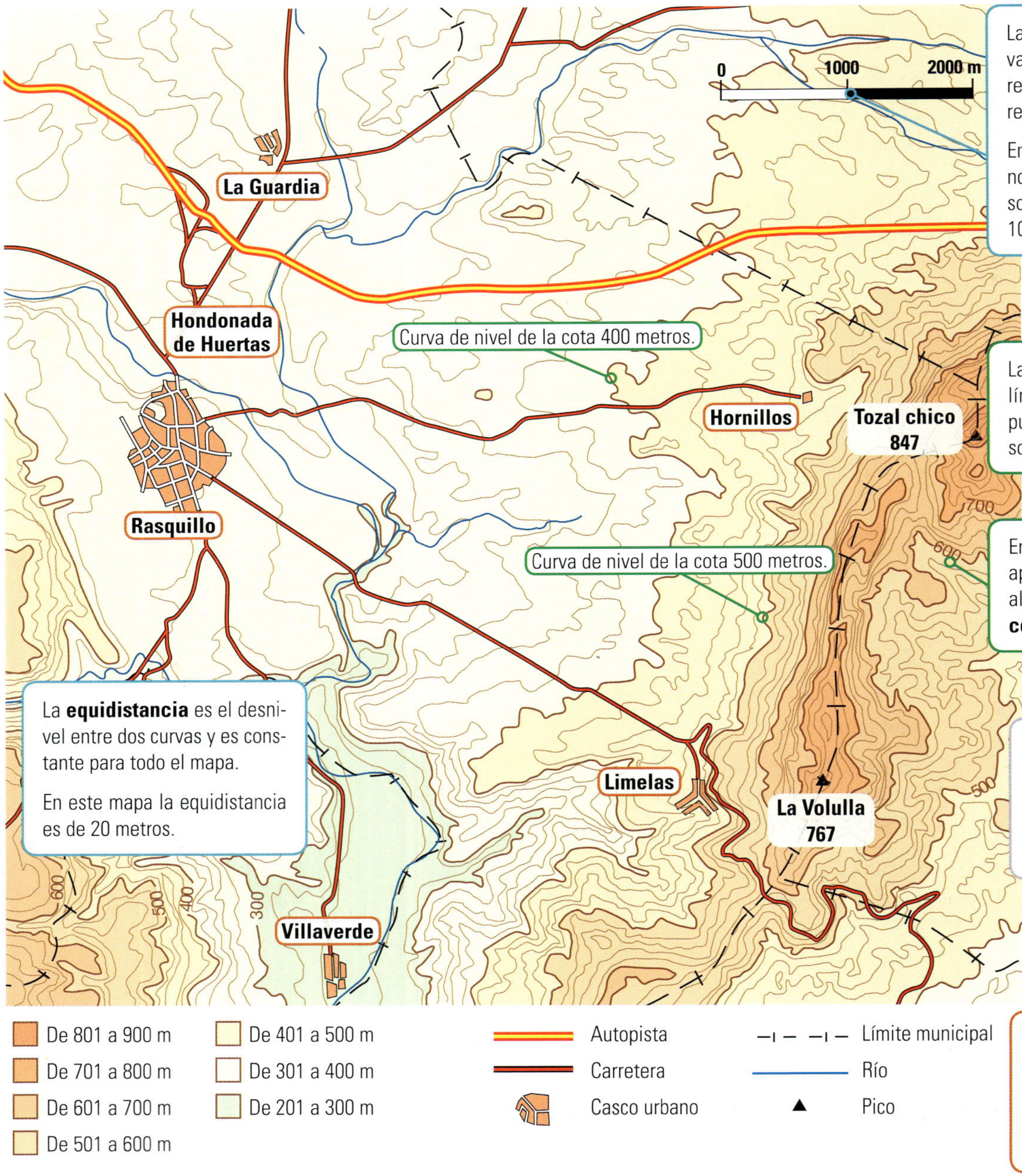

La **escala** nos indica la equivalencia entre las distancias representadas en el mapa y la realidad.

En este caso, la escala gráfica nos indica la distancia medida sobre el mapa que equivale a 1000 metros en la realidad.

Las **curvas de nivel** son las líneas imaginarias que unen puntos con una misma altitud sobre el nivel del mar.

En algunas curvas de nivel se aprecia una cifra que indica la altitud sobre el nivel del mar o **cota.**

La **equidistancia** es el desnivel entre dos curvas y es constante para todo el mapa.

En este mapa la equidistancia es de 20 metros.

El **código de colores** corresponde a una gama de colores que indican la gradación de las cotas más altas a las más bajas.

La **leyenda** muestra una relación de los símbolos utilizados en el mapa para designar diversos elementos del terreno.

PERFIL TOPOGRÁFICO

Podemos extraer la información necesaria de un mapa topográfico para elaborar una representación vertical del relieve mediante un **perfil topográfico.**

Los pasos a seguir para elaborar un perfil topográfico son los siguientes:

1. Trazamos la línea del perfil que queremos confeccionar sobre el mapa. Marcamos en ella las intersecciones con las curvas de nivel.
2. En un papel milimetrado trazamos dos ejes de coordenadas: en las ordenadas representamos la altitud (para ello, elegiremos una escala de altitudes que coincida con las representadas en el mapa) y en las abscisas, la distancia horizontal sobre el mapa.
3. Encajamos la parte superior del papel milimetrado sobre la línea trazada en el mapa y trasladamos al papel milimetrado los puntos de las intersecciones marcados en el paso 1.
4. Finalmente, trazamos desde cada uno de los puntos una línea vertical hasta la altura que le corresponda en función del eje de ordenadas. Al unir el extremo de cada línea vertical quedará dibujado el perfil topográfico.

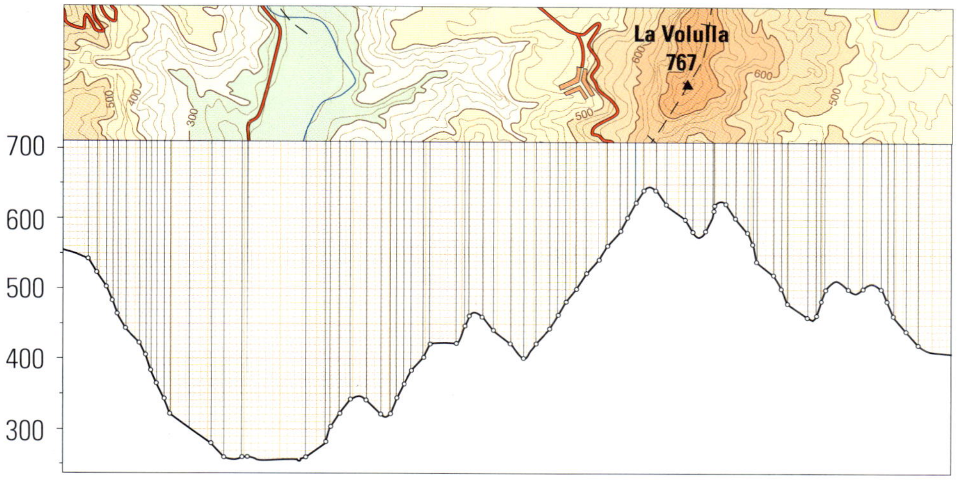

Consulta la cartografía geológica de cualquier punto de España a través de la siguiente aplicación interactiva:

https://links.edebe.com/DB

6.2. MAPA GEOLÓGICO

Un **mapa geológico** representa la distribución en superficie de los diferentes tipos de rocas de un territorio, así como los fenómenos geológicos que lo han afectado, como estructuras tectónicas (fallas, pliegues…), yacimientos fósiles, fuentes, etc.

Muestra la información geológica sobre una base topográfica y, para ello, precisa unas leyendas específicas sobre la litología del terreno y los fenómenos tectónicos.

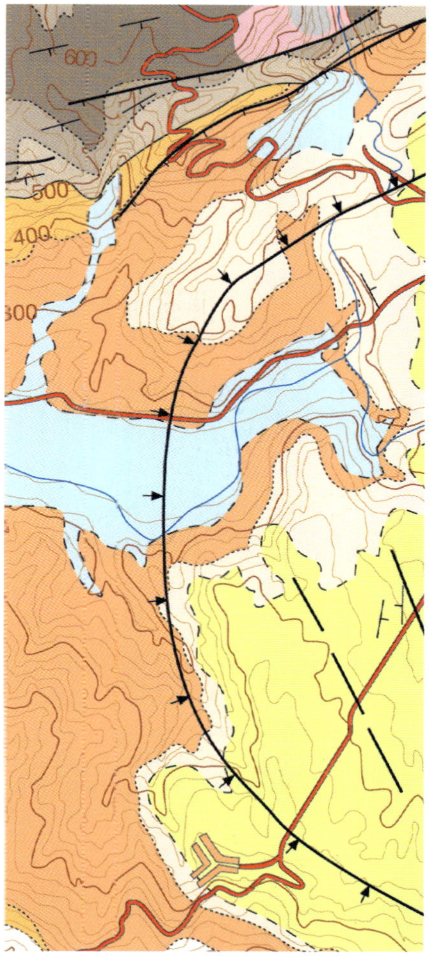

Mapa geológico.

Actividades

28. La escala de un mapa se representa principalmente de dos maneras: de forma numérica y de forma gráfica.

a) Busca información y explica con un ejemplo en qué consiste cada una de ellas.

b) ¿Qué tipo de escala aparece en el mapa de la página 72?

Ciencia a tu alcance

El perfil geológico

Material

- Mapa geológico con información de sondeos.
- Papel milimetrado.
- Regla.
- Lápices de colores.

1 Introducción

En los **mapas geológicos** se representan los distintos materiales mediante un código de colores. Veamos el siguiente ejemplo:

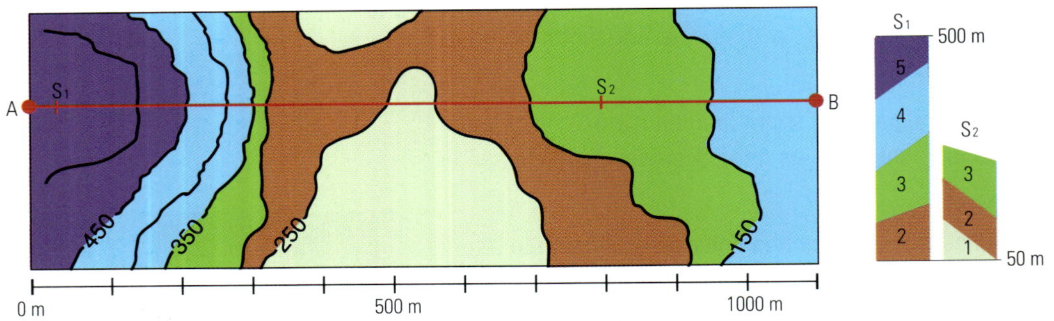

1: Arcillas

2: Areniscas

3: Lutitas

4: Calcáreas

5: Conglomerados

Un **perfil geológico** es una reconstrucción de la estructura geológica del subsuelo a lo largo de una línea de corte imaginaria. En un perfil geológico se debe representar la forma del relieve entre dos puntos (A-B) y, además, los materiales presentes a distintas profundidades. Para confeccionarlo, es necesaria la información proporcionada por un mapa geológico y por unos puntos de sondeo (S_1 y S_2) que nos informan de la distribución de materiales en profundidad en esos puntos.

2 Procedimiento

Para confeccionar el perfil geológico entre A y B, seguiremos estos pasos:

— Traza dos ejes en un papel milimetrado. El eje de ordenadas representa la altura sobre el nivel del mar y tiene como extremos las cotas mínima y máxima del perfil. El eje de abscisas representa la longitud del perfil y corresponde a la longitud en centímetros del mapa geológico.

— Coloca el papel milimetrado justo debajo de la línea A-B del mapa y traslada al eje horizontal las intersecciones entre la línea A-B y las curvas de nivel. Posteriormente, sitúa los puntos a la altura correspondiente a su cota de nivel. De ese modo, se obtiene el perfil topográfico del terreno.

— En el mapa, cada tipo de roca de la superficie está representado por un color. Colorea la silueta del perfil con el color que corresponda a lo largo de la línea de corte. Así, por ejemplo, deberás pintar la silueta del perfil del color de los conglomerados entre los 0 m y los 200 m de distancia aproximadamente, y, a continuación, del color de las calcáreas entre los 200 m y los 300 m. Deberás repetir la operación con el resto de materiales geológicos.

— Con la información de los sondeos (puntos S_1 y S_2), puedes situar las profundidades a las que se encuentran los diversos materiales en esos dos puntos. Finalmente, deberás unir las líneas entre S_1 y S_2 para acabar de confeccionar el perfil geológico.

3 Actividades

a) ¿Qué tipos de rocas hay en las zonas más altas del terreno estudiado? ¿Y en las zonas más bajas? ¿A qué altura sobre el nivel del mar están las areniscas?

b) En el terreno estudiado existe una formación geológica característica de zonas en las que se han producido presiones laterales importantes. La erosión ha borrado parcialmente la estructura, de modo que únicamente queda una parte expuesta. Analiza la distribución de las capas de rocas y de qué formación se trata. Argumenta tu conclusión.

c) A partir de las conclusiones de la pregunta anterior, intenta reproducir cómo se distribuían las capas antes de ser erosionadas.

Dinámica terrestre

- se divide en
  - **Dinámica interna**
    - origina
      - **Cordilleras**
        - según su origen pueden ser
          - Perioceánicas
          - Arco de islas
          - Intercontinentales
  - **Dinámica externna**
    - actúa mediante
      - **Agentes geológicos externos**
        - son
          - Ríos, torrentes, aguas salvajes
          - Agua subterránea
          - Olas, corrientes y mareas
          - Glaciares
          - Viento
          - Seres vivos
        - causan
          - **Meteorización**
          - **Erosión**
          - **Transporte**
          - **Sedimentación**
            - cuyo resultado depende de factores como
              - La litología de la roca madre
              - El clima
              - La topografía
              - El tiempo de exposición
- origina
  - **Relieve**
    - asociado con el clima crea
      - **Sistemas morfoclimáticos**
        - son
          - Sistema de zonas áridas
          - Sistema de zonas intertropicales
          - Sistema de zonas templadas
          - Sistema de zonas polares y por glaciales

Actividades finales

PREPARA

29. ●○○ ¿Cuál es el origen de la energía que genera la aparición de agentes geológicos como el agua y el viento?

30. ●○○ Relaciona las siguientes afirmaciones con el tipo de cordillera al que hacen referencia:

a) Los Andes son el máximo exponente de este tipo de cordillera.

b) El Himalaya es un ejemplo de este tipo de cordillera.

c) Se originan en las zonas de subducción de litosfera oceánica bajo litosfera continental.

d) En ellas son abundantes los volcanes de erupciones plinianas.

e) Se originan a causa del choque entre placas de litosfera continental.

f) Se forman en las zonas de subducción de litosfera oceánica bajo litosfera oceánica.

g) Japón, Filipinas, Indonesia y Nueva Zelanda son ejemplos de este tipo de cordillera.

31. ●○○ Clasifica los siguientes procesos según se trate de ejemplos de meteorización física, química o biológica:

— Las raíces de los árboles penetran en profundidad en el suelo y fragmentan la roca subyacente.

— Los cambios bruscos y continuos de temperatura hacen que las rocas se agrieten al dilatarse y contraerse repetidamente.

— El feldespato potásico que forma parte del granito se convierte en arcilla, de modo que la roca original se transforma en sábulo.

32. ●○○ ¿Cuáles son los cuatro factores que condicionan la meteorización?

33. ●○○ Completa en tu cuaderno una tabla como la siguiente con los términos que se relacionan con cada proceso:

pérdida de velocidad, deshidratación, formación de detritos, desgaste, disolución, cementación, cuenca sedimentaria, rodadura.

Erosión	Transporte	Sedimentación	Diagénesis

34. ●○○ Los ríos, torrentes y aguas salvajes son corrientes de agua superficiales. Indica una semejanza y una diferencia entre:

a. Ríos y torrentes

b. Ríos y aguas salvajes

c. Torrentes y aguas salvajes

35. ●○○ ¿Qué es el modelado kárstico? ¿Qué agente geológico lo origina?

36. ●○○ ¿Cuál es la causa por la que se producen las corrientes marinas? ¿Y las mareas?

37. ●○○ Relaciona en tu cuaderno las siguientes formas del relieve con el agente geológico responsable de su origen:

Badlands •	• Ríos y torrentes
Loess •	• Glaciares
Dolinas •	• Viento
Playas •	• Aguas subterráneas
Morrenas •	• Aguas salvajes
Desfiladeros •	• Olas

38. ●○○ ¿Por qué el viento es el principal agente geológico en el desierto?

39. ●○○ Pon un ejemplo de una acción destructiva y una acción constructiva de los seres vivos sobre el relieve.

40. ●○○ Realiza un esquema donde recojas los diferentes sistemas morfoclimáticos que podemos encontrar en el planeta. Debes incluir localización, características que permiten diferenciarlos y dominios que incluyen.

41. ●○○ Cita los tres grandes grupos de rocas que distinguimos según su origen y pon un ejemplo de cada una.

42. ●○○ ¿Qué diferencias existen entre un mapa topográfico y un mapa geológico?

ENTRENA

1. La formación del relieve

43. ●○○ Explica qué son las cordilleras perioceánicas y cómo se originan. Pon un ejemplo.

44. ●●○ En la cordillera del Himalaya, que supera los 8000 m de altura, pueden encontrarse abundantes fósiles de amonites, unos cefalópodos como el pulpo o el calamar actuales, pero con una concha externa.

— ¿Qué tipo de cordillera es el Himalaya?

— ¿Puedes dar una explicación científica a la presencia de fósiles marinos en el Himalaya?

2. Procesos geológicos externos

45. ●○○ Observa estas imágenes e identifica el tipo de meteorización que se representa en cada caso. Explica en qué consiste cada uno de ellos.

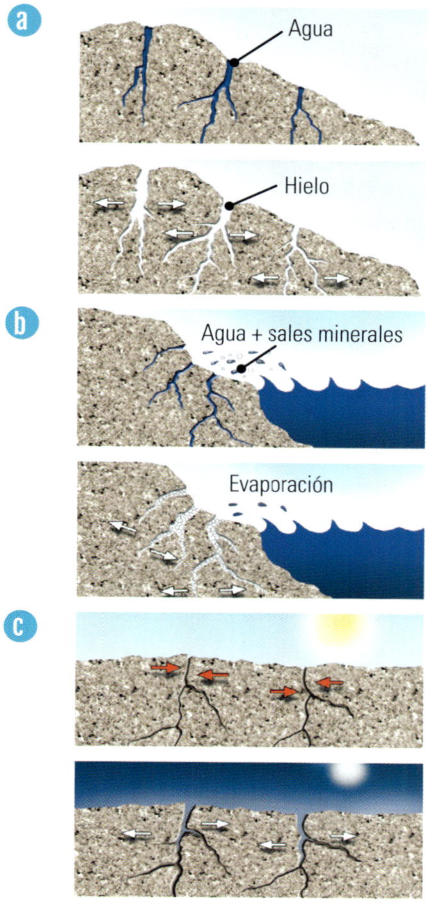

46. ●●○ Observa este esquema del medio sedimentario, cópialo en tu cuaderno y distribuye los procesos geológicos externos estudiados en esta unidad donde corresponda.

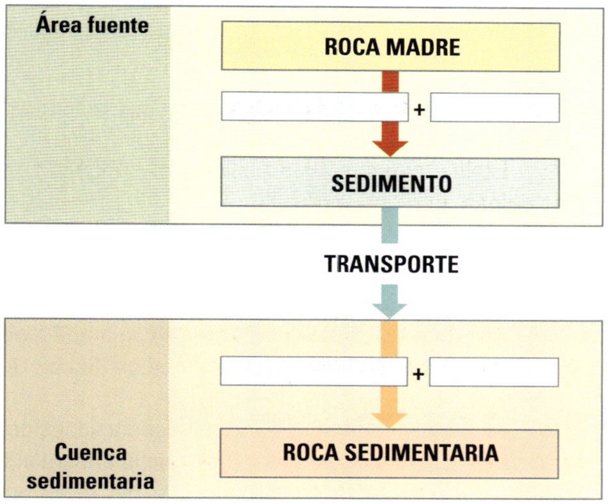

— Explica qué diferencia hay entre medio sedimentario y cuenca sedimentaria.

47. ●●○ Señala la única afirmación que es correcta y corrige las otras.

— La erosionabilidad del agua aumenta con la velocidad.

— La erosividad de un río aumenta con la pendiente.

— La erosividad de la arcilla es mayor que la del granito.

— La erosionabilidad de las rocas es mayor que la del sedimento no consolidado.

48. ●●○ El suelo es un sistema complejo que se desarrolla en la superficie de la Tierra a partir de los procesos de meteorización de las rocas. Los suelos presentan una estructura en capas u horizontes, como la que se muestra en esta imagen.

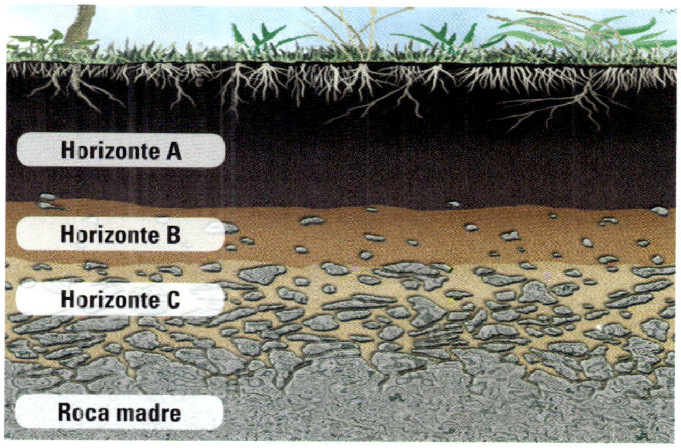

Lee la información sobre los horizontes que constituyen el suelo e identifica las capas representadas en la imagen.

a) Es la zona de transición donde la roca está parcialmente meteorizada.

b) Es la roca original antes de ser meteorizada.

c) Es una capa en la que se acumulan materiales procedentes de los horizontes superiores.

d) Constituye la zona superficial donde se desarrolla la vegetación.

— ¿A qué crees que se debe que el horizonte superior del suelo sea mucho más oscuro que los inferiores?

3. Agentes geológicos externos

49. ●○○ Define los siguientes conceptos: cono de deyección, cárcava, acuífero, dolina, bajamar, morrena.

50. ●●○ ¿De qué modo el clima condiciona la acción de los agentes geológicos externos? Razona tu respuesta con algunos ejemplos.

Actividades finales

51. ●●○ ¿Por qué los materiales depositados por un río están bien clasificados respecto a su tamaño, mientras que los sedimentados por un glaciar no presentan clasificación?

52. ●●○ Las rocas calizas en las zonas ecuatoriales se disuelven muy fácilmente y con mayor rapidez que en otras áreas geográficas. ¿Cuál crees que es el motivo?

53. ●●○ Reconoce en las siguientes imágenes qué agente geológico ha intervenido en la formación de las diferentes estructuras e identifica cada una de ellas.

1

2

3

4

4. Los sistemas morfoclimáticos

54. ●○○ Explica cuál es el clima característico de los siguientes dominios y relaciona cada uno de ellos con el sistema morfoclimático al que pertenecen:

dominio de sabana – dominio mediterráneo
– domino periglacial – dominio subdesértico

55. ●●○ Relaciona las siguientes formas del relieve con los lugares donde es más probable que se produzcan y justifica tu respuesta.

Panes de azúcar •	• Argelia
Ergs •	• Curso medio del Misisipi
Canchales •	• Brasil
Llanuras de inundación •	• Pirineos

56. ●●● ¿En qué zona climática se encuentra la Península Ibérica? Enumera los dominios presentes en ella y cita las principales formas de modelado del relieve características.

5. El ciclo de las rocas

57. ●○○ Explica la diferencia entre las rocas plutónicas y las rocas volcánicas.

58. ●●○ El siguiente esquema representa el ciclo de las rocas. Indica brevemente qué sucede en cada una de las letras que aparecen en él:

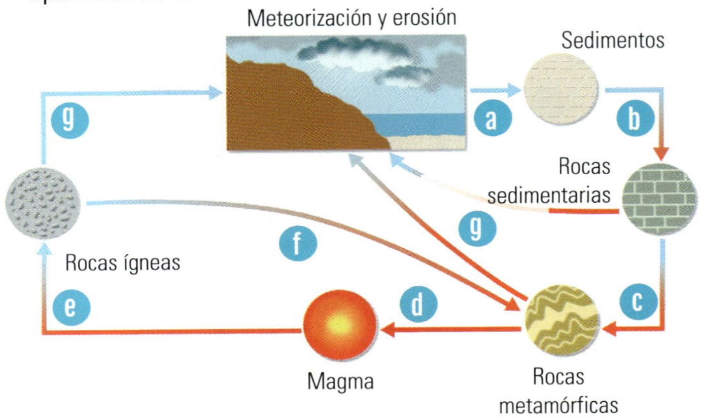

59. ●●○ Responde a las siguientes cuestiones:

a) ¿Cómo puede formarse una roca sedimentaria a partir de una roca preexistente? ¿De qué tipo puede ser la roca preexistente que la origina?

b) ¿Qué condiciones se tienen que dar para que se formen las rocas metamórficas?

c) ¿Cómo se forman las rocas magmáticas?

6. El estudio del relieve

60. ●○○ Define los siguientes elementos de un mapa topográfico: escala, curvas de nivel, leyenda y código de colores.

61. ●●● Los mapas topográficos son representaciones de la superficie de un terreno en un plano en el que aparecen el relieve natural y las transformaciones producidas por el ser humano.

a) En los mapas topográficos se muestran la escala, las curvas de nivel, las cotas y la equidistancia. Observa el mapa y determina:

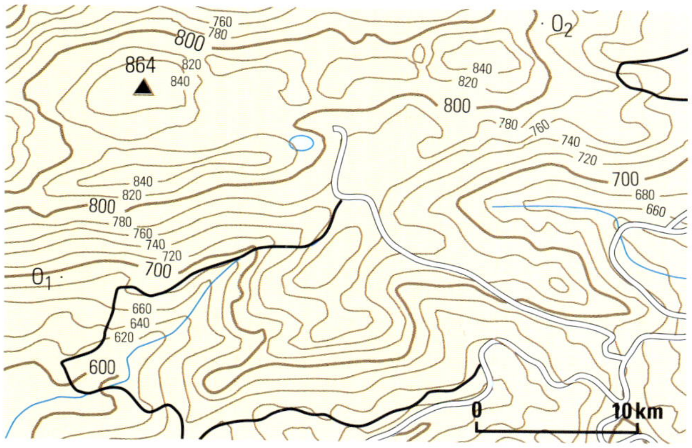

— La equidistancia reflejada en el mapa.

— La escala.

— La cota máxima representada en el mapa.

b) A partir de los mapas topográficos pueden confeccionarse los perfiles topográficos, que son representaciones del relieve en sentido vertical.

Observa el mapa topográfico y, a partir de una fotocopia de este mapa, elabora el perfil topográfico indicado en él (entre O_1 y O_2):

— ¿Qué desnivel existe entre los puntos de origen (O_1) y final (O_2) del perfil?

— ¿Cuál es la distancia en kilómetros entre estos dos puntos?

APLICA

62. ●●○ **Relaciona los procesos de formación del relieve que conoces con la existencia de una elevada densidad de volcanes en la cordillera de los Andes.**

— Busca información y averigua qué es el cinturón volcánico de los Andes. Indica qué países se ven afectados y los principales volcanes que lo constituyen. Puedes consultar estas páginas web:

https://links.edebe.com/4k8haq

https://links.edebe.com/3ybr

63. ●●○ **¿Cómo se llevan a cabo los procesos de erosión, transporte y sedimentación en las aguas subterráneas?**

64. ●●● **Explica, a partir del ejemplo del relieve característico de tu localidad, cómo los agentes geológicos internos y externos han modelado el relieve.**

65. ●●● **Según estudios recientes, se ha calculado que en España se pierden más de 1150 millones de toneladas de suelo fértil cada año, a causa, principalmente, de actividades mineras, obras públicas, incendios forestales, y prácticas agrícolas y forestales inadecuadas.**

a) ¿Qué zonas de España están más afectadas por la erosión? ¿Este riesgo tiene relación con el dominio climático al que pertenecen? ¿Cuál debe ser la relación entre ambos factores? Para responder a estas preguntas, visita este enlace:

https://links.edebe.com/x7v

b) Consultad el siguiente enlace sobre cómo evitar la erosión en la práctica de las técnicas agrícolas y trabajad su contenido aplicando la rutina de pensamiento *Pienso, me interesa, investigo:*

https://links.edebe.com/6in

66. ●●● **En equipos, elaborad un esquema con los tipos de rocas estudiadas en la unidad y los cambios a los que se someten en el ciclo de las rocas. Para ello, aplicad la técnica cooperativa TGT.**

— Elaborad fichas con las preguntas necesarias para la comprensión del tema. Podéis utilizar el programario del siguiente enlace:

https://links.edebe.com/3kj

— Intercambiad las fichas entre los distintos grupos.

— Elegid las fichas y responded a las preguntas.

Piensa sobre...

67. El relieve terrestre ha cambiado a lo largo de la historia de nuestro planeta gracias a la geodinámica interna y externa. El estudio de los procesos geológicos externos y de los agentes responsables de estos procesos nos permite predecir cómo será la superficie de la Tierra en un futuro.

a) ¿Crees que nuestro planeta podría llegar a convertirse en una inmensa llanura?

b) Con los contenidos aprendidos en esta unidad, ¿podrías contestar a la cuestión planteada anteriormente?

A B C

68. Los mares y océanos de la Tierra juegan un papel muy importante como agentes geológicos que modelan y modifican el paisaje, gracias a la acción de las olas, las corrientes y las mareas. ¿Pueden las mareas del mar Mediterráneo ejercer la misma intensidad como agente erosivo que las mareas del océano Atlántico? Justifica tu respuesta.

69. La sierra de Aracena se encuentra en la provincia de Huelva y en ella hallamos la Gruta de las Maravillas, una cueva formada sobre roca caliza. ¿Qué papel juegan las sustancias químicas en la formación de esta cueva? ¿Estas sustancias pueden intervenir en algún otro proceso relacionado con la modificación del relieve?

Pon a prueba tus competencias

En un parque nacional situado en plena cordillera de los Andes se ha remodelado su zona accesible y se han instalado diversos paneles informativos para los visitantes.

70. El primer cartel que encuentran los visitantes trata sobre el origen geológico de la cordillera de los Andes. Léelo y contesta las siguientes preguntas:

Los Andes es una cordillera de América del Sur que resigue la costa del océano Pacífico y que, con sus 7240 km de longitud, es la más larga del planeta. Esta cordillera es perioceánica, lo que significa que se ha formado en una zona de subducción de litosfera oceánica bajo litosfera continental.

A. Busca en un atlas la cordillera de los Andes e indica el continente en el que se halla y los países que atraviesa.

— Indica el nombre y la altura del pico más alto de la cordillera.

B. Consulta el mapa de la página 36 de tu libro de texto e indica qué placas han intervenido en la creación de esta cordillera.

— ¿De qué naturaleza son las placas litosféricas implicadas en su formación?

— ¿Qué significa que una placa subduce bajo otra? ¿Cuál es la placa que queda debajo?

71. El segundo cartel informativo profundiza sobre el vulcanismo de la zona.

A. Explica por qué a lo largo de toda la cordillera andina abundan los volcanes.

B. Las rocas magmáticas se originan a partir del material fundido o magma.

— ¿Cómo se forman las rocas volcánicas, como el basalto, que son las que se enfrían en el exterior de la litosfera terrestre?

— ¿En qué circunstancias se pueden originar rocas plutónicas, como el granito, que son las que se enfrían lentamente bajo tierra?

— En superficie, ¿qué rocas crees que serán las predominantes?

A lo largo de la cordillera de los Andes, se han contabilizado más de 3000 volcanes como el Cotopaxi, el Nevado Ruiz y el Puyehue. Se trata de una zona volcánica muy activa porque parte de los materiales que subducen se funden por la fricción y ascienden a la superficie.

72. El tercer cartel informativo se localiza en el punto de partida de un recorrido circular que transcurre por las zonas más emblemáticas del parque y desde el que se podrá apreciar toda la belleza del paisaje.

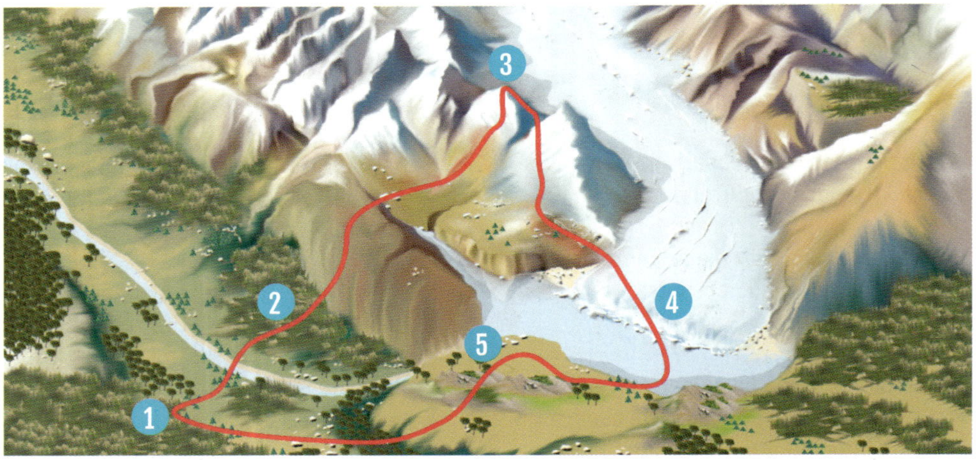

En el cartel se muestran cinco imágenes de los puntos de información señalados en el mapa:

a

b

c

d

e

A. Asocia cada imagen con cada uno de los puntos de información.

B. Fíjate en cada una de las imágenes y completa una tabla como la de muestra en tu cuaderno, a partir de la siguiente información:

- Formas de relieve: laderas, rápidos, morrena lateral y terminal, cascadas, desfiladeros, till, valle fluvial, aristas, picos, canchales, valle en forma de U…
- Agentes geológicos: torrentes, agua, hielo, ríos, aguas salvajes, viento, seres vivos.
- Meteorización: física (gelifracción, termoclastismo), química (oxidación, hidrólisis), biológica.
- Erosión: intensa, media, escasa.
- Transporte: intenso, medio, escaso.
- Sedimentación: intensa, media, escasa.

Punto	Descripción del lugar	Formas de relieve	Agentes geológicos presentes	Meteorización	Erosión	Transporte	Sedimentación
1							
2							
3							
4							
5							

73. Observa el mapa topográfico que se muestra en el punto de información número 3.

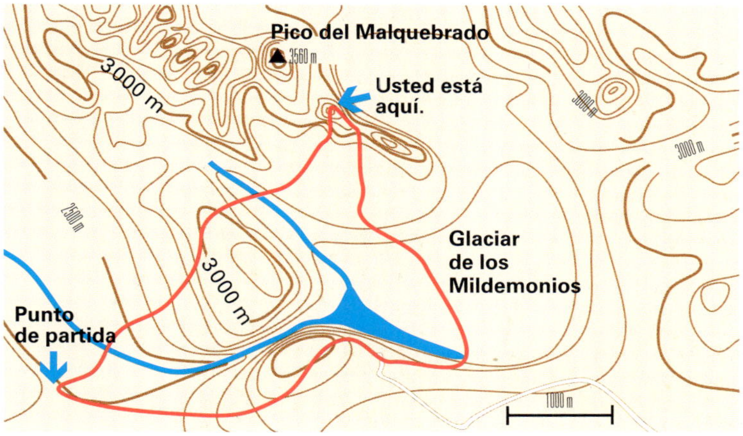

A. ¿Cuál es la altura de la cima en la que te hallas?

B. ¿Desde qué altitud se ha iniciado el recorrido?

C. ¿Qué desnivel se tiene que vencer para alcanzar la cima? ¿Se trata del punto de mayor altitud de esta zona?

D. Si has iniciado el recorrido subiendo por el tramo 1 al 3 y has bajado atravesando la lengua de glaciar:

- Indica qué tramo es más largo: el de subida o el de bajada.
- ¿Qué tramo tiene más pendiente acumulada: el de subida o el de bajada?

4

Bloque 1. La Tierra

Los ecosistemas

Contenidos

- La biosfera y los ecosistemas
- Las adaptaciones de los seres vivos
- Las relaciones tróficas
- Circulación de materia y energía
- Las sucesiones

Y además...

- Ciencia a tu alcance
  La producción primaria neta

¿Sabes que...?

¿El cuerpo humano se puede considerar un ecosistema?

Hace 65 millones de años un asteroide provocó la desaparición de los dinosaurios, pero ¿sabes de qué murieron estos animales?

¿Por qué nos infestamos de piojos y no de pulgas?

¿Te atreves a hacer la cadena trófica más larga que puedas?

Después de un incendio en un bosque, ¿volverá a ser igual con el tiempo?

¿Qué sabes sobre...
...la biosfera?

1. LA BIOSFERA Y LOS ECOSISTEMAS

La **biosfera** es un sistema formado por una delgada capa discontinua de la Tierra que incluye a todos los seres vivos que habitan en nuestro planeta.

Se extiende desde las zonas más altas de la atmósfera, donde se encuentran microorganismos en suspensión (sobre los 10 000 m), hasta los fondos oceánicos, incluidos sus sedimentos.

La biosfera es un **sistema abierto,** ya que está estrechamente relacionada con los otros sistemas del planeta con los que intercambia materia y energía:

La **geosfera** es el medio físico sobre el que viven las especies terrestres y constituye el soporte para las plantas, a partir de las cuales se organizan todas las cadenas y redes tróficas.

La **atmósfera** intercambia gases con los seres vivos. La atmósfera regula las condiciones climáticas y protege la superficie terrestre del impacto de radiaciones y de meteoritos.

La **hidrosfera** es la fuente de agua, imprescindible para la vida. Además, es el medio que envuelve a los organismos acuáticos con los que efectúa intercambios solo posibles en agua líquida.

La biosfera constituye un mosaico en el que se distinguen los diferentes ecosistemas, considerados como las unidades de funcionamiento de la biosfera.

Un **ecosistema** es una porción de la biosfera formada por un conjunto de seres vivos (la **biocenosis**) y el espacio físico en el que viven (el **biotopo**), así como las interacciones y las relaciones que se establecen entre todos ellos.

El **biotopo** es el espacio físico en el que viven los seres vivos. Los componentes del biotopo son el medio físico y sus factores ambientales o abióticos.

La **biocenosis** es el conjunto de seres vivos que habitan en un ecosistema. También se denomina **comunidad biótica.** Cada ecosistema tiene una biocenosis determinada, que depende de las características de su biotopo.

1.1. EL BIOTOPO

Los principales componentes del biotopo, que determinan la presencia de unos seres vivos u otros, son el *medio* y los *factores ambientales*.

EL MEDIO

Es el lugar donde viven y se desplazan los seres vivos de un ecosistema y con el cual estos intercambian materia y energía de forma constante. El medio puede ser **acuático,** cuando está constituido por agua, o bien **terrestre,** si se encuentra en la superficie terrestre.

LOS FACTORES AMBIENTALES

Los factores ambientales o **abióticos** son el conjunto de condiciones físicas y químicas del biotopo. Caracterizan al biotopo y condicionan la biocenosis. Los más importantes son:

Luz	Agua	Temperatura	Salinidad	pH
Condiciona la distribución de los organismos fotosintéticos. Las especies se adaptan a distintas intensidades de luz, desde los fondos abisales hasta la cubierta superior de la selva tropical.	Todos los seres vivos necesitan agua para vivir. Su escasez limita la vida y determina adaptaciones a los ambientes secos, como las plantas crasas, capaces de almacenar agua en su interior.	La temperatura del medio condiciona la supervivencia de un organismo. No obstante, encontramos seres vivos adaptados a soportar temperaturas extremas, ya sean frías o muy cálidas.	Tiene una gran importancia en el medio acuático. Las especies suelen estar adaptadas a pequeñas oscilaciones de la concentración de sales disueltas en el agua.	Refleja la acidez de un medio. Depende de la composición del suelo y de las sustancias disueltas que contiene el agua. Cada especie presenta un intervalo de pH óptimo para su desarrollo.

Cada especie presenta una cierta capacidad de resistir modificaciones de los factores ambientales sin que la afecten, pero también tiene unos **límites de tolerancia** frente a variaciones de uno o más factores ambientales.

Un **factor limitante** es aquel factor abiótico que, por encontrarse en menor o mayor proporción de la necesaria, condiciona el crecimiento y reproducción de un individuo o una población.

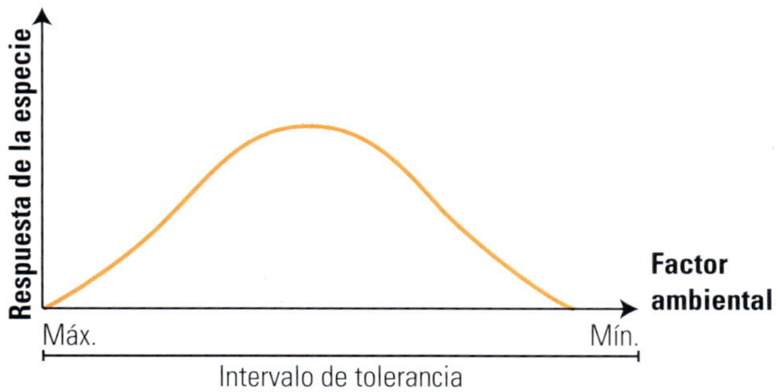

Entre los límites de tolerancia existe un **intervalo de tolerancia** para los factores ambientales, que varía según la especie. Por encima o por debajo de este margen, los individuos mueren.

La **valencia** o **amplitud ecológica** es el intervalo de tolerancia de una especie para cada uno de los factores ambientales que determinan el ecosistema en el que habita.

ERNST HAECKEL

Naturalista y filósofo alemán (1834-1919), partidario de las ideas de Darwin, que acuñó por primera vez el término *ecología*.

Haeckel se refirió primero al estudio de las interacciones de los seres vivos con su entorno y, posteriormente, comprendió la importancia de añadir el estudio de los factores ambientales, así como los intercambios de materia y energía.

Actividades

1. Observa y copia en tu cuaderno la gráfica de la derecha, en la que están representadas las tolerancias a la salinidad de las especies vegetales A y B.

   — Indica los límites de tolerancia de ambas especies y anota sus intervalos de tolerancia.

   — ¿Qué especie posee una mayor amplitud ecológica?

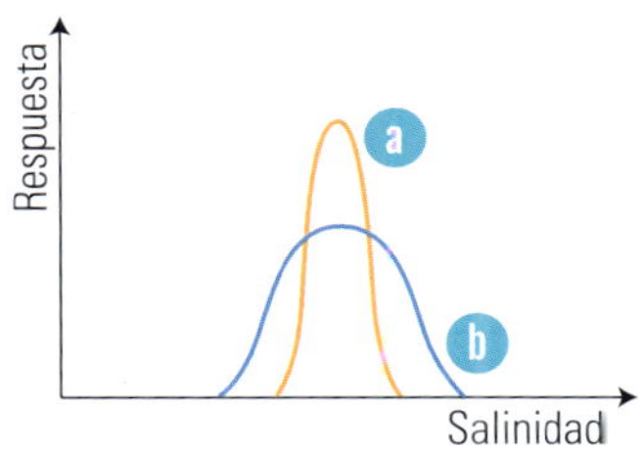

Asómate
La biocenosis

ECOTONO

Un ecotono es la zona de transición entre dos ecosistemas diferentes.

En los ecotonos, la biocenosis está formada por especies de los dos ecosistemas colindantes.

Los ecotonos presentan una gran riqueza biológica y son los puntos en los que se da el intercambio de energía entre ecosistemas. Es por ello que tienen un **elevado interés biológico.**

Un ejemplo de ecotonos son las marismas o los deltas fluviales.

1.2. LA BIOCENOSIS

La biocenosis o **comunidad biológica** de un ecosistema está constituida por diferentes especies que establecen una serie de relaciones entre ellas. Una especie es un conjunto de seres vivos que pueden reproducirse entre ellos y originar una descendencia fértil. Llamamos **población** al conjunto de individuos de la misma especie que vive en un mismo lugar.

Cada población ocupa un **hábitat** y un **nicho ecológico** determinados.

HÁBITAT

El hábitat es la zona de un ecosistema en el que se desarrolla la vida de una población de forma óptima. Es decir, dentro de un ecosistema encontramos diferentes hábitats.

Pese a la importancia de las características del medio físico en el que vive la población de una especie, la supervivencia de esta también depende de las relaciones que se establezcan con las poblaciones de otras especies del ecosistema.

NICHO ECOLÓGICO

El nicho ecológico es la función de una población en el ecosistema.

El nicho de una especie está definido por sus **relaciones** con su hábitat (de dónde, cuándo y cómo obtiene el alimento) y con las poblaciones de las otras especies (de qué poblaciones se alimenta, cuáles se alimentan de ella...).

En un ecosistema maduro, cada población tiene un nicho específico que no suele compartir con otras especies, aunque presenten tipos de alimentación parecidos.

LAS RELACIONES ENTRE POBLACIONES

¿Lo vemos?
Las relaciones en la biocenosis

Los seres vivos que forman la comunidad de un ecosistema establecen entre sí diversos tipos de relaciones. Las que tienen lugar entre individuos de una misma especie se denominan **relaciones intraespecíficas** y las que se establecen entre individuos de especies diferentes son las **relaciones interespecíficas.**

COMPETENCIA

La competencia es la relación que se establece entre dos individuos cuando se disputan el mismo recurso. Este puede ser un alimento, una madriguera, una pareja con la que aparearse...

La competencia será **intraespecífica** cuando se da entre individuos de la misma especie. Esta competencia regula el tamaño de una población en función de la cantidad de recursos de los que disponen. Se da, por ejemplo, entre los hermanos de una camada de lobos.

Cuando se da entre individuos de dos especies distintas, hablamos de competencia **interespecífica.** Normalmente, este tipo de competencia provoca el desplazamiento de una de las dos especies. Por ejemplo, es la que se da entre las diferentes especies de árboles de la selva por la luz del sol.

DEPREDADOR-PRESA

Es la relación que se origina entre un **depredador** y la **presa** a la que aquel da caza para alimentarse. Las poblaciones de depredador y presa se regulan entre sí, y dan lugar a fluctuaciones o cambios en el tamaño de la población de ambas especies.

En la gráfica, observamos cómo el tamaño de la población de presas influye directamente en el tamaño de la población de depredadores y a la inversa.

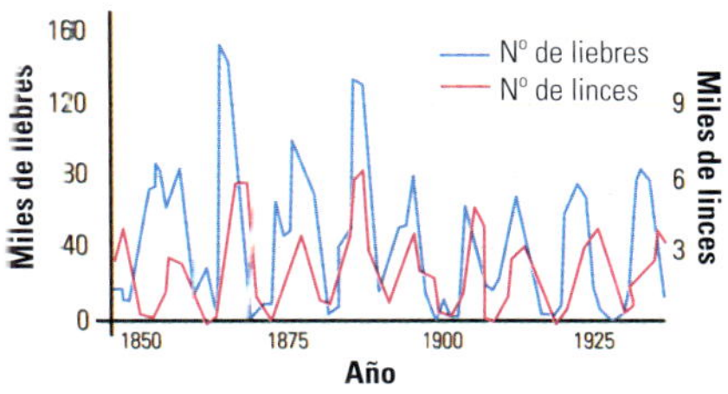

PARÁSITO-HOSPEDADOR

Es la relación que se produce cuando un organismo, al que llamamos **parásito,** vive a costa de otro, al que denominamos **hospedador.** El parásito obtiene la materia y la energía para vivir y, por tanto, se beneficia de esta relación, mientras que el hospedador sale perjudicado.

El hospedador desarrolla mecanismos de defensa frente a la agresión que representa la población parasitaria. El parásito, a su vez, se especializa en «esquivar» las barreras defensivas del hospedador.

Un ejemplo de este tipo de relación se establece entre las bacterias patógenas y el ser humano o entre las pulgas y los perros.

MUTUALISMO Y COMENSALISMO

Son relaciones en las que ninguna de las especies implicadas sale perjudicada.

— **Mutualismo.** Asociación en la que ambos organismos salen beneficiados como, por ejemplo, la garcilla bueyera que se alimenta de los parásitos de la piel de los bueyes. Un caso específico de mutualismo es la **simbiosis,** relación en la que los organismos no pueden vivir por separado, como el caso de los líquenes.

— **Comensalismo.** En este tipo de relación, un organismo sale beneficiado y al otro le es indiferente. Se establece, por ejemplo, entre los leones y los buitres moteados que se alimentan de la carroña que aquellos abandonan.

Actividades

2. Busca información sobre cuál es el nicho ecológico que ocupan las siguientes especies: jirafa, león, cebra, hiena, chacal, buitre.

— Explica qué tipo de competencia se establece entre esas poblaciones. ¿Cómo la solventan?

3. Al colocar conjuntamente dos especies de paramecios en un medio con alimento abundante y condiciones favorables, sus poblaciones experimentan la variación que muestra la gráfica.

a) ¿Por qué desaparece una de las especies?

b) ¿Qué podemos afirmar sobre el nicho ecológico que ocupan?

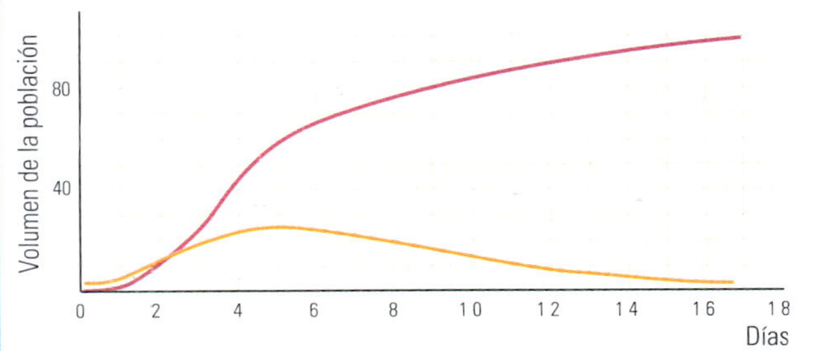

2. LAS ADAPTACIONES DE LOS SERES VIVOS

La evolución ha favorecido el desarrollo de las especies mejor adaptadas a las condiciones de su entorno; es decir, aquellas especies que poseen las características morfológicas y fisiológicas más indicadas para sobrevivir en el ambiente que han colonizado. A continuación, estudiaremos las principales características y adaptaciones de los seres vivos que habitan en el medio acuático y en el terrestre.

2.1. LA VIDA EN EL MEDIO ACUÁTICO

El medio acuático está constituido por **agua** y es el característico de los ecosistemas acuáticos. Los seres vivos que habitan en él efectúan el **intercambio de gases** (oxígeno y dióxido de carbono) con el agua, a excepción de algunos que viven en la superficie, que lo hacen con la atmósfera.

Los diversos medios acuáticos presentan características diferentes, en función de su contenido en sales, la cantidad de luz, su temperatura y los nutrientes disueltos.

Algunos ejemplos de las adaptaciones al medio acuático son:

Adaptaciones al medio acuático

1. Las **oscilaciones de temperatura** son pequeñas y graduales.
   - Todos los vertebrados acuáticos, excepto los cetáceos, son **poiquilotermos**, no disponen de mecanismos para regular su temperatura.

2. La **intensidad de la luz** disminuye con la profundidad.
   - Los organismos fotosintéticos se concentran en las zonas más superficiales y menos turbias.

3. La **densidad del agua** es elevada y mayor que la del aire.
   - Por este motivo, los animales más grandes, como la ballena azul, son acuáticos.
   - Muchos seres vivos, como las plantas acuáticas y las algas, se sostienen sin necesidad de estructuras rígidas.

4. El agua **engloba** a todos los organismos del medio acuático.
   - Los seres vivos acuáticos no necesitan mecanismos para evitar la desecación.
   - Abundan los animales de piel desnuda, como los nudibranquios.

5. Los **nutrientes** están, en gran parte, **disueltos** en el agua.
   - Muchos animales, como las anémonas o los corales, viven fijos sobre el sustrato y no necesitan desplazarse.

2.2. LA VIDA EN EL MEDIO TERRESTRE

Se localiza en la **superficie** de los continentes. Se caracteriza por estar en contacto con la atmósfera, con la que los seres vivos efectúan el intercambio de gases. Las poblaciones de seres vivos terrestres están adaptadas a las condiciones que caracterizan este medio:

Actividades

4. Aplicando la **técnica cooperativa** *Rompecabezas*, encontrad información y explicad estos tres tipos de comunidad del medio acuático: el bentos, el necton y el plancton.

a) Buscad un ejemplo de organismo que esté adaptado a cada uno de estos hábitats y explicad alguna de sus adaptaciones.

b) ¿Cuál de estas comunidades es más dependiente de la luz? ¿Por qué?

5. Razona por qué en el medio terrestre predominan los organismos homeotermos y, en cambio, en el medio acuático abundan más los animales poiquilotermos.

6. La *Chelonia mydas* es una especie de tortuga que, de promedio, mide unos 120 cm y pesa alrededor de 180 kg. Puede llegar a desplazarse a 30 km/h.

— ¿En qué medio vive la *Chelonia mydas*? Justifica tu respuesta.

Asómate
Las relaciones tróficas

3. LAS RELACIONES TRÓFICAS

Los organismos que forman la biocenosis interaccionan continuamente, estableciéndose entre ellos relaciones de gran importancia para la supervivencia de los individuos y las poblaciones.

Como ya hemos estudiado, estas relaciones pueden darse entre individuos de una misma especie (para defenderse, reproducirse, etc.) o bien entre individuos de especies distintas. En este último caso, las relaciones tienen que ver directamente con la alimentación y reciben el nombre de **relaciones tróficas.**

Vamos a conocer la clasificación de los seres vivos en función de cómo obtienen su alimento, así como la representación de las relaciones tróficas que se establecen entre ellos.

NIVELES TRÓFICOS

Los seres vivos obtienen la materia y la energía del medio mediante la función de nutrición. Según cómo realicen este proceso se clasifican en diferentes **niveles tróficos:**

— **Productores.** Son los organismos autótrofos, capaces de generar materia orgánica a partir de la energía solar y materia inorgánica. Son productores las plantas y, en general, todos los seres vivos capaces de realizar la fotosíntesis como algas y algunos tipos de bacterias.

— **Consumidores.** Son organismos heterótrofos; es decir, se alimentan de otros seres vivos. En función del tipo de ser vivo del que se alimentan, distinguimos:

- *Consumidores primarios.* Se alimentan de organismos productores. Son, por tanto, los herbívoros.
- *Consumidores secundarios.* Son organismos carnívoros que se alimentan de otros consumidores. También existen los *consumidores terciarios* o de tercer orden, e incluso de cuarto orden; a estos se les llama *superdepredadores,* ya que se alimentan de otros depredadores.
- *Omnívoros.* Se alimentan tanto de productores como de consumidores. Suelen incluirse en los consumidores terciarios.

— **Descomponedores.** Son los organismos que transforman en materia inorgánica los restos de plantas y animales muertos. Las bacterias, los hongos y algunos protoctistas son descomponedores.

AUTÓTROFOS Y HETERÓTROFOS

— **Autótrofos.** Son los organismos que fabrican sus propias moléculas orgánicas a partir de agua, CO_2, sales minerales y la energía de la luz del Sol mediante el proceso de la fotosíntesis. Existen organismos autótrofos que, en lugar de la energía solar, utilizan la energía procedente de reacciones químicas de algunas sustancias presentes en el medio.

— **Heterótrofos.** Son los organismos que obtienen la materia y la energía de otros seres vivos a través de su ingesta.

CADENA TRÓFICA

La relación de interdependencia entre los seres vivos de un ecosistema puede representarse mediante una cadena trófica o alimentaria.

En la **cadena trófica,** cada organismo ocupa una posición, que corresponde a un **nivel trófico.**

Los organismos de cada uno de estos niveles se alimentan de los organismos del nivel inmediatamente anterior.

A la derecha, podemos ver un ejemplo de cadena trófica de una pradera de posidonia.

El organismo productor, la posidonia, sirve de alimento al consumidor primario, el erizo. Este, a su vez, constituye el alimento del consumidor secundario, la doncella.

RED TRÓFICA

Una especie no se alimenta únicamente de otra, sino de varias. Además, cada especie puede ser alimento de más de una. Todas estas relaciones que pueden establecerse constituyen una **red trófica,** que es el conjunto de cadenas tróficas de un ecosistema relacionadas entre sí.

A continuación, podemos ver un ejemplo de **red trófica** de una pradera de posidonia.

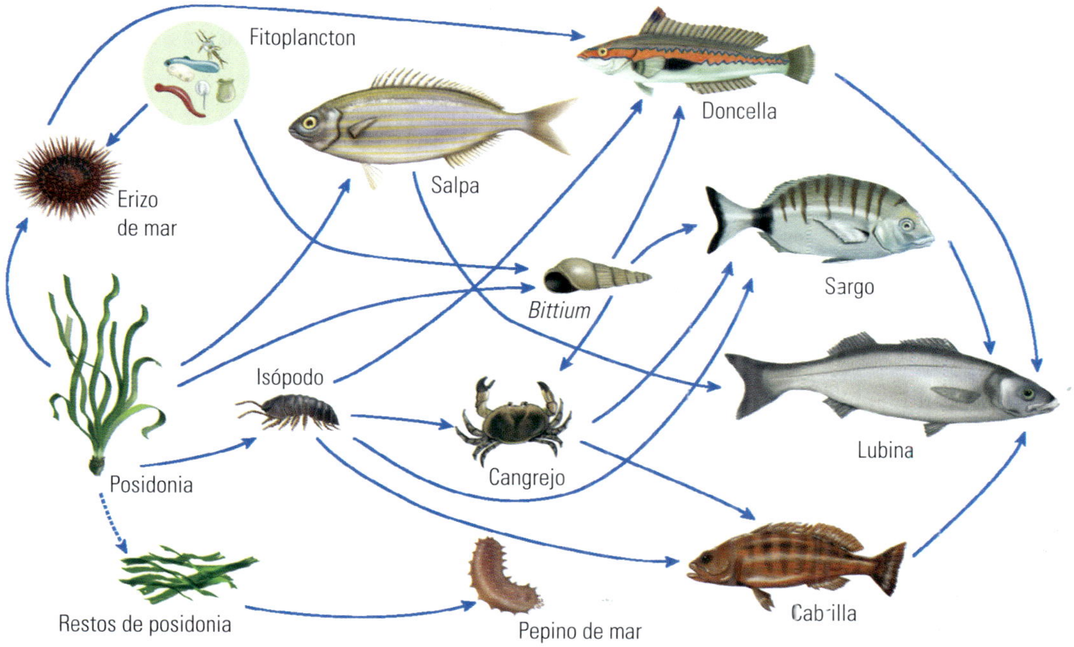

Las relaciones tróficas que se establecen entre los distintos organismos de un ecosistema permiten que tenga lugar una **transferencia** de **energía** y de **materia** de un nivel al siguiente.

Cada organismo de un ecosistema cumple una función determinada, su nicho ecológico, de la que dependen otras especies. Una variación notable del número de individuos de cualquiera de los niveles alterará la población del resto.

Invasiones y plagas

La introducción de una especie nueva en un ecosistema puede alterar su funcionamiento. Si la especie introducida no tiene un depredador que regule el crecimiento de su población, se convierte en una amenaza porque puede arrasar a las especies de las que se alimenta o porque compite por el alimento u otros recursos con otras especies. En estos casos, la especie introducida provoca una **plaga.**

Un ejemplo es el alga *Caulerpa taxifolia,* especie invasora liberada por accidente en el Mediterráneo que constituye una amenaza para la supervivencia de las praderas de posidonia.

Caulerpa taxifolia

Actividades

7. Representa una red trófica con los seres vivos de la tabla.

a) ¿A qué nivel trófico pertenece cada uno de los organismos?

b) ¿Qué crees que pasaría si disminuyese la población de robles? ¿Y si disminuyese la de zorros?

c) ¿Qué ecosistema representa la red trófica que has dibujado?

d) Averigua qué otros organismos productores son característicos de este ecosistema y completa tu red trófica con alguno de ellos.

Organismo	Se alimenta de
Roble	Agua, sales minerales y CO_2
Serpiente	Sapos y musarañas
Babosa y oruga	Hojas de roble
Zorro	Musarañas y serpientes
Musaraña	Escarabajos
Sapo	Escarabajos y babosas
Escarabajo	Orugas

4. CIRCULACIÓN DE MATERIA Y ENERGÍA

Entre cada nivel trófico de las cadenas o redes se establecen relaciones tróficas y, por tanto, se produce una circulación de energía y materia entre los diferentes niveles.

Las relaciones tróficas también pueden representarse como **pirámides tróficas,** en las que se distinguen varios pisos. Cada uno de estos pisos muestra un **nivel trófico.**

Para saber más
Tipos de pirámides tróficas

TIPOS DE PIRÁMIDES TRÓFICAS

Las pirámides tróficas son representaciones gráficas de la materia y/o la energía contenida en cada nivel trófico y su área es proporcional o aproximada al valor numérico que le corresponde.

Los peldaños se dibujan con una altura constante en los que va variando el ancho del escalón. Existen diferentes tipos de pirámides en función de lo que representen sus peldaños y del valor que se les asigne.

Los principales tipos de pirámides son los siguientes:

PIRÁMIDE DE NÚMERO

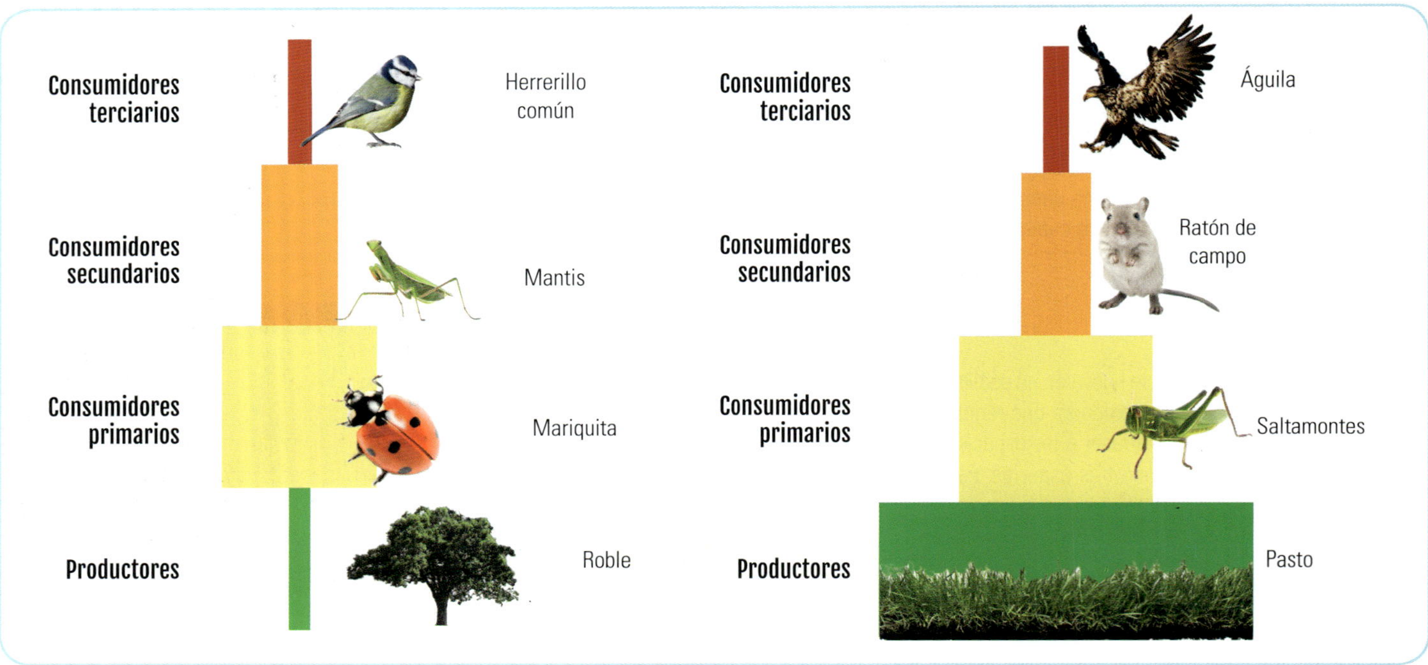

También se llaman **pirámides de población.** En ellas se representa el número real de todos los seres vivos que constituyen cada nivel trófico. Los datos se expresan en **unidades.** Este tipo de pirámides pueden ser invertidas, ya que, como en el caso que se representa, un ejemplar de roble sustenta a un número elevado de mariquitas que, a su vez, constituye el alimento de varios consumidores secundarios y terciarios.

Estas pirámides son poco representativas, ya que equiparan individuos que presentan notables diferencias, como es el caso de las pirámides que se proponen como ejemplo: en una de ellas la unidad que representa los organismos productores es un ejemplar de roble, y en la otra, ese mismo escalón está ocupado por un número indeterminado de plantas herbáceas de un pasto.

PIRÁMIDE DE BIOMASA

La **biomasa** es la materia total presente en un área determinada y suele expresarse en **g/m²**.

La pirámide de biomasa nos indica la **biomasa total** de cada nivel trófico. Por regla general, el escalón de cada nivel trófico es más estrecho que el anterior, aunque existen algunas excepciones, como en la pirámide de la derecha: la biomasa de fitoplancton medida en un momento determinado es menor que la de zooplancton; esto es posible porque el fitoplancton tiene una tasa de renovación mucho mayor.

PIRÁMIDE DE ENERGÍA

En este tipo de pirámides se muestra la cantidad de energía disponible en cada nivel trófico y se expresa en **kcal/m²**. En estas pirámides se aprecia cómo se cumple la ley del diez por ciento y de ellas puede deducirse la **transferencia de energía** entre cada nivel trófico.

El principal inconveniente de las pirámides tróficas es la dificultad de situar correctamente en ellas los organismos descomponedores.

LEY DEL DIEZ POR CIENTO ECOLÓGICO

Las relaciones tróficas implican una transferencia de materia y también de energía.

Según la *2.ª ley de la termodinámica*, en todas las transferencias de energía existe una pérdida, de modo que también habrá una pérdida de energía entre un nivel trófico y el siguiente. Esta se ha cuantificado: cada nivel trófico solo **aprovecha el 10 %** de la energía fijada por el nivel anterior. Es la llamada **ley del diezmo o del diez por ciento.**

Por este motivo, las cadenas tróficas suelen tener un máximo de unos cinco escalones.

Actividades

8. Representa los organismos de la actividad 7 en una pirámide trófica e incluye los organismos descomponedores.

9. En el caso de una pirámide de biomasa marina estacional, ¿cómo es posible que una biomasa de fitoplancton más pequeña sostenga una biomasa mayor de zooplancton?

10. ¿Una pirámide de energía puede ser invertida? Razona tu respuesta.

Asómate
El flujo de energía

4.1. EL FLUJO DE ENERGÍA

Continuamente llega energía a la Tierra procedente de la radiación solar, fundamentalmente en forma de luz y calor (energía lumínica y térmica). Esta energía provoca los llamados procesos geológicos externos y permite la vida en la Tierra.

Los **organismos autótrofos** absorben una pequeña porción de esa energía solar y, gracias a ella, transforman la materia inorgánica en materia orgánica, mediante el proceso llamado **fotosíntesis,** que convierte la energía térmica en energía química. La energía fijada mediante este proceso equivale solo al 1 % de la energía solar que llega a la superficie terrestre.

Los **organismos heterótrofos,** en concreto los consumidores primarios, al alimentarse de los autótrofos, consiguen que la energía química almacenada en el nivel anterior pase al siguiente según la ley del diez por ciento. De la misma manera sucede con los consumidores secundarios: cuando estos se alimentan de un consumidor primario, incorporan una parte de la energía química que contenía el consumidor primario a su propio nivel.

Todos los heterótrofos utilizan esta energía química para llevar a cabo sus funciones vitales y, de este modo, consiguen nutrirse, crecer, reproducirse, desplazarse, etc. En muchos casos la energía química se transforma en energía calórica (calor); toda esa energía calórica se disipa, es decir, se pierde en el ambiente en forma de calor y los seres vivos ya no pueden recuperarla.

Por último, los **organismos descomponedores** utilizan la energía química presente en la materia que se acumula en el suelo en forma de hojas, excrementos, restos de animales muertos, etc. Los descomponedores también usan esa energía para el desarrollo de sus funciones vitales y una parte de ella se transforma en calor, que se libera al medio.

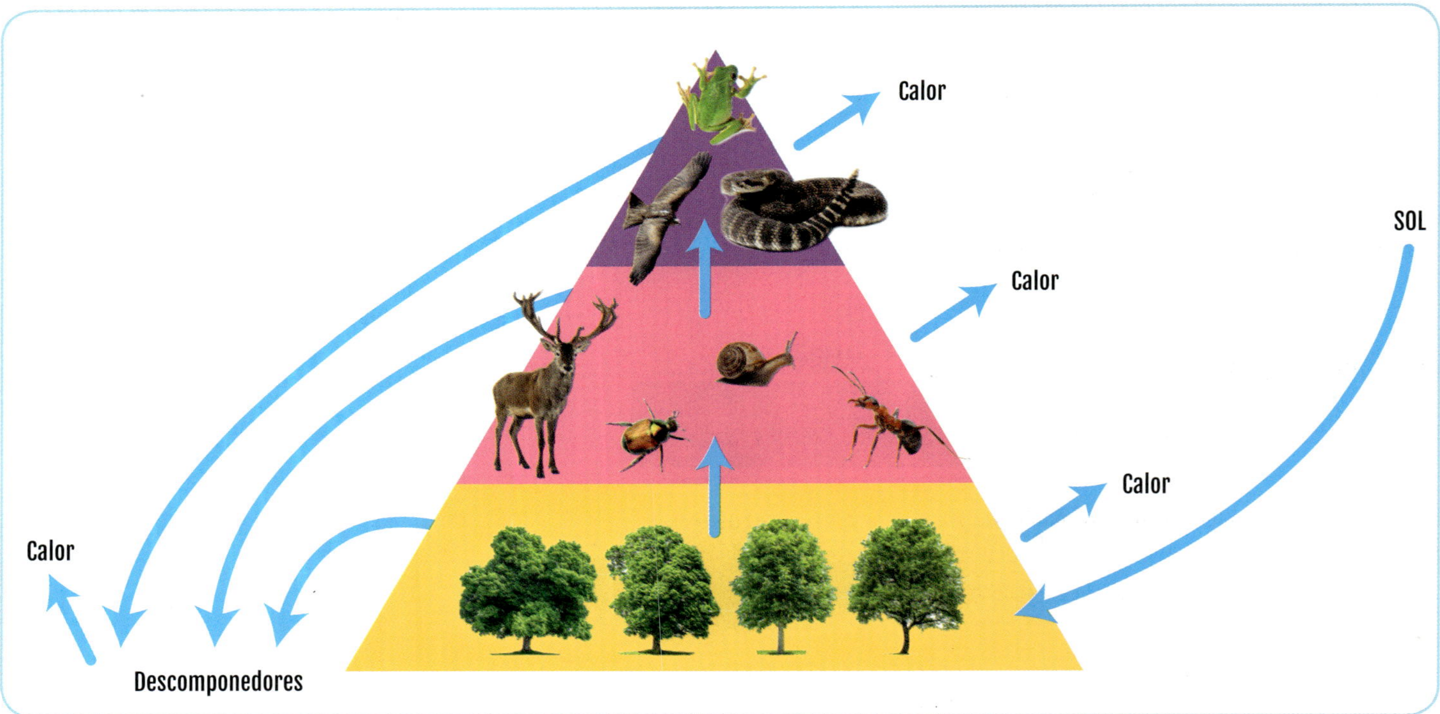

Como se pierde tanta energía en cada transferencia, la cantidad que persiste después de dos o tres transferencias sucesivas es muy pequeña. Muy pocos organismos pueden sobrevivir con la cantidad de energía que llega al final de una cadena trófica larga; por esta razón, las cadenas tróficas suelen tener como máximo cuatro o cinco niveles.

4.2. CICLO DE LA MATERIA

Para saber más sobre...
Los ciclos biogeoquímicos

La circulación de la materia en los ecosistemas se inicia cuando los **productores** realizan la fotosíntesis e incorporan a su organismo nutrientes del suelo y del aire. Cuando los productores son ingeridos por los **consumidores primarios,** esta materia pasa al cuerpo del herbívoro. Cuando estos son devorados por los **consumidores secundarios,** la materia se incorpora al cuerpo de estos últimos. Por tanto, en las pirámides la materia va pasando de un piso al siguiente superior.

Además, en cada piso, los organismos que no son consumidos serán descompuestos cuando mueran. Este proceso lo llevan a cabo los **descomponedores,** cuya función es que la materia que circula por la pirámide de abajo hacia arriba regrese al suelo y al aire, de donde procedía.

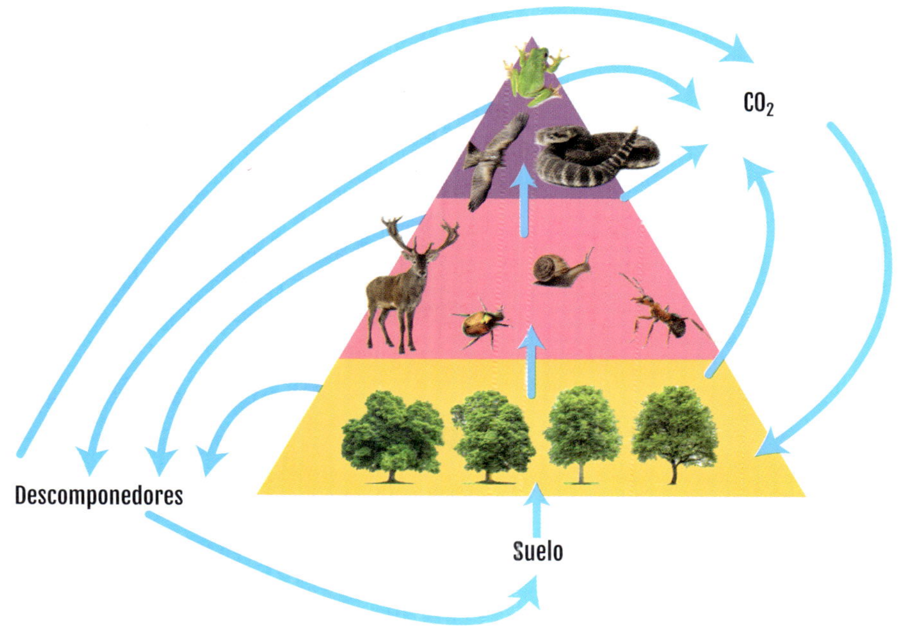

La utilización de la materia es **cíclica;** es decir, existe un reciclaje continuo de los elementos químicos que constituyen los seres vivos. El recorrido que sigue un elemento químico en la naturaleza se denomina **ciclo biogeoquímico.**

Los seres vivos incorporan estos elementos químicos básicamente a través de la **alimentación.** Estos elementos volverán a formar parte de la materia inorgánica después de la acción de los organismos descomponedores. La acción continua de estos organismos permite que los elementos circulen por las diferentes capas de la Tierra: biosfera, hidrosfera, geosfera y atmósfera.

Los ciclos de los llamados bioelementos difieren principalmente en la velocidad a la que se producen. La velocidad de los ciclos depende del tiempo que necesitan las moléculas para descomponerse y poder volver a incorporarse a la materia viva.

Vamos a conocer los ciclos del carbono, del nitrógeno y del fósforo.

Actividades

11. Di si las siguientes afirmaciones son verdaderas o falsas y corrige las que sean falsas:

— Solo una pequeña parte de la energía solar es aprovechada directamente por los seres vivos.

— Los organismos heterótrofos aprovechan la energía del Sol para transformar el agua y las sales minerales en materia orgánica.

— La energía se transmite a los diferentes niveles tróficos a través de la alimentación.

— La velocidad de los ciclos de los bioelementos depende principalmente de la actividad fotosintética.

12. ¿Por qué hay que abonar los campos de cultivo después de cada cosecha si la materia sigue un ciclo? ¿Qué ocurriría si no lo hiciésemos?

CICLO DEL CARBONO

El **carbono** es uno de los elementos más abundantes en los compuestos orgánicos. También se encuentra en los combustibles fósiles o formando parte de las rocas como carbonato de calcio.

El carbono es captado de la atmósfera por los **organismos autótrofos,** en forma de CO_2, y pasa a formar parte de la materia orgánica mediante la **fotosíntesis.**

Los organismos autótrofos y los heterótrofos **oxidan** la materia orgánica para **obtener energía** en procesos como la respiración, produciendo así CO_2 que se incorpora de nuevo a la atmósfera.

Los organismos **descomponedores** degradan a su vez la materia orgánica de los organismos que mueren y originan CO_2, que también se incorpora a la atmósfera.

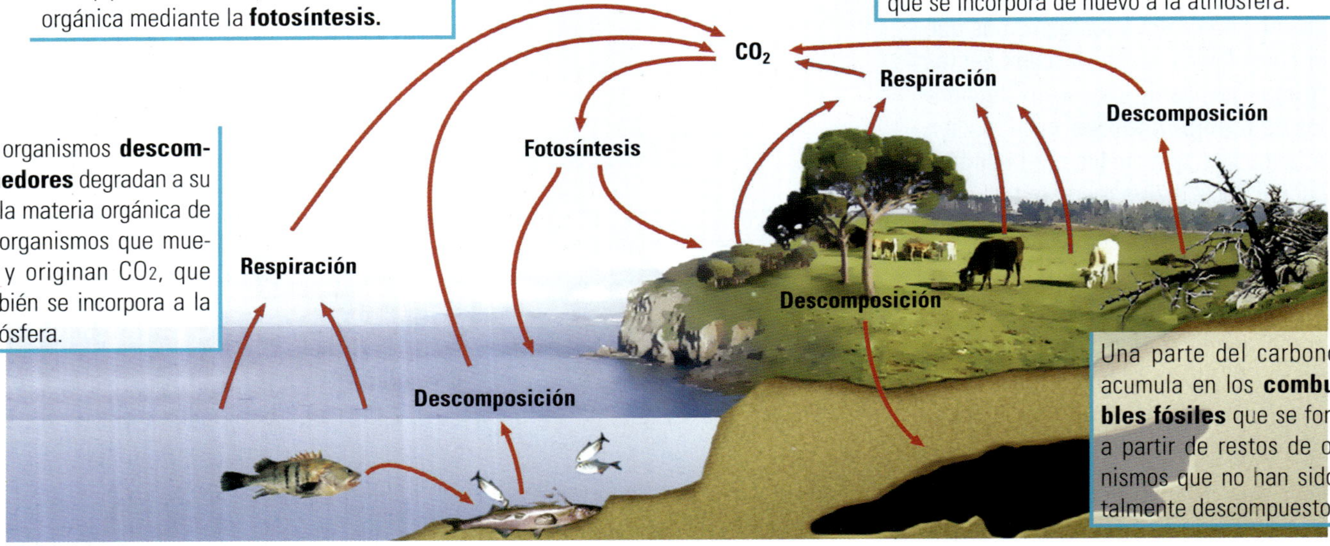

Una parte del carbono se acumula en los **combustibles fósiles** que se forman a partir de restos de organismos que no han sido totalmente descompuestos.

CICLO DEL NITRÓGENO

El **nitrógeno** es imprescindible como componente de proteínas y de ácidos nucleicos. Todos los seres vivos lo necesitan; sin embargo, solo puede captarlo de la atmósfera un grupo de bacterias: las bacterias fijadoras del nitrógeno.

Las **bacterias fijadoras del nitrógeno** fijan el nitrógeno atmosférico en forma de compuestos inorgánicos como, por ejemplo, **nitratos,** que serán absorbidos por las plantas. A partir de aquí, el nitrógeno pasa al resto de los organismos a través de las redes tróficas.

Las sustancias que excretan los seres vivos también experimentan transformaciones químicas que hacen que el nitrógeno pase al suelo en forma de **nitratos.**

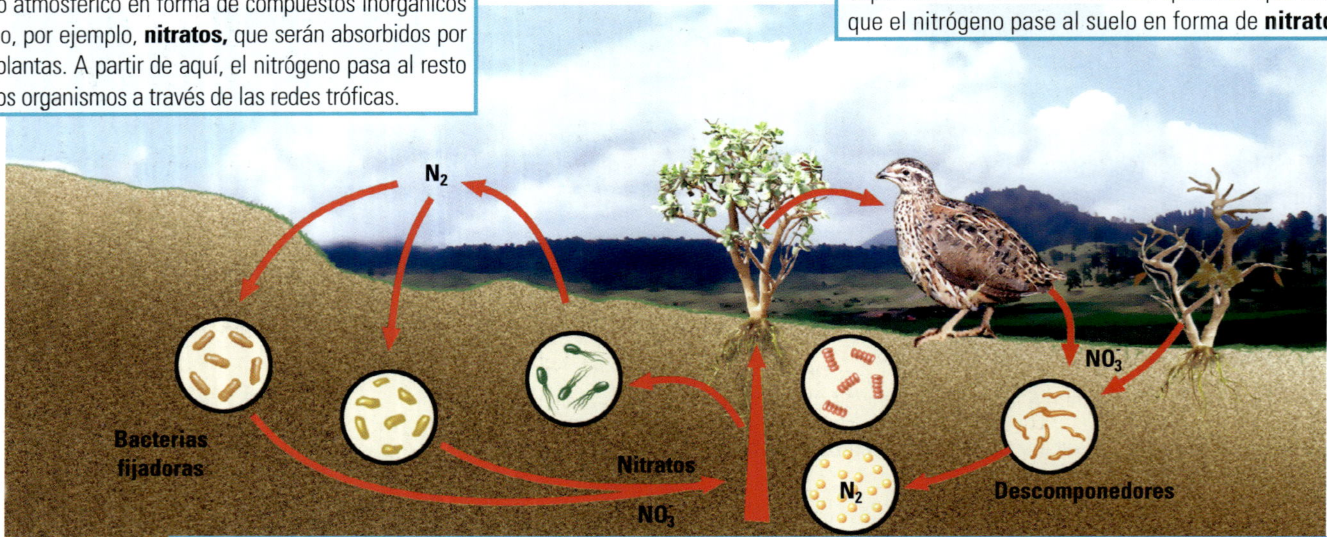

Los restos de los organismos que mueren experimentan unas transformaciones químicas gracias a los organismos descomponedores, que posibilitan que el nitrógeno vuelva a la atmósfera en forma de **nitrógeno gas.**

CICLO DEL FÓSFORO

El **fósforo** es un componente de los ácidos nucleicos y de los lípidos que forman las membranas celulares. Se encuentra en numerosas estructuras de soporte y de protección de los seres vivos, como huesos o conchas. También forma parte de muchas rocas sedimentarias.

A través de sus raíces, las plantas captan el **fósforo** y las otras **sales minerales** disueltas en el agua. Mediante las relaciones tróficas, este elemento pasa al resto de los seres vivos.

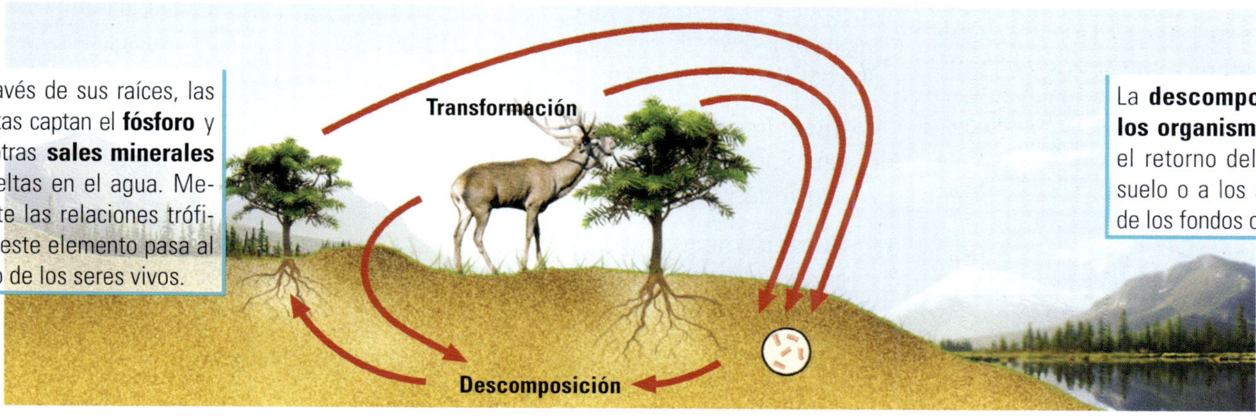

La **descomposición de los organismos** produce el retorno del fósforo al suelo o a los sedimentos de los fondos oceánicos.

El **azufre** es otro elemento químico muy importante en los ecosistemas. Resulta indispensable para la síntesis de proteínas en los seres vivos y también tiene su propio ciclo biogeoquímico.

BIOMASA Y PRODUCCIÓN

La biomasa y la producción son dos parámetros que nos permiten conocer el funcionamiento de los ecosistemas.

Como ya hemos visto, la **biomasa** es la cantidad total de materia orgánica. Se mide en gramos o kilogramos de materia orgánica por metro cuadrado. Comprende todos los productos orgánicos que se derivan de la materia viva y también la materia orgánica fósil, en forma de carbón, petróleo y gas.

La **producción** es la cantidad de biomasa que es capaz de producir un ecosistema. La **producción primaria** es el aumento de biomasa por unidad de tiempo que se produce en un ecosistema, debido a la fotosíntesis que realizan los organismos autótrofos. Se mide en gramos o kilogramos de materia orgánica por metro cuadrado y año.

Los valores de biomasa y producción primaria son característicos de cada tipo de ecosistema, y pueden variar mucho de unos a otros.

Selva amazónica

Biomasa: 12 kg/m^2

Producción primaria: 3250 g/m^2·año

Desierto del Sáhara

Biomasa: 0,005 kg/m^2

Producción primaria: 50 g/m^2·año

Actividades

13. Responde a partir de los datos de la tabla:

Hábitat	Producción primaria	Biomasa
Selva tropical	2000 g/m^2·año	12 kg/m^2
Lagos y ríos	250 g/m^2·año	0,02 kg/m^2

— ¿A qué crees que se deben las diferencias entre ambos hábitats? Justifica tu respuesta.

14. Explica qué sustancias se obtienen como resultado de la acción de los organismos descomponedores en cada uno de los ciclos explicados.

15. Visita el siguiente enlace para conocer el ciclo del azufre. A continuación, elabora un esquema gráfico similar a los de estas páginas para explicar el ciclo de este elemento. ¿Qué relación tiene este ciclo con la lluvia ácida?

https://links.edebe.com/2q6

Asómate
Las sucesiones

5. LAS SUCESIONES

Una **sucesión** consiste en la ocupación y la población de un medio por parte de especies que antes no se encontraban en él. Como consecuencia, se origina un ecosistema cada vez más complejo y con más variedad de especies. A lo largo del tiempo, en un ecosistema tienen lugar diversas sucesiones que conllevan diferentes grupos de especies. Se distinguen dos tipos de sucesión:

— **Sucesión primaria.** El proceso de ocupación se inicia sobre un terreno sin vegetación. Por ejemplo, una roca, la ladera de un volcán después de una erupción, un glaciar que se descongela...

— **Sucesión secundaria.** El proceso de ocupación se inicia sobre un suelo que ya estaba poblado por especies diferentes. Por ejemplo, un campo de cultivo abandonado, un bosque quemado...

En un proceso de sucesión podemos distinguir los siguientes pasos:

Una **sucesión** empieza con las especies **pioneras** u **oportunistas,** que son organismos autótrofos, ya que estos inician las relaciones tróficas.

Los **vegetales** pueden iniciar la colonización de nuevos ambientes al dispersar sus semillas o sus esporas.

Cuando las esporas o las semillas llegan a un terreno deshabitado, germinan rápidamente. Sus raíces **sujetan el suelo** y **retienen el agua.**

Con el tiempo, llegan nuevas especies y se origina un suelo sobre el que pueden desarrollarse otras especies vegetales y animales, que poco a poco van ocupando el ecosistema.

Las especies pioneras en la colonización de nuevos ecosistemas se denominan **estrategas de la r.** Las especies que se instalan cuando las condiciones de vida son menos duras reciben el nombre de **estrategas de la K.**

Estrategas de la r

— Son especies que resisten **condiciones ambientales adversas** como la escasez de agua y los suelos poco estructurados. Presentan una elevada mortalidad y la vida de los individuos es corta.

— Se reproducen dejando **muchos descendientes** para compensar la elevada mortalidad.

— Son ejemplos de estrategas de la r las especies pioneras, como los musgos o las plantas herbáceas.

Estrategas de la K

— Son especies que necesitan **condiciones favorables,** como agua suficiente, suelo bien formado... Por este motivo, la vida de los individuos es más larga.

— Dejan **pocos descendientes** porque, al mejorar las condiciones del medio, presentan una baja mortalidad.

— Son ejemplos de estrategas de la K los organismos que no corresponden a especies pioneras, como la mayor parte de las especies de árboles.

5.1. CARACTERÍSTICAS DE UNA SUCESIÓN

¿Lo vemos?
Características de una sucesión

En toda sucesión se distinguen diversas etapas desde la primera colonización hasta la organización del ecosistema. Esta progresiva organización de un ecosistema se caracteriza por los siguientes aspectos:

- **Aumento de la biodiversidad.** Una vez que se ha producido la colonización por parte de las especies pioneras, empiezan a incorporarse nuevas especies vegetales y algunas especies animales. De este modo, aumentan la densidad y el número de especies; es decir, la biodiversidad.
- **Cambios en el medio.** El suelo va enriqueciéndose por la actividad de los habitantes del ecosistema y por la descomposición de sus restos cuando mueren.
- **Complejidad de las relaciones tróficas.** Con el aumento de la biodiversidad, se produce un incremento del número de niveles tróficos. De este modo, las cadenas y las redes tróficas se alargan y se vuelven más complejas.
- **Estabilización de las poblaciones.** El crecimiento del ecosistema se frena y se estabiliza el número de individuos de cada población.

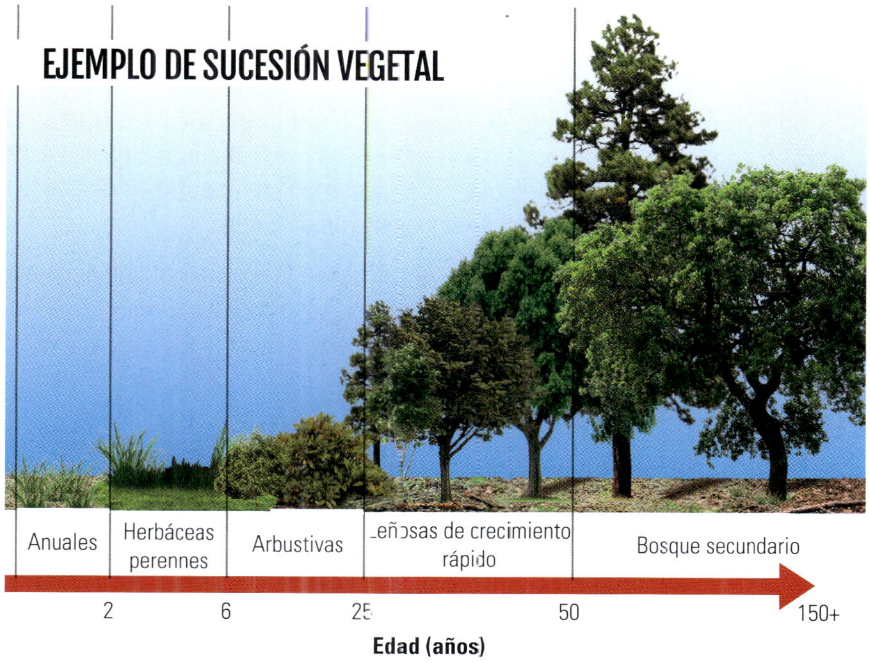

La duración de las etapas de una sucesión es diferente en cada ecosistema. Por ejemplo, las sucesiones se desarrollan mucho más rápido en los ecosistemas acuáticos que en los terrestres. Las etapas de colonización en los ecosistemas acuáticos pueden representar unos días, mientras que en los terrestres pueden durar años.

Cuando un ecosistema se encuentra en las etapas iniciales de una sucesión, se dice que se trata de un **ecosistema joven,** mientras que, si se encuentra en las etapas avanzadas se habla de un **ecosistema maduro.**

Los ecosistemas maduros pueden llegar a una etapa de **equilibrio interno** en la que se mantienen unas condiciones muy constantes y se da la máxima diversidad de especies posible, así como la máxima complejidad en las relaciones entre ellas. Cuando el ecosistema llega a este nivel de equilibrio, se dice que ha llegado a la situación de **clímax.**

Pocas veces los ecosistemas llegan al clímax porque son frecuentes las perturbaciones que los alteran, por ejemplo, un incendio, la urbanización de un terreno, una inundación, la llegada de una nueva especie, etc. Estos cambios provocan que se rompa el equilibrio del ecosistema y que retroceda a un nivel de organización parecido a otro anterior.

Actividades

16. Busca tres ejemplos de organismos que sean estrategas de la r y tres más que sean estrategas de la K. Justifica tu elección.

17. ¿Sería posible una sucesión primaria sin organismos descomponedores? Justifica tu respuesta.

18. Si al estudiar una red trófica observamos que todos los organismos que lo componen son estrategas de la r, ¿frente a qué tipo de sucesión es probable que nos encontremos?

19. ¿Qué características tendrías que estudiar para determinar si un ecosistema es joven o maduro?

Ciencia a tu alcance

La producción primaria neta

Material

- Cien semillas de judía.
- Una bandeja de plástico un poco honda.
- Un trozo de tela metálica que cubra la bandeja.
- Agua.
- Báscula de laboratorio.
- Estufa de desecación.

1 Introducción

La producción primaria neta es el aumento de biomasa por área y unidad de tiempo que se produce en un ecosistema debido a la síntesis de nueva materia orgánica gracias a la fotosíntesis. La producción primaria neta es muy utilizada, entre otros, en campos como la agricultura, ya que permite conocer el rendimiento de un cultivo.

En esta práctica vamos a llevar a cabo el cálculo de la producción primaria neta de las plantas de judía a partir de sus semillas.

2 Procedimiento

Fase 1

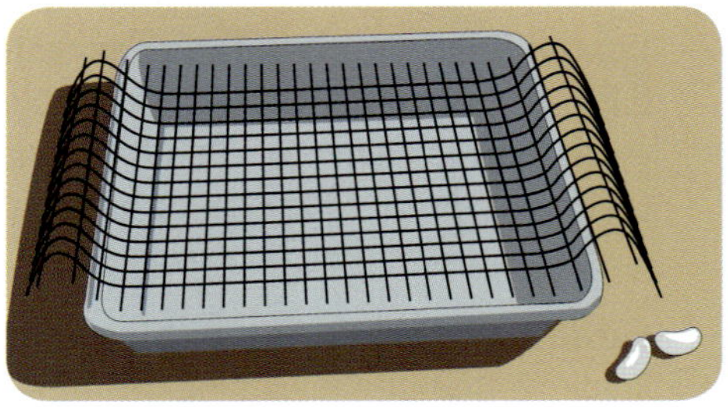

— Pesamos 50 semillas y anotamos el resultado.

— Introducimos las 50 semillas en la estufa de desecación durante 24 horas para eliminar el agua que contienen.

— Volvemos a pesar las 50 judías y anotamos el nuevo resultado. Este es el peso seco, la materia orgánica de las semillas.

— Calculamos los gramos de agua que han perdido: cantidad de agua = peso fresco – peso seco.

— Hallamos el porcentaje que representa el agua sobre el peso total.

Fase 2

— Pesamos las otras 50 semillas. Anotamos su peso y calculamos cuál sería su peso seco aplicando el porcentaje calculado anteriormente.

— Llenamos de agua la bandeja de plástico hasta la mitad y colocamos sobre ella la tela metálica.

— Situamos las 50 semillas sobre la tela metálica y cubrimos el montaje con un plástico para mantener la humedad.

— Dejamos una semana la bandeja en un entorno templado para que germinen las semillas. Una vez que han germinado, podemos retirar el plástico y trasladar el montaje a un entorno en el que reciba luz solar indirecta. Hay que controlar que no falte agua en la bandeja.

— Cuando las plantas hayan alcanzado unos 15 cm de altura, las retiramos teniendo cuidado de no romper las raíces al sacarlas de la tela metálica. Ponemos todas las plantas en la estufa de desecación 24 horas. Una vez secas, las pesamos y anotamos el resultado.

3 Actividades

a) **Halla la productividad primaria neta de las 50 semillas en gramos de materia orgánica/día. Para ello, efectúa los siguientes cálculos:**

— Calcula el peso seco de las semillas que has hecho germinar utilizando el porcentaje obtenido a partir del primer grupo de judías.

— Sabiendo el peso seco total de las plantas y el peso seco de las semillas que las han originado, calcula la variación de materia orgánica en gramos durante el proceso.

— Para obtener la productividad neta, divide la variación de masa entre el número de días desde la germinación. A partir del área de la bandeja, calcula la productividad de un metro cuadrado de tu cultivo.

b) **¿Cuánta materia orgánica han producido cada día tus 50 plantas de judía durante este período? Redacta un informe en el que expliques el procedimiento, los resultados y las conclusiones.**

Síntesis

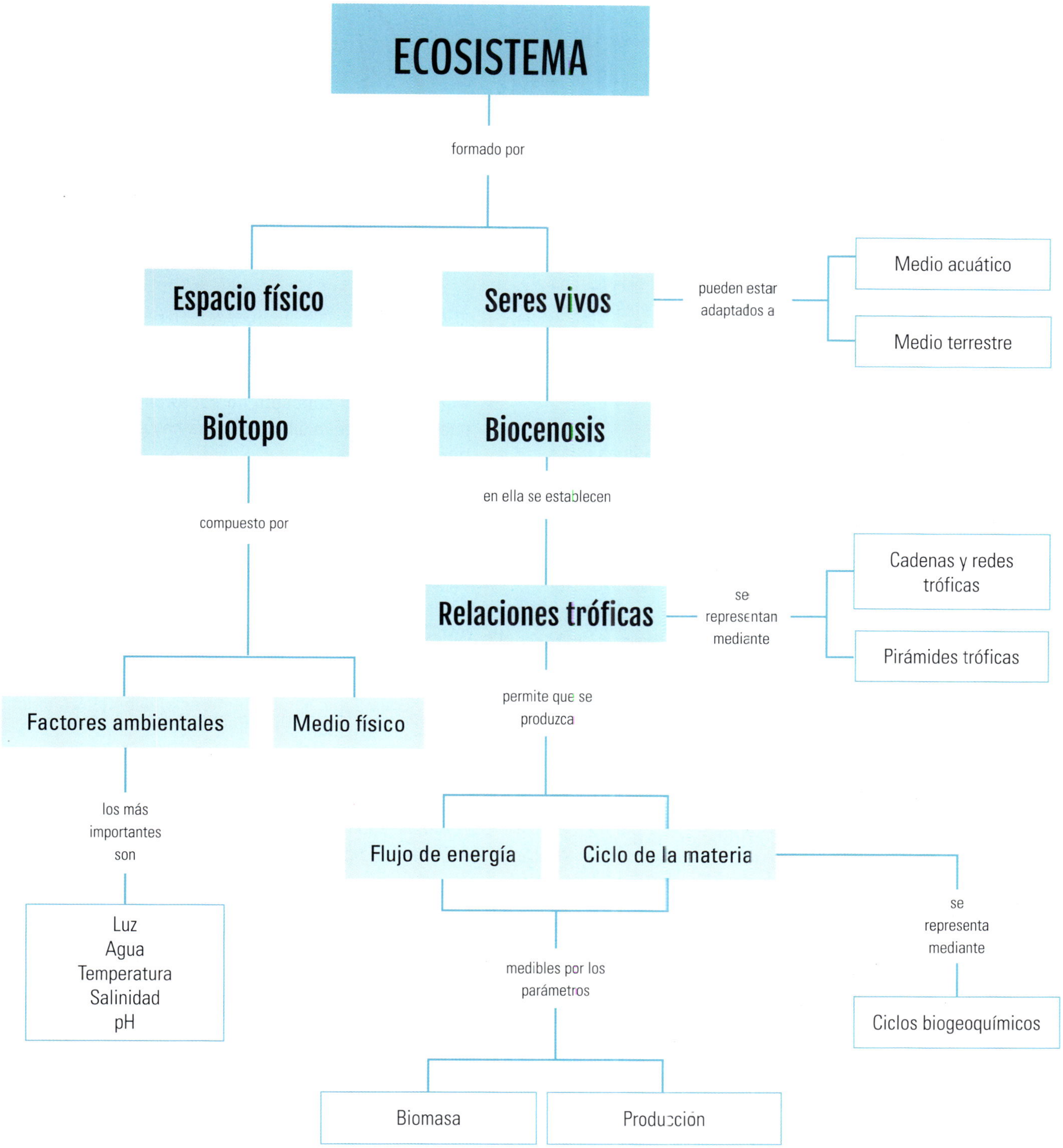
ECOSISTEMA
formado por
Espacio físico
Seres vivos
pueden estar adaptados a
Medio acuático
Medio terrestre
Biotopo
Biocenosis
compuesto por
en ella se establecen
Relaciones tróficas
se representan mediante
Cadenas y redes tróficas
Pirámides tróficas
Factores ambientales
Medio físico
permite que se produzca
los más importantes son
Luz
Agua
Temperatura
Salinidad
pH
Flujo de energía
Ciclo de la materia
se representa mediante
Ciclos biogeoquímicos
medibles por los parámetros
Biomasa
Producción

Actividades finales

PREPARA

20. ●○○ La biosfera se halla en constante relación con los otros sistemas que constituyen nuestro planeta.

a) ¿Cuáles son estos otros sistemas?

b) Redacta una definición para cada uno de estos sistemas, incluida la biosfera.

21. ●○○ Copia en tu cuaderno el siguiente texto y complétalo con las palabras que faltan:

El medio es el componente del .... donde viven y se desplazan los seres vivos de un ...., con el cual estos intercambian .... y .... de forma constante. El .... puede ser ...., cuando está constituido por agua, o bien ...., si se encuentra en la superficie terrestre.

Los .... o .... son el conjunto de condiciones .... y .... del biotopo. Son característicos de cada biotopo y determinan la .... que habrá. Los factores ambientales más importantes son la ...., el ...., la ...., la .... y el ....

22. ●○○ Define los siguientes conceptos: *biosfera, ecosistema, hábitat, nicho ecológico.*

23. ●○○ Explica qué son las relaciones intraespecíficas y las relaciones interespecíficas, y pon un ejemplo de cada tipo.

24. ●○○ Copia en tu cuaderno el siguiente texto y complétalo con las palabras que faltan:

En el agua, las oscilaciones de .... son pequeñas y graduales. Por eso la mayoría de los seres vivos acuáticos son .... .

Los animales más grandes del planeta se dan en el medio ...., debido a que la .... del agua es .... que la del aire.

Los seres vivos que habitan en el medio .... presentan estructuras para captar el agua y evitar la .... .

Algunos animales, para protegerse de las .... extremas, ... hacia otras zonas del planeta durante una parte del año.

25. ●○○ ¿Qué entendemos por relación trófica? Pon un ejemplo.

26. ●○○ Nombra y define los niveles tróficos que se pueden dar en un ecosistema.

27. ●○○ ¿Qué se representa en una pirámide trófica de energía? Explica en qué consiste la ley del diez por ciento y su relación con las pirámides de energía.

28. ●○○ ¿Cuál es el proceso que permite a los organismos productores transformar la energía solar en materia y energía propias? ¿Qué porcentaje de la energía solar se fija gracias a este proceso?

29. ●○○ Explica qué es un ciclo biogeoquímico y pon un ejemplo de ello.

30. ●○○ Escribe en tu cuaderno los nombres de los procesos que se representan en el siguiente esquema.

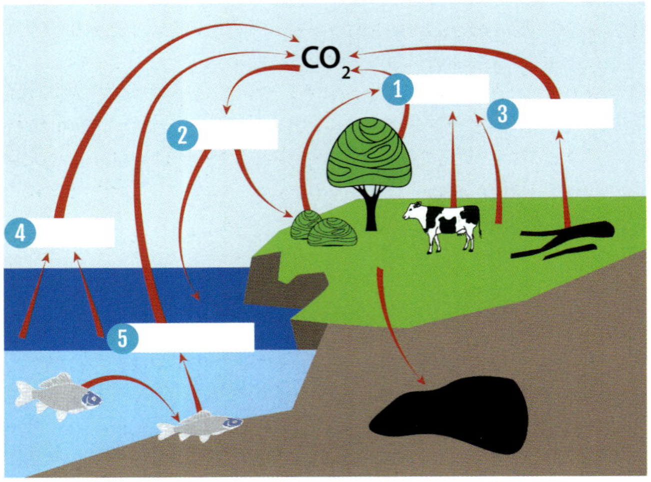

— ¿Qué ciclo biogeoquímico se representa?

31. ●○○ Define el concepto de *sucesión ecológica* y, a continuación, explica la diferencia que hay entre sucesión primaria y secundaria.

ENTRENA

1. La biosfera y los ecosistemas

32. ●○○ ¿Qué significa que la biosfera se considere un sistema abierto?

33. ●○○ Explica qué son los factores ambientales o abióticos y cita, al menos, cuatro de ellos.

34. ●●○ Elabora una tabla con las diferencias que hay entre los factores ambientales de los siguientes medios:

zonas profundas de los océanos - desierto

márgenes de un lago - alta montaña

35. ●●○ ¿Cuál es la diferencia entre una especie y una población? Explícalo a partir de un ejemplo concreto.

36. ●●○ El cultivo de la vid *(Vitis vinifera)* prospera adecuadamente entre los paralelos 30° y 50° de latitud norte y entre los paralelos 30° y 50° de latitud sur. En ambas zonas, sin embargo, el cultivo se desarrolla con dificultad por encima de los 800 m de altitud.

— ¿Cuál de los factores ambientales crees que es determinante en esta distribución? Justifica tu respuesta en función del intervalo de tolerancia de esta especie.

37. ●●○ Explica qué diferencia hay entre una relación de depredación y una de parasitismo. Pon un ejemplo de cada una de ellas.

38. ●●○ En zonas cercanas al mar con alta concentración salina en el suelo, podemos encontrar la especie *Salicornia europaea*. Muchas veces, junto a ella se puede hallar también otra especie, *Parietaria officinalis*, que tiene una amplia distribución y es una planta típica de paredes, ruinas y márgenes de caminos. En cambio, *Salicornia* no crece en ninguno de estos otros ambientes.

— ¿Cuál de las dos especies presenta una mayor amplitud ecológica en relación con el factor de la salinidad? ¿Por qué?

39. ●●○ Observa la siguiente tabla en la que se muestra el número de individuos de una población de hormigas y otra de saltamontes que sobreviven a unas determinadas temperaturas.

T.ª (en ºC)	0	5	10	15	20	25	30	35	40
n.º hormigas	0	0	0	0	0	10	100	10	0
n.º saltamontes	0	10	20	30	40	60	65	45	0

Elabora una gráfica en la que representes estos valores y responde a las siguientes preguntas:

a) ¿Qué especie puede vivir a temperaturas más extremas?

b) ¿Cuál es la temperatura óptima para ambas especies?

c) ¿Qué especie crecerá más rápido a 30º? ¿Por qué?

40. ●●○ ¿Pueden dos especies que viven en el mismo ecosistema compartir el mismo nicho ecológico? ¿Por qué? ¿Cómo explicarías entonces el hecho de que en un bosque mediterráneo tanto los lobos como los zorros sean depredadores de conejos?

41. ●●○ En la sabana africana, las manadas de ñus y de cebras se alimentan de hierba. Indica si las siguientes afirmaciones son correctas y explica el tipo de competencia en cada caso:

— Entre las manadas de cebras y de ñus, se establece una relación de competencia.

— Entre dos cebras de la misma manada, se establece una relación de competencia.

— Entre dos ñus de la misma manada, se establece una relación de competencia.

42. ●●● La especie humana ha desarrollado desde el Neolítico la ganadería, una actividad que consiste en criar organismos de diferentes especies para aprovecharse de su carne, piel, leche y otros productos. ¿Qué tipo de relación ecológica se establece entre la especie humana y las ovejas? Justifica tu respuesta.

43. ●●● Identifica tres hábitats diferentes en esta fotografía de un alcornocal mediterráneo y nombra tres especies animales que podamos encontrar en ellos.

2. Las adaptaciones de los seres vivos

44. ●○○ ¿Qué es un animal poiquilotermo? Explica por qué en el medio acuático la mayoría de los vertebrados son poiquilotermos.

45. ●●○ Haced una lista con las características propias del medio acuático y del medio terrestre, aplicando la **técnica cooperativa** *Folio giratorio*. A partir de esta lista, cread una tabla en la que se aprecien las diferencias fundamentales entre uno y otro medio.

46. ●●● El grupo de los crustáceos es uno de los más amplios del reino animal y presenta géneros adaptados a la vida marina, como los percebes, y otros adaptados a la vida terrestre, como las cochinillas de la humedad.

Busca información sobre ambas especies y, a partir de las características de cada uno de los medios en los que habitan, haz una lista con las diferentes estrategias adaptativas que ha adoptado cada especie frente a estas condiciones.

3. Las relaciones tróficas

47. ●○○ Define los siguientes conceptos: *cadena trófica, red trófica, nivel trófico.*

48. ●●○ Indica el nivel trófico al que pertenece cada uno de los organismos que aparecen en la siguiente red trófica:

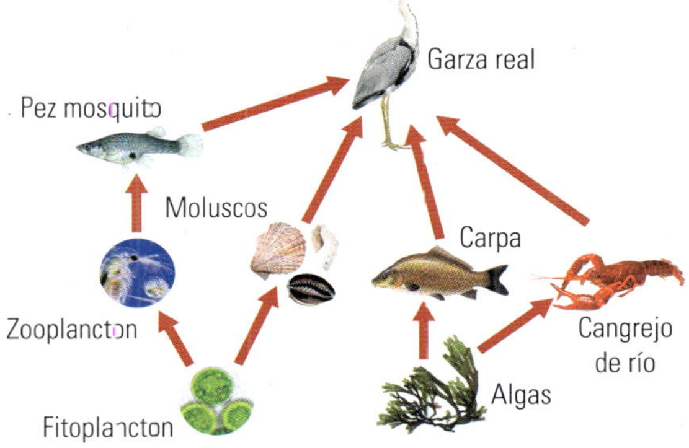

49. ●●○ ¿Los organismos heterótrofos podrían sobrevivir sin los autótrofos? Razona tu respuesta.

50. ●●○ ¿Qué función desempeñan los descomponedores en un ecosistema? ¿Sería posible un ecosistema sin descomponedores? ¿Por qué?

— Indica dos grupos de organismos que tengan esta función en los ecosistemas.

4. Circulación de materia y energía

51. ●○○ Haz un esquema en el que aparezcan los tres tipos de pirámides tróficas y sus características principales.

52. ●●○ ¿Por qué se dice que la materia sigue un ciclo y la energía, un flujo? Haz un dibujo esquemático con flechas en el que representes cómo circula la materia y la energía entre los distintos niveles tróficos.

53. ●●○ Observa esta pirámide trófica y responde a las preguntas:

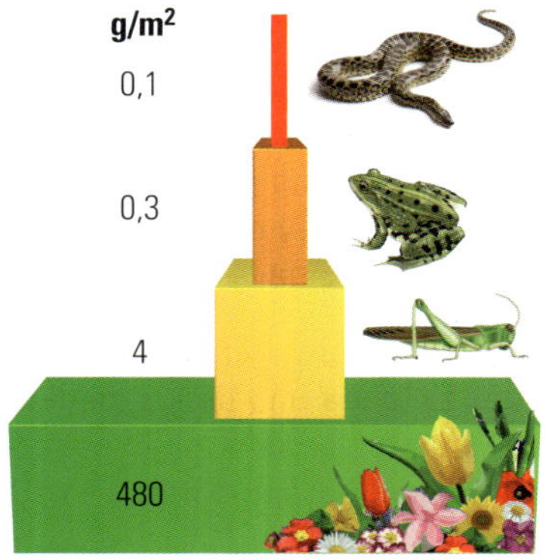

a) ¿De qué tipo de pirámide se trata? ¿Qué representa cada piso de la pirámide?

b) Indica el nombre del nivel trófico correspondiente a cada uno de los pisos y explica su relación con los niveles superior e inferior si los tuviera.

c) ¿Crees que falta algún nivel trófico? ¿Por qué?

d) ¿A qué es debida la disminución de tamaño de los pisos a medida que se asciende por la pirámide?

54. ●●○ Define los conceptos de biomasa y producción. Explica a qué nos referimos cuando hablamos de «la biomasa de la población de sardinas del Mediterráneo» y «la producción de la población de sardinas del Mediterráneo».

55. ●●● Las capas más externas de la atmósfera terrestre reciben, por término medio, una energía proveniente del Sol en forma de radiación de 1368 W/m^2 cada segundo.

De esta energía, únicamente llegan a la superficie terrestre unos 1000 W/m^2 por segundo.

a) ¿Qué crees que sucede con el resto de la energía que no llega a la superficie?

b) La copa de una encina tiene un diámetro de 6 m. ¿Cuánta energía solar estará interceptando aproximadamente cada segundo?

c) De la energía interceptada por la encina, solo se aprovecha un 3 %. ¿Cuántos vatios por segundo representa este porcentaje?

d) Una bombilla de bajo consumo gasta 15 W en una hora de funcionamiento. Calcula cuántas horas podría estar funcionando esta bombilla con la energía que fija la encina en un segundo.

5. Las sucesiones

56. ●○○ ¿Qué es una especie pionera u oportunista?

57. ●●○ Esta gráfica muestra la tasa de supervivencia en el tiempo (en tanto por ciento) de tres especies diferentes.

En el eje de abscisas se representa la edad máxima que pueden alcanzar los individuos, mientras que en el de ordenadas se refleja el porcentaje de supervivientes a una determinada edad.

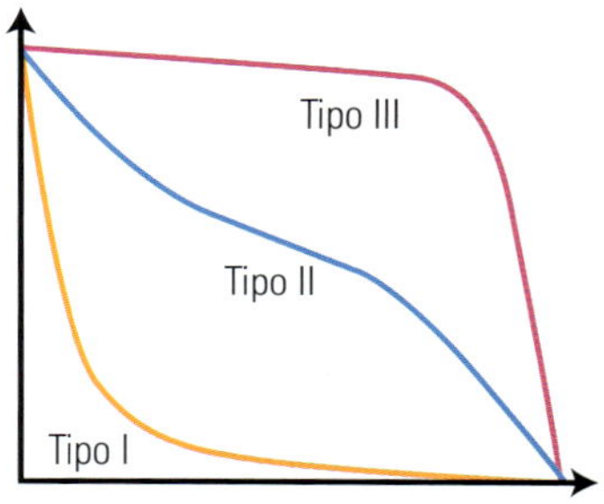

a) ¿A qué clase de estrategia reproductiva asociarías la curva Tipo I? ¿Y la Tipo III?

b) Explica la mortalidad que presentan los organismos de la curva Tipo II.

c) ¿Cuál de las gráficas se correspondería con el oso polar? ¿Y con las cucarachas?

58. ●●○ Lee las siguientes afirmaciones y di si son verdaderas o falsas. En el caso de que sean falsas vuelve a redactarlas de forma correcta:

— Un ecosistema joven está en un nivel de equilibrio y complejidad ecológicos denominado clímax.

— En un ecosistema maduro las poblaciones crecen sin control.

— Conforme el ecosistema va madurando, aumenta la biodiversidad.

— El suelo de un bosque secundario está menos formado que el suelo de un bosque de leñosas de crecimiento rápido.

APLICA

59. ●●○ Uno de los elementos fundamentales en la decoración de una casa son las plantas. Mientras que los balcones, las terrazas y las ventanas presentan una gran variedad de plantas de exterior generalmente con flores, en las habitaciones, los comedores, las cocinas o los baños se encuentran las conocidas como plantas de interior. ¿Qué las diferencia?

Visita el siguiente enlace y responde a las preguntas que tienes a continuación:

https://links.edebe.com/t6a

a) ¿Cuáles son las plantas de interior más comunes?

b) ¿De dónde suelen ser originarias?

c) ¿Cuáles son las condiciones ambientales que tiene en común este hábitat con el del interior de las viviendas?

60. ●●○ Busca información sobre dos especies que puedan sobrevivir en ambientes extremos de temperatura y de elevada salinidad.

— Elabora un breve informe para cada una de ellas, en el que expliques sus principales características e indiques los intervalos de tolerancia para el factor ambiental al que están adaptadas.

61. ●●○ El 24 de septiembre de 2013, en Gwadar, frente a las costas de Pakistán, tuvo lugar un terremoto que provocó la aparición de una nueva isla a la que se le puso el nombre de Zalzala Koh.

En su superficie no había, como era natural, ningún tipo de organismo, a excepción de aquellos que había arrastrado desde el fondo del mar en su formación.

a) ¿Qué proceso ecológico se está dando en Zalzala Koh desde el año 2013?

b) Redacta un texto en el que expliques cuáles serán sus fases y cómo se irán desarrollando.

62. ●●● ¿Cuál es el ecosistema más representativo de tu comunidad autónoma? Investiga sobre ello y responde a las siguientes cuestiones:

a) ¿Qué factores ambientales influyen de forma más notoria en su desarrollo?

b) ¿Qué especies y qué hábitats podemos encontrar? ¿Alguna especie está en peligro de extinción?

c) Organizad un debate en clase sobre la importancia que tiene la protección de este tipo de ecosistemas respecto a la expansión de las diferentes actividades humanas.

63. ●●● Busca información y elabora un esquema en el que representes el ciclo del azufre en los ecosistemas.

— ¿En qué parte del ciclo puede influir el ser humano y qué repercusión tendría en el ecosistema?

64. ●●● Una de las plagas más ampliamente documentada por el ser humano es la de langostas. Formad parejas y buscad información en la página web:

https://links.edebe.com/hpu

Contestad a las siguientes preguntas:

a) ¿Qué se entiende por plaga? ¿Por qué la langosta se considera una plaga?

b) ¿Qué factores favorecen la aparición de una plaga de langostas?

c) ¿Qué medidas se han tomado a lo largo de la historia para intentar erradicar las plagas de langosta?

d) ¿Qué medidas se toman actualmente para intentar luchar contra estas plagas?

Piensa sobre...

65. ¿Has oído hablar de la flora intestinal? Busca información en Internet y responde a las siguientes preguntas:

a) ¿Qué es la flora intestinal?

b) Teniendo en cuenta la existencia de la flora intestinal, ¿se puede afirmar que el intestino humano es un ecosistema? Razona tu respuesta.

66. La extinción de los dinosaurios sucedió como consecuencia de la caída de un gran meteorito y de una serie de erupciones generalizadas en todo el planeta. ¿Qué factores ambientales debieron de cambiar en la Tierra para producirse esa extinción? ¿Cómo debieron de afectar a los ecosistemas del momento? ¿Qué niveles tróficos crees que fueron los primeros afectados?

67. Los parásitos evolucionan a la vez que su hospedador, aunque hay veces en las que el hospedador puede ser ocasional. Busca información sobre dos o tres casos de parejas de parásitos/hospedadores que sean específicas.

— ¿Un parásito puede matar a su hospedador específico? ¿Y si el hospedador es ocasional?

68. ¿Crees que el estudio del funcionamiento de los ecosistemas te ha ayudado a valorar más la importancia de proteger y cuidar las diferentes especies y hábitats que los constituyen?

A B C

Pon a prueba tus competencias

69. Lee atentamente el texto y completa las actividades planteadas a continuación.

La Hudson's Bay Company: historias de tramperos

En el siglo XIX, Canadá era un conjunto de territorios bajo dominio inglés. Ciertas compañías se habían apropiado de grandes extensiones de terreno. Una de ellas, la Hudson's Bay Company, dominaba los territorios del noroeste. La principal actividad de esta empresa era la captura de animales para comerciar con sus pieles. Cada año, grandes cantidades de pieles eran llevadas a la compañía por los cazadores para ser vendidas. Los libros de entradas de la compañía nos han dejado un claro registro de lo que representó esta caza continuada y nos permite aproximarnos al tamaño de la población de cada una de las especies capturadas. A continuación, os presentamos los datos correspondientes a las capturas para la Hudson's Bay Company en el período que va de 1865 a 1890 de dos especies propias de la tundra y la taiga canadienses: el lince canadiense *(Lynx canadensis)* y la liebre americana *(Lepus americanus)*.

Lince canadiense *(Lynx canadensis)*

	Lynx canadensis	*Lepus americanus*
1865	35	105
1866	67	45
1867	70	20
1868	40	2
1869	23	5
1870	10	8
1871	4	7
1872	3	60
1873	11	45

	Lynx canadensis	*Lepus americanus*
1874	17	55
1875	19	135
1876	40	135
1877	35	95
1878	22	15
1879	12	10
1880	10	35
1881	6	25
1882	6	50

	Lynx canadensis	*Lepus americanus*
1883	30	45
1884	53	55
1885	75	135
1886	77	135
1887	32	95
1888	20	35
1889	13	25
1890	5	50

A. En un papel milimetrado, representa sobre unos mismos ejes, mediante dos gráficas de líneas, la evolución a lo largo de los años de las capturas de lince canadiense y de liebre americana.

B. Consideraremos que el número de capturas es una representación del tamaño de la población. Justifica por qué es correcto establecer esta equivalencia.

C. Señala en la gráfica los siguientes episodios:

a) Fase de depredación excesiva. 1865-1868 1876-1878 1887-1889

b) Crecimiento explosivo de la población de presas. 1873-75 1883-1885 1871-72

c) Fase de mortalidad del depredador por agotamiento de los recursos. 1867-1872 1877-1882 1886-1890

d) Fase de recuperación de la población de presas. 83-85 → ↑ presas

e) Fase de reacción de la población de depredadores. 82-85 71-76

D. A partir de la gráfica, completa en tu cuaderno una tabla como la siguiente, indicando cuál es la respuesta de la población de linces a las variaciones de la población de liebres, y cuáles son las causas:

Población de liebres	Población de linces	Causas de la situación
⬆ Crece	↑ crece	
⇧ Máximo	↑ máximo	
⬇ Decrece	se mantienen y ↓ decrecen	
⇩ Mínimo	↓ mínimo	
⬆ Crece	↑ crece lentamente	

E. Las oscilaciones en el tamaño de las poblaciones se repiten cíclicamente. A partir de la información de la gráfica, ¿cada cuántos años se completa un ciclo? 7 liebres 6 linces alrededor de los 10 años (1875-1885).

70. Lee este texto y completa las actividades planteadas:

Los ecosistemas de dunas litorales

Los ecosistemas de dunas son típicos de zonas de costa baja arenosa. Estos ecosistemas habían estado muy poco valorados y, de hecho, muchos habían sido alterados o destruidos por la urbanización de las costas durante la época del *boom* turístico.

En la actualidad, estas zonas han recobrado su valor y en gran parte del litoral se está llevando a cabo su recuperación.

Para realizar el estudio de las condiciones ambientales y la vegetación en este tipo de ecosistemas, se efectúa un transecto, que consiste en marcar sobre una línea perpendicular a la línea de la costa unas cuantas estaciones equidistantes y medir en ellas una serie de variables. El resultado obtenido se muestra en la tabla de la derecha:

	Estaciones			
	I	**II**	**III**	**IV**
Distancia al mar (m)	50	100	150	200
Contenido salino del suelo (g Cl/m^3)	14	8	3	1
Recubrimiento vegetal (%)	04	29	62	96
Número de especies vegetales	7	14	18	24
Materia orgánica en el suelo (%)	0,3	3	6,2	9,1

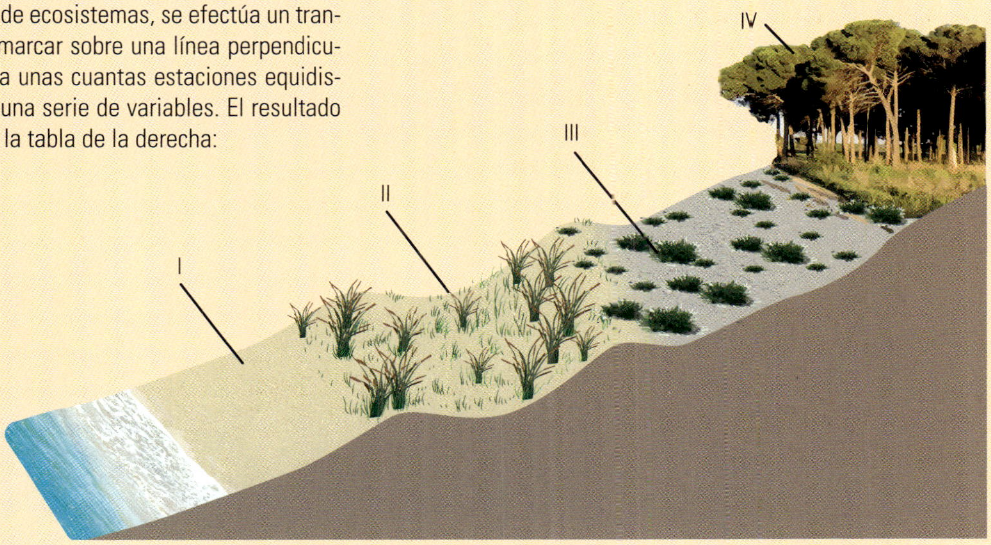

A. Construye una gráfica en la que pueda apreciarse la variación de los diferentes parámetros para cada una de las estaciones.

B. ¿En cuál de las estaciones de muestreo se da un contenido salino mayor en el suelo? ¿Cómo afecta ello al número de especies vegetales presentes? ¿Por qué?

C. ¿Con qué otro factor de los presentados en la tabla relacionarías directamente el porcentaje de materia orgánica en el suelo? ¿Por qué? ¿Cuál es el destino final de esta materia orgánica?

D. ¿En cuál de las cuatro estaciones esperarías hallar una mayor diversidad animal?

a) En la estación I, ya que es la que presenta mayor salinidad.

b) En la estación II, porque se encuentra en una zona intermedia.

c) En la estación III, porque tiene más materia orgánica en el suelo.

d) En la estación IV, porque presenta más nichos ecológicos.

E. Entre las especies vegetales que aparecen en el recuento en las diferentes estaciones, hay una especie A que se da en todas ellas, mientras que una especie B únicamente se detecta en la estación I. ¿Podrías explicar alguna causa que pueda provocar esta situación?

5

Bloque 1. La Tierra

Recursos y medio ambiente

Contenidos

- Los recursos naturales
- Impactos ambientales
- Desarrollo sostenible

Y además...

Ciencia a tu alcance
La huella de carbono

¿Te has fijado?

Los recursos naturales, ¿deben comportar siempre un beneficio económico?

¿La Tierra es capaz de generar recursos al ritmo que le pide nuestra sociedad?

¿Sabes qué es la huella de carbono? ¿Tu estilo de vida deja huella?

¿Se puede disfrutar de los espacios protegidos sin causar un impacto negativo en ellos?

Asómate
Los recursos naturales

1. LOS RECURSOS NATURALES

Los **recursos naturales** son todas aquellas materias, sustancias y servicios que el ser humano toma de la naturaleza para beneficio propio. Dentro de esta categoría se incluyen los recursos que nos proporcionan **energía,** los **minerales,** el **suelo,** el **agua** y los **alimentos.**

No todos los recursos naturales del planeta pueden ser utilizados ni resulta económicamente viable su explotación con la tecnología actual. Definimos **reserva** como la parte de un determinado recurso que puede ser extraída y que aporta beneficio económico para el ser humano. Una explotación excesiva del recurso puede comportar su **agotamiento,** así como una alteración del ciclo de la materia en los ecosistemas.

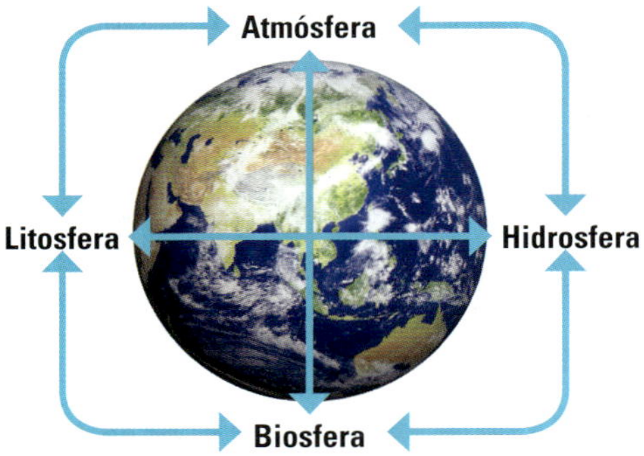

Entre los cuatro sistemas naturales se establece una circulación de materia y energía.

En el medio ambiente, la materia se encuentra en continua transformación y circulación entre los cuatro sistemas naturales (atmósfera, litosfera, hidrosfera y biosfera) y los sistemas humanos. La explotación masiva de los recursos naturales afecta a la supervivencia de otras especies que se ven afectadas por la disminución o degradación de los recursos que necesitan, como: el agua, el hábitat natural o el alimento.

Como ya sabemos, el Sol proporciona la energía que circula por las cadenas tróficas en los ecosistemas. No obstante, las personas consumimos energía más allá de la que procede de la cadena trófica y cada vez en mayor cantidad.

La energía que consumimos se emplea principalmente en el transporte, la industria y los hogares, y se obtiene, en gran parte, de los combustibles fósiles, lo que provoca un aumento de las emisiones de calor y de gases de efecto invernadero. Como resultado, incrementa el tiempo de retención del calor en la atmósfera y se altera el equilibrio energético en el medio ambiente.

LOS RECURSOS CULTURALES

Además del valor económico, existen recursos que tienen un valor añadido de carácter cultural. La categoría de **recurso cultural** incluye un conjunto de recursos, habitualmente creados o modificados por el ser humano, que son utilizados para realizar diversas actividades. Algunos ejemplos son los restos históricos (recurso **histórico**) y arqueológicos (recurso **arqueológico**), los jardines y los edificios con valor arquitectónico (recurso **artístico**), los paisajes con valor biológico o geológico (recurso con valor **estético**), los centros de culto (recurso **etnográfico**), los parques naturales y los jardines botánicos (recursos **científico** y **educativo**)...

Jardines de Aranjuez (Madrid).

Bosque de Oma (Vizcaya).

Torre de Hércules (A Coruña).

La Alhambra (Granada).

Dolmen (Cáceres).

Actividades

1. ¿Por qué la biosfera solo puede aprovechar la energía solar a través de los organismos que realizan la fotosíntesis? Argumenta tu respuesta.
2. Indica qué tipo de recurso cultural (histórico, arqueológico, artístico, estético o científico) podrías asociar a las imágenes que ilustran el texto de esta página.

1.1. CLASIFICACIÓN DE LOS RECURSOS NATURALES

Los recursos naturales pueden clasificarse teniendo en cuenta dos criterios: la velocidad de regeneración o el uso principal al que van destinados.

— En función de su **velocidad de regeneración,** los recursos naturales pueden ser renovables o no renovables:

- **Renovables.** Son los recursos naturales que a escala humana son inagotables, como el Sol, el viento, las mareas y el calor interno terrestre. También se incluyen los recursos que se generan a una velocidad superior a la de su consumo, como el agua, la biomasa, los alimentos o la pesca. A estos últimos también se les denomina potencialmente renovables, ya que pueden llegar a agotarse en determinados lugares si se hace un consumo abusivo de ellos.

- **No renovables.** Son los recursos que se consumen a una velocidad muy superior a la de su regeneración, que a escala humana es inapreciable. En este grupo se incluyen todos los combustibles fósiles (carbón, petróleo y gas natural), el uranio, el suelo, las rocas y los minerales.

— En función del **uso al que van destinados,** los recursos naturales se clasifican en **energéticos** y **no energéticos.** En este último grupo se incluyen los **recursos minerales,** los **recursos hídricos,** los **recursos biológicos** y el **suelo.**

Es frecuente que un mismo recurso pueda tener diversos usos, como por ejemplo, el agua o la biomasa.

El agua se emplea en los hogares para múltiples tareas. Además, en las centrales hidroeléctricas se obtiene electricidad de la energía mecánica del agua.

La combustión de la biomasa es un importante recurso energético. La biomasa, además, es la fuente principal de alimento para los organismos heterótrofos.

Actividades

3. Describe una situación por la que un recurso natural renovable, como el agua o la pesca, puede dejar de serlo y convertirse en un recurso no renovable.

— Justifica tu respuesta con un ejemplo.

4. Busca el significado de *fuente de energía* y define este concepto.

— Enumera las fuentes de energía utilizadas por el ser humano para obtener electricidad.

¿Qué sabes sobre...
...los recursos energéticos?

1.2. RECURSOS ENERGÉTICOS

Son aquellos recursos de los que se obtiene energía mediante diversos procesos. Se trata de un grupo muy variado y de gran importancia económica, porque el desarrollo de la sociedad actual requiere grandes cantidades de energía.

RECURSOS ENERGÉTICOS NO RENOVABLES

Se incluyen el uranio y los combustibles fósiles (petróleo, carbón y gas natural). Estos últimos provienen de materia orgánica acumulada hace millones de años y transformada en sustancias con un alto contenido energético.

— **Uranio.** Es el principal combustible nuclear, un elemento radiactivo que al descomponerse desprende grandes cantidades de energía. Esta se emplea para obtener vapor de agua, que mueve unas turbinas, y de este modo producir electricidad.

— **Petróleo.** Mediante su refinado, se obtienen combustibles (gasolina, gasóleo, queroseno) y otros productos con un alto valor industrial (plásticos, asfalto, fibras, lubricantes, abonos, etc.).

— **Carbón.** Es el combustible fósil más abundante, pero el más contaminante. Antiguamente se utilizaba para uso doméstico, en cocinas y en estufas. En la actualidad, se emplea en los hornos industriales para alcanzar altas temperaturas o en las centrales térmicas para obtener energía eléctrica.

— **Gas natural.** Es una mezcla de gases (butano, metano, etano y propano) que se utiliza como combustible en las viviendas. Contamina menos que los otros combustibles fósiles.

ODS

El acceso a una energía asequible y renovable es uno de los **objetivos de desarrollo sostenible** que impulsa la ONU. Una de las metas de este objetivo es conseguir, para 2030, que la energía eléctrica proceda de manera prioritaria de fuentes renovables.

RECURSOS ENERGÉTICOS RENOVABLES

— **Biomasa.** Se emplea para obtener electricidad y biocombustibles; también se utiliza como fuente de energía calorífica para uso doméstico (en calderas para producir agua caliente y calefacción).

— **El Sol.** La energía solar puede aprovecharse de forma directa para producir el agua caliente de uso doméstico y también, mediante placas fotovoltaicas, puede transformarse en energía eléctrica.

— **Agua y viento.** La energía mecánica que poseen el agua y el viento se aprovecha, respectivamente, en las centrales hidroeléctricas y en los parques eólicos para transformarla en electricidad.

— El **calor interno terrestre** puede usarse para calentar agua y si la temperatura lo permite, obtener vapor y generar electricidad.

Actividades

5. Visita el siguiente enlace:

https://links.edebe.com/tz96

e investiga cómo se ha formado el petróleo y el carbón. A continuación, elabora una infografía *online* sobre la formación de uno de ellos.

6. Haz una lista de los diferentes recursos energéticos que utilizas a lo largo de un día. Clasifícalos en renovables y no renovables.

1.3. RECURSOS NO ENERGÉTICOS

¿Qué sabes sobre...
...los recursos no energéticos?

Son todos los recursos que tienen usos distintos a la obtención de energía. Veamos los más importantes:

RECURSOS MINERALES Y EL SUELO

— Los **recursos minerales** son todos aquellos elementos o compuestos presentes en la corteza terrestre que forman **yacimientos** y que pueden ser extraídos y procesados para su utilización posterior. Se incluyen las rocas de las que se extraen metales (bauxita, magnetita, calcopirita), las rocas ornamentales (pizarra, granito, mármol), los áridos, las gravas y también algunas rocas solubles como la halita y el yeso.

— El **suelo** es el recurso sobre el que se sustenta la agricultura y es esencial para el mantenimiento de los ecosistemas naturales. Su pérdida por erosión repercute negativamente en el crecimiento vegetal. El suelo se considera un recurso no renovable porque su pérdida o degradación no es reversible a escala humana.

RECURSOS HÍDRICOS NO ENERGÉTICOS

— Son un recurso hídrico todas las masas de agua que existen en el planeta, tanto las de los océanos y mares (agua salada) como las de los ríos, lagos y acuíferos (agua dulce). Sin embargo, el agua dulce es la que el ser humano utiliza principalmente para sus actividades.

— Los usos del agua dulce se engloban en tres categorías: **uso doméstico y urbano** (higiene personal, limpieza de calles, preparación de los alimentos), **uso industrial** (agente refrigerante, disolvente) y **uso agrícola y ganadero** (el agua que se destina al riego y el cuidado de los animales).

RECURSOS BIOLÓGICOS

— Comprende cualquier ser vivo o componente de un ecosistema con valor para el ser humano. Constituyen la **fuente de alimentos** para las personas a través de actividades como la pesca, la caza, la agricultura y la ganadería, que a su vez incluye la acuicultura. Los recursos biológicos también se aprovechan para la obtención de **madera, corcho, lana** y otros materiales.

— Los recursos biológicos pueden explotarse de manera **extensiva,** manteniendo dentro de lo posible las condiciones normales de crecimiento de los animales y las plantas. En contraposición, está la explotación **intensiva** cuya finalidad es producir grandes cantidades de productos con el mayor rendimiento y en el menor espacio posibles.

Actividades

7. Cita ejemplos de usos industriales y urbanos del agua que no hayan sido expuestos en el texto.

— Anota algunas de las actividades que llevas a cabo habitualmente y que ocasionen un consumo de agua.

8. ¿Cuáles son los principales alimentos cultivados en el mundo? Puedes consultar esta web y representar los alimentos en una tabla en la que indiques su origen:

https://links.edebe.com/4c2wy

2. IMPACTOS AMBIENTALES

Los **impactos ambientales** son el conjunto de consecuencias que tiene la explotación de los recursos naturales sobre cualquier sistema del medio ambiente.

El impacto ambiental depende del tipo de recurso explotado, de la tecnología empleada en su explotación y del uso y el consumo que se hace del recurso.

Características de los impactos ambientales

Para evaluar el impacto ambiental de las actividades humanas se tienen en cuenta las siguientes características:

Efecto. Valora las consecuencias que se provocan en el medio. Puede ser:

- **Positivo:** si provoca una mejora en el medio.
- **Negativo:** si produce un deterioro del medio.

La generación de residuos provoca un impacto negativo y la recogida selectiva, positivo.

Persistencia. Es la duración total del impacto. Los impactos pueden ser:

- Temporales.
- Permanentes.

El ruido del tráfico es permanente y el de unas obras es temporal.

Extensión. Es la superficie total afectada por el impacto. Los impactos pueden ser:

- Locales.
- Regionales.
- Globales.

La lluvia ácida tiene un impacto regional y la contaminación de un manantial, local.

Reversibilidad. Valora la capacidad del medio afectado de volver a su estado inicial una vez que ha cesado la actividad causante del impacto.

Recuperabilidad. Cuantifica la posibilidad de minimizar el impacto aplicando las medidas correctoras adecuadas.

Una carretera genera un impacto irreversible, pero en su entorno se pueden aplicar medidas correctoras.

EVALUACIÓN DE LOS IMPACTOS AMBIENTALES

Depuradora.

La evaluación de los impactos ambientales permite adoptar medidas para minimizar los efectos negativos que causan. Pueden aplicarse dos tipos de medidas:

— Las **medidas correctoras** son las que se ejecutan después del impacto para reducir o eliminar el agente responsable de este o las consecuencias que genera. Una estación depuradora de aguas residuales es una medida correctora: retorna al medio el agua utilizada libre de contaminación.

— Las **medidas preventivas** son las que se llevan a cabo antes de que se produzca el impacto ambiental. Son preferibles a las medidas correctoras, pero requieren una evaluación previa del impacto que permita predecir todos los posibles efectos sobre el medio. El uso de bombillas de bajo consumo, como los LED, es una medida preventiva: reduce el consumo de energía y, por tanto, disminuye la emisión de contaminantes.

2.1. IMPACTO DE LA EXPLOTACIÓN DE LOS RECURSOS

¿Lo vemos?
La explotación de los recursos

La mayoría de las actividades que el ser humano efectúa sobre el medio ambiente provocan un impacto sobre el entorno natural, en especial las relacionadas con la obtención, la manipulación y el consumo de los recursos naturales.

EXPLOTACIÓN DE RECURSOS ENERGÉTICOS NO RENOVABLES

La explotación de este tipo de recursos provoca impactos que afectan a la atmósfera, la hidrosfera y la biosfera. Los más graves son los siguientes:

— La utilización de los **combustibles fósiles** provoca la emisión de partículas y gases contaminantes a la atmósfera. Entre ellos, destaca el CO_2, cuyo aumento en la atmósfera provoca el llamado efecto invernadero que contribuye al **calentamiento global del planeta.**

— Los **vertidos de petróleo** generados durante la extracción y el transporte desde las áreas de origen provocan graves episodios de contaminación. Si estos vertidos se producen en el mar, las mareas negras causan graves daños que alteran la cadena trófica marina.

— El peligro de **contaminación radiactiva** es el principal impacto potencial asociado a la utilización del **uranio** en las centrales nucleares. Además, los residuos que generan son muy tóxicos, difíciles de almacenar de forma segura y peligrosos para la salud de los seres vivos. En las últimas décadas, se ha comprobado que los accidentes ocasionados en estas centrales provocan daños irreversibles durante largos períodos de tiempo.

Marea negra.

EXPLOTACIÓN DE RECURSOS ENERGÉTICOS RENOVABLES

Las fuentes de energía renovables no están exentas de impactos, aunque son menores que los generados por los recursos no renovables. Estos son los principales impactos:

— La **combustión de biomasa** no supone un aporte extra de CO_2 atmosférico, aunque en algunas situaciones se liberan partículas tóxicas a la atmósfera.

— Los **parques eólicos** alteran el paisaje, aunque su instalación suele ser compatible con la agricultura y la ganadería. Sus efectos más negativos son el ruido que originan y la muerte de aves por impacto. Las **centrales solares** pueden ocupar grandes superficies de terreno y alterar el paisaje natural.

— Las **centrales hidroeléctricas** modifican la dinámica fluvial y los caudales naturales. Si no se respeta el caudal ecológico, el impacto es mayor porque afecta a la fauna y la flora del curso fluvial. Las presas en los ríos suponen, además, una barrera para la migración de especies piscícolas como el salmón.

Construcción de una presa en un río.

EXPLOTACIÓN MINERAL

Las explotaciones dedicadas a la obtención de rocas y minerales alteran el paisaje, destruyen el suelo, producen ruido y polvo, y pueden originar residuos contaminantes por el lavado u otros tratamientos a los que se someten los materiales extraídos.

Explotación minera a cielo abierto.

Actividades

9. En grupo, investigad qué ventajas tiene la energía nuclear, así como los accidentes de Fukushima y de Chernóbil. A continuación, organizad un debate entre dos grupos: uno que defienda la energía nuclear y otro que esté en contra.

— ¿Cuál es tu opinión?

ODS

CONTAMINACIÓN DEL AGUA

La depuración de las aguas residuales es fundamental para mantener limpios nuestros ríos y océanos. Para ello, también es necesario que los ciudadanos reduzcamos el uso de productos químicos y de sustancias agresivas para el medio ambiente.

Consulta el siguiente vídeo sobre la contaminación de las aguas y sus repercusiones en la salud:

https://links.edebe.com/ja4qpa

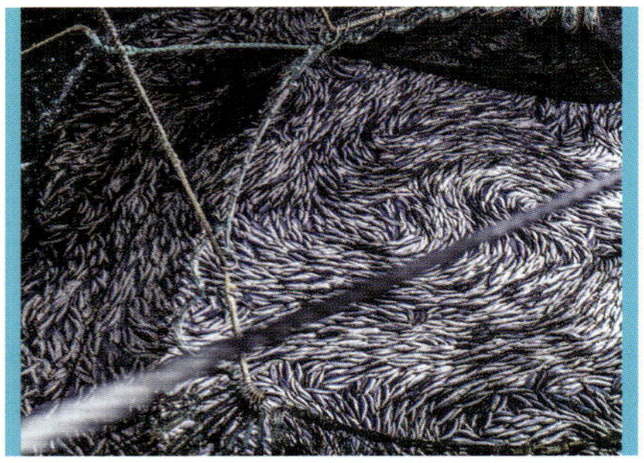

Los recursos pesqueros están amenazados por la sobreexplotación y también por la bioacumulación que se da en aquellas especies situadas al final de la cadena trófica.

EXPLOTACIÓN Y USO DEL AGUA

El principal impacto sobre el agua, tanto continental como oceánica, es la **contaminación.**

— En la **agricultura,** los herbicidas y otras sustancias fitosanitarias contaminan los acuíferos.

— En la **ganadería,** los purines contaminan el agua con grandes cantidades de nitratos. La industria cárnica también es responsable de la contaminación por residuos químicos, grasas, derivados del petróleo y otras sustancias tóxicas.

— El **uso doméstico** del agua también provoca su contaminación con productos de limpieza, jabones, grasas, restos fecales y medicamentos.

Las medidas correctoras suponen en todos los casos la **depuración del agua** antes de ser vertida al medio natural.

EXPLOTACIÓN DE RECURSOS BIOLÓGICOS

Los recursos biológicos son muy sensibles a los impactos, que a su vez suelen alterar el hábitat de las especies, hecho que provoca la disminución de su población.

— La **reducción de la biodiversidad** y **extinción de las especies** son los impactos más graves asociados a la explotación de los recursos biológicos. Las causas principales son: la sobreexplotación en la pesca, la agricultura o la silvicultura, la caza furtiva, los monocultivos, la destrucción de los hábitats naturales y la introducción de especies exóticas que se convierten en invasoras.

— Otro impacto que afecta a los recursos biológicos es la **bioacumulación,** que consiste en la acumulación de sustancias tóxicas (metales, dioxinas) en los tejidos de los organismos. Estas sustancias no se eliminan fácilmente del cuerpo, de modo que pasan de un organismo a otro a lo largo de la cadena trófica. Por lo tanto, las especies situadas en la cima de la pirámide trófica acumulan dosis muy altas de tóxicos que les pueden provocar la muerte.

IMPACTO Y DEMOGRAFÍA

El crecimiento de la población humana provoca un fuerte impacto negativo sobre el medio natural. A medida que aumenta la población, crece el consumo de recursos y la presión ejercida sobre el medio natural. La necesidad de más recursos biológicos provoca la destrucción de espacios naturales como bosques y humedales, para aumentar la superficie agrícola y ganadera, lo que repercute negativamente en la biodiversidad.

Este crecimiento también está ligado a un incremento del consumo de combustibles y de otras materias primas, generando así más contaminación y una reducción de las reservas de recursos no renovables disponibles para generaciones futuras.

Actividades

10. Cita qué tipo de impactos pueden generar las siguientes actividades, teniendo en cuenta que algunas de ellas pueden provocar más de uno:

— La construcción de un túnel en una carretera a su paso por una zona de gran valor ecológico.

— La sobreexplotación pesquera y la explotación intensiva de madera.

— Las canalizaciones de regadío.

— La construcción de rascacielos turísticos de gran capacidad en las zonas costeras.

3. DESARROLLO SOSTENIBLE

Juega con...
¿Quieres ser sostenible?

El **desarrollo sostenible** tiene como finalidad mejorar la calidad de vida humana sin hipotecar los recursos de las generaciones futuras. Este tipo de desarrollo comporta, entre otros aspectos, el uso racional de los recursos, una gestión responsable de los residuos y la protección del medio natural.

3.1. USO DE LOS RECURSOS

El uso racional de los recursos se sustenta sobre una serie de actuaciones para conseguir una doble finalidad: **reducir el consumo** de los recursos (materias primas, energía y agua) y **disminuir la contaminación** que provoca su obtención, su manipulación y su consumo. Para ello, deben establecerse políticas ambientales destinadas a:

- **Fomentar el uso de las energías renovables** porque contaminan menos y porque su consumo no implica el agotamiento del recurso, con lo que no se compromete su uso por parte de las generaciones venideras.
- **Promover medidas de eficacia y de ahorro energético.** Dentro de estas, se incluyen el buen aislamiento de viviendas, los electrodomésticos eficientes y de bajo consumo, los sistemas de ahorro de agua, los sistemas de iluminación de bajo consumo, el uso de transportes colectivos, etc.
- **Potenciar el reciclaje.** De este modo, se consigue recuperar la materia prima con la que producir nuevos productos a un coste energético inferior y se reduce el volumen de residuos.
- Aumentar los índices de **reutilización** y **reparación** aumentando así la vida útil de los objetos de consumo.
- Llevar a cabo un **consumo responsable** con acciones como escoger productos de proximidad, con poco embalaje y que no sean de un solo uso, así como evitar las compras compulsivas, consumiendo solo lo que realmente necesitamos. También hay que tener en cuenta, en el momento de comprar, si las empresas (fabricantes y proveedoras) son respetuosas con el medio ambiente y con los derechos de sus trabajadores.

LA INVASIÓN DE LOS PLÁSTICOS

Cada año se vierten al mar 12 millones de toneladas de residuos, gran parte de ellos plásticos.

Para solucionar este grave problema es necesario cambiar nuestros hábitos de consumo y buscar alternativas al uso de los plásticos.

https://links.edebe.com/uGFcab

3.2. LOS RESIDUOS

En la actualidad, la acumulación de residuos es uno de los principales impactos ambientales. Se considera un **residuo** cualquier material o sustancia que se obtiene durante la fabricación de un producto, su uso o su limpieza, y que carece de utilidad para su productor.

La mayoría de los residuos generados son sólidos, y su recuperación o tratamiento es uno de los principales problemas medioambientales.

Los residuos pueden clasificarse según su origen o según el tratamiento posterior que se les puede aplicar:

- Según su **origen:** urbanos, agrarios, industriales, de la construcción, mineros, biosanitarios y radiactivos.
- Según el **tratamiento** que se les aplica: orgánicos, reciclables, inertes, tóxicos, sanitarios y radiactivos.

Los diferentes procesos de gestión y tratamiento de los residuos presentan ventajas y desventajas. Vamos a analizar dos ejemplos:

- Las **plantas incineradoras** reducen en un alto porcentaje el volumen de los residuos y, además, obtienen energía, pero en contrapartida liberan sustancias contaminantes a la atmósfera y no permiten el reaprovechamiento de las materias primas.
- La **clasificación en origen** precisa de la participación ciudadana, ya que requiere separar los productos reciclables en el punto donde se originan (hogares, centros comerciales, industrias, etc.), pero se recuperan grandes cantidades de materias primas.

CLASIFICACIÓN Y TRATAMIENTO DE LOS RESIDUOS

A continuación, se exponen las características y el tratamiento de los principales tipos de residuos:

Tipo de residuo	Características	Tratamiento
Orgánicos 	Restos de materia orgánica procedente de los alimentos, de la jardinería y de la agricultura. Son residuos no peligrosos que se descomponen rápidamente.	Se tratan en **plantas de compostaje** y se obtienen abonos para las plantas. El proceso de compostaje también puede realizarse de forma particular y obtener compost en nuestros hogares.
	Restos orgánicos procedentes de las aguas residuales y de los purines.	Los restos procedentes de las aguas residuales se tratan en las plantas **depuradoras** y los purines en plantas de tratamiento especiales. Los fangos que se obtienen de este proceso, junto con los purines, se tratan en plantas en las que se transforman en **biogás** y en **fertilizantes.**
Reciclables 	Plásticos, papel, metales y vidrio. Son residuos poco peligrosos y con un alto valor económico. Sin embargo, los plásticos que no entran en el ciclo del reciclaje se acaban acumulando en el medio natural y en los océanos, y suponen un grave problema ambiental.	Mediante una recogida selectiva previa en **contenedores específicos** o en los **puntos verdes,** estos residuos se pueden reciclar para ser aprovechados de nuevo.
Inertes 	Restos de la construcción y de la minería. Se trata de residuos poco peligrosos y con poco valor económico.	Algunos materiales pueden ser reutilizados. Los que no tienen utilidad se almacenan en **vertederos controlados.**
Tóxicos 	Restos de pintura, aceite de cocina, aceite de automóviles, aparatos electrónicos, pilas, disolventes, etc. Son residuos muy variados, peligrosos y muy contaminantes.	Estos residuos deben ser depositados en **plantas de tratamiento de residuos especiales.** En estos centros, los residuos se clasifican y, si es posible, se tratan para que dejen de ser contaminantes. En algunos casos, se recuperan metales y otros componentes para su reciclaje.
Sanitarios 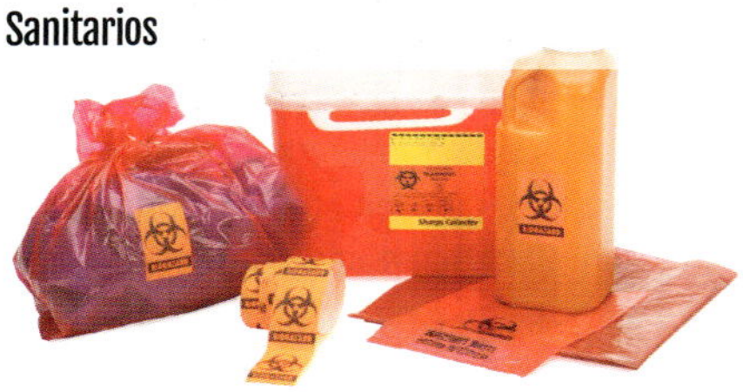	Restos procedentes de hospitales y de otros tipos de centros sanitarios y veterinarios. Son restos peligrosos y contaminantes, especialmente los medicamentos.	Los residuos químicos deben ser tratados en plantas de tratamiento para eliminar su toxicidad. Otros residuos, especialmente los que pueden contener biocontaminantes, son esterilizados o quemados en **plantas incineradoras.**
Radiactivos 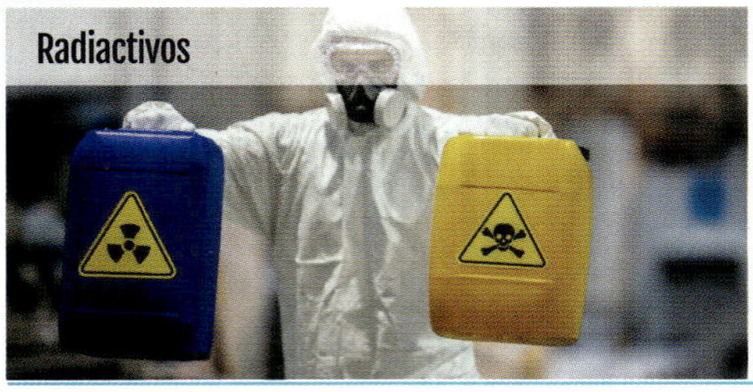	La mayor parte procede de las centrales nucleares; también de centros médicos y de diagnóstico, y de centros de investigación. Son los residuos más peligrosos por los daños que ocasionan en los tejidos vivos y por su durabilidad.	Los residuos líquidos se solidifican y los sólidos se trocean y se compactan para reducir el volumen. Algunos son sometidos a un proceso de **descontaminación,** aunque su destino final es el **almacenaje.** Los residuos de alta actividad se almacenan en minas excavadas en zonas geológicas estables.

3.3. PROTECCIÓN DEL MEDIO NATURAL

Para conseguir un desarrollo sostenible, es esencial una protección del medio natural, tanto del paisaje como de la calidad del aire y de las aguas. Los procesos geodinámicos y el clima pueden modificar el medio natural, pero son las actividades humanas (infraestructuras, agricultura, industria...) las que ocasionan los mayores impactos.

La acción humana o antrópica provoca en el medio natural numerosos impactos: cambios en el relieve, impactos visuales, erosión, pérdida de hábitats, reducción de la biodiversidad y focos de contaminación, entre otros impactos.

Para reducir el impacto en el medio natural, pueden tomarse las siguientes medidas de **gestión ambiental:**

RACHEL CARSON

Bióloga marina estadounidense (1907-1964) cuyas publicaciones sentaron las bases del movimiento ecologista.

Amante de la naturaleza, dedicó gran parte de su carrera a la divulgación de la protección del medio ambiente y consiguió cambiar la mentalidad de la sociedad norteamericana.

Con la publicación de su obra *Primavera silenciosa* en 1962, consiguió que la población percibiera el peligro del uso de pesticidas tóxicos como el DDT.

Gestión ambiental

Algunas de las principales medidas son:

1. Disponer de una **normativa ambiental** que regule las actividades en el medio natural y sancione las actuaciones incorrectas.

2. Evaluar el **impacto ambiental** de las actividades humanas, verificar si se ajustan a la normativa (realización de **auditorías ambientales**) y establecer unas medidas de **recuperación ecológica** en los espacios degradados.

3. Disponer de un **plan de ordenación del territorio** que establezca los usos que se pueden dar en cada zona (uso urbano, uso agrícola, uso forestal, zonas protegidas, etc.).

4. Crear y mantener una **red de espacios protegidos.** Son zonas de interés ecológico que gozan de una protección especial.

5. Fomentar, a través de la educación, una **conducta responsable** hacia el medio ambiente, como la recogida selectiva de residuos o el respeto por los espacios naturales.

Actividades

11. En grupo, anotad en una lista los residuos que generáis en un día. Clasificadlos e indicad qué tratamiento deben recibir.

12. Describe una situación de recuperación ecológica que pueda tener lugar, por ejemplo, en un bosque en el que se ha clausurado un vertedero.

13. Busca los espacios protegidos que existen en tu comunidad autónoma que pertenezcan a la Red Natura 2000. Elige uno y explica brevemente por qué se le ha concedido tal distintivo. Puedes consultar esta web:

https://links.edebe.com/8g3nsc

Ciencia a tu alcance

La huella de carbono

Material

- Información sobre el consumo energético familiar.
- Ordenador y conexión a Internet.

1 Introducción

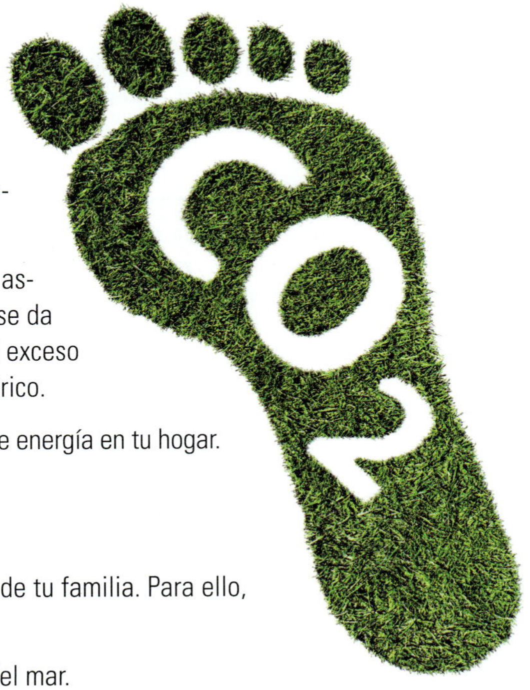

Un indicador del impacto de la actividad del ser humano sobre la Tierra es la llamada **huella ecológica,** que muestra el área productiva (bosques, prados, cultivos, etc.) que sería necesaria para generar los recursos consumidos y para asimilar los residuos que producimos (en particular, el dióxido de carbono). En su cálculo, que es muy complejo, se tienen en cuenta la energía y los recursos alimentarios que consumimos, los residuos que generamos, el agua que utilizamos…

Relacionada con ella, también está la **huella de carbono,** que se centra en un aspecto medioambiental concreto: las emisiones de CO_2 a la atmósfera, cuyo valor se da en toneladas de CO_2 por persona y año. Tal y como hemos visto en esta unidad, el exceso de concentración de dióxido de carbono constituye un impacto ambiental atmosférico.

Vamos a llevar a cabo un estudio de la huella de carbono que produce el consumo de energía en tu hogar.

2 Procedimiento

En primer lugar, es necesario recopilar información sobre los hábitos energéticos de tu familia. Para ello, precisas disponer de la siguiente información:

— Sobre la vivienda: superficie, orientación, antigüedad y altura sobre el nivel del mar.

— Sobre el sistema de calefacción: tipo de calefacción, fuente de energía que utiliza, número de habitaciones de la vivienda con calefacción, presencia de otros sistemas de calefacción que actúan de apoyo, temperatura de la calefacción.

— Sobre el sistema de aire acondicionado: tipo de aire acondicionado, fuente de energía que utiliza, número de habitaciones de la vivienda con aire acondicionado, temperatura del aire acondicionado.

— Sobre la energía solar: si existen placas de energía solar, su uso.

— Sobre el agua caliente: fuente de energía utilizada, tipo de calentador de agua.

— Sobre el equipamiento: tipo de alumbrado de la vivienda, tipo de cocina, tipo y número de electrodomésticos del hogar, forma de apagar el televisor, los ordenadores y otros dispositivos con opción de *stand-by.*

3 Actividades

a) Consulta esta web en la que encontrarás una calculadora de huella de carbono.

https://links.edebe.com/wumk4

b) Completa el formulario a partir de la información recopilada sobre tu vivienda.

c) ¿Cuál es la huella de carbono de tu vivienda? Compara tu huella de carbono con las de tus compañeros y compañeras. ¿Está por encima o por debajo de la media española?

d) Enumera algunas de las medidas que podríais llevar a cabo en tu familia para disminuir las emisiones de CO_2.

Síntesis

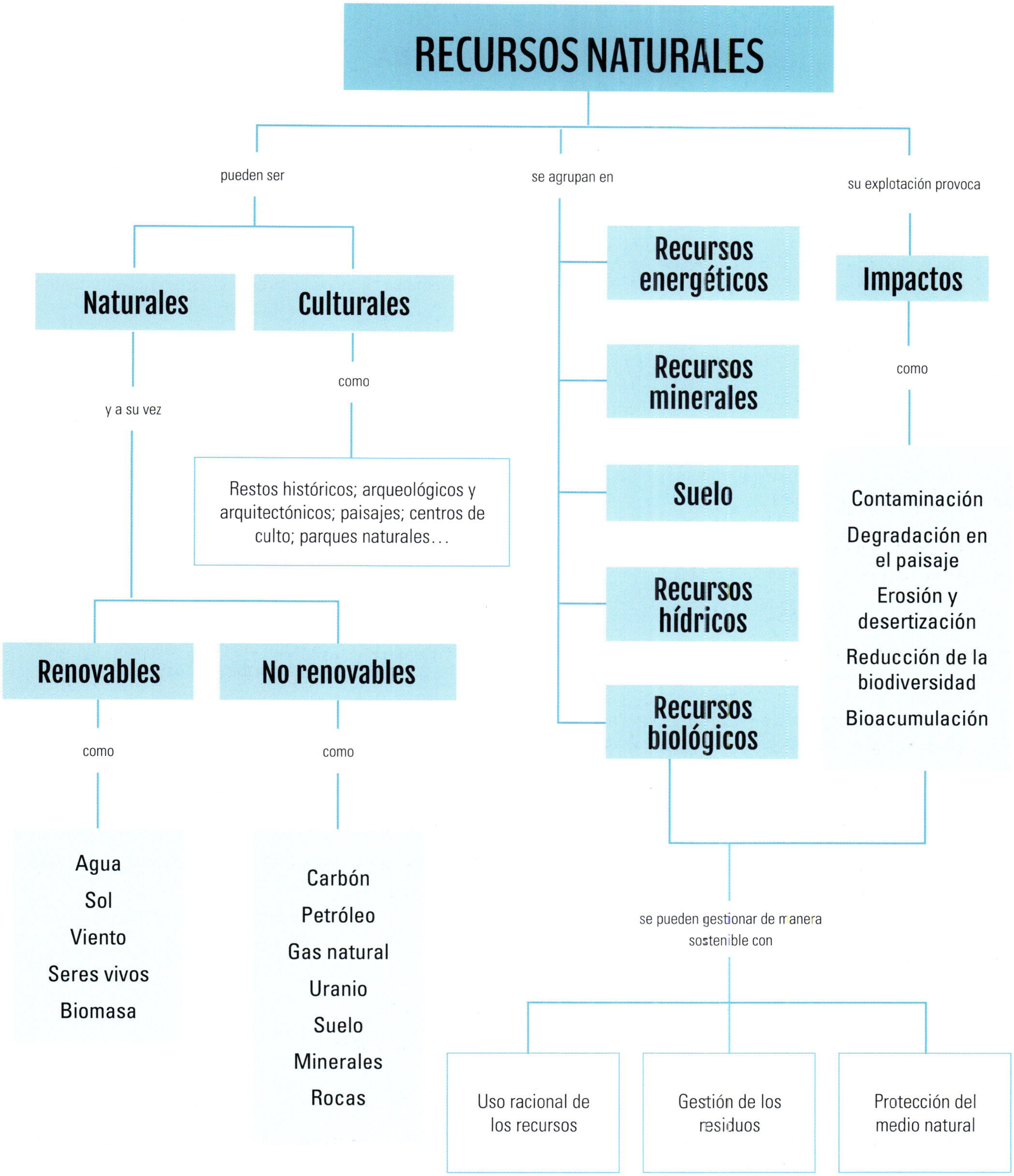
RECURSOS NATURALES
pueden ser
se agrupan en
su explotación provoca
Naturales
Culturales
y a su vez
como
Restos históricos; arqueológicos y arquitectónicos; paisajes; centros de culto; parques naturales…
Renovables
No renovables
como
Agua
Sol
Viento
Seres vivos
Biomasa
como
Carbón
Petróleo
Gas natural
Uranio
Suelo
Minerales
Rocas
Recursos energéticos
Recursos minerales
Suelo
Recursos hídricos
Recursos biológicos
Impactos
como
Contaminación
Degradación en el paisaje
Erosión y desertización
Reducción de la biodiversidad
Bioacumulación
se pueden gestionar de manera sostenible con
Uso racional de los recursos
Gestión de los residuos
Protección del medio natural

Actividades finales

PREPARA

14. ●○○ Responde a las siguientes cuestiones relacionadas con los recursos y su clasificación:

a) ¿Qué son los recursos naturales?

b) Explica qué son los recursos renovables y los no renovables.

c) Escribe el nombre de tres recursos naturales de cada categoría según su velocidad de regeneración.

15. ●○○ Copia en tu cuaderno el siguiente texto y complétalo con las palabras que faltan:

Además de los recursos ...., existen los denominados recursos .... . Dentro de esta categoría se incluyen recursos, a menudo creados o modificados por el ...., que son aprovechados para la realización de actividades muy diversas, como por ejemplo, los restos históricos (recurso ....) y arqueológicos (recurso ....), los jardines y los edificios con valor arquitectónico (recurso ....), los paisajes con valor biológico o geológico (recurso ....), los centros de culto (recurso ....), los parques naturales y los jardines botánicos (recursos .... y ....).

16. ●○○ Responde a las siguientes preguntas sobre los recursos energéticos no renovables:

a) ¿Cuál es el combustible fósil más abundante?

b) ¿Cuál de ellos se procesa para obtener diversos combustibles?

c) ¿Cuál es el menos contaminante?

17. ●○○ Explica en qué consisten las medidas correctoras y las medidas preventivas que se deben aplicar para minimizar un impacto ambiental.

18. ●○○ Cita los principales impactos asociados a la explotación de los recursos energéticos renovables y los no renovables.

19. ●○○ Explica cómo contribuyen a la contaminación del agua las siguientes actividades humanas: la agricultura, la ganadería y el uso doméstico del agua.

20. ●○○ Relaciona en tu cuaderno los siguientes tipos de residuos con el tipo de tratamiento que precisan:

Residuos orgánicos	Planta incineradora
Residuos reciclables	Vertedero controlado
Residuos inertes	Planta de compostaje
Residuos tóxicos	Recogida selectiva
Residuos sanitarios	Descontaminación y almacenaje
Residuos radiactivos	Tratamiento de residuos especiales

21. ●○○ ¿En qué categorías podemos clasificar los residuos según su origen?

22. ●○○ ¿Cuál es la finalidad del desarrollo sostenible? Cita los tres ámbitos de actuación en los que se debe trabajar para conseguir que el desarrollo de nuestra sociedad sea sostenible.

ENTRENA

1. Los recursos naturales

23. ●○○ ¿En qué dos grupos se clasifican los recursos naturales en función del uso al que se destinan? Cita dos ejemplos de cada uno de ellos.

24. ●●○ Completa en tu cuaderno una tabla como esta con ejemplos de estos tipos de recursos de tu entorno próximo:

Recurso cultural	Ejemplos
Histórico, arqueológico	
Artístico, estético	
Etnográfico	
Científico y educativo	
Recurso natural	**Ejemplos**
Energético	
Mineral	
Biológico	

25. ●●○ ¿Qué es un recurso potencialmente renovable? Escribe algunos ejemplos y razona tu respuesta.

26. ●●○ ¿Qué tipo de recurso son las rocas y los minerales? Busca información sobre dos minerales metálicos y dos rocas ornamentales y explica cuáles son sus principales aplicaciones.

27. ●●● Consulta este enlace y explica los principales impactos que provoca la minería a cielo abierto en el medio natural y en la salud de las personas:

https://links.edebe.com/xbmwxy

— Enumera posibles soluciones para reducir el impacto de las explotaciones a cielo abierto.

2. Impactos ambientales

28. ●○○ Define los siguientes conceptos:

impacto ambiental – reversibilidad de un impacto – bioacumulación

29. ●●○ Explica por qué es preferible el uso de energías renovables, a pesar de que la explotación de este tipo de recursos también tiene cierto impacto ecológico.

30. ●●○ Observa estas imágenes y clasifica los impactos que se muestran según los siguientes parámetros:

efecto – persistencia – reversibilidad
recuperabilidad – extensión

31. ●●● Se proyecta la tala de un bosque de nogales para utilizar en la industria del mueble la madera obtenida. Imagina que formas parte del grupo de expertos que tiene que hacer la evaluación del impacto ambiental de esa tala. Esta evaluación debe presentarse al Ayuntamiento del municipio al que pertenece el bosque para que este organismo facilite las licencias oportunas. ¿Qué medidas preventivas y correctoras propondrías para obtener la aprobación del proyecto por parte de las autoridades municipales?

3. Desarrollo sostenible

32. ●○○ Define los siguientes conceptos:

consumo responsable – residuo – planta de compostaje
espacio protegido

33. ●●○ ¿Qué puntos importantes deben tener en cuenta todas las políticas ambientales de una comunidad autónoma o de un país para que se garantice un desarrollo sostenible? Explica brevemente cuatro de ellos.

34. ●●○ ¿Cuál es la finalidad del uso racional de los recursos en el marco de un desarrollo sostenible? En el caso de que sigamos usando los recursos sin pensar en las consecuencias que puede tener su uso indiscriminado, ¿qué puede llegar a ocurrir?

35. ●●○ Describe cinco acciones que impliquen un uso racional de los recursos. Compáralas con las descritas por tus compañeros y compañeras.

— ¿Cuáles se podrían poner en práctica en tu familia?

36. ●●○ Valora por qué es tan importante reciclar el papel, el vidrio y los metales.

a) ¿Los reciclas en casa? ¿Por qué?

b) Una de las razones que se dan para justificar el hecho de no reciclar es la falta de espacio. Entre todos, buscad soluciones a este problema.

37. ●●○ Copia en tu cuaderno una tabla como esta y clasifica los residuos que tienes a continuación donde corresponda:

Tipo de residuos	Ejemplos
Orgánicos	
Reciclables	
Inertes	
Tóxicos	
Sanitarios	
Radiactivos	

periódicos viejos – restos de aguarrás utilizados para limpiar pinceles – pilas de botón – restos de fruta – bolsitas de infusiones – aceite de automóvil usado – tapones de corcho – restos de ladrillos – medicamentos caducados – botellas de cristal – ropa de los trabajadores de una central nuclear – latas de refrescos – vigas de madera de una casa vieja – batería de móvil

38. ●●○ Indica qué tipo de tratamiento aplicarías a cada uno de los residuos de la actividad anterior.

39. ●●● En grupo, investigad qué es la obsolescencia programada o planificada, y la obsolescencia percibida.

Podéis consultar esta web: https://links.edebe.com/3a2

— ¿Qué repercusiones tiene la obsolescencia para el medio ambiente? ¿Y para el consumo?

Si queréis saber más, podéis ver el siguiente documental:

https://links.edebe.com/iz78g7

APLICA

40. ●●○ Observa este gráfico sobre la utilización energética de la biomasa:

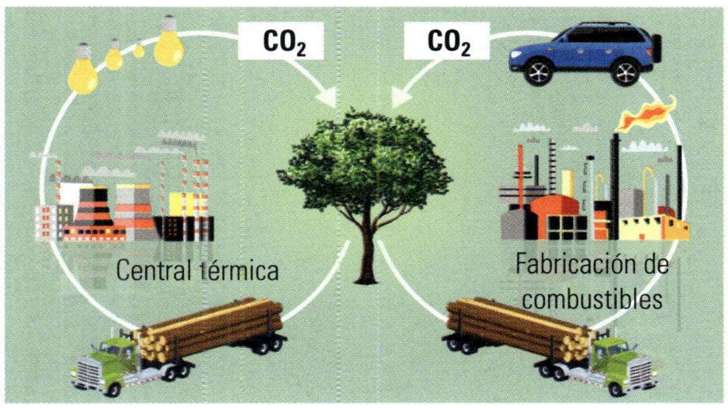

a) Cita algunos ejemplos de recursos energéticos que se obtienen de la biomasa.

b) ¿Se trata de un recurso renovable o no renovable?

c) ¿Qué impactos tiene la explotación de estos recursos?

d) A partir de la imagen, ¿qué pautas se deberían seguir para garantizar una gestión sostenible de la biomasa?

41. ●●○ **¿Qué diferencia hay entre las medidas correctoras y las preventivas que se aplican para reducir el impacto ambiental de las actividades humanas?**

— En grupo, analizad esta imagen y describid algunas de las medidas que se podrían aplicar dentro de un plan de gestión corrector.

42. ●●○ **Visualiza este vídeo sobre la isla de basura y contesta las preguntas planteadas a continuación:**

https://links.edebe.com/q7qf

a) ¿Qué es la isla de basura? ¿Dónde se localiza?

b) ¿De dónde proceden los residuos? ¿Por qué se acumulan en esta zona?

c) ¿Qué impactos tiene sobre los distintos recursos naturales?

d) En el vídeo se expone un ejemplo de bioacumulación. Descríbelo.

e) ¿Qué podemos hacer cada uno de nosotros, de forma individual, para no agravar este problema ambiental?

43. ●●● **Lee este texto, adaptado de un artículo publicado por Mabel González Bustelo, sobre las guerras por el control de los recursos naturales:**

> La abundancia de recursos naturales ha contribuido a alimentar conflictos armados en un buen número de países en desarrollo.
>
> Se trata principalmente de recursos minerales como el petróleo, los diamantes y otras piedras preciosas, maderas nobles, productos agrícolas como el cacao y drogas ilícitas como la cocaína y el opio. [...].
>
> A menudo, los beneficios derivados de la misma van a parar a las manos de una pequeña élite que controla el poder y que los usa para su provecho personal y no para el bienestar colectivo.
>
> Por el contrario, las poblaciones afectadas sufren las consecuencias de esa extracción (deterioro del medio ambiente, imposibilidad de continuar con las actividades tradicionales como caza o pesca, expropiaciones de tierras...), pero no son consultadas ni reciben compensación por ello.
>
> En cambio, los beneficios obtenidos sirven para comprar armas con las que continuar la guerra.
>
> **Extraído de https://links.edebe.com/awex**

a) Clasifica los recursos citados en el texto según sean energéticos, minerales o biológicos.

b) ¿Qué impactos negativos tiene la explotación de los recursos en estas situaciones? ¿Cómo afecta a la población civil?

c) Investiga qué es el proceso Kimberley y relaciónalo con esta noticia.

d) Entablad un diálogo en clase sobre las acciones que podemos adoptar a nivel personal para no contribuir indirectamente a financiar estas guerras.

44. ●●● **Elabora una lista de actividades antrópicas que liberen dióxido de carbono a la atmósfera. Argumenta por qué es importante reducir la cantidad de este gas para frenar el calentamiento global y expón brevemente las consecuencias que tiene el incremento de la temperatura del planeta.**

Puedes ampliar información en esta web:

https://links.edebe.com/3iac

45. ●●● **Elaborad, en grupo, un informe en el que se desarrollen los siguientes aspectos relacionados con la problemática ambiental de vuestra comunidad autónoma:**

— Identificad los principales recursos naturales existentes en vuestra comunidad y clasificadlos según los criterios que hemos estudiado en esta unidad.

— Reconoced los principales problemas ambientales que provoca la explotación de estos recursos. ¿Qué actuaciones se podrían proponer para evitar el deterioro del medio ambiente en esas zonas de explotación?

— Investigad qué sucede con los residuos que se generan en la explotación y consumo de estos recursos. ¿Qué se hace con ellos? ¿Reciben algún tratamiento específico? ¿Habría alguna forma de reducirlos?

46. ●●● **Ya sabemos que algunas de las consecuencias de la superpoblación son la sobreexplotación de los recursos, los incendios y la deforestación. En muchas ocasiones, estas consecuencias se deben a la necesidad que tenemos de obtener recursos alimentarios; ¿qué se podría hacer para gestionar de forma sostenible los recursos alimentarios y minimizar estas consecuencias?**

47. ●●● **Las ecoetiquetas son distintivos que se otorgan a los productos que han sido elaborados siguiendo una determinada norma medioambiental.**

— Investiga el significado de estas etiquetas:

— Explica la diferencia que hay entre estas dos etiquetas. ¿Cuál implica mayor compromiso con el reciclaje?

48. ●●● **Lee en el siguiente enlace un artículo sobre la explotación laboral infantil:**

https://links.edebe.com/ate

— En grupo, debatid en clase sobre el consumo responsable: cuando hacemos nuestras compras, ¿tenemos suficientemente en cuenta dónde y en qué condiciones se fabrican los productos que compramos?

49. ●●● **Existen algunas técnicas sencillas para conocer el grado de contaminación y de depuración del medio natural, basadas en la observación de indicadores biológicos y químicos.**

Dividid la clase en grupos y asignad a cada uno la investigación de uno de estos aspectos:

— Los líquenes como indicadores de la calidad del aire.

— Las algas como indicadores de la cantidad de materia orgánica del agua.

— Las aves como indicadores del estado de conservación de los ecosistemas naturales.

— Los macroinvertebrados como indicadores de la calidad de las agua.

— El aspecto (color, olor, restos sólidos) del agua.

— El pH del agua.

a) Poned en común los resultados de vuestros estudios y aplicadlos al análisis de una zona natural próxima en la que haya un curso de agua.

b) Entre todos, valorad el estado del paraje analizado y confeccionad un mural con los resultados obtenidos. Podéis utilizar una herramienta informática específica para que vuestro mural sea interactivo.

50. ●●● **Cuando elegimos un menú en un restaurante, podemos considerar aspectos relacionados con la salud o la dieta, pero seguramente no pensamos en la huella de carbono que ha supuesto la obtención de todos sus ingredientes.**

Consulta esta web sobre cómo seguir una alimentación con una huella baja en carbono:

https://links.edebe.com/4n2e7

a) ¿Por qué la huella de carbono de los productos animales es más elevada que la de los vegetales?

b) ¿Por qué es más recomendable, desde un punto de vista energético, basar nuestra alimentación en productos frescos, de temporada y ecológicos?

Piensa sobre...

51. Como has visto en la unidad, el concepto de recurso natural va asociado a un beneficio para el ser humano.

— ¿Conoces algún material o sustancia de la naturaleza que no beneficie al ser humano pero sí a otra especie?

52. Busca información sobre el número de planetas Tierra que harían falta para proveer de recursos a los humanos si todos los habitantes del mundo siguiesen un estilo de vida como el tuyo. Y si vivieras en EE. UU., ¿se necesitarían más o menos planetas? ¿Qué conclusión podrías sacar de estos datos? ¿Qué cambios harías en tu estilo de vida para disminuir la utilización de recursos?

Puedes consultar el siguiente enlace:

https://links.edebe.com/Evvic

53. ¿Qué actitudes y comportamientos debes seguir cuando visitas un espacio protegido? Indica, al menos, tres acciones positivas que debes seguir y tres negativas que tengas que evitar.

54. Lo que has aprendido en esta unidad ¿te ha ayudado a comprender la importancia del desarrollo sostenible?

A B C

Pon a prueba tus competencias

55. Observa esta imagen que representa una ciudad sostenible del futuro.

A. Describe las distintas fuentes energéticas representadas en la ilustración con las que se puede obtener energía eléctrica.

— ¿Qué recurso energético las proporciona?

— ¿Se trata de recursos naturales renovables o no renovables?

B. Explica por qué en una ciudad sostenible se evita lo máximo posible el uso de los combustibles fósiles.

C. Algunos de los vehículos privados que circulan por la ciudad funcionan con biocombustibles. ¿Por qué este recurso energético se considera adecuado en una ciudad sostenible?

D. Al observar la imagen se aprecia que en esta ciudad sostenible se aprovecha cualquier rincón para plantar vegetación.

— Describe en qué casos esta vegetación es un recurso biológico.

— ¿Qué otras funciones puede cumplir la vegetación en esta ciudad?

E. Aunque no se puede apreciar en la imagen, en esta ciudad se utiliza agua, pero se intenta evitar su contaminación y se depura antes de devolverla al medio natural.

— ¿Qué medidas pueden tomar los ciudadanos y ciudadanas para reducir la contaminación del agua?

— ¿Y para reducir su consumo?

F. Justifica por qué podemos considerar que esta ciudad es sostenible en lo que atañe a estos aspectos:

— Fuentes de energía utilizadas.

— Medios de transporte.

G. Explica qué riesgos medioambientales se evitan en esta ciudad sostenible.

H. ¿Se te ocurre alguna otra idea que se pudiera aplicar en esta ciudad para hacerla aún más sostenible?

56. Este gráfico representa la proyección del crecimiento demográfico mundial hasta el año 2100.

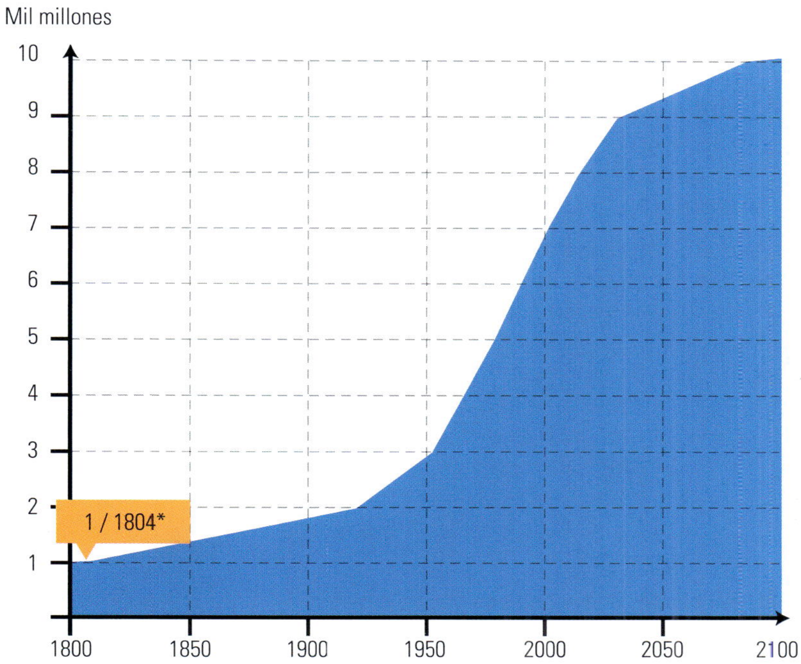

* En 1804 la población mundial alcanza los mil millones de habitantes.

A. Obsérvalo y contesta:

— ¿En qué período el crecimiento de la población ha sido mayor?

— ¿En qué año se han sobrepasado los siete mil millones de personas?

— ¿Qué población se espera para el año 2050?

— Si se mantienen las pautas de crecimiento, ¿cuándo se estancará la población?

— ¿Cuántos millones de personas habrá en el planeta en este momento?

— Calcula el incremento de población que ha tenido lugar en los siglos XIX y XX y el estimado para el siglo XXI.

B. Según los científicos, el aumento de población puede agravar otros problemas medioambientales como el cambio climático, la pobreza y la falta de alimento.

— Explica brevemente en qué consiste el cambio climático.

— La pobreza y la falta de alimento están relacionadas, en muchas ocasiones, con una disminución de la productividad agrícola y ganadera. Explica cómo crees que el cambio climático puede provocar una reducción de las cosechas y una menor producción de leche, huevos y otros productos derivados de la ganadería.

C. La división de población del Departamento de Asuntos Económicos y Sociales de las Naciones Unidas señaló que la población urbana del planeta, que hoy en día alcanza los 2600 millones de personas, crecerá a 6300 millones para 2050. «Se espera que las zonas urbanas del mundo absorban todo el crecimiento de población esperado para las próximas cuatro décadas, y a la vez atraerán parte de la población rural», indicó la ONU.

— ¿Cómo crees que un aumento de la población en las grandes ciudades afecta a la contaminación atmosférica? ¿Y en la acumulación de residuos? ¿Y en el consumo de agua y energía?

— Si las zonas rurales se abandonan, ¿de qué modo se vería afectado el abastecimiento de alimentos de las grandes ciudades?

— ¿Qué acciones decidirías tomar para reducir estos impactos y favorecer un desarrollo sostenible tanto de las zonas rurales como de las grandes urbes?

Evaluación de competencias

UN PLANETA CON OXÍGENO

1. Lee el siguiente texto y completa las actividades que hallarás a continuación.

Una de las características que hace de la Tierra un planeta diferente cuando lo comparamos con sus vecinos del sistema solar, especialmente los planetas interiores como Venus o Marte, es la composición de su atmósfera. Frente a unas atmósferas basadas fundamentalmente en dióxido de carbono, nuestro planeta presenta un porcentaje anormalmente bajo de este gas, y por contra, grandes cantidades de nitrógeno y oxígeno. El nuestro es un **planeta con oxígeno.**

Desde el punto de vista humano, nos hemos acostumbrado a considerar este gas como un elemento indispensable para la vida. Somos organismos aeróbicos, como la inmensa mayoría de los seres que podemos ver a nuestro alrededor. Animales, plantas, hongos, protoctistas y la mayor parte de bacterias dependen del oxígeno para su supervivencia. De lo que no somos conscientes, la mayor parte de las veces, es de que este oxígeno es una creación de la vida. Es difícil imaginar vida en un planeta sin oxígeno y, no obstante, los experimentos realizados y el registro fósil nos indican claramente que la vida se originó en una Tierra sin oxígeno. De hecho, las mismas moléculas orgánicas de las que están constituidos los seres vivos no habrían podido formarse en un planeta con una atmósfera oxidante. Una de las consecuencias del incremento de oxígeno en el planeta, que se acumuló durante las fases iniciales en las aguas oceánicas, fue la primera gran extinción global: los organismos que no toleraban este gas, la inmensa mayoría en aquel momento, fueron eliminados o relegados a entornos marginales.

Adaptado de *elpais.com* (13-6-2014)

A. La tabla que se muestra presenta los principales gases que componen la atmósfera de Venus, la Tierra y Marte. A partir de estos datos, confecciona tres diagramas de sectores que muestren la composición atmosférica de estos tres planetas y comenta las diferencias y las semejanzas que observes. Aquellos gases con un porcentaje inferior al 1 % puedes incluirlos en la categoría «Otros».

Venus		Tierra		Marte	
CO_2	96,5	N_2	78,02	CO_2	95,32
N_2	3,45	O_2	20,7	N_2	2,71
SO_2	0,015	Ar	0,92	Ar	1,6
Ar	0,007	H_2O	0,3	CO	0,07
H_2O	0,002	CO_2	0,038	H_2O	0,03
CO	0,0017	Ne	0,002	NO	0,013

B. ¿A qué se refiere el texto cuando afirma que «este oxígeno es una creación de la vida»? ¿Qué organismos fueron los responsables del incremento de este gas? ¿Qué significa que la mayor parte de los seres vivos que conocemos son aeróbicos?

C. La disminución de CO_2 atmosférico ¿está relacionada de alguna manera con el incremento de oxígeno? ¿Por qué?

D. El gráfico presenta la evolución de la concentración de oxígeno en la atmósfera en la Tierra. ¿En qué períodos se ha dado una concentración de oxígeno en la atmósfera más alta que en la actualidad? ¿Cuál ha sido el porcentaje más alto alcanzado?

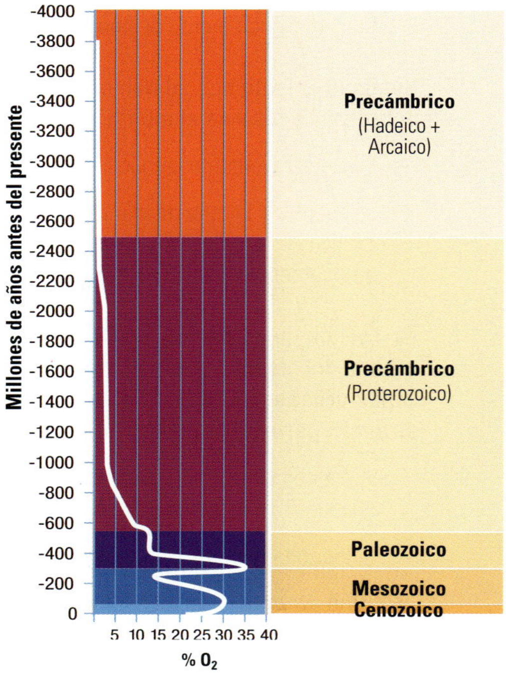

E. Hace unos 440 millones de años aparecen las primeras plantas terrestres. ¿Qué consecuencias crees que tuvo este hecho sobre la composición atmosférica del planeta? Justifica tu respuesta a partir del gráfico.

F. La formación de Pangea al final del Paleozoico provocó que las tierras emergidas se tornasen más áridas y se formasen desiertos, en los que adquirieron preeminencia los primeros reptiles. ¿Cuáles son las adaptaciones de este grupo a la aridez? Por lo que respecta a la concentración de oxígeno atmosférico en ese período, ¿qué puede observarse en el gráfico? ¿A qué puede ser debido?

G. En la actualidad, uno de los problemas a los que se enfrenta la humanidad es la deforestación de las zonas tropicales. ¿Puede incidir este problema en los niveles de concentración de oxígeno atmosférico? ¿Por qué se deforesta? ¿Cómo se debería reducir la deforestación? ¿Qué podemos hacer nosotros para evitar la deforestación?

2. Lee la siguiente noticia, publicada por *El País* en enero de 2016 y responde a las preguntas.

Casi 60 réplicas suceden al fuerte terremoto de Andalucía y Melilla

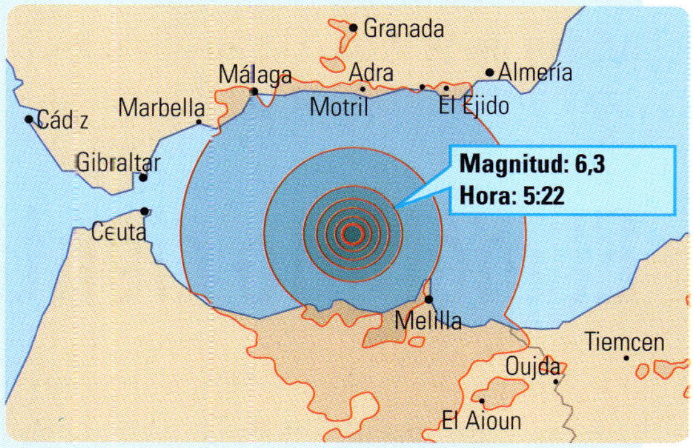

Un terremoto de magnitud 6,3 se ha producido en la madrugada de este lunes a 162 kilómetros al sureste de Málaga, en el mar de Alborán. Se trata del segundo terremoto registrado en la zona en los últimos días. El jueves pasado se produjo un seísmo de magnitud 4,9 con epicentro en esta misma zona, seguido de una réplica de magnitud 3,0.

El seísmo se ha sentido en toda la costa de Málaga, Granada y Almería, así como en Sevilla, Jaén y Melilla. Al menos 26 personas han resultado heridas en Melilla, según la Delegación del Gobierno. El epicentro se ha registrado en el mar de Alborán, a 20 km de Alhucemas y a unos 100 km de Melilla según los datos que maneja el director de la Red Sísmica Nacional, Emilio Carreño. «Se ha producido en una franja de mucha actividad sísmica», detalla. Esa franja, donde hay varias fallas, va desde El Ejido a Alhucemas. «Suelen producirse en el mar y son superficiales; se registran a unos 10 km de profundidad», añade. Así ha ocurrido con el de este lunes también. A raíz del mayor temblor, el Instituto Geográfico Nacional (IGN) ha registrado casi 60 réplicas a lo largo de la mañana y entrada la tarde. Una de las más fuertes se ha sentido a las 15:52: ha tenido magnitud 4,4, según datos del IGN.

A. ¿Qué es el epicentro de un terremoto? ¿Dónde se sitúa el epicentro del terremoto al que se refiere la noticia?

B. ¿Qué es la magnitud de un terremoto? La noticia habla de casi 60 réplicas. ¿Qué son las réplicas? ¿A qué son debidas?

C. En el texto se dice que entre Alhucemas y El Ejido hay varias fallas. ¿Qué son las fallas? ¿A qué son debidas? Haz un dibujo de una falla normal y de una falla inversa, e indica sus partes.

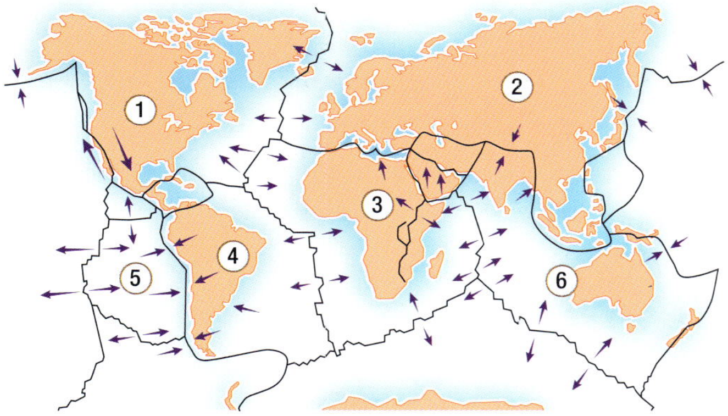

D. El sur de la Península Ibérica y el norte de África se hallan en una zona con especial riesgo sísmico.

— ¿Cuál es la causa?

— ¿Cómo se justificaría la elevada actividad sísmica de esta zona?

— Sitúa la zona del terremoto en el mapa de la izquierda e indica los nombres de las placas numeradas.

E. Durante el Messiniense, hace unos 6 millones de años, el movimiento de las placas originó el cierre del estrecho de Gibraltar, dejando el Mediterráneo sin comunicación con el océano Atlántico. Ello provocó la desecación de este mar, que se convirtió en una gran llanura salina.

— ¿Por qué crees que se desecó el Mediterráneo?

— ¿Qué crees que sucedió con los ecosistemas marinos que lo ocupaban?

— ¿Qué proceso ecológico tuvo lugar durante la desecación del mar y la aparición de las nuevas llanuras?

— Explica por qué fases pasó la creación de los nuevos ecosistemas terrestres.

F. Hace 5,3 millones de años la comunicación entre el océano Atlántico y la cuenca mediterránea volvió a abrirse, inundándose de nuevo toda la zona, y se originó el mar actual. ¿Crees posible que en un futuro lejano pueda volver a desecarse el Mediterráneo? Justifica tu respuesta.

Las bases de la vida

La **biodiversidad** actual ha evolucionado a partir de las primeras células simples que determinaron el **origen de la vida.** El trabajo de los científicos nos permite ir descubriendo de qué modo la **evolución** tuvo lugar y sobre qué estructuras actúa.

El método científico

El **método científico** es un sistema de trabajo riguroso que han elaborado los científicos para estudiar los hechos y los fenómenos que tienen lugar en la naturaleza y así obtener nuevos conocimientos.

A partir de la aplicación del método científico, los miembros de la comunidad científica elaboran leyes y teorías que explican la realidad.

1. Relaciona en tu cuaderno cada una de las afirmaciones con el nombre del paso del método científico al que corresponde. A continuación, ordénalas correctamente.

A La presencia de agua influye positivamente en el crecimiento de las plantas.

B Observamos el crecimiento de dos plantas iguales. A una le proporcionamos agua de forma regular y a la otra no le suministramos agua. Dejamos pasar varios días y medimos los centímetros que ha crecido cada planta. También observamos si el color de las hojas se ha modificado.

C Después de realizar el experimento, el científico confirma la hipótesis planteada. Este hecho le permite formular la siguiente ley científica: «Las plantas necesitan agua para crecer».

D El científico observa que existen diferencias de crecimiento entre dos plantas: una con suficiente aporte de agua y otra sin aporte de agua.

- Emisión de conclusiones
- Observación
- Experimentación
- Formulación de hipótesis

El trabajo de laboratorio

El **laboratorio** es un espacio de trabajo especialmente adaptado a la realización de experimentos y la toma de datos. Existen diferentes tipos de laboratorio en función del objeto de estudio y cada uno de ellos dispone de un **instrumental** propio, así como de sus propias **normas de uso** y **seguridad.**

2. Indica los nombres de los siguientes instrumentos de laboratorio, relaciónalos con su uso y nombra un par de ejemplos más de cada una de las utilidades:

1
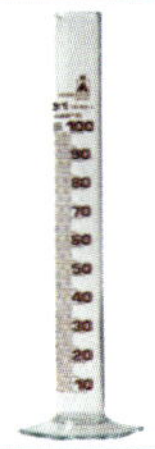

2
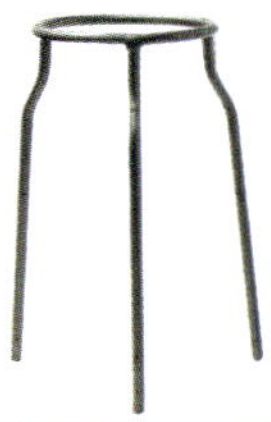

3

4

5

6

7
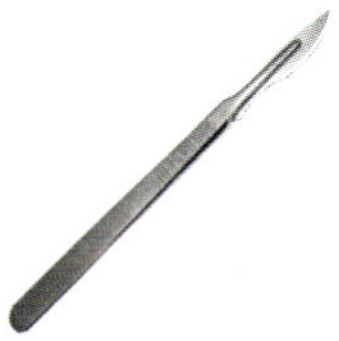

8

9

10
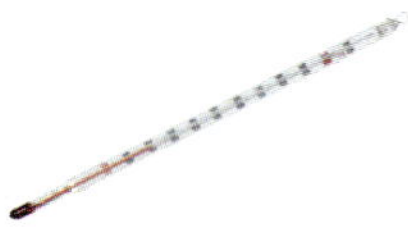

11
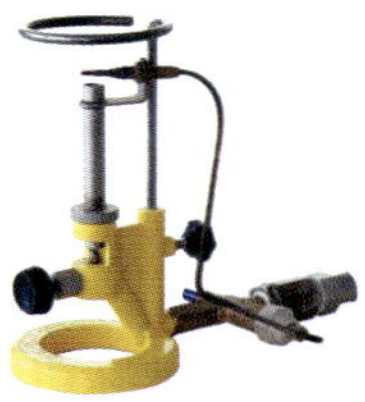

12
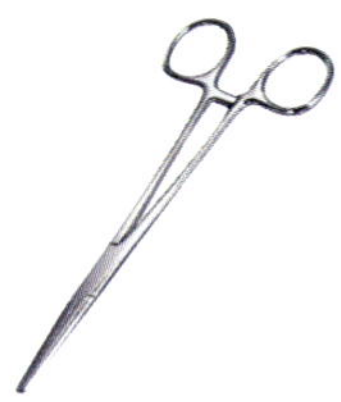

- Para sostener otros instrumentos
- Para calentar
- Para medir volúmenes
- Para limpiar
- Para observar
- Para manipular y diseccionar
- Reactivos
- Para medir masas y temperaturas
- Otros usos

3. Explica el significado de cada uno de los siguientes símbolos de seguridad que podemos encontrar en un laboratorio:

a

b

c

d

e

La célula

Todos los seres vivos están formados por **células,** ya que estas son la **unidad funcional** de aquellos. Como tal, la célula lleva a cabo todas las **funciones vitales** propias de los seres vivos: nutrición, relación y reproducción.

4. Copia y completa en tu cuaderno el siguiente esquema sobre los diferentes tipos de células:

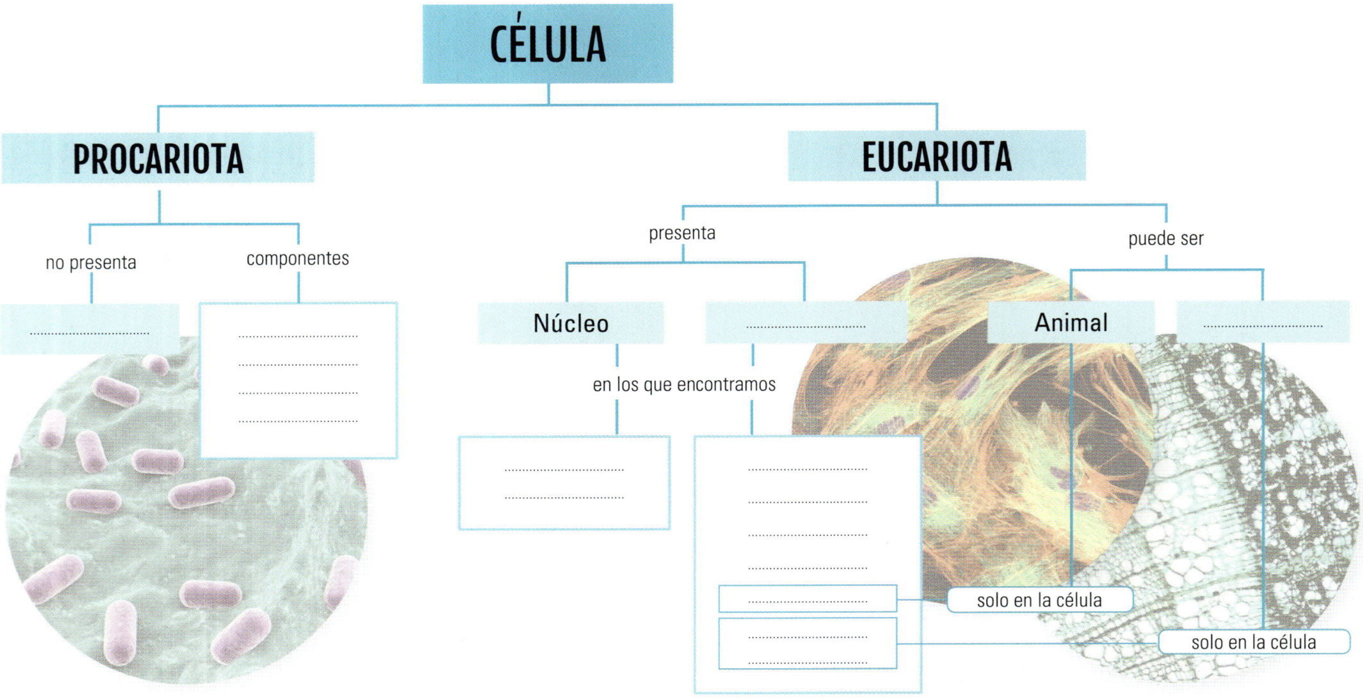

5. Añade en el esquema anterior que has copiado en tu cuaderno, en el lugar que corresponda, la mitosis y sus fases.

6. Lee los siguientes textos y detecta los errores presentes en cada uno de ellos. Reescríbelos correctamente.

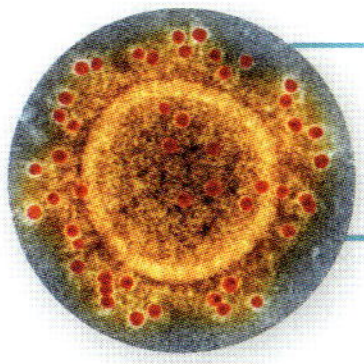

Los **virus** son los únicos seres vivos capaces de infectar bacterias.

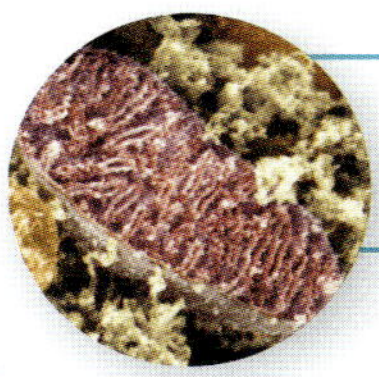

Los orgánulos responsables de llevar a cabo la **respiración celular** son los **centríolos.**

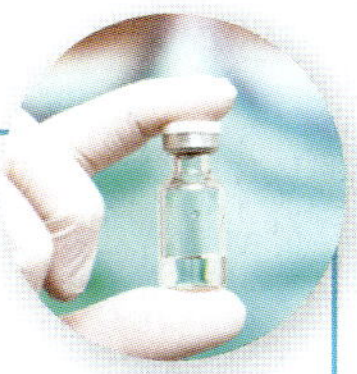

Las **bacterias** son organismos **procariotas** y únicas responsables de las **enfermedades infecciosas.**

Las bacterias son siempre **parásitos forzosos,** ya que no pueden sobrevivir independientemente de la célula huésped.

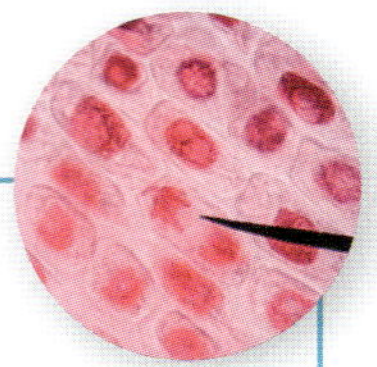

La **mitosis** es el proceso celular cuyo principal objetivo es desarrollar la función de relación celular.

Consta de **3 fases:** profase, metafase y telofase.

7. Anota en tu cuaderno los nombres de las estructuras representadas en estas imágenes, así como las partes señaladas en cada una de ellas:

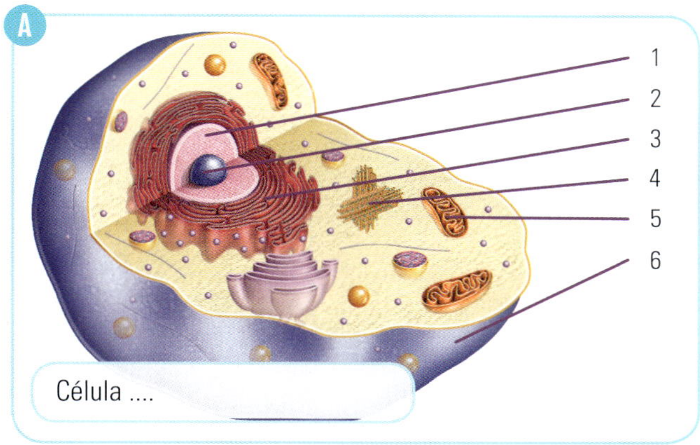

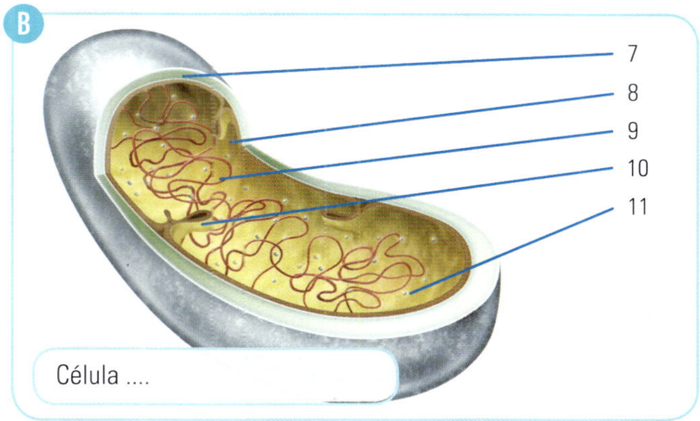

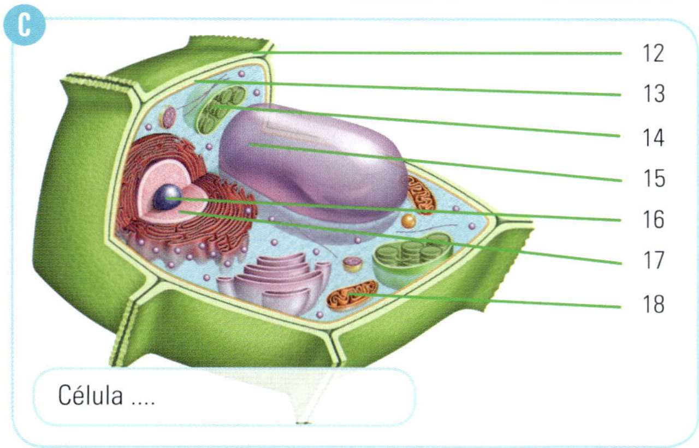

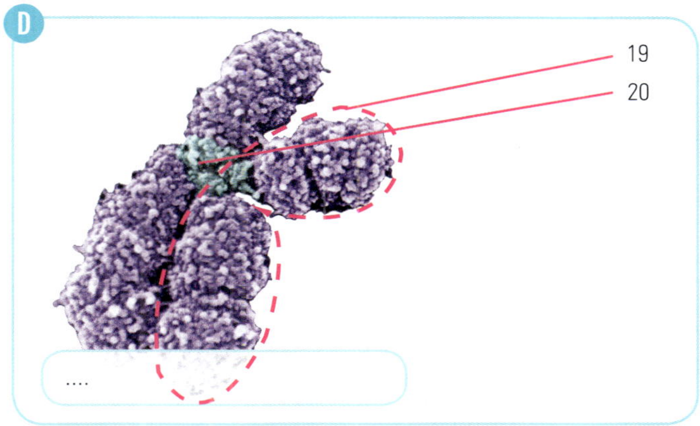

8. Ahora, elaboraremos un **mapa mental** para organizar todos los conceptos que hemos visto en las páginas 132 y 133. Para ello, debemos seguir estas pautas:

1. El concepto que hay que trabajar se sitúa en el centro y representa la idea más importante.
2. De esta idea parten una serie de ramas que representan los pensamientos principales, y de estos, a su vez, salen otras ramas que expresan los pensamientos secundarios.
3. El uso de colores, símbolos, imágenes, palabras… ayuda a destacar la relación entre las ideas.

A continuación, mostramos un posible inicio del mapa mental. Confecciona en tu cuaderno tu propio mapa mental.

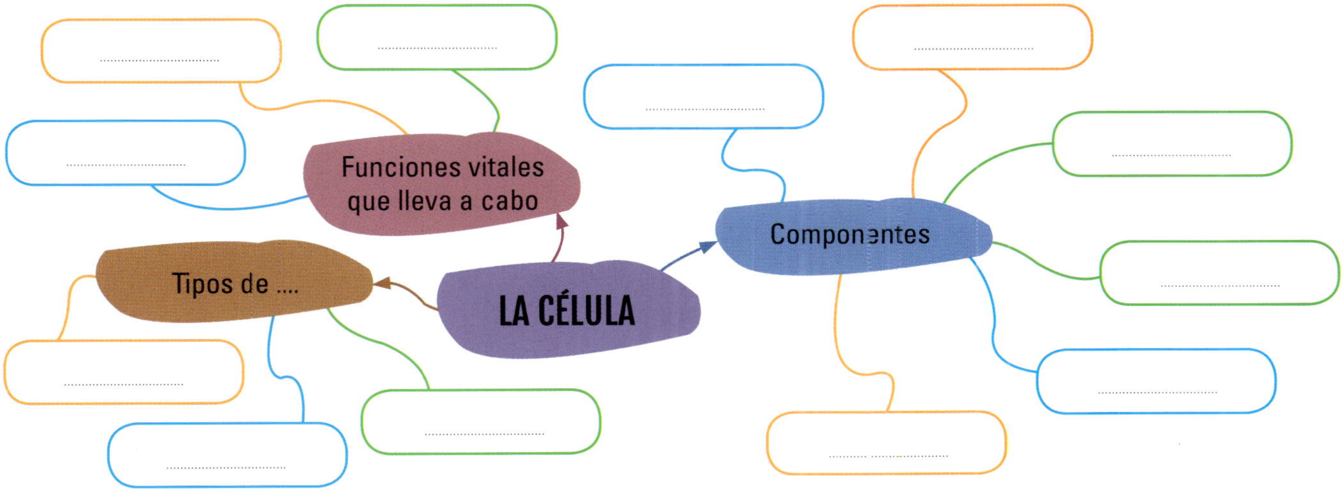

6

Bloque 2. Las bases de la vida

La célula

Contenidos

- Historia de la biología celular
- La morfología celular
- El núcleo eucariota
- El ciclo celular
- Mitosis y citocinesis
- Meiosis y producción de gametos
- Diferencias entre mitosis y meiosis
- La gametogénesis humana

Y además...

Ciencia a tu alcance
La división celular

¿Sabes que...?

¿Se pueden observar células a simple vista?

¿Qué es un cariotipo?

¿Todas las células realizan la mitosis? ¿Y la meiosis?

¿Podemos encontrar células madre en un organismo adulto?

Echa un vistazo a...
Historia de la teoría celular

una célula realiza 3 funciones vitales
Organismos unicelulares → Ej. bacterias
O. pluricelulares → Ej. mamífero
células no autónomas y están agrupadas para que funcionen

1. HISTORIA DE LA BIOLOGÍA CELULAR

¿Cuál es la unidad funcional de la vida? Actualmente, es una certeza científica que la célula es la unidad fundamental de la vida. No obstante, no siempre se había considerado así. Vamos a conocer los principales eventos en la investigación sobre la célula:

La célula: unidad + pequeña con vida

1665 Robert Hooke

- Utiliza por primera vez la palabra **célula,** en su obra *Micrographia.*
- Se refiere a las celdillas que observa en la preparación de láminas de corcho.
- Utiliza un microscopio de construcción propia.

1839 Theodor Schwann y Matthias Schleiden

Enuncian los dos primeros postulados de la **teoría celular.**

1858 Rudolf Virchow

Completa la **teoría celular** añadiendo el tercer postulado.

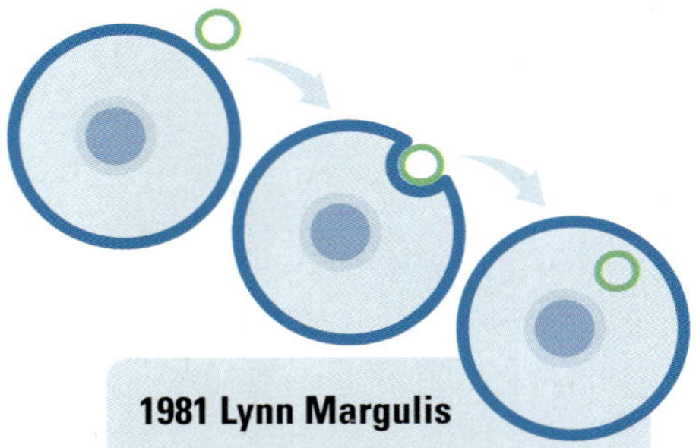

1981 Lynn Margulis

Publica su estudio sobre la **endosimbiosis,** que explica el origen de la célula eucariota.

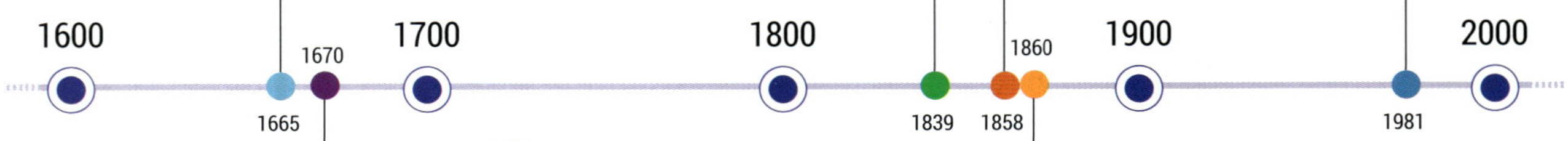

1670 Anton van Leeuwenhoek

- Construye sus propios microscopios.
- Llega a observar espermatozoides, protozoos, bacterias, etc., pero no los identifica como células.

1860 Louis Pasteur

- Demuestra experimentalmente que los microorganismos proceden de otros preexistentes.
- Refuta, así, la idea de la **generación espontánea.**

1.1. LA TEORÍA CELULAR

Antes de ser enunciada la teoría celular, se consideraba al organismo como la unidad básica de vida y, pese a que se habían observado algunos tipos de células, estas no se consideraban unidades elementales.

La **teoría celular** establece que la célula constituye la base de todo ser vivo. Se basa en tres postulados fundamentales:

— Todos los seres vivos están constituidos por una o más células.

— La célula es la unidad **estructural** y **funcional** básica de los seres vivos.

— Toda célula se origina a partir de la división celular de células ya existentes.

1.2. EL MICROSCOPIO

La evolución del conocimiento sobre la célula ha sido paralela al desarrollo tecnológico del instrumento que permite su observación: el **microscopio.**

El microscopio permite aumentar el tamaño de una imagen. El óptico puede proporcionar hasta 2000 aumentos (2000x) y el electrónico, hasta un millón de aumentos (10^6x).

Las unidades de medida que más se utilizan en microscopía son el micrómetro (µm), el nanómetro (nm) y el ángstrom (Å).

1 µm = 10^{-3} mm = 10^{-6} m

1 nm = 10^{-6} mm = 10^{-9} m

1 Å = 10^{-7} mm = 10^{-10} m

EL MICROSCOPIO ÓPTICO

La base funcional del microscopio óptico es aprovechar la refracción de los rayos de luz al atravesar diferentes tipos de lentes y conseguir así una imagen aumentada. El microscopio óptico consta de:

PARTE ÓPTICA

- **Objetivo.** Lente que aumenta la imagen de la muestra.
- **Ocular.** Lente que aumenta la imagen que proviene del objetivo.
- **Condensador.** Combinación de lentes que concentra los rayos de luz sobre la muestra.
- Para calcular los aumentos totales que estamos utilizando, debemos multiplicar los aumentos del objetivo por los aumentos del ocular.

PARTE MECÁNICA

- **Platina.** Pieza donde se coloca la muestra. Tiene un orificio que permite el paso de la luz.
- **Revólver.** Pieza que sostiene los objetivos.
- **Tornillo macrométrico.** Sube o baja la platina para enfocar la imagen.
- **Tornillo micrométrico.** Sube o baja la platina para afinar el enfoque.
- **Diafragma.** Regula el paso de la luz.

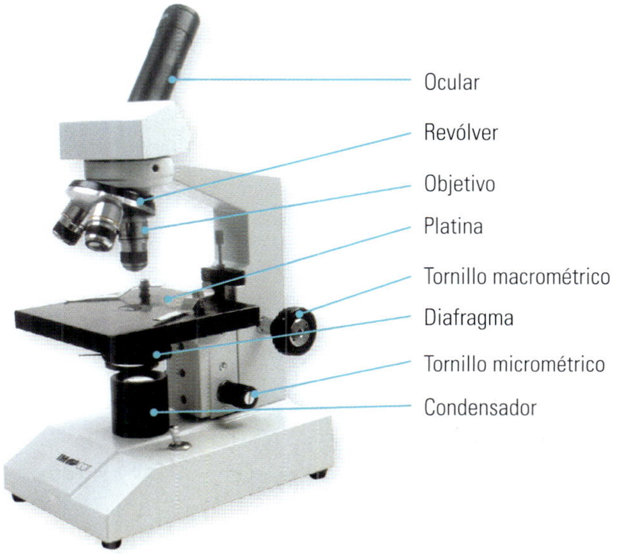

EL MICROSCOPIO ELECTRÓNICO

En la microscopía electrónica, en lugar de emplearse haces de luz para observar la muestra, se utilizan haces de **electrones.**

Los electrones pueden pasar entre estructuras mucho más diminutas que los fotones de la luz visible. Es por ello que el microscopio electrónico permite muchos más aumentos que el óptico, ya que distingue separaciones entre estructuras de hasta 0,003 µm.

Después, una pantalla fluorescente recoge los electrones que, en función de la velocidad con la que lleguen, harán que se ilumine más o menos la pantalla formando una imagen.

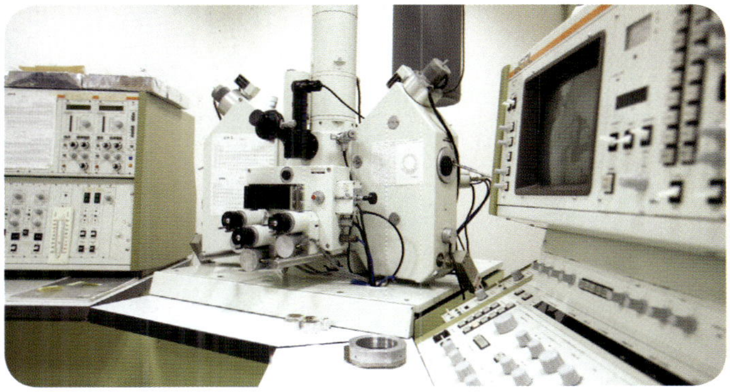

Actividades

1. Busca información y explica el proceso que seguirías para observar una muestra en el microscopio óptico. Supón que recibes una muestra ya preparada en un portaobjetos.

2. LA MORFOLOGÍA CELULAR

La forma de una célula depende de sus componentes, de cómo se organizan estos y del medio en el que se encuentra. Según su estructura y los componentes que la forman, distinguimos:

— **Células procariotas.** Tienen una organización sencilla. Carecen de núcleo. Las bacterias son células de este tipo.

— **Células eucariotas.** Presentan el ADN protegido dentro de una estructura membranosa, el **núcleo.** Existen dos tipos de células eucariotas: la **animal** y la **vegetal.**

La célula procariota: las bacterias

Se caracteriza por la ausencia de un núcleo diferenciado. Distinguimos estos componentes:

- **Pared celular.** Estructura que confiere rigidez a la célula y la protege del medio. Formada por un compuesto llamado **mureína.**
- **Membrana plasmática.** Envoltura que delimita la célula, regula el intercambio de sustancias con el exterior y sirve de anclaje al cromosoma durante la división bacteriana.
- **Citoplasma.** Contenido líquido-viscoso delimitado por la membrana plasmática. Contiene numerosos ribosomas.
- **Cromosoma.** Material genético bacteriano. Normalmente, solo hay uno por célula, con estructura circular y poco compactado.

  En algunas bacterias puede haber además pequeños fragmentos de ADN circular denominados **plásmidos.**

Algunas bacterias pueden presentar en la parte externa otras estructuras:

- **Cápsula.** Envoltura que protege de ciertas agresiones externas.
- **Flagelos.** Prolongaciones que facilitan el desplazamiento de la bacteria.
- **Fimbrias.** Prolongaciones cortas y numerosas que aumentan la adherencia de la bacteria al medio.

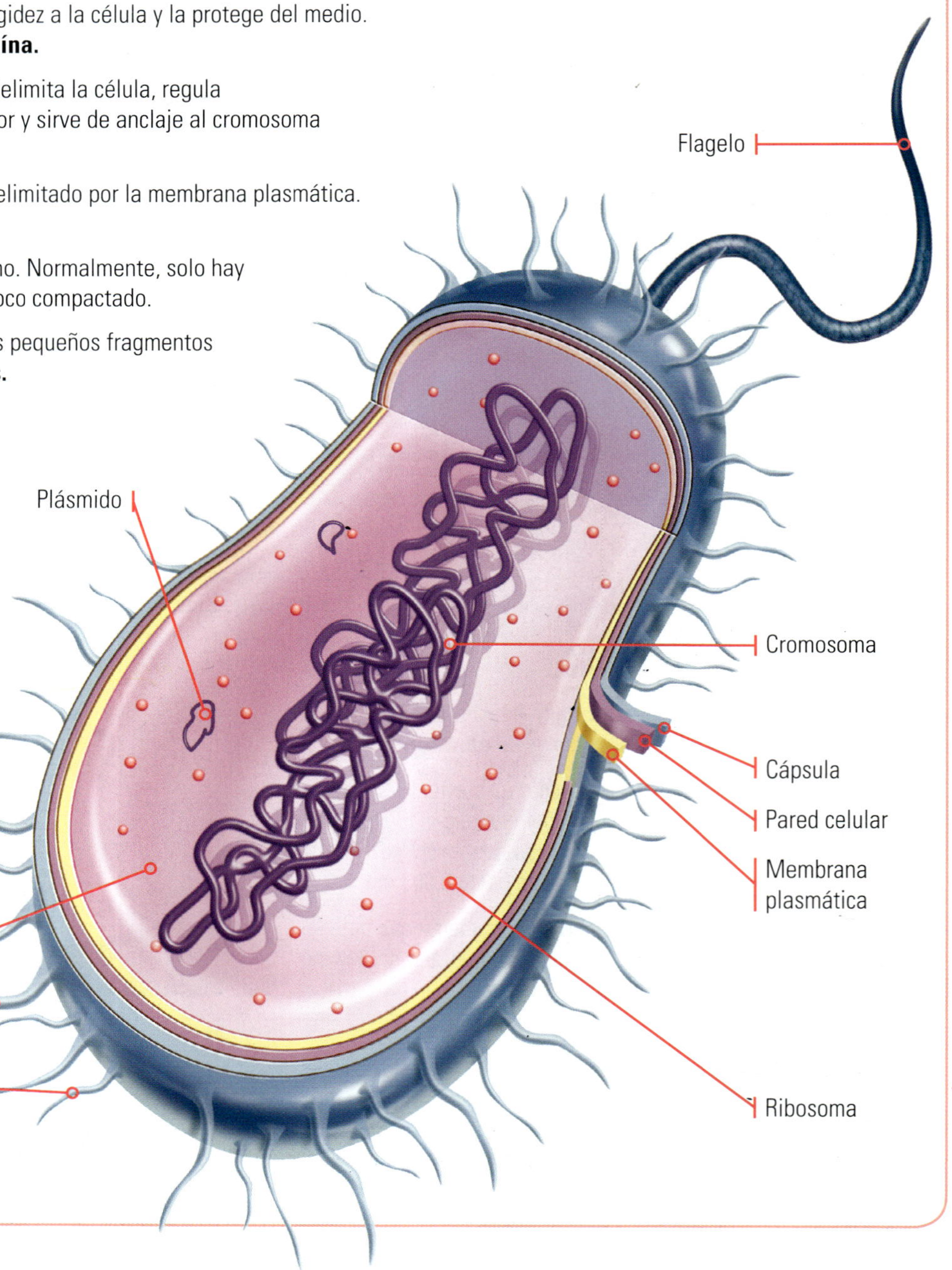

La célula eucariota

Se caracteriza por la presencia de un núcleo que contiene el ADN de la célula en su interior. Existen dos tipos: la célula animal y la célula vegetal.

ESTRUCTURAS COMUNES

- **Membrana plasmática.** Delimita la célula y regula el intercambio de sustancias con el exterior.
- **Citoplasma.** Contenido líquido-viscoso en el que se hallan inmersos los componentes celulares.
- **Núcleo.** Compartimento de membrana que envuelve y protege el ADN.
- **Retículo endoplasmático.** Compartimento de membrana de forma aplanada. Puede ser rugoso (RER) o liso (REL). Se encarga de la síntesis y el transporte de lípidos (REL) y de proteínas (RER).
- **Citoesqueleto.** Conjunto de fibras proteicas que da forma a la célula y que permite el movimiento de los orgánulos y otros elementos en su interior.
- **Aparato de Golgi.** Orgánulo de membrana aplanado situado cerca del retículo endoplasmático. Participa en el transporte celular y en la maduración de las proteínas.
- **Mitocondrias.** Orgánulos de doble membrana. Se encargan de la respiración celular. Tienen ADN propio.
- **Ribosomas.** Estructuras formadas por proteínas y ARN. Se encuentran adheridos a la membrana del RER o bien dispersos por el citoplasma. Participan en la síntesis de proteínas.
- **Vacuolas.** Vesículas de membrana cuya función es almacenar sustancias. Abundan en las células vegetales.
- **Lisosomas.** Compartimentos de membrana en los que se produce la digestión celular.

ESTRUCTURAS ESPECÍFICAS

- **Centríolos.** Presentes solo en la célula animal. Son estructuras proteicas de forma cilíndrica que organizan las fibras del huso mitótico durante la división celular.
- **Cloroplastos.** Presentes solo en la célula vegetal. Son orgánulos con doble membrana en los que tiene lugar la fotosíntesis.
- **Pared vegetal.** Es la estructura rígida de celulosa que envuelve la membrana plasmática de las células vegetales.

CÉLULA ANIMAL | **CÉLULA VEGETAL**

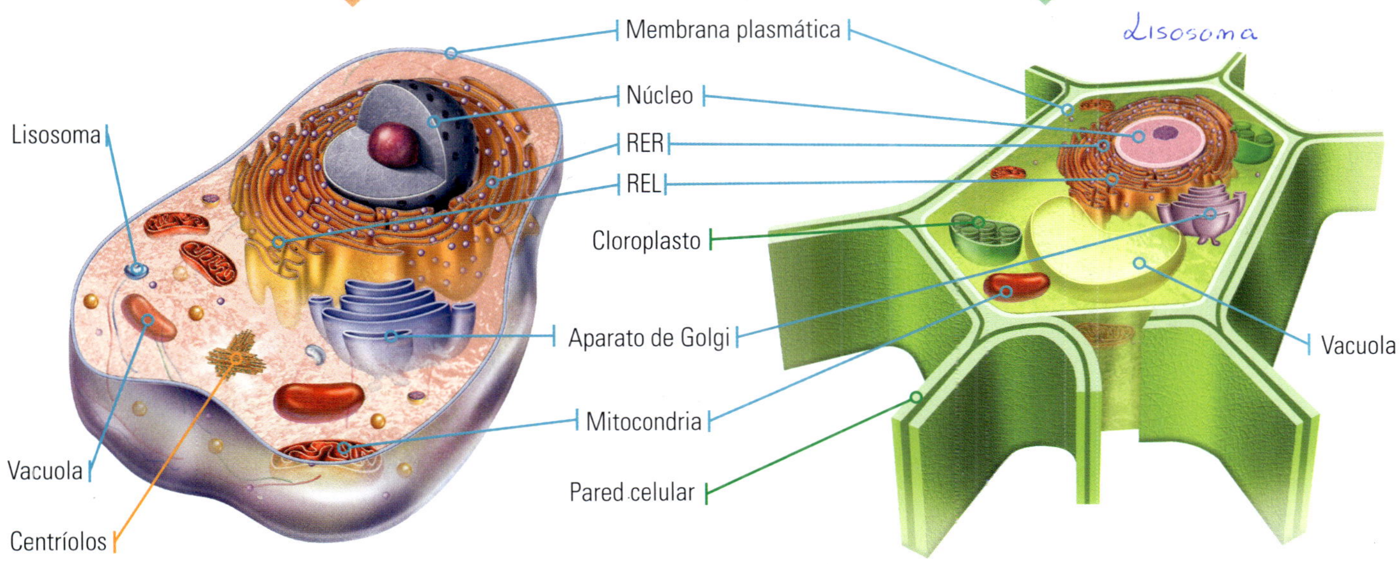

Actividades

2. Di qué estructuras y orgánulos son exclusivos de la célula animal y de la célula vegetal. ¿Qué funciones tiene cada uno de ellos?

3. Indica tres diferencias estructurales entre las células procariotas y las eucariotas. ¿En qué tipo de organismos encontramos cada una de ellas?

3. EL NÚCLEO EUCARIOTA

Los principales componentes del núcleo de las células eucariotas son el nucléolo, el ADN, la envoltura nuclear y los poros nucleares.

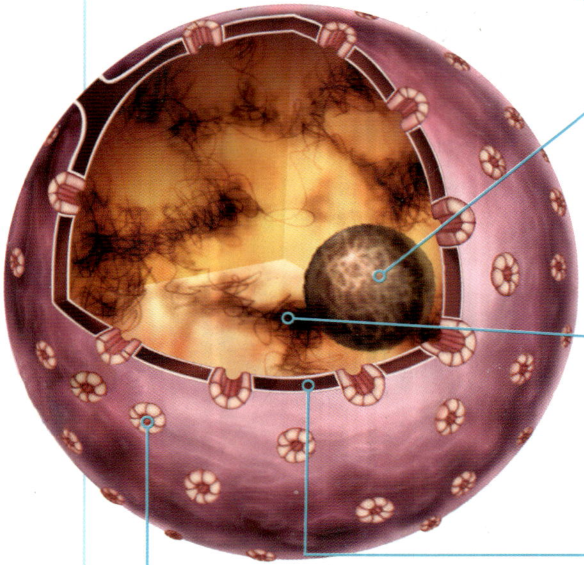

1 NUCLÉOLO

Al observar el núcleo celular en el microscopio, se aprecia una zona más densa: el nucléolo. Se trata de una acumulación de proteínas unidas al **ADN** donde tiene lugar la producción del ARN.

El **ARN** es una molécula que participa en la transmisión y la expresión de la información genética que contiene el ADN.

2 ADN

Es la molécula que contiene la información genética. Cuando la célula no está en proceso de división, el ADN se encuentra en forma de largos filamentos laxos; es la **cromatina.** Cuando la célula se tiene que dividir, el ADN primero se duplica **(replicación)** y después se condensa hasta formar los **cromosomas.**

3 ENVOLTURA NUCLEAR

Protege y separa el contenido del núcleo del ambiente del citoplasma. Está formada por una doble membrana.

4 POROS NUCLEARES

Canales de la envoltura nuclear que controlan el paso de sustancias entre el citoplasma y el interior del núcleo.

Para saber más...
El descubrimiento de la telomerasa

LOS CROMOSOMAS

Los cromosomas son la forma condensada que toma el ADN al empezar la división celular. En ellos podemos observar las siguientes estructuras:

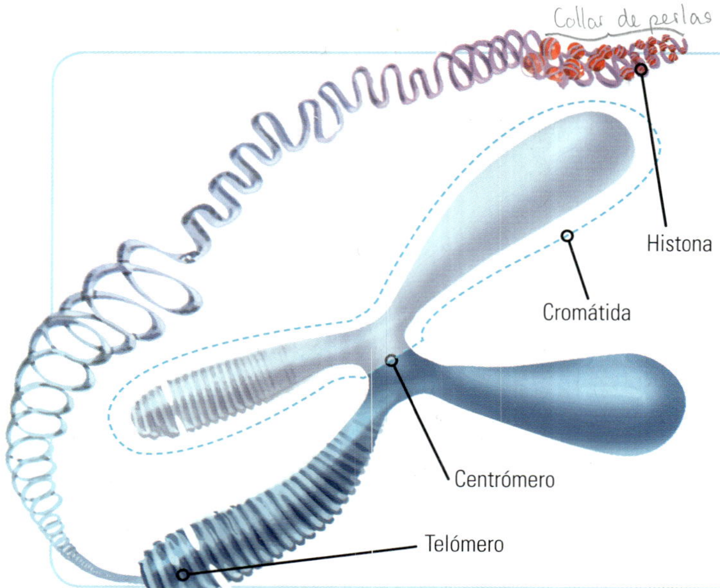

- **Cromátidas.** Las cromátidas son cada una de las copias resultado de la replicación del ADN de un cromosoma, que se realiza antes de la división celular. Un cromosoma, al empezar la división celular, presenta dos cromátidas idénticas que se llaman *cromátidas hermanas*.
- **Centrómero.** Es la zona de unión de las dos cromátidas hermanas.
- **Telómero.** Región situada en el extremo del cromosoma cuya función es proporcionar estabilidad al cromosoma.
- **Histonas.** Son unas proteínas alrededor de las cuales se enrolla y condensa el ADN. Intervienen en la compactación de la cromatina que dará lugar a los cromosomas.

LA DOTACIÓN CROMOSÓMICA

La dotación cromosómica de una célula es el número total de cromosomas que contiene en su núcleo. Este número de cromosomas es constante para todos los individuos de una misma especie, lo que se conoce como *ley de la constancia numérica de los cromosomas.*

En función de su dotación cromosómica, una célula puede ser **diploide** o **haploide.**

DIPLOIDE

En este tipo de células los cromosomas están presentes por parejas o pares de cromosomas homólogos.

Dos **cromosomas homólogos** son iguales en estructura y tamaño, y su ADN contiene información para las mismas características del individuo. Cada cromosoma del par de homólogos procede de uno de los progenitores que dieron lugar al individuo.

Si nos fijamos en el siguiente ejemplo, veremos que la célula presenta los cromosomas iguales dos a dos. Es una célula diploide:

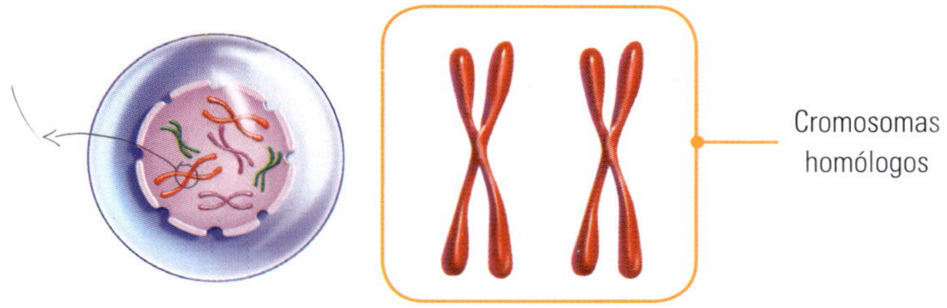

Decimos que las células diploides son $2n$ y su dotación cromosómica se anota de la siguiente forma:

$2n$ = total de cromosomas de la célula. Ej.: $2n = 6$

HAPLOIDE

Estas células solo tienen un cromosoma de cada tipo y, por tanto, no presentan parejas de cromosomas homólogos:

Decimos que estas células son n y su dotación cromosómica se anota de la siguiente forma:

n = total de cromosomas

Ej.: $n = 3$

EL CARIOTIPO HUMANO

El cariotipo es la **representación gráfica** de todos los cromosomas de una célula. En un cariotipo, los cromosomas se representan ordenados, numerados y emparejados con su homólogo si la célula es diploide.

El cariotipo se realiza a partir de fotografías tomadas en el microscopio. Por tanto, solo se puede elaborar a partir de observaciones de células que se van a dividir, que es cuando son visibles los cromosomas.

Las células del ser humano, excepto los óvulos y los espermatozoides, son diploides.

Su dotación es $2n = 46$ y, por ello, en su cariotipo vemos 46 cromosomas emparejados en 23 pares de homólogos. Los 22 primeros pares se denominan autosomas y el par 23 son los cromosomas sexuales.

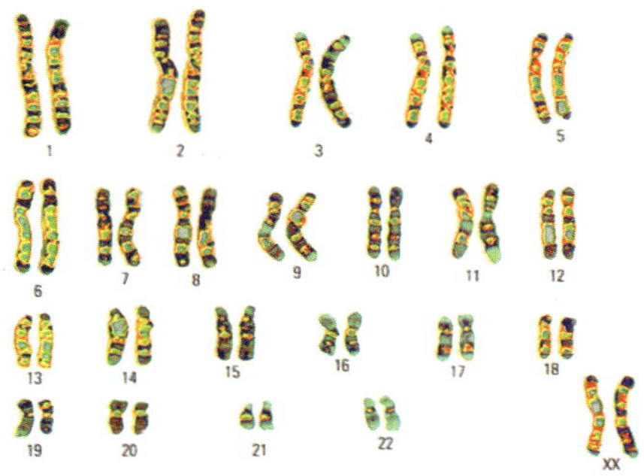

Cariotipo humano.

Actividades

4. ¿Por qué crees que el ADN se tiene que replicar antes de empezar la división celular?

5. ¿Una célula con un número par de cromosomas puede ser haploide?

   — ¿Puede ser diploide una célula con un número impar de cromosomas?

6. Dibuja el cariotipo de una célula imaginaria $2n = 6$ y el de una célula $n = 6$.

   a) Di qué tipo de dotación tiene cada una de ellas.

   b) Señala en el primer dibujo: un par de cromosomas homólogos, una cromátida, un telómero y un centrómero.

   c) ¿Cuál de las dos células tiene más cromosomas distintos?

Las células realizan las funciones vitales propias de los seres vivos: la nutrición, la relación y la reproducción.

4. EL CICLO CELULAR

Llamamos **ciclo celular** al conjunto de fenómenos que tienen lugar en la vida de una célula desde que se origina dicha célula hasta que se divide en dos células hijas. La duración del ciclo celular varía según el tipo de células y puede oscilar desde unas pocas horas hasta más de un año. El ciclo celular consta de dos fases de duración desigual: la **interfase** y la **división celular.**

Interfase

- La **interfase** representa el 90 % de la duración del ciclo celular.
- Durante la interfase, la célula crece en tamaño y tiene lugar la **diferenciación celular** (la célula se especializa en el desarrollo de las funciones propias del tejido del que forma parte).
- La interfase celular comprende tres etapas: G_1, S y G_2.

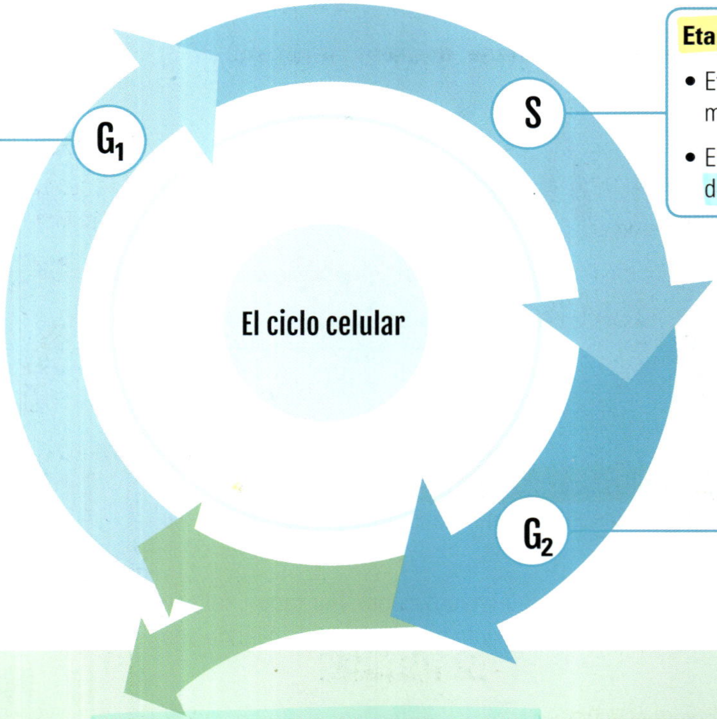

Etapa G_1

- Etapa de crecimiento: la célula aumenta de tamaño.
- Se duplican las mitocondrias y el resto de orgánulos.
- Si faltan nutrientes, el ciclo celular se detiene en esta etapa.

Etapa S

- Etapa de síntesis del ADN: es el momento en el que este se duplica.
- En la célula animal también se duplican los centríolos.

Etapa G_2

- La célula se prepara para la división: acumula energía en forma de ATP.
- Empiezan a hacerse visibles los cromosomas.
- Si el ADN no se ha duplicado correctamente, el ciclo celular se detiene en esta etapa.

División celular

- Mecanismo mediante el cual una célula madre genera dos células hijas idénticas a la célula progenitora.
- En los organismos unicelulares eucariotas es el mecanismo de reproducción básico.
- En los pluricelulares permite la **proliferación celular,** es decir, el aumento del número de células de un tejido.
- La división celular comprende dos procesos: la **mitosis** y la **citocinesis.**

Actividades

7. El ciclo celular está sometido a un estricto control. Visita la siguiente página y explica en qué consiste dicho control. Expón también qué sucede cuando este control deja de funcionar.

https://links.edebe.com/tu4

— ¿Cuál es el significado de la palabra «apoptosis»? ¿Qué relación tiene con el ciclo celular?

5. MITOSIS Y CITOCINESIS (DIVISIÓN CELULAR)

En la división celular tienen lugar dos procesos diferenciados que transcurren de forma secuencial: primero la mitosis y luego la citocinesis.

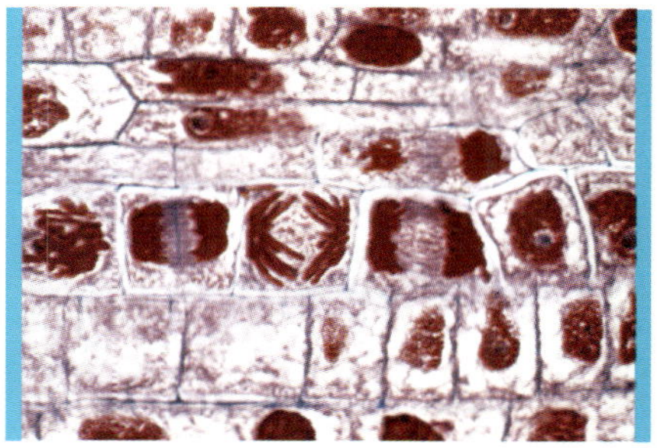

Fotografía de meristemos de raíz de cebolla. Los meristemos vegetales están formados por células en continua división.

5.1. LA MITOSIS

La mitosis es el conjunto de procesos que tienen como objetivo la repartición equitativa del material que se encuentra en el núcleo de la célula madre. Para que se inicie la mitosis, durante la interfase se debe haber producido una serie de sucesos:

— **La replicación del ADN.** Se manifiesta en la presencia de las dos cromátidas de cada cromosoma.

— **La duplicación de los centríolos,** en el caso de la célula eucariota animal.

— **La síntesis de las proteínas** que formarán las estructuras tubulares del **huso mitótico.**

La mitosis se subdivide en cuatro etapas: **profase, metafase, anafase** y **telofase.**

¿Lo vemos?
La mitosis

La mitosis

Profase

- Es la etapa más larga: ocupa aproximadamente el 60 % de la mitosis.
- El ADN se condensa y se hacen visibles los cromosomas.
- La envoltura nuclear se disgrega y deja de apreciarse el nucléolo.
- En la célula animal, los centríolos se desplazan hacia los polos de la célula, y se empieza a formar entre ellos el **huso mitótico.**
- En la célula vegetal también se forma el huso mitótico a pesar de no tener centríolos.

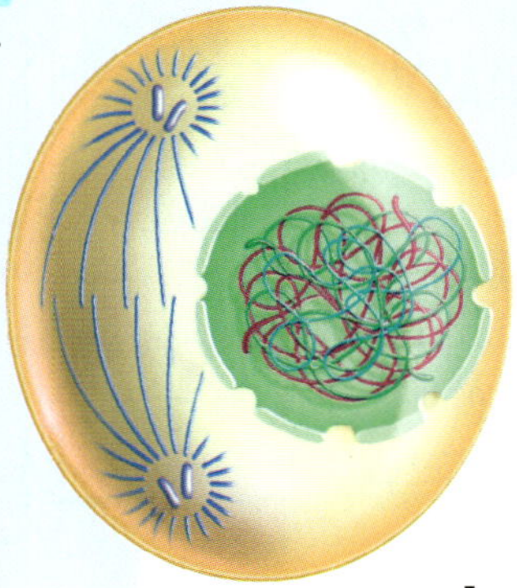

Metafase

- El huso mitótico ya está completamente formado.
- Los cromosomas se alinean en el centro de la célula y forman la **placa metafásica** o ecuatorial.
- Cada cromosoma está unido por el centrómero a las fibras del huso mitótico.

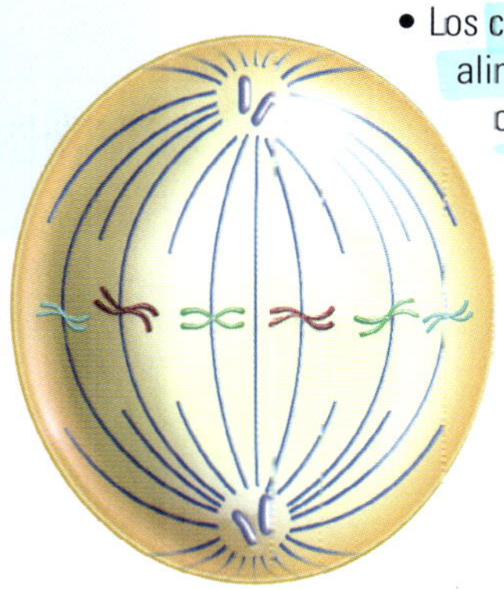

Anafase

- Es la etapa más rápida de la mitosis.
- Las fibras del huso mitótico se acortan, y la tensión provoca que las **cromátidas hermanas** de cada cromosoma se separen.
- Cada grupo de cromátidas se desplaza hacia un polo de la célula.

Telofase

- La envoltura nuclear se regenera, envolviendo a las cromátidas que se encuentran en cada uno de los polos de la célula.
- En el núcleo, el ADN pasa a estar en forma de cromatina y reaparece el nucléolo.
- Las fibras del huso mitótico se diluyen en el citoplasma.

5.2. LA CITOCINESIS

LAS CÉLULAS MADRE

En nuestro organismo, las células resultado de una división se modifican, se **diferencian,** para llevar a cabo la función del tejido del que forman parte. Una célula realiza su función hasta que llega un momento en que se «avería» y muere de forma programada (apoptosis).

Existen, pues, grupos de células, llamadas **células madre,** cuya función es producir por división las células que a continuación se diferenciarán para sustituir a las células que han dejado de funcionar.

Todo el material que contiene la célula madre, fuera y dentro del núcleo, tiene que repartirse por igual entre las dos células hijas. La citocinesis es la **división** y la **repartición del citoplasma** y de todos los orgánulos que este contiene.

La citocinesis se lleva a cabo de forma diferente en las células animales y en las células vegetales.

CITOCINESIS EN CÉLULAS ANIMALES

— En la parte central se produce un estrechamiento de la célula debido a un anillo proteico que va progresando hacia el interior, de forma que ocasiona el estrangulamiento del citoplasma.

— Una vez completada la separación, se obtienen dos células hijas de tamaño similar.

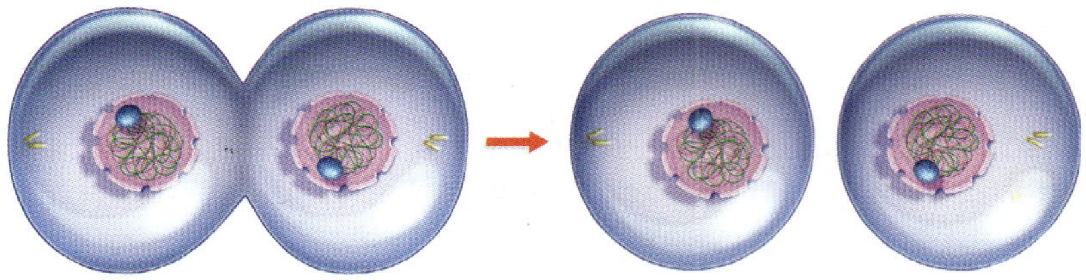

CITOCINESIS EN CÉLULAS VEGETALES

— Las células vegetales presentan una pared vegetal rígida que las rodea. La división del citoplasma se da a partir de unas vesículas de membrana especiales que van apareciendo en el centro de la célula. Estas estructuras se llaman **fragmoplastos.**

— Los fragmoplastos sirven de «andamiaje» sobre los que se irá construyendo la pared celular que separará las dos células hijas.

— Los fragmoplastos van progresando hacia el interior hasta que se fusionan y se separan las dos células hijas.

Actividades

8. Fíjate en las ilustraciones de la mitosis de la página 143 e indica la dotación cromosómica de la célula antes y después de la división mitótica.

— ¿Qué papel desempeña el huso mitótico en el reparto de cromosomas entre las células hijas?

9. Lee el artículo del enlace y explica el motivo de su título.

https://links.edebe.com/rkx

— Según las investigaciones de Jonas Frisen, ¿todas las células tienen la misma edad?

6. MEIOSIS Y PRODUCCIÓN DE GAMETOS

La reproducción es una de las funciones vitales que caracterizan a la vida. Es el proceso mediante el cual se generan nuevos individuos de una especie. Para ello, es necesario que la información genética de los progenitores se transmita a la descendencia. Cada especie tiene su propia estrategia reproductiva, pero podemos distinguir aquellas que presentan reproducción sexual y las que pueden reproducirse de manera sexual y asexual.

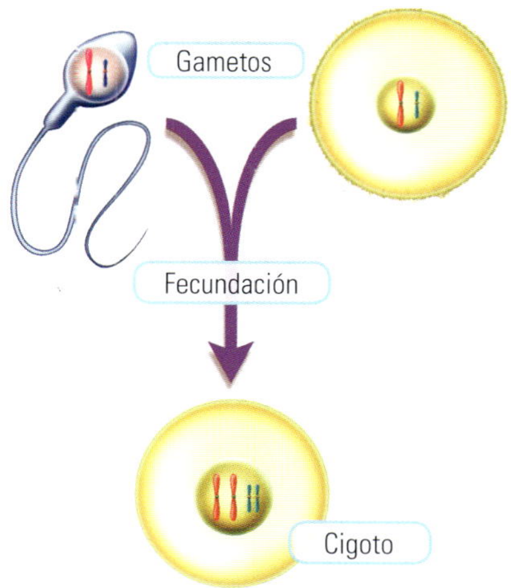

6.1. LA REPRODUCCIÓN SEXUAL

La **reproducción sexual** se caracteriza por la participación de dos células especializadas, los **gametos,** que proceden de dos progenitores diferentes.

Las dos células reproductoras deben unirse para poder originar un nuevo individuo. La **fecundación** es el proceso de fusión de los dos gametos.

La célula resultante de la fecundación es el **cigoto,** que, mediante divisiones celulares sucesivas, dará lugar a un nuevo individuo o descendiente.

El descendiente, pese a parecerse a los progenitores, será diferente de ellos. La reproducción sexual es, por tanto, una **fuente de variabilidad,** ya que las características de los individuos varían de progenitores a descendientes.

En la siguiente tabla podemos observar las diferencias entre la reproducción asexual y la reproducción sexual, en cuanto a las células iniciales que participan y las ventajas y los inconvenientes que representan para las especies que las llevan a cabo.

	Reproducción asexual	Reproducción sexual
Células iniciales	Se parte de una célula o grupo de células que no están especializadas en la reproducción.	Se parte de dos células especializadas llamadas *gametos* que se han formado mediante un tipo de división diferente de la mitosis, que se denomina meiosis.
Ventajas	Como es un mecanismo sencillo, es más rápida y permite un aumento también rápido del número de nuevos individuos.	Es una fuente de variabilidad.
Inconvenientes	Todos los descendientes son iguales entre sí y con respecto a su progenitor y, por tanto, no genera variabilidad.	Como es un mecanismo más complejo, el número de nuevos individuos aumenta más lentamente.

LA REPRODUCCIÓN ASEXUAL

En este tipo de reproducción, a partir de una célula o de un grupo de células de un organismo progenitor y por divisiones celulares sucesivas, se consigue un individuo idéntico al progenitor.

Este tipo de reproducción es típico de los organismos procariotas (bacterias), pero también se puede dar en organismos más complejos (protozoos, algas, hongos, plantas y algunos animales).

R. asexual / por mitosis { - Bipartición - Gemación - Esporulación

Para ver más...
La reproducción asexual

Actividades

10. **Las estrellas de mar pueden reproducirse asexualmente y sexualmente dependiendo de las condiciones ambientales. Fíjate en las siguientes indicaciones y deduce el tipo de reproducción que puede llevar a cabo en cada caso. Justifica tu respuesta.**

— Las condiciones ambientales son favorables: hay suficiente alimento y oxígeno.

— Hay poco alimento y abundan los depredadores.

— Los individuos de la población de estrellas están muy dispersos.

6.2. LA MEIOSIS

En las especies con reproducción sexual, todos los individuos tienen el mismo número de cromosomas en todas las células, excepto en sus gametos. Si los gametos tuvieran el mismo número de cromosomas que el resto de las células del organismo, en cada fecundación se obtendría un cigoto con el doble de cromosomas que los progenitores y sería inviable.

El proceso de división celular que permite reducir a la mitad el número de cromosomas en los gametos es la **meiosis.** Durante la meiosis se parte de una célula diploide y, después de dos divisiones consecutivas (I y II), obtenemos **cuatro células haploides.**

Cada división meiótica consta de: profase, metafase, anafase y telofase. Para diferenciar entre las fases de la primera y la segunda división meióticas, se les añade el ordinal I o II según corresponda.

DIVISIÓN MEIÓTICA I

Se parte de una célula diploide en la que el ADN, al igual que en la mitosis, ya se ha replicado; por tanto, cada cromosoma presenta dos cromátidas hermanas.

Vamos a conocer qué procesos tienen lugar en la división meiótica I.

Profase I

- En la célula animal, los centríolos empiezan a moverse hacia los polos celulares.
- Comienza a formarse el huso mitótico y desaparece la envoltura nuclear.
- Los cromosomas se hacen visibles. Se emparejan los cromosomas homólogos y se **intercambian fragmentos** de ADN entre ellos, proceso denominado entrecruzamiento.

Recombinación fragmentos ADN.
Quiasmas: lugar donde se produce el entrecruzamiento

Metafase I

- En la célula animal, los centríolos ya se encuentran en los polos celulares y el huso mitótico está completamente formado.
- Los cromosomas están alineados en el centro de la célula, cada uno de ellos emparejado con su homólogo, y formando la placa ecuatorial.
- Cada cromosoma de la pareja de homólogos está unido a un extremo diferente de la célula mediante las fibras del huso mitótico.

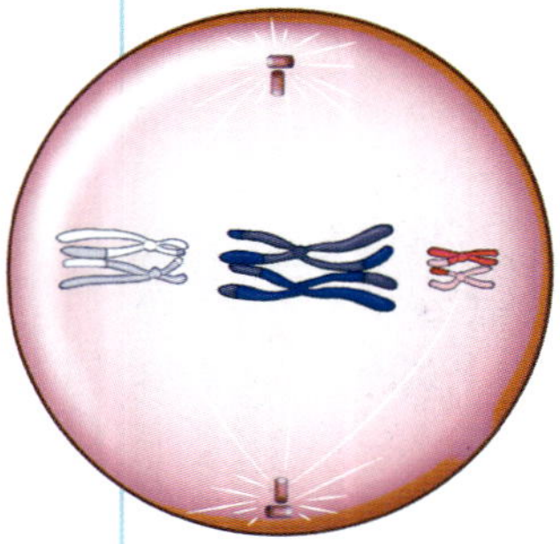

Anafase I

- Las fibras del huso mitótico unidas a los cromosomas empiezan a acortarse. La tensión provoca que los cromosomas homólogos se separen en sentidos opuestos.
- Cada grupo de cromosomas se desplaza hacia un extremo o polo de la célula.

En la mitosis se separaban cromátidas hermanas, mientras que en la primera división meiótica se están separando **cromosomas homólogos.**

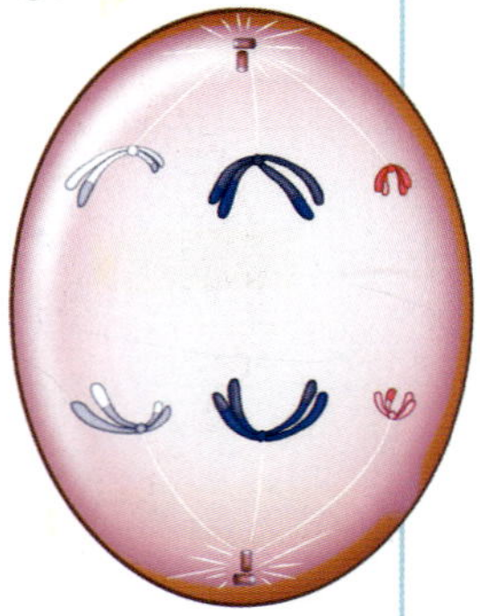

Telofase I

- Los cromosomas (cada uno con dos cromátidas) llegan a los polos celulares.
- Se forma la envoltura nuclear alrededor de los cromosomas.
- Al final de la telofase I, el ADN pasa a adoptar la estructura de cromatina.

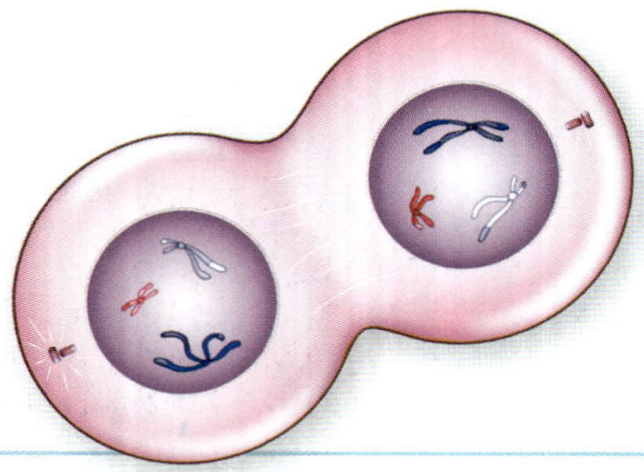

DIVISIÓN MEIÓTICA II

El proceso de la división meiótica II es como el de una mitosis, pero con la peculiaridad de que se parte de una célula con solo un cromosoma de cada pareja de homólogos. Cada uno de estos cromosomas, sin embargo, mantiene las dos cromátidas hermanas.

Profase II

— Los cromosomas son perfectamente visibles.

— Se disuelve la envoltura nuclear.

— Se inicia la formación del huso mitótico.

Metafase II

— Los cromosomas se sitúan en el ecuador de la célula para formar la placa ecuatorial.

— Los cromosomas permanecen unidos al huso mitótico por los centrómeros.

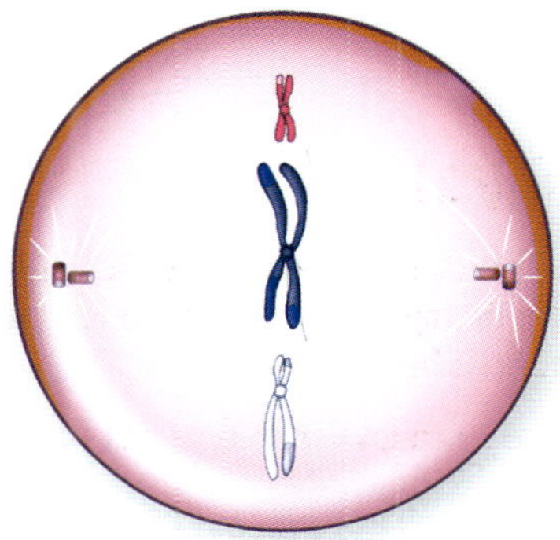

Anafase II

— Se acortan las fibras del huso que están unidas a los cromosomas.

— Se separan las cromátidas hermanas de cada cromosoma.

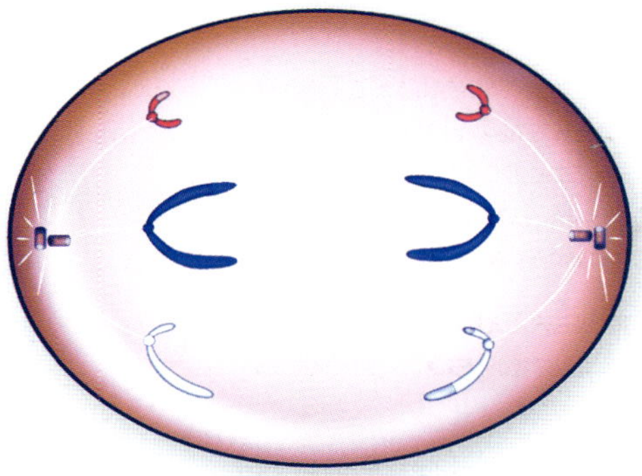

Telofase II

— Las cromátidas llegan a los polos celulares.

— Se regenera la envoltura nuclear alrededor de cada grupo de cromátidas.

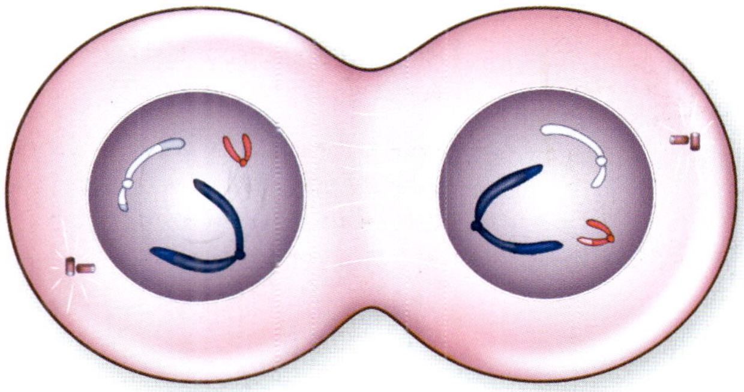

Actividades

11. Dibuja cada una de las fases de la meiosis partiendo de la célula $2n = 8$ de la ilustración.

a) ¿Cuántos pares de cromosomas veremos alineados en la placa ecuatorial de la metafase I?

b) ¿Cuántos cromosomas tendrá cada una de las dos células al final de la primera división meiótica?

c) ¿Y al final de la segunda división meiótica?

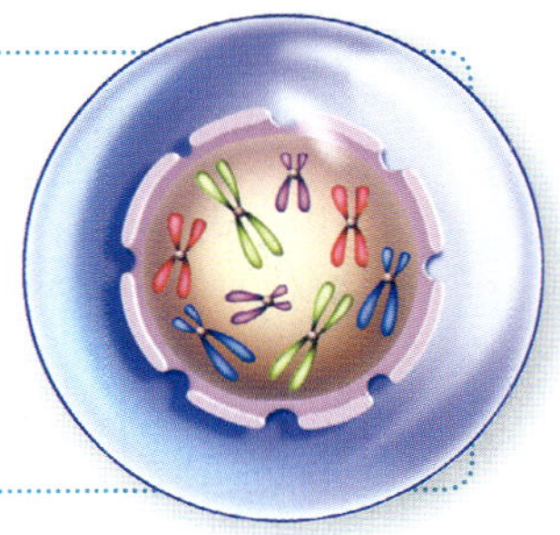

Echa un vistazo a...
Mitosis vs meiosis

7. DIFERENCIAS ENTRE MITOSIS Y MEIOSIS

En la siguiente tabla podemos ver resumidas las principales diferencias entre los dos tipos de división que hemos estudiado:

	Mitosis	Meiosis
Objetivo	El objetivo principal es la **proliferación celular** y, por tanto, las células resultantes tienen la misma dotación cromosómica que la célula madre que las ha generado.	El objetivo principal es la **producción de gametos.** Un gameto debe tener la mitad de la dotación cromosómica que las células somáticas del organismo del que procede.
Célula inicial	La célula inicial es una célula **diploide.**	La célula inicial es una célula **diploide.**
Células resultantes	Se generan **dos** células somáticas **diploides.**	Se generan **cuatro** gametos **haploides.**
Número de divisiones	Después de replicarse el ADN, tiene lugar **una sola división.**	Después de replicarse el ADN, tienen lugar **dos divisiones** consecutivas.

Veamos con un ejemplo las diferencias entre ambas divisiones a partir de la misma célula inicial de partida, teniendo en cuenta que en ambos casos se ha replicado el ADN antes de empezar la división:

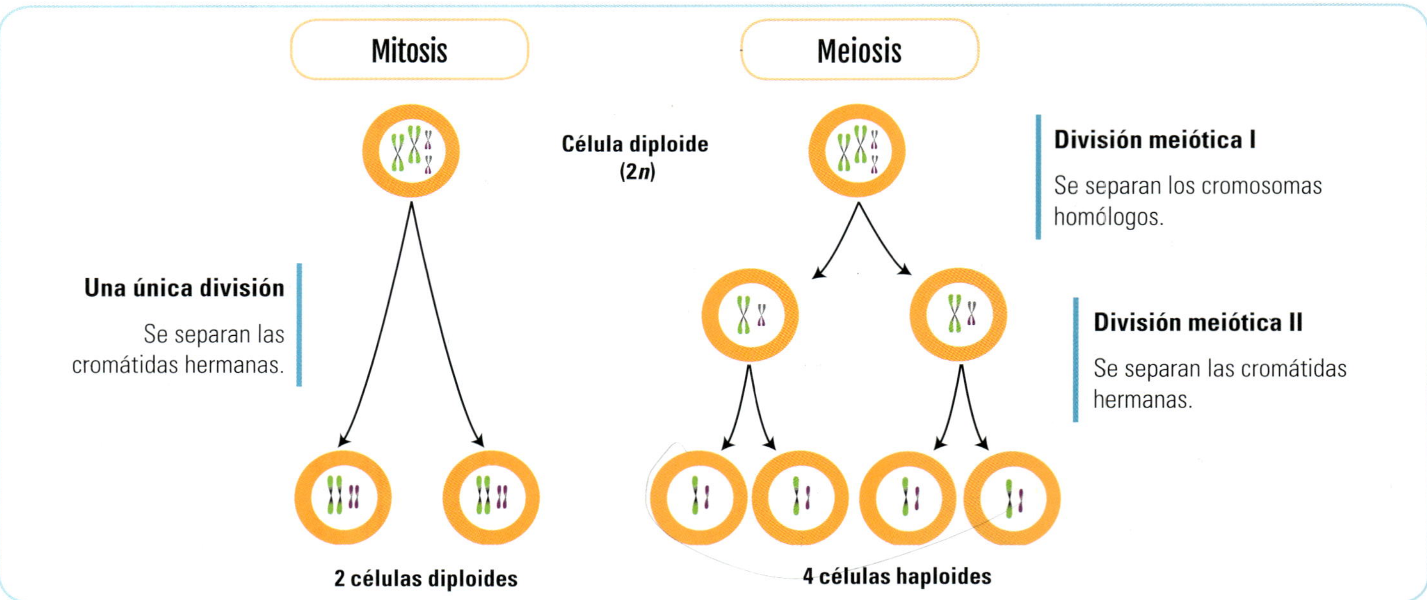

Actividades

12. ¿Por qué la meiosis es un proceso fundamental en la reproducción sexual?

13. ¿Pueden existir gametos con un número de cromosomas par? ¿Y células somáticas que tengan un número impar de cromosomas?

— Razona tus respuestas.

14. Imaginemos una célula de dotación cromosómica $2n = 10$. Contesta a las siguientes preguntas:

a) ¿Cuál será la dotación de las células resultantes después de su mitosis? ¿Y después de su meiosis?

b) Si se tratara de una célula humana, ¿cuál sería su dotación en ambos casos?

8. LA GAMETOGÉNESIS HUMANA

¿Lo vemos?
La gametogénesis humana

El proceso completo de formación de gametos se llama **gametogénesis** y varía según las especies.

En la gametogénesis humana tenemos que distinguir entre la ovogénesis y la espermatogénesis. La **ovogénesis** es el proceso de formación de los óvulos. La **espermatogénesis** es el proceso de formación de los espermatozoides.

OVOGÉNESIS HUMANA

— En los ovarios encontramos unas células llamadas **ovogonias** que por mitosis consecutivas dan lugar a los ovocitos primarios.

— Cada **ovocito primario,** después de la división meiótica I, da lugar a un ovocito secundario y un corpúsculo polar. El corpúsculo polar es más pequeño y degenerará.

— El **ovocito secundario** se mantiene en interfase hasta la pubertad. Entonces, después de la división meiótica II, da lugar a la ovótida y a un segundo corpúsculo polar. El segundo corpúsculo polar también es más pequeño e igualmente degenerará.

— La **ovótida** se convertirá en el óvulo después de un proceso de maduración. Cada maduración determina el inicio del ciclo ovárico.

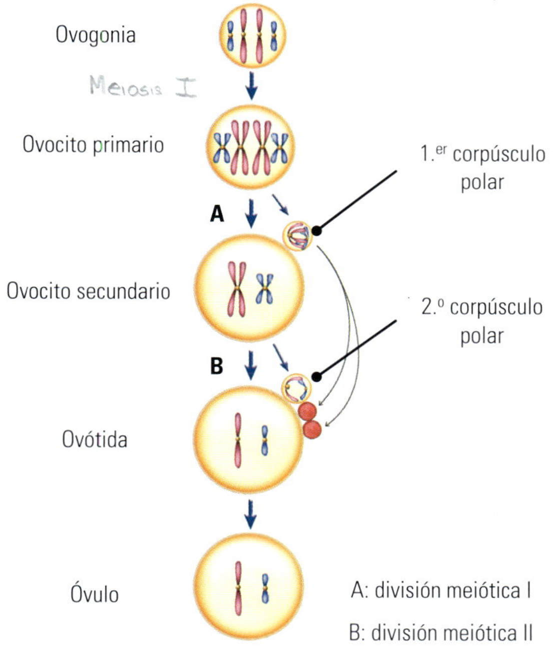

ESPERMATOGÉNESIS HUMANA

— En los túbulos seminíferos de los testículos se encuentran las células precursoras, las **espermatogonias,** que por mitosis sucesivas dan lugar a los **espermatocitos primarios.**

— Cada espermatocito primario origina dos **espermatocitos secundarios** después de la división meiótica I.

— A continuación, se da la división meiótica II, en la que cada espermatocito secundario da lugar a dos **espermátidas.** Las espermátidas madurarán: se reducirá su citoplasma y se formará un flagelo. El resultado de esta maduración son los **espermatozoides.**

En la espermatogénesis, de cada espermatogonia se obtienen cuatro espermatozoides. La espermatogénesis se inicia en la pubertad.

1: espermatogonia

2: espermatocito primario

3: espermatocito secundario

4: espermátida

5: espermatozoide

A: división meiótica I

B: división meiótica II

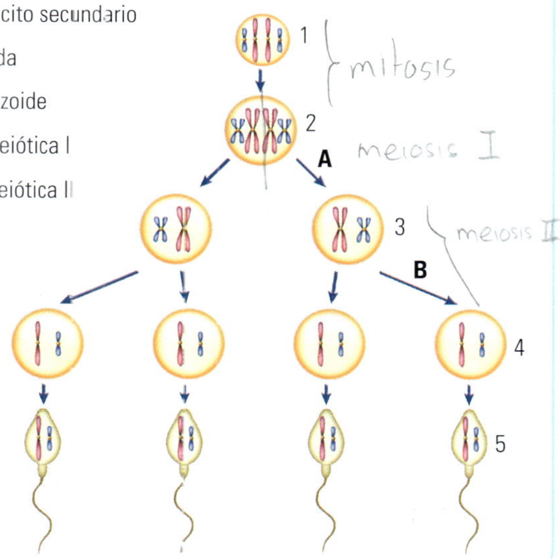

Actividades

15. Las células no reproductoras humanas tienen una dotación cromosómica $2n = 46$. ¿Cuál es la dotación cromosómica del espermatozoide? ¿Y la del óvulo?

16. ¿Cuál es la estructura morfológica del espermatozoide? Puedes encontrar la información necesaria en esta página web:

https://links.edebe.com/nnt

Ciencia a tu alcance

La división celular

1 Introducción

Los **meristemos** son los tejidos responsables del crecimiento de los vegetales. Están formados por células indiferenciadas con una alta capacidad de división. En esta práctica observarás las células del meristemo radical de una cebolla e identificarás aquellas que se están dividiendo.

Material

- Una cebolla
- Un vaso de agua y tres palillos
- Tijeras o bisturí
- Pinzas
- Aguja enmangada
- Vidrio de reloj
- Orceínas A y B
- Pinzas de madera
- Mechero de Bunsen
- Portaobjetos y cubreobjetos
- Microscopio óptico
- Papel absorbente

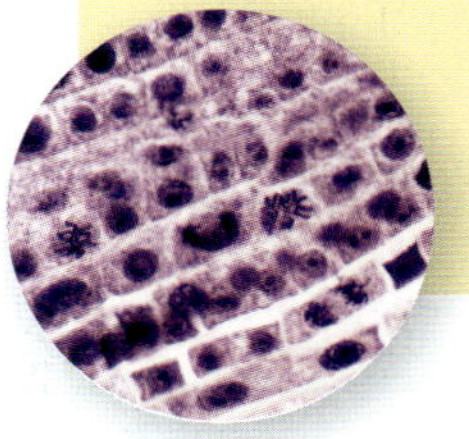

2 Procedimiento

— Unos días antes de iniciar la práctica, pincha la cebolla con los palillos y colócala en un vaso de agua de modo que la zona de las raíces toque ligeramente la superficie del agua.

— En el laboratorio, prepara el vidrio de reloj con unas gotas de orceína A.

— Con las tijeras o bisturí, corta tres o cuatro extremos de la raíz de unos 3-5 mm de longitud y, con la ayuda de las pinzas, colócalos en el vidrio de reloj, de manera que queden cubiertos por la orceína A.

— Enciende el mechero de Bunsen, sujeta el vidrio de reloj con las pinzas de madera y pásalo por encima de la llama calentándolo suavemente con movimientos rotatorios sin que coja demasiada temperatura (puedes poner el vidrio de reloj encima de tu muñeca para controlar que no queme). Cuando empiece a desprender vapores, retíralo de la llama.

— Repite la operación de calentamiento dos veces más. Vigila que no hierva ni se seque.

— Retira con las pinzas las raíces y colócalas en un portaobjetos con la ayuda de la aguja enmangada. Añade dos gotas de orceína B.

— Coloca el cubreobjetos sobre la muestra y, encima de la mesa, presiona suavemente dando unos golpecitos con el mango de la aguja enmangada.

— Coloca un trozo de papel absorbente encima de la muestra y presiona firmemente con el dedo haciéndolo girar, con cuidado de no desplazar la muestra.

3 Observación de la muestra

— Conecta el microscopio óptico a la corriente eléctrica.

— Con el tornillo macrométrico, coloca la platina en la posición más baja posible.

— Haz girar el revólver, si es necesario, para colocar el objetivo de 10x.

— Coloca el portaobjetos en la platina de modo que quede debajo del objetivo.

— Enciende la luz del microscopio.

— Observando a través del ocular, sube la platina con ayuda del tornillo macrométrico hasta que empieces a observar la muestra.

— Acaba de enfocar la muestra con la ayuda del tornillo micrométrico.

— Cambia el objetivo a 40x y repite la observación.

4 Actividades

a) Dibuja en tu cuaderno el meristemo observado a 10x y a 40x.

b) En la observación a 40x se pueden distinguir las células en división. ¿Cómo sabes que se están dividiendo? ¿Todas las células presentan el mismo aspecto? ¿Qué tipo de división están llevando a cabo? Razona tus respuestas.

c) Elige tres células con distinto aspecto, dibuja con detalle lo que sucede en su interior e indica en qué fase celular se encuentra cada uno de ellos.

d) ¿Hay células en las que no se observan los cromosomas? Si la respuesta es afirmativa, explica el porqué.

Síntesis

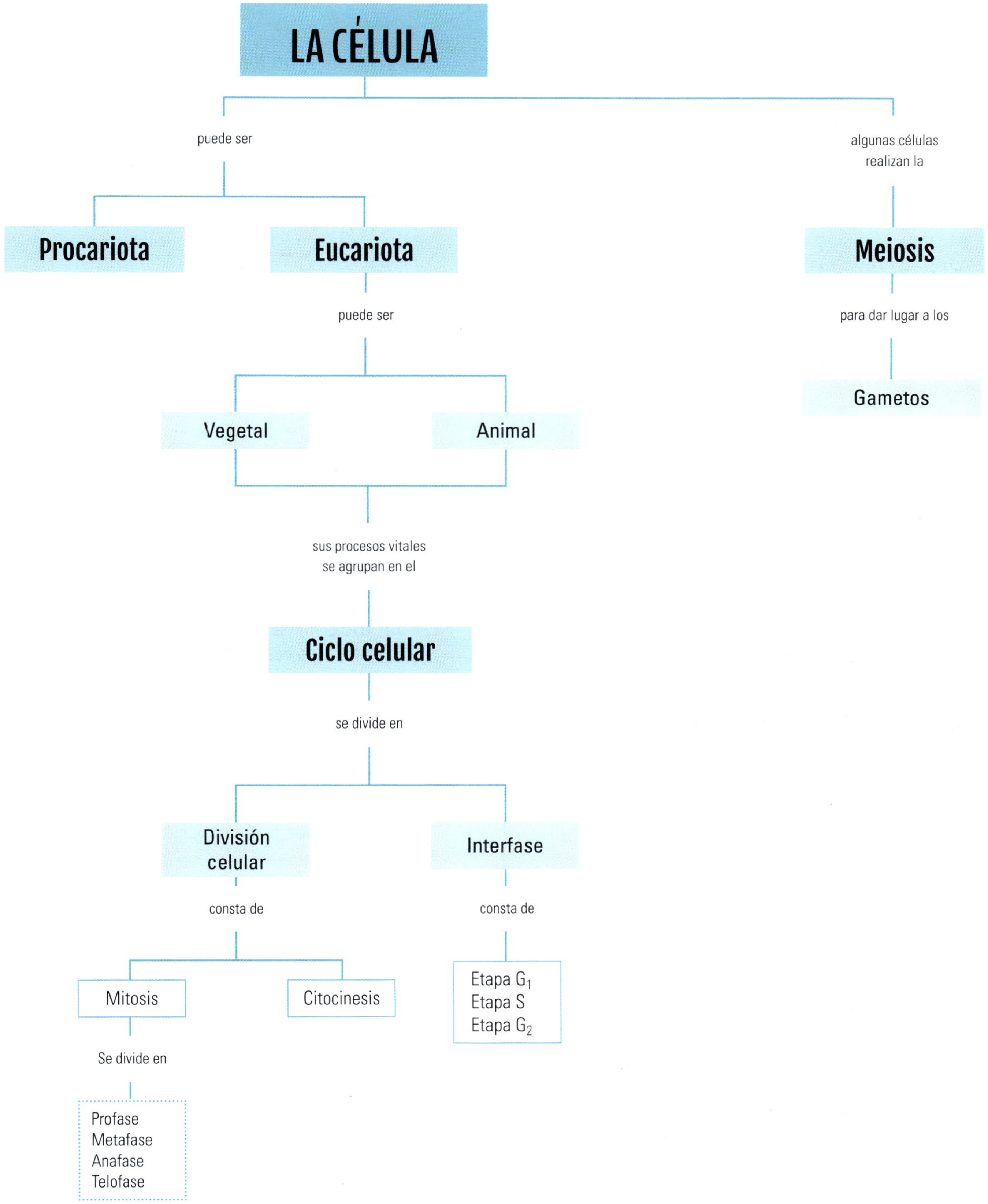
LA CÉLULA
puede ser
Procariota
Eucariota
puede ser
Vegetal
Animal
sus procesos vitales se agrupan en el
Ciclo celular
se divide en
División celular
consta de
Mitosis
Se divide en
Profase
Metafase
Anafase
Telofase
Citocinesis
Interfase
consta de
Etapa G_1
Etapa S
Etapa G_2
algunas células realizan la
Meiosis
para dar lugar a los
Gametos

Actividades finales

PREPARA

17. ●○○ **Indica qué parte o partes del microscopio óptico permiten:**

- — El paso de la luz a la muestra.
- — Regular el paso de luz.
- — Enfocar la imagen.
- — Intercambiar objetivos.
- — Alojar la muestra.
- — Aumentar la imagen.
- — Afinar el enfoque.
- — Concentrar la luz.

18. ●○○ **Copia la tabla en tu cuaderno e indica si los siguientes orgánulos y estructuras están presentes o no en cada tipo de célula.**

Estructuras y orgánulos	Célula procariota	Célula eucariota vegetal	Célula eucariota animal
Membrana celular			
Ribosomas			
Citoplasma			
Núcleo			
ADN			
Cloroplastos			
Mitocondrias			
Vacuolas			
REL y RER			
Centríolos			
Pared celular			

19. ●○○ **Copia y completa en tu cuaderno el siguiente texto:**

Las células .... tienen menos orgánulos celulares que las células .... Las primeras poseen una pared celular de .... que proporciona rigidez y protección, y en el citoplasma hay una gran molécula de .... que aporta la información genética de la célula. Las segundas se clasifican en animales y ....

Las células .... poseen algunos orgánulos específicos, como los .... que se ocupan de formar el huso mitótico durante la división celular. Las células ...., en cambio, tienen unos orgánulos exclusivos que les permiten realizar la fotosíntesis. Se trata de los .... . Además, al igual que las procariotas, presentan una .... que aporta rigidez y sostén, pero se diferencia de la procariota en su composición, ya que está formada por ....

20. ●○○ **Identifica el orden correcto de las tres etapas que constituyen la interfase del ciclo celular:**

- — $G_1 \rightarrow G_2 \rightarrow S$
- — $S \rightarrow G_1 \rightarrow G_2$
- — $G_1 \rightarrow S \rightarrow G_2$

Explica qué le sucede a la célula en cada etapa de la interfase.

21. ●○○ **Relaciona en tu cuaderno los términos de las dos columnas.**

Fragmoplastos	Citocinesis animal
Estrangulamiento del citoplasma	Citocinesis vegetal

22. ●○○ **Esta ilustración corresponde a una célula en un determinado estado de división:**

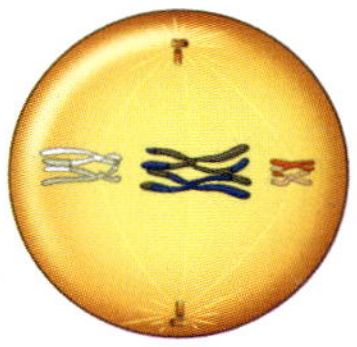

a) ¿Qué tipo de división está llevando a cabo?

b) ¿En qué fase se encuentra?

c) ¿Qué sucederá a continuación?

23. ●○○ **Di en qué fase de la meiosis tienen lugar:**

a) La separación de cromátidas hermanas.

b) La separación de cromosomas homólogos.

c) El emparejamiento de cromosomas homólogos en la placa ecuatorial.

d) El intercambio de ADN entre cromosomas homólogos.

24. ●○○ **Los gametos ¿son haploides o diploides? Justifica tu respuesta.**

25. ●○○ **Copia y completa en tu cuaderno el texto con los términos de la lista siguiente:**

haploide – diploide – mitosis – meiosis –
eucariotas – cromosomas – núcleo

Todas las células ...., tanto animales como vegetales, poseen un .... que contiene el material genético. Este, durante la división celular, se condensa para formar .... . En el ser humano, encontramos 23 pares de cromosomas y decimos que la dotación cromosómica es ....

Cuando las células se dividen para regenerar las células de los tejidos, lo hacen mediante el proceso de .... . En cambio, para la formación de gametos, las células realizan la ...., cuyo resultado son cuatro células con dotación cromosómica ....

26. ●○○ **Confecciona un esquema de la gametogénesis humana usando los siguientes términos:**

ovogonia, primera división meiótica, ovótida, espermatogonia, ovocito primario, espermatocito primario, mitosis, ovocito secundario, espermatocito secundario, espermátida, espermatozoide, segunda división meiótica, primer corpúsculo polar, óvulo, segundo corpúsculo polar

ENTRENA

1. La Historia de la biología celular

27. ●○○ Explica los tres postulados de la teoría celular.

28. ●●○ Aplica la teoría celular para justificar que los organismos procariotas están formados por células.

29. ●●○ Investiga sobre la vida de Santiago Ramón y Cajal y explica quién fue este brillante científico y su papel en la teoría celular.

2. La morfología celular

30. ●○○ En una muestra en el microscopio se observan dos orgánulos cilíndricos situados uno al lado del otro en posición perpendicular. ¿Cómo se denominan estas estructuras? ¿De qué tipo de célula son característicos?

31. ●●○ Escribe en tu cuaderno los nombres de los componentes celulares señalados con números.

A

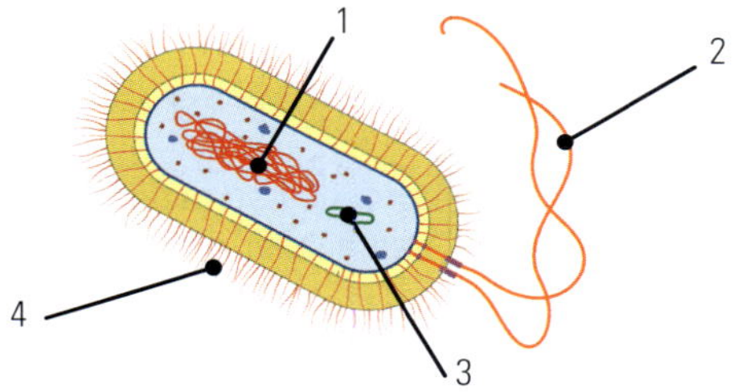

B

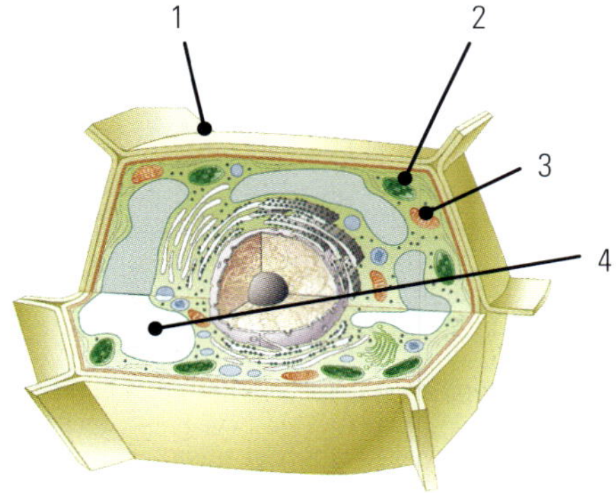

a) ¿Qué tipo de células son A y B?

b) ¿Qué estructuras caracterizan a estos dos tipos de células?

c) ¿Cuál es la función de las partes señaladas?

32. ●●● A principios de la década de 1980 Lynn Margulis propuso la teoría de la endosimbiosis para explicar el origen de la célula eucariota a partir de varios tipos de células procariotas. Lee el siguiente artículo sobre la teoría de la endosimbiosis y responde a las preguntas.

https://links.edebe.com/lynn

a) ¿En qué consiste la teoría de la endosimbiosis?

b) ¿Qué orgánulos de la célula eucariota podrían haberse generado mediante este proceso de endosimbiosis? Relaciona estos orgánulos con cada una de las tres incorporaciones que propone la teoría de Lynn Margulis.

c) Anota los cinco argumentos a favor de la teoría de la endosimbiosis que consideres más representativos.

3. El núcleo eucariota

33. ●○○ ¿Qué son los cromosomas homólogos? Dibújalos y señala en el dibujo los telómeros, los centrómeros y las cromátidas hermanas.

34. ●●● Observa este cariotipo y responde a las preguntas que se plantean a continuación:

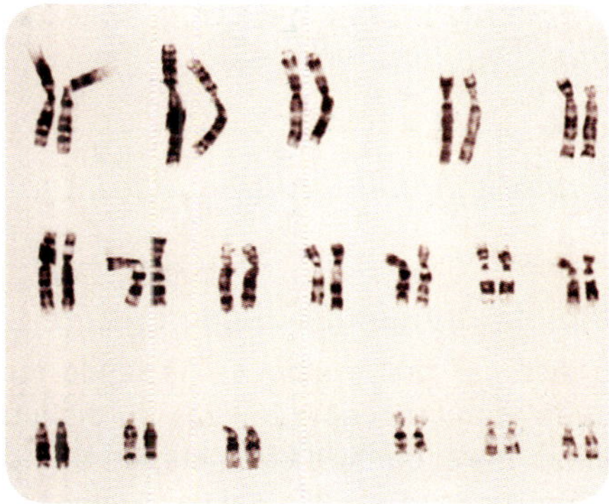

a) ¿El cariotipo de una célula es haploide o diploide? Razona tu respuesta.

b) ¿Cuál es su dotación?

c) ¿Puede tratarse de una célula humana? ¿Por qué?

4. El ciclo celular

35. ●○○ ¿Qué es la interfase celular? ¿Qué etapas la componen?

36. ●●○ De las siguientes afirmaciones sobre el ciclo celular, di cuáles son falsas y cuáles son verdaderas. Reescribe en tu cuaderno las falsas para que sean correctas.

a) Si la célula no tiene suficientes nutrientes, detiene el ciclo en la etapa S.

b) Durante la etapa S, se duplica el ADN celular.

c) Los centríolos se duplican durante la división celular.

d) Durante la etapa G_2, se acumula la energía necesaria para la división celular.

e) Durante la interfase, la célula lleva a cabo solo la función de nutrición.

5. Mitosis y citocinesis

37. ●○○ Para que tenga lugar la mitosis, la célula tiene que llevar a cabo tres procesos previos, que se realizan durante la interfase. ¿Cuáles son estos tres procesos?

38. ●●○ Ordena cronológicamente estas ilustraciones, indica en qué fase de la mitosis se encuentran y explica en qué consiste este proceso.

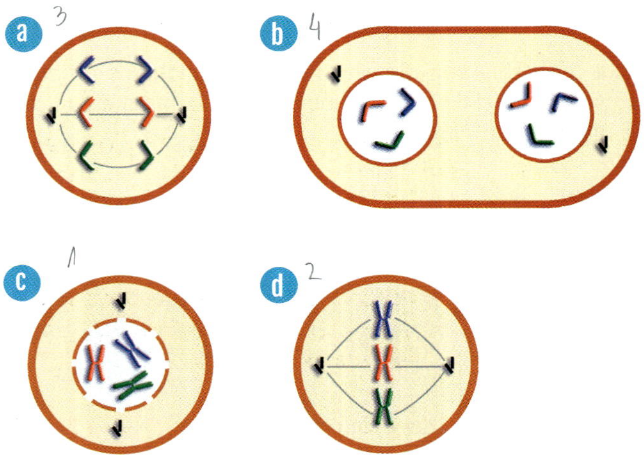

39. ●●● En distintas preparaciones de tejido meristemático, se observan al microscopio células en distintas fases del ciclo celular. El recuento de células, en el momento de la observación, en cada estadio del ciclo queda representado en este gráfico:

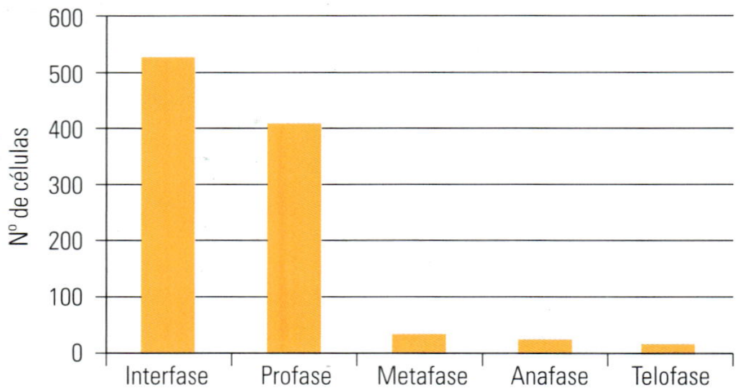

a) ¿En qué estadio se encuentra la mayoría de las células?

b) ¿Hay células que se estén dividiendo?

c) A partir de la observación del gráfico se puede deducir la relación entre el número de células de cada etapa y la duración de la misma. Según esto, ¿en qué fase de la mitosis las células se mantienen la mayor parte del tiempo? ¿Cuál es la fase de más corta duración?

d) Aproximadamente, ¿qué proporción de células del meristemo está realizando la mitosis en el momento de la observación?

6. Meiosis y producción de gametos

40. ●○○ Explica brevemente qué relación existe entre la meiosis y la reproducción sexual.

41. ●●○ Lee este texto y responde a las preguntas planteadas después:

> La levadura de la cerveza, hongo unicelular, puede reproducirse realizando varias mitosis sucesivas o sincitocinesis. El resultado son varias células hijas idénticas a la inicial, pero mucho más pequeñas.

a) La levadura de la cerveza ¿es procariota o eucariota?

b) ¿De qué tipo de reproducción se trata, sexual o asexual? ¿Por qué?

c) Indica las ventajas y las desventajas de este tipo de reproducción que presenta la levadura de cerveza.

42. ●●○ La meiosis es un tipo de división celular que se puede considerar como una doble mitosis, aunque con peculiaridades importantes. Explica qué sucede de forma distinta, respecto a una mitosis, en cada una de estas etapas de la meiosis: profase I, anafase I e interfase entre las divisiones meióticas I y II.

7. Diferencias entre mitosis y meiosis

43. ●○○ ¿Mediante qué proceso se obtienen células sexuales haploides? ¿Por qué es necesario que las células sexuales sean haploides?

44. ●●○ ¿Qué tipo de división realizará un organismo unicelular eucariota que se reproduce asexualmente? ¿Qué tipo de división dará lugar a los gametos de una especie con reproducción sexual? Razona tus respuestas.

45. ●●○ Indica si las siguientes frases hacen referencia a la mitosis, a la meiosis o a las dos:

a) El objetivo es la producción de gametos.

b) Se realiza principalmente para la proliferación celular.

c) Las células resultantes tienen la misma dotación cromosómica que la célula madre.

d) Las células resultantes tienen la mitad de la dotación cromosómica de la célula madre.

e) Las células finales son siempre haploides.

f) Como resultado, se generan cuatro células hijas.

g) Como resultado de la división, se generan dos células hijas.

h) En todo el proceso, el ADN se duplica una sola vez.

i) En todo el proceso solo se produce una división.

j) El proceso completo consiste en dos divisiones consecutivas.

8. La gametogénesis humana

46. ●○○ Define los siguientes términos: ovogonia, ovótida, espermatogonia y espermátida.

47. ●●○ En la gametogénesis humana, tanto la ovogénesis como la espermatogénesis presentan un proceso de división meiótica. Sin embargo, en la ovogénesis, partiendo de una sola célula en el ovario, esta da lugar a un único óvulo, mientras que en la espermatogénesis, cada espermatogonia da lugar a cuatro espermatozoides. ¿Cómo se explica este fenómeno?

APLICA

48. ●●● **Las células madre.** Con motivo de la celebración de la Semana de la Ciencia, en tu centro educativo se organizará una mesa redonda para tratar los dilemas éticos a los que se enfrentan las investigaciones médicas con células madre. Vuestra clase decide participar en ella. Para preparar las intervenciones, necesitáis conocer los distintos puntos que hay que tener en cuenta relacionados con la temática del evento.

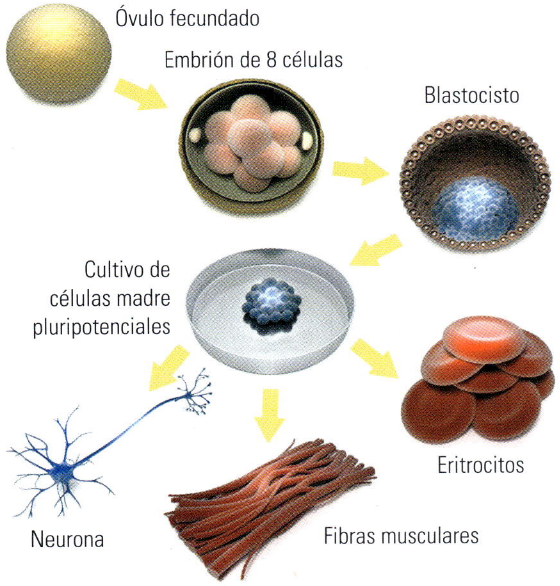

Buscad información sobre las células madre y redactad un informe para ayudar a los compañeros y compañeras que participarán en la mesa redonda. Debe dar respuesta a las preguntas siguientes:

a) ¿Para qué sirven las células madre? ¿Cuáles son sus dos funciones principales?

b) ¿Cómo se aplicaría la teoría celular a las células madre? Explicad el proceso de división celular que se produce en las células madre y qué dotación cromosómica poseen.

c) ¿Qué tres tipos de células madre existen? ¿Qué caracteriza a cada tipo?

d) Explicad qué es la terapia celular y qué enfermedades pueden curarse con esta técnica.

A continuación, se facilitan algunos enlaces para documentación:

https://links.edebe.com/gx8

https://links.edebe.com/nun

e) Resumid las cuestiones éticas que surgen a raíz de la investigación y el uso de células madre. ¿Cuál es vuestra opinión al respecto?

49. ●●● Lee el texto y responde a las preguntas planteadas después:

> El cáncer es una de las principales causas de muerte en los países occidentales. Pero ¿qué es el cáncer? ¿Qué lo provoca? El cáncer es un conjunto de enfermedades que tienen en común la proliferación descontrolada de células, que generan una masa compacta llamada *tumor.* Se puede producir en cualquier lugar del cuerpo. Las células tumorales incluso pueden tener la capacidad de migrar hacia otros órganos o tejidos del cuerpo y seguir proliferando allí, fenómeno que es conocido con el nombre de **metástasis.**

a) ¿Qué etapas del ciclo celular crees que deben estar alteradas para que se desarrolle un tumor?

b) ¿Qué es la apoptosis? ¿Qué crees que sucede con este mecanismo en las células tumorales?

c) Busca información, si es necesario, y explica a grandes rasgos cómo crees que deben actuar a nivel celular los fármacos administrados a los pacientes de cáncer.

d) ¿Qué significa que las células tumorales tienen la capacidad de migrar? ¿Qué consecuencias crees que puede tener para la salud de la persona que lo padece?

Piensa sobre...

50. ¿Crees que existe una relación entre los avances en el campo de la microscopía y el conocimiento de la célula? Razona tu respuesta.

51. Existen células de algunos animales visibles a simple vista. Investiga cuáles son. ¿Este tipo de células se pueden ver en el ser humano sin microscopio?

52. ¿Conoces alguna aplicación médica del estudio de los cariotipos?

53. Indica si estás de acuerdo o en desacuerdo con esta afirmación:

Lo que he aprendido en esta unidad sobre las células me ayudará a entender mejor cómo son y cómo se dividen.

A B C

Pon a prueba tus competencias

54. Los avances en las técnicas de microscopía electrónica nos ofrecen imágenes muy reales de las células y del modo en que están distribuidos sus orgánulos y estructuras. En este ejemplo vemos tres estirpes celulares distintas.

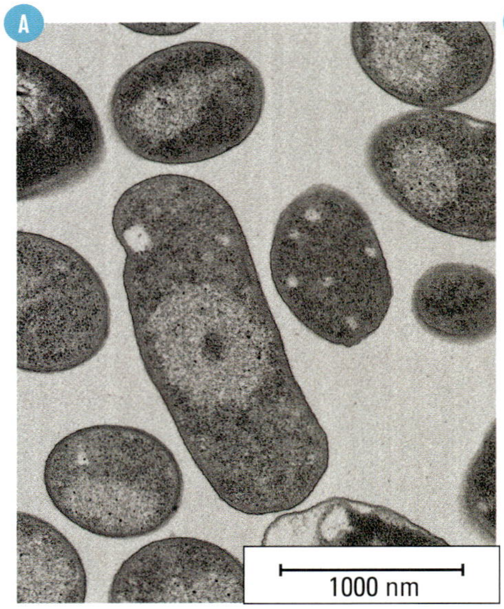

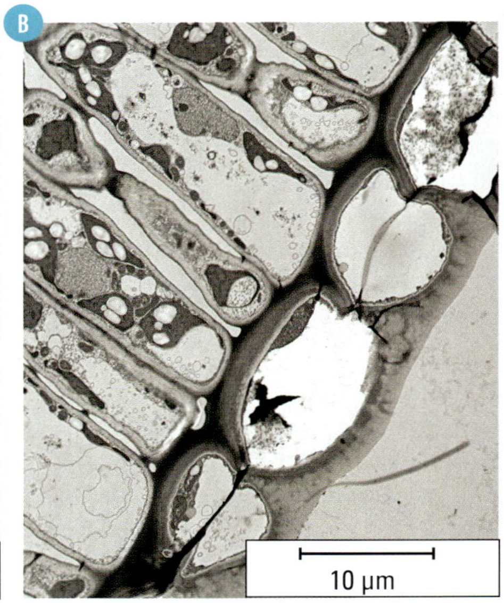

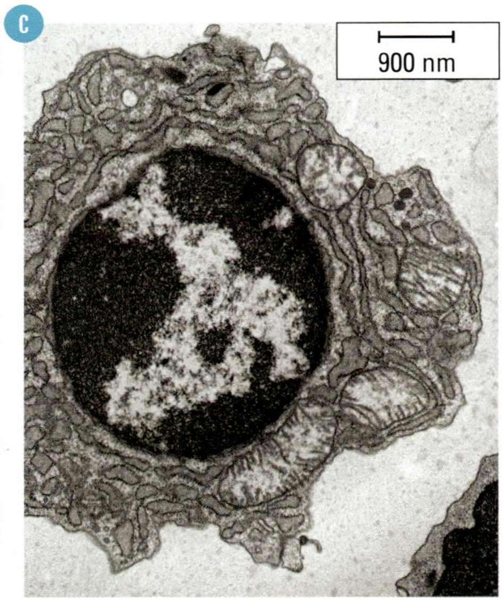

A. Asocia cada una de las siguientes características a una de las tres fotografías y deduce de qué tipo de célula se trata.

1. Las células disponen de grandes vacuolas en su interior y de una pared claramente diferenciada.
2. Se ve claramente un núcleo de gran tamaño en posición central y orgánulos en el citoplasma.
3. Existe una zona central en la que se localiza el ADN de la célula, aunque no está separada del resto del citoplasma por una membrana.

B. Indica en qué fotografía se pueden observar mitocondrias con claridad. ¿En qué otra célula, A, B o C, podrías encontrarlas? Justifica tu respuesta.

C. Indica qué afirmación sobre los cloroplastos es correcta:

1. Se podrían encontrar cloroplastos en las células A, B y C.
2. En este orgánulo se llevan a cabo las reacciones metabólicas relacionadas con la respiración celular.
3. En los cloroplastos, mediante la fotosíntesis, se obtiene energía que se utiliza para sintetizar materia orgánica a partir de inorgánica.

D. Justifica por qué puedes afirmar que las células A y C se hallan en la interfase celular.

E. Las tres fotografías anteriores tienen aproximadamente el mismo tamaño; ahora bien, las escalas en las que se han reproducido son distintas. Lee las afirmaciones y determina si son ciertas o falsas. Reescribe en tu cuaderno las afirmaciones falsas para que sean ciertas.

1. 900 nm equivalen a $9 \cdot 10^{-6}$ m.
2. De las unidades de las tres escalas, Å es la más grande y µm la menor.
3. 1 Å equivale a 10^{-10} m, 1 nm a 10^{-9} m y 1 µm a 10^{-6} m.

F. Para saber la longitud real de la célula en cada fotografía se debe utilizar la escala como patrón de medida y determinar cuántas veces cabe este patrón en la distancia que se quiere calcular; luego, se multiplican las veces que cabe el patrón por el valor de la escala. Determina cuál es la longitud correcta de esta célula:

1. $2 \cdot 10^{-6}$ m
2. 20 000 nm
3. $2 \cdot 10^{-9}$ Å

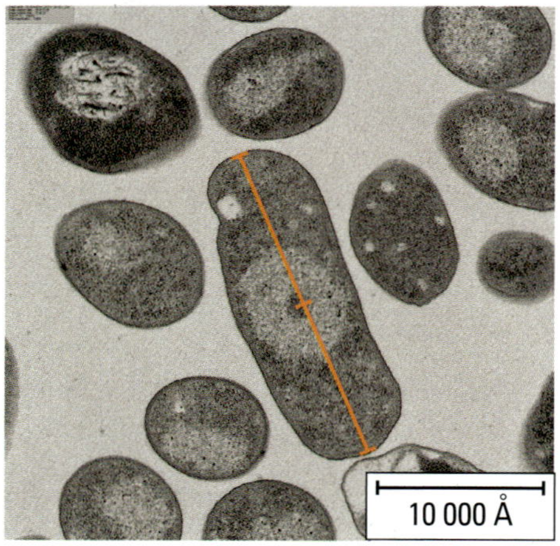

55. En el año 2008, en un hospital de Alicante se realizó un estudio sobre la calidad del semen. Lee el siguiente texto, resumen del objetivo y de los métodos del estudio, y responde a las preguntas:

Objetivo

El recuento del número de espermatozoides y del número de formas móviles son dos parámetros muy importantes en la medición de la calidad espermática a través del espermiograma. Numerosos factores, como la obesidad, el tabaquismo, la contaminación ambiental, el estrés o la edad, actúan alterando la capacidad de fecundación del semen y, por tanto, interfieren en la cuantía de estas dos variables.

Métodos

Se pretende estudiar la influencia de la edad sobre la calidad del semen. Se estudiaron un total de 156 pacientes. Los integrantes fueron divididos en tres grupos: 21-30 años, 31-40 años y 41-50 años. Se utilizó una cámara Mackler y un microscopio Nickon.

La cámara Mackler es un instrumento que se utiliza para el recuento y la observación de la movilidad espermática y se compone de dos piezas de cristal. La parte superior sirve de cubreobjetos y está subdividida en 100 microcuadrados de 0,1 x 0,1 mm de lado. De este modo, el número de espermatozoides contenidos en cualquier línea de 10 microcuadrados indicará la concentración en millones por mililitro.

Obtenido de **https://links.edebe.com/6f6**

A. ¿Qué factores alteran la capacidad de fecundación del semen? ¿Cuál de ellos es el que quieren estudiar los investigadores?

B. ¿Qué relación crees que tiene el recuento del número de espermatozoides y el número de formas móviles en la capacidad de fecundación?

Observa la siguiente tabla de resultados:

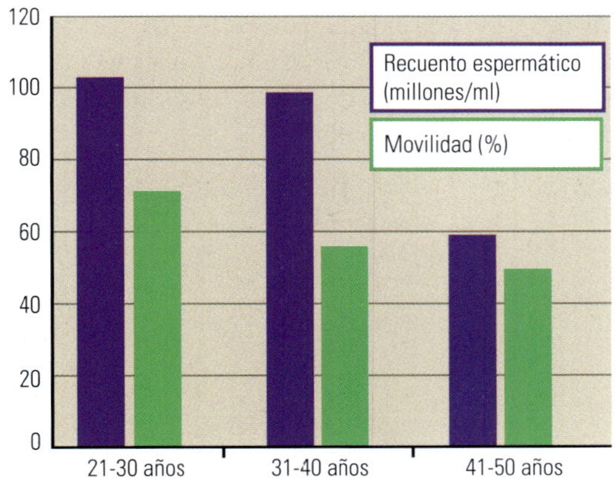

— ¿En qué grupo de edad es mayor el número de espermatozoides de la muestra?

— ¿Los espermatozoides tienen la misma movilidad en todos los grupos de edad?

— Según estos resultados, ¿hay relación entre la edad y la fertilidad masculina? En caso afirmativo, ¿qué tipo de relación se observa?

— Teniendo en cuenta las conclusiones del estudio, ordena de más fértil a menos fértil: hombre de 38 años, hombre de 26 años, hombre de 49 años, hombre de 20 años.

C. En el apartado «Métodos» del estudio se menciona la cámara Mackler y un microscopio. ¿Cómo crees que se usan y con qué finalidad?

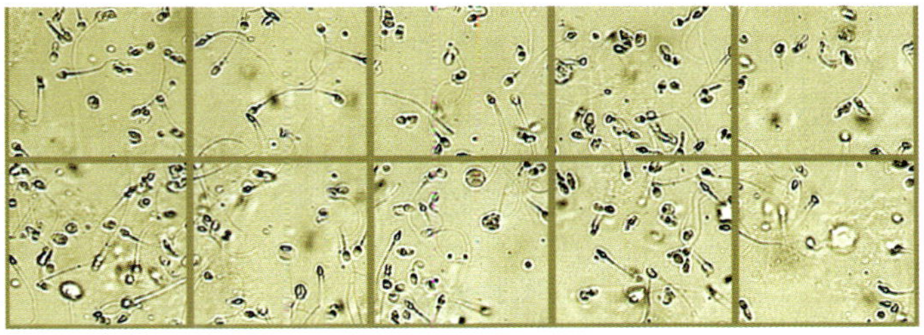

— Observa la imagen y calcula la cantidad de espermatozoides por mililitro.

— Si los valores normales se encuentran entre los 20 y 150 millones por mililitro, ¿podemos concluir que la muestra es fértil?

— Argumenta cuál es la relación entre una baja concentración de espermatozoides en el semen y la infertilidad.

7 La información genética

Contenidos

- El ADN
- El ARN y la expresión génica
- Mutaciones y enfermedades genéticas
- El estudio del genoma

Y además...

- **Ciencia a tu alcance**
  Extracción de ADN

¡Te sorprenderás!

¿Todas las células de un individuo tienen ADN?

¿Sabes dónde está contenida la información de los genes?

¿Qué es el código genético? ¿Es el mismo para todas las especies?

¿Una alteración genética siempre se traduce en una enfermedad?

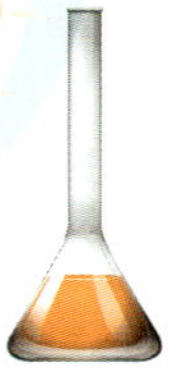

J. Friedrich Miescher (1844-1895)

— 1869: identifica los ácidos nucleicos.

Phoebus Levene (1869-1940)

— Década de 1920: descubre la existencia del ADN, el ARN y los nucleótidos.

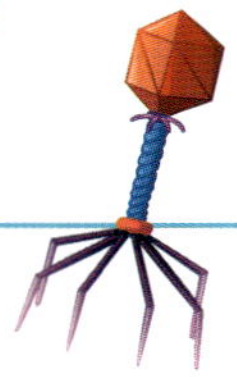

Martha Chase y Alfred Hershey

— 1952: relacionan el ADN con la herencia genética.

Francis Crick, James Watson y Rosalind Franklin

— 1953: descubren la estructura en doble hélice del ADN.

1. EL ADN

Para saber más....
Del ADN al organismo

Los seres vivos se diferencian entre si por numerosas características que los identifican. Estas características pueden ser:

— **No heredables.** Son aquellas que no provienen de los progenitores y que, por tanto, no pueden pasar a la descendencia. Por ejemplo, ser inmune a la varicela porque ya se ha padecido la enfermedad.

— **Heredables.** Se han adquirido a través de los progenitores y pueden pasar a los descendientes. Por ejemplo, el color de la flor en las plantas.

El conjunto de las características heredables constituye la información genética. El **ADN** es el ácido nucleico que contiene toda la información genética de un individuo. Como estudiaremos más adelante, en la expresión de esta información genética participa otro tipo de ácido nucleico: el **ARN.**

EL DESCUBRIMIENTO DEL ADN

Los ácidos nucleicos fueron descubiertos en 1869 por *J. Friedrich Miescher* en el interior del núcleo celular. Miescher los denominó **nucleínas,** pero ignoraba su composición y su función.

En los años veinte del siglo XX, *Phoebus Levene* determina la existencia del ADN y del ARN. Además, concluyó que el ADN estaba formado por **nucleótidos** (unidades que estudiaremos más tarde). Seguía sin conocerse la función del ADN.

En 1952, *Martha Chase* y *Alfred Hershey* demuestran que el ADN es la molécula responsable de los **caracteres heredables.**

En 1953, *James D. Watson* y *Francis Crick* determinan la **estructura en doble hélice** de la molécula de ADN. Fueron claves para este descubrimiento las fotografías mediante difracción de rayos X tomadas e interpretadas por *Rosalind Franklin,* del equipo del doctor *Maurice Wilkins*. Watson, Crick y Wilkins recibieron el Premio Nobel de 1962 por este descubrimiento.

En 1970, Francis Crick publica el **dogma central de la biología molecular,** según el cual la información genética fluye de dos maneras:

— De ADN a ADN cuando este se replica.

— De ADN a ARN, y de este a proteína, mediante la transcripción y la traducción.

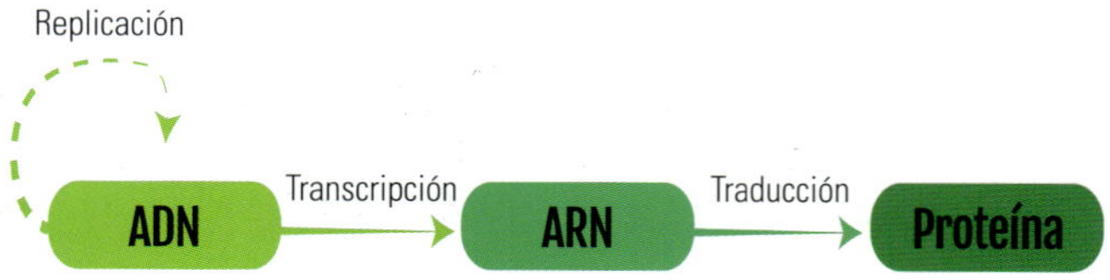

A lo largo de esta unidad conoceremos cómo se llevan a cabo estos procesos.

1.1. LA ESTRUCTURA DEL ADN

Asómate
La estructura del ADN

El ADN o **ácido desoxirribonucleico** forma parte de los llamados ácidos nucleicos. Es una molécula extremadamente larga que se encuentra en el núcleo de las células eucariotas. También se puede hallar en el interior de las **mitocondrias** y de los **cloroplastos.** En las células procariotas se encuentra inmerso en el **citoplasma,** sin membrana que lo rodee.

El ADN presenta los siguientes componentes y estructura:

COMPONENTES DEL ADN

El ADN está formado por la unión de unas piezas más pequeñas llamadas **nucleótidos.**

Cada nucleótido, a su vez, está constituido por la unión de tres componentes: el **ácido fosfórico** ◇, la **desoxirribosa** ⬠ (que es un tipo de glúcido) y una **base nitrogenada.**

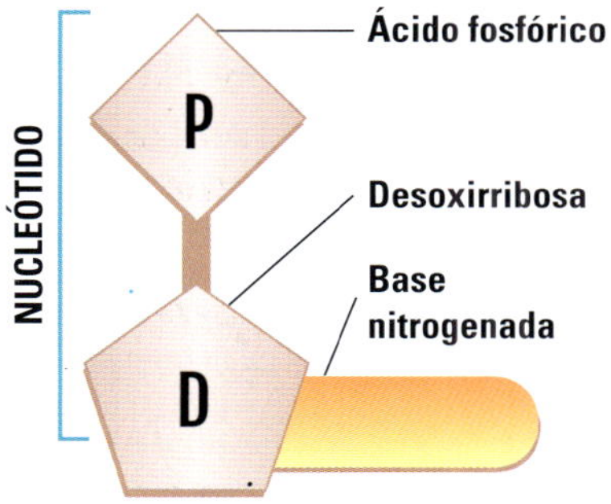

En el ADN aparecen cuatro bases nitrogenadas diferentes:

— La **timina** (T) y la **citosina** (C), que son bases nitrogenadas pequeñas.

— La **adenina** (A) y la **guanina** (G), que son bases nitrogenadas grandes.

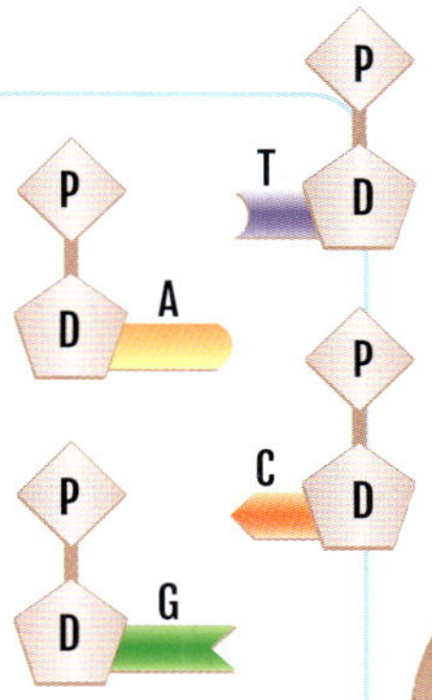

ESTRUCTURA DEL ADN

En una **cadena sencilla** de ADN, los nucleótidos se unen unos con otros enlazando los ácidos fosfóricos con las desoxirribosas y quedando las bases nitrogenadas libres.

El extremo en el que se encuentra el ácido fosfórico se llama **5′** y el extremo de la desoxirribosa, **3′.**

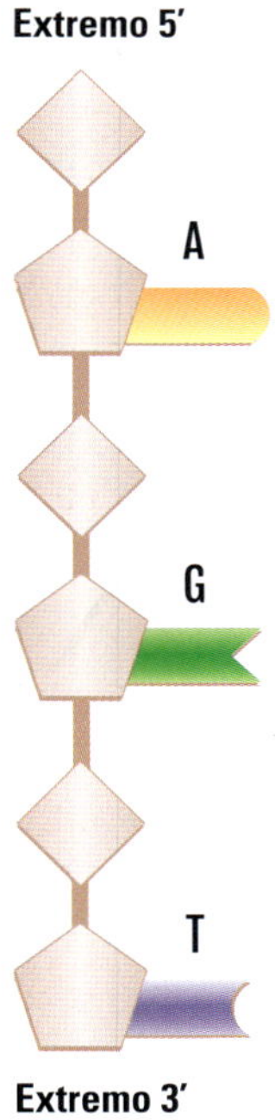

No obstante, el ADN se presenta mayoritariamente en forma de **doble cadena** complementaria y antiparalela (el extremo 5′ de una cadena se enfrenta al extremo 3′ de la otra).

En la doble cadena, los nucleótidos se unen enfrentando las bases nitrogenadas. Los emparejamientos de las bases siempre son iguales: adenina con timina (A–T) y guanina con citosina (G–C). Cada pareja de nucleótidos enfrentados por las bases se denomina **par de bases.** La longitud de una cadena de ADN se expresa en pares de bases.

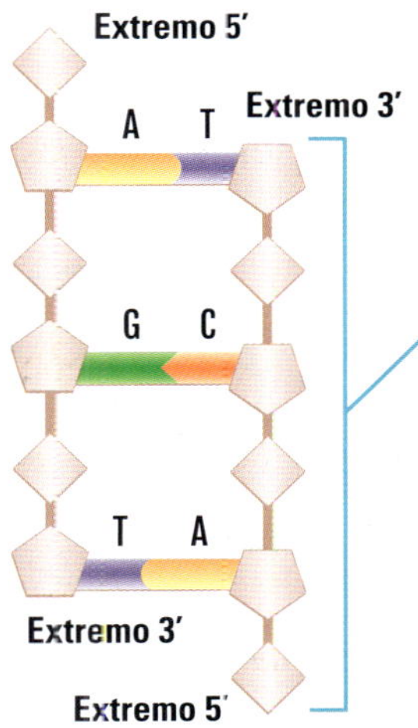

La estructura resultante presenta una forma helicoidal llamada **doble hélice.**

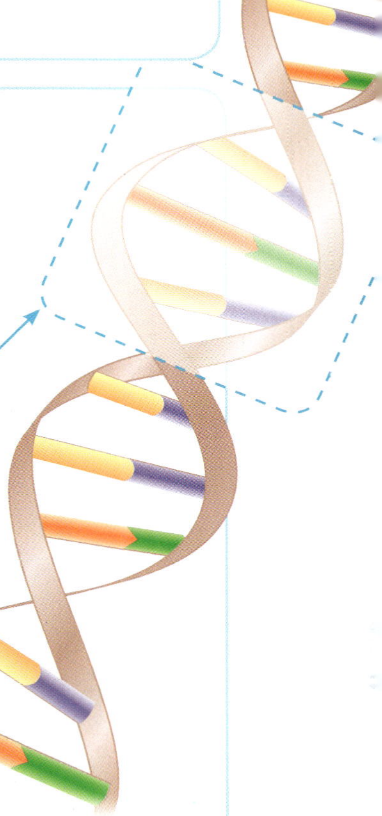
Doble hélice de ADN

Actividades

1. En grupos, construid un modelo 3D de un fragmento de unos diez pares de bases. Utilizad material reciclado e intentad respetar las características del ADN que hemos explicado.
   — Observad el modelo resultante. ¿Por qué crees que no se pueden unir entre sí las bases de tamaño similar?

2. Fíjate en la siguiente cadena, cópiala en tu cuaderno y dibuja su cadena complementaria. Señala los extremos 3′ y 5′ de cada una de las cadenas.

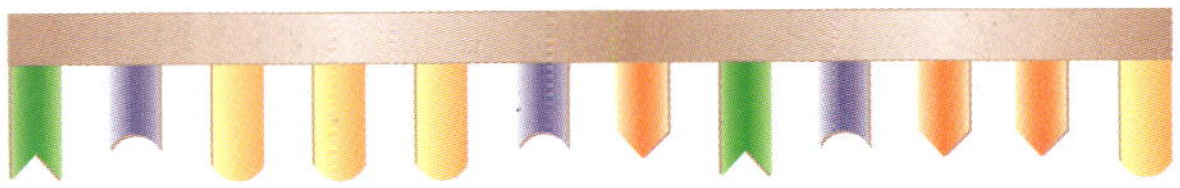

1.2. LA REPLICACIÓN DEL ADN

La replicación es la **duplicación** de la molécula de ADN que tiene lugar durante la **fase S** del ciclo celular. La **replicación** es imprescindible para que la célula inicie la división celular, ya que asegura una copia de ADN completa en cada una de las dos células resultantes.

El ADN es una molécula muy larga y, para poder alojarse en el núcleo eucariota, está compactada en forma de **cromatina** durante la interfase celular. Durante la división celular, la cromatina se empaqueta aún más formando los cromosomas.

La cromatina está constituida por el ADN enrollado alrededor de unas proteínas que funcionan como el rodete de un hilo.

1. INICIO DE LA REPLICACIÓN

En la replicación, las dos cadenas de la doble hélice de ADN se separan y cada una de ellas sirve de molde para la construcción de una **cadena complementaria.**

El primer paso para duplicar el ADN es, por tanto, la descompactación, que es llevada a cabo gracias a la topoisomerasa, y luego, la separación de la doble cadena de ADN, en la que interviene la helicasa.

En el núcleo no hay suficiente espacio para descompactar toda la molécula de ADN a la vez; por eso solo se separan las hebras en determinados puntos llamados **burbujas de replicación.** Estas van avanzando a lo largo de todo el ADN hasta obtener la copia completa de toda la molécula.

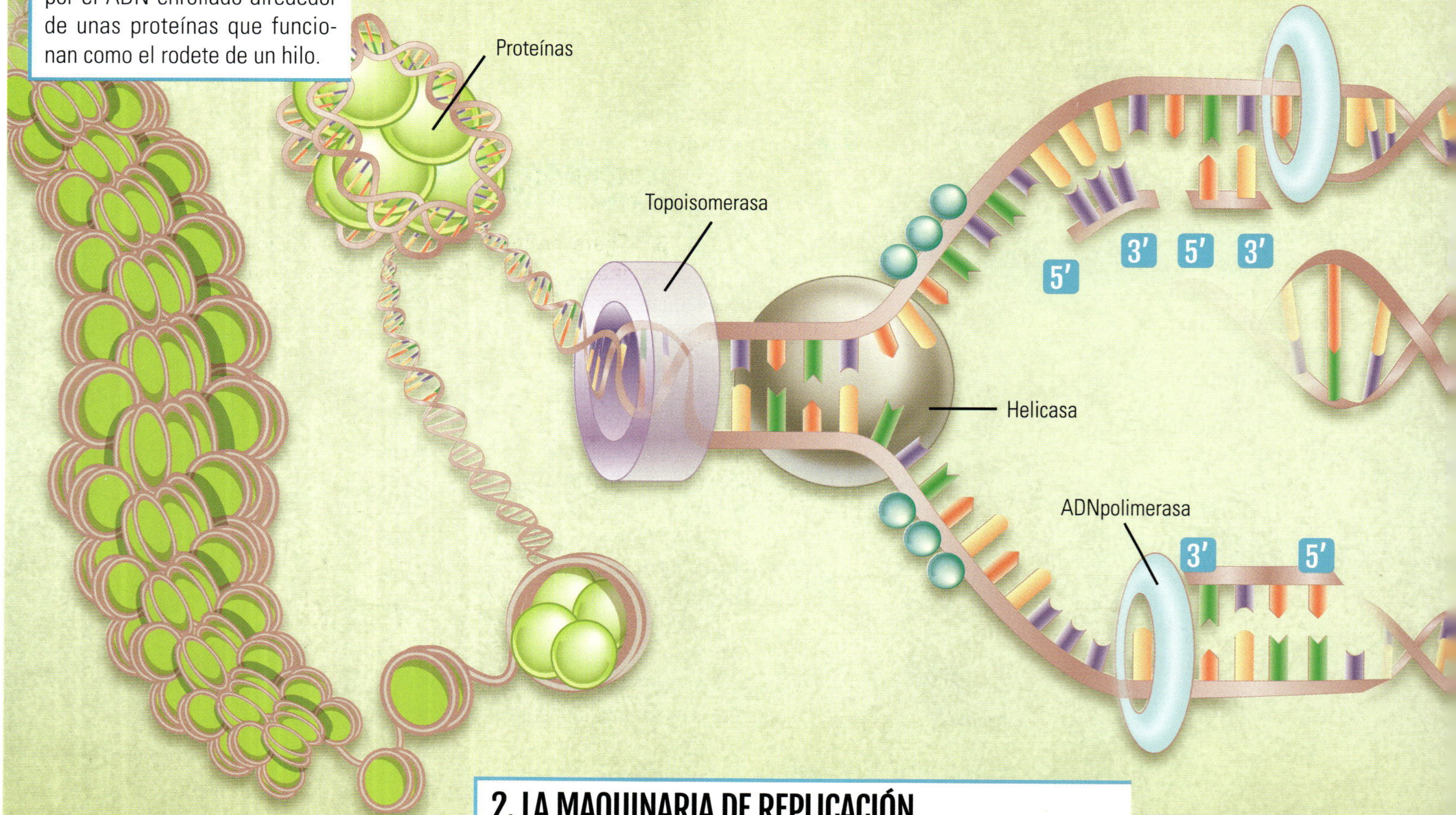

2. LA MAQUINARIA DE REPLICACIÓN

Para llevar a cabo la replicación es imprescindible la participación de diversos **enzimas;** estas sustancias orgánicas, generalmente proteínas, hacen posible los siguientes procesos: las **topoisomerasas** descompactan el ADN, las **helicasas** se encargan de separar las dos cadenas de ADN, y las **ADNpolimerasas** y las **ligasas** se ocupan de colocar y unir los nucleótidos.

3. DESARROLLO DE LA REPLICACIÓN

Una vez formada la burbuja de replicación, cada una de las cadenas de ADN sirve de molde sobre el que se irán situando los nucleótidos que compondrán la cadena complementaria.

Los nucleótidos se colocan por complementariedad de bases nitrogenadas: **adenina** (A) con **timina** (T) y **guanina** (G) con **citosina** (C). En este proceso participan las ADNpolimerasas.

Los nucleótidos solo se pueden colocar en sentido **5′ hacia 3′.** Por este motivo una de las cadenas se copia en pequeños fragmentos, denominados **fragmentos de Okazaki.** La cadena que se elabora en pequeños fragmentos se denomina **cadena retardada.**

En la siguiente dirección web encontrarás animaciones y ejercicios interactivos para comprender mejor la replicación:

https://links.edebe.com/8y6

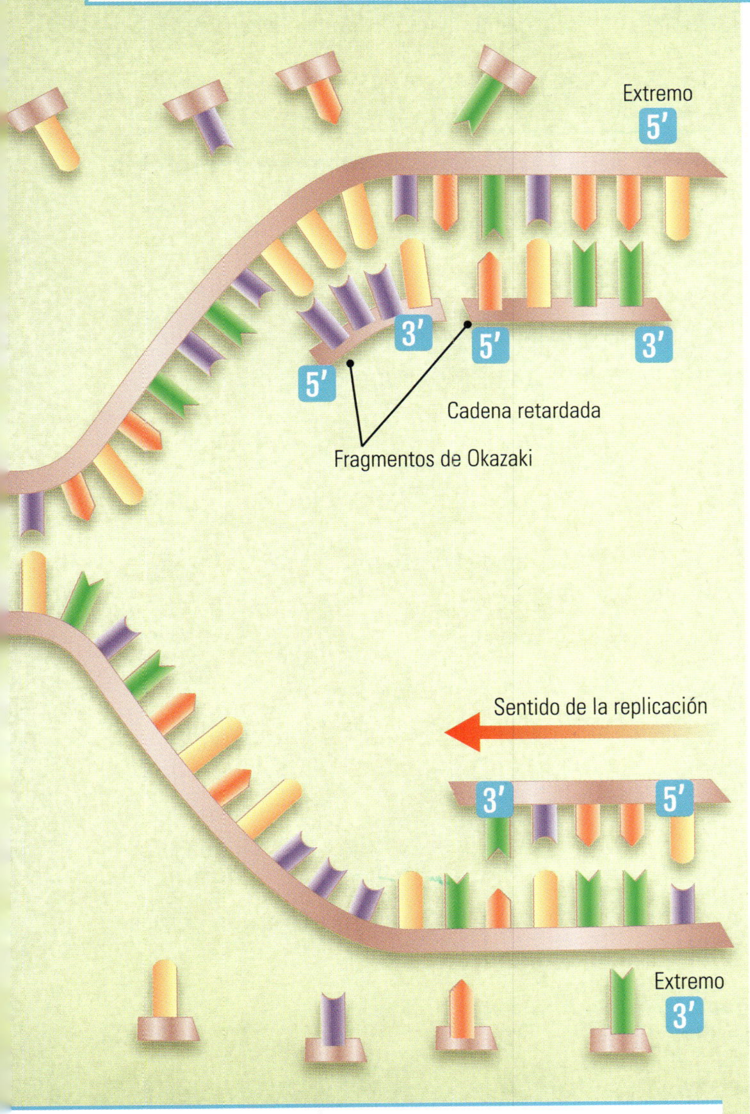

Duplicación del ADN
¿Lo practicamos?

4. FIN DE LA REPLICACIÓN

Una vez duplicado el ADN, la ADNpolimerasa completa los fragmentos que faltan de la cadena retardada. Al final la ligasa une los fragmentos y, a continuación, los diversos enzimas se desprenden del ADN.

Una vez replicado el ADN, este se compactará y formará los **cromosomas** para empezar la división celular.

Actividades

3. Fíjate en los tres modelos de duplicación propuestos e indica cuál es el correcto. Justifica tu respuesta.

4. En el siguiente esquema se han cometido algunos errores. Detéctalos y vuélvelo a dibujar correctamente en tu cuaderno.

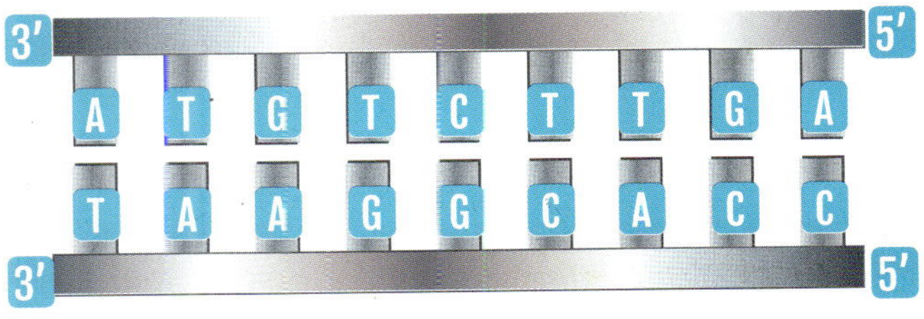

Asómate
ARN y expresión génica

Las **proteínas** son unas biomoléculas formadas por la unión de centenares —y a veces miles— de unas unidades más pequeñas llamadas **aminoácidos.**

En la naturaleza existen veinte aminoácidos diferentes.

Estos aminoácidos se combinan entre sí de muchas formas distintas y dan lugar a miles de proteínas diferentes, cada una de estas con unas propiedades y funciones características:

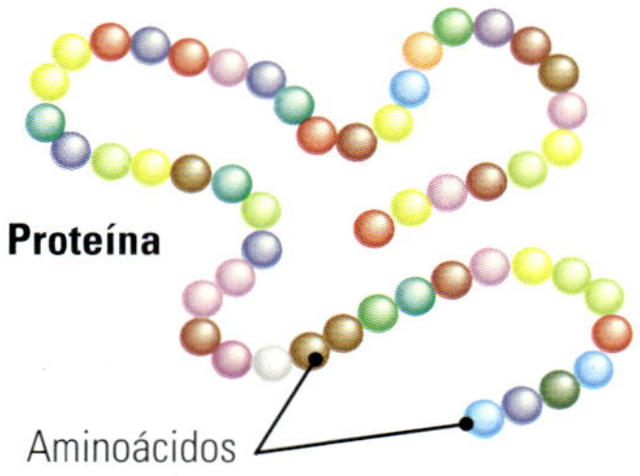

2. EL ARN Y LA EXPRESIÓN GÉNICA

La información genética que contiene el ADN está ubicada en unas zonas concretas llamadas **genes.** Un **gen** es un fragmento de ADN que contiene información para un determinado carácter del individuo; en la mayoría de los casos esta información sirve para la síntesis de una proteína.

Es decir, el conjunto de **proteínas** que constituye un ser vivo viene determinado por su genoma.

La **expresión génica** es el proceso mediante el cual la información contenida en el ADN se utiliza para obtener las proteínas propias de un determinado ser vivo.

El proceso de expresión de los genes consta de dos fases, la **transcripción** y la **traducción.** En estas fases es imprescindible la participación de un ácido nucleico diferente del ADN: el **ARN.**

2.1. EL ARN

El ARN o **ácido ribonucleico** está formado, como el ADN, por nucleótidos.

COMPONENTES DEL ARN

El ARN también está constituido por la unión de **nucleótidos.**

Los componentes de los nucleótidos del ARN son un **ácido fosfórico** ◇, una **ribosa** ⬠ (glúcido) y una **base nitrogenada.**

En el ARN encontramos cuatro bases nitrogenadas diferentes:

- El **uracilo** (U) y la **citosina** (C), que son bases nitrogenadas pequeñas.
- La **adenina** (A) y la **guanina** (G), que son bases nitrogenadas grandes.

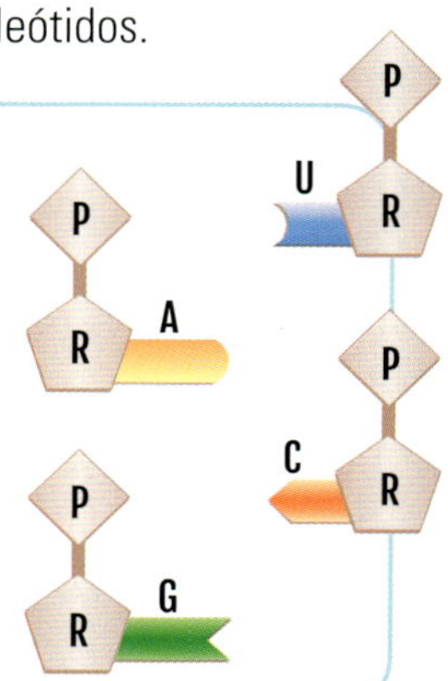

TIPOS DE ARN

El ARN se presenta mayoritariamente en forma de **cadena sencilla.** En el ARN los nucleótidos se unen del mismo modo que en el ADN de cadena sencilla, dando lugar al mismo tipo de extremos (3' y 5'). Existen **tres tipos de ARN:**

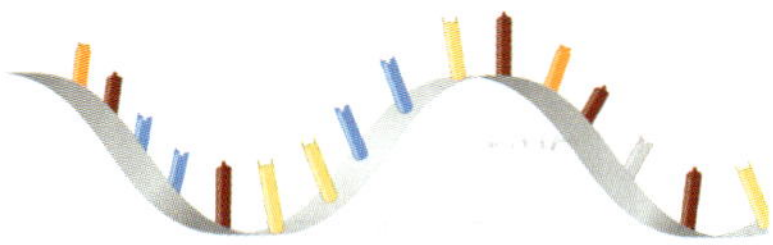

El ARN mensajero (ARNm)

Transporta la información que contiene el ADN hasta los ribosomas.

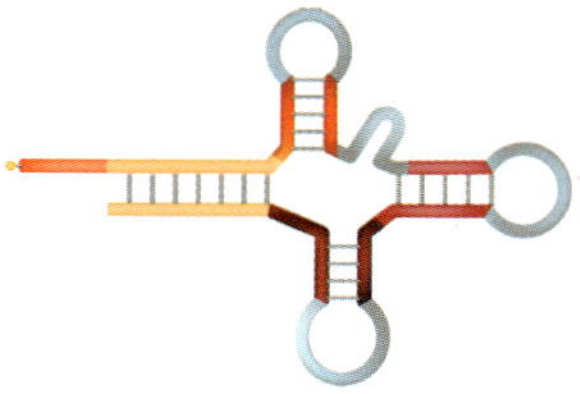

El ARN de transferencia (ARNt)

Una cadena de ARN se pliega sobre sí misma y adquiere forma de cruz. El ARNt se encarga de transportar aminoácidos hacia el ribosoma donde se está sintetizando la proteína.

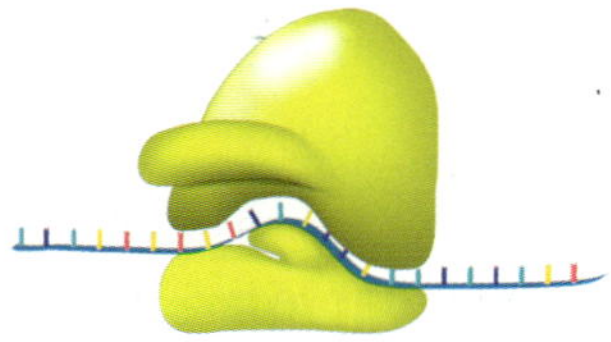

El ARN ribosómico (ARNr)

Asociado a proteínas, forma los ribosomas. Participa en la síntesis de proteínas a partir del ARNm.

2.2. LA TRANSCRIPCIÓN

La transcripción es el proceso por el que la información que contiene el ADN para la síntesis de proteínas pasa de este al ARN mensajero. En las células eucariotas tiene lugar en el **núcleo** y en las células procariotas, en el **citoplasma.**

Para poder llevar a cabo la transcripción se necesita la participación de la **ARNpolimerasa (ARNpol),** un conjunto de enzimas que actúa coordinadamente. Las ARNpol solo transcriben los fragmentos de ADN que constituyen los genes. El proceso de transcripción consta de los siguientes pasos:

LA TRANSCRIPCIÓN

1 Inicio

- En el ADN, antes de cada gen, existe una **secuencia promotora** que indica dónde debe empezar la transcripción.
- La **ARNpol** se une a esta secuencia y separa la doble cadena de ADN. La secuencia de bases del gen ya está disponible para ser transcrita.

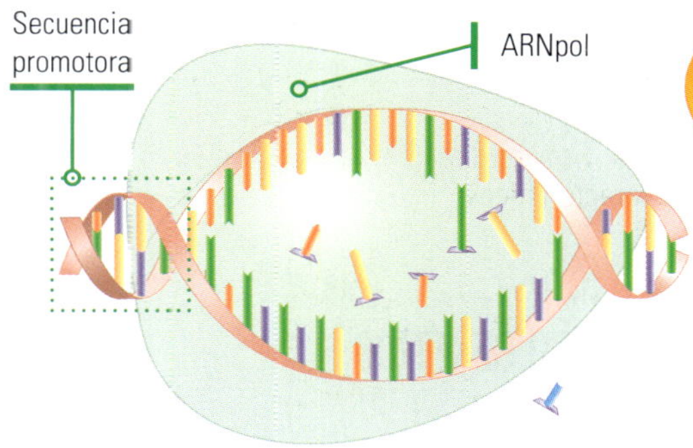

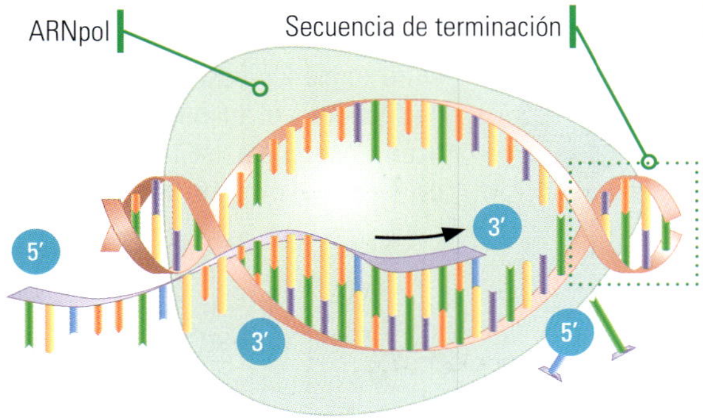

2 Elongación

- La ARNpol va añadiendo nucleótidos de ARN por complementariedad de bases:

ADN	ARN
Adenina	Uracilo
Guanina	Citosina
Citosina	Guanina
Timina	Adenina

- Los nucleótidos de ARN se añaden en sentido 5′ a 3′ (por tanto, «leen» el ADN de 3′ a 5′). De este modo, se va sintetizando una cadena de ARNm.

3 Terminación

- Después de cada gen, el ADN tiene una **secuencia de terminación.** Cuando la ARNpol llega a esta secuencia, el enzima y el ARN transcrito se desprenden del ADN.
- En células procariotas el ARN resultado de la transcripción es el ARNm.
- En células eucariotas el ARN resultante pasa por un proceso de maduración y se obtiene el ARNm.

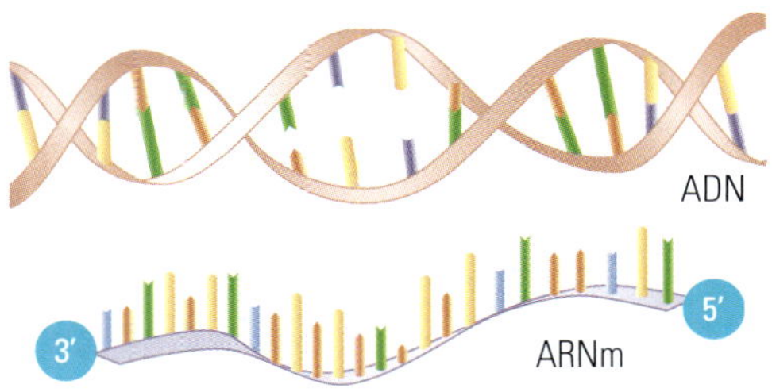

Actividades

5. ¿Qué diferencias existen entre el ADN y el ARN? Plantea la respuesta de esta pregunta aplicando la **técnica cooperativa** *Estructura 1-2-4.*

6. Como todos los seres vivos, nosotros sintetizamos nuestras propias proteínas. Entonces, ¿por qué es necesaria la presencia de estas en nuestra dieta?

   — Busca información sobre los denominados aminoácidos esenciales y su posible relación con esta cuestión.

7. Copia en tu cuaderno la siguiente secuencia. Indica razonadamente si es de ADN o de ARN:

   — A continuación, escribe la cadena a partir de la que se ha generado y señala los extremos de ambas.

Asómate
La traducción

2.3. LA TRADUCCIÓN

La traducción es el proceso mediante el cual a partir del ARNm se sintetiza una proteína. Tiene lugar de manera similar en procariotas y en eucariotas. El proceso se inicia a partir de:

— Un ARNm procedente de la transcripción.

— Ribosomas libres presentes en el citoplasma o en el RER.

— ARNt unidos a los diferentes aminoácidos.

Este proceso se considera una verdadera traducción, ya que el mensaje contenido en el ARNm, copiado a partir del ADN, se traduce en la secuencia de aminoácidos que formarán una proteína. El **código genético** es la clave que permite interpretar el mensaje.

El código genético es la **correspondencia** que se establece entre cada grupo de tres **nucleótidos** consecutivos de la cadena de ARNm y un **aminoácido.** Estos grupos de tres nucleótidos o tripletes se llaman **codones.**

El código genético es **universal;** es decir, en todos los seres vivos cada triplete codifica para el mismo aminoácido. En este esquema podemos ver las correspondencias entre codones y aminoácidos:

EL CÓDIGO GENÉTICO

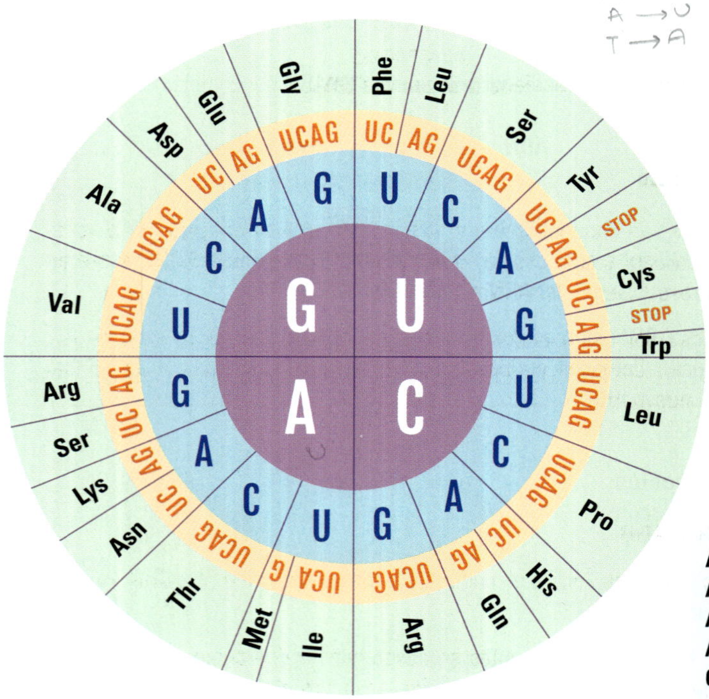

A → U
T → A

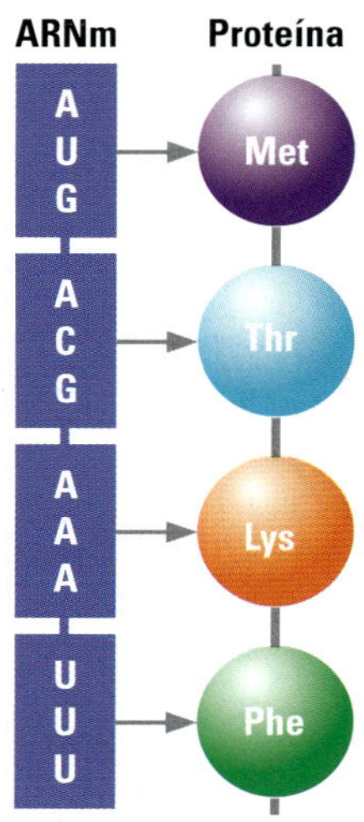

El gráfico muestra la correspondencia entre todos los posibles tripletes de nucleótidos y el aminoácido que codifican. Los tripletes se leen del centro del círculo al exterior. Por ejemplo:

— El triplete AUG codifica para la metionina.

— Los tripletes ACG, ACA, ACC y ACU codifican para la treonina.

— Los tripletes AAA y AAG codifican para la lisina.

— Los tripletes UUU y UUC codifican para la fenilalanina.

Ala Alanina	**Gln** Glutamina	**Leu** Leucina	**Ser** Serina
Arg Arginina	**Glu** Ác. glutámico	**Lys** Lisina	**Thr** Treonina
Asn Asparagina	**Gly** Glicina	**Met** Metionina	**Trp** Triptófano
Asp Ác. aspártico	**His** Histidina	**Phe** Fenilalanina	**Tyr** Tirosina
Cys Cisteína	**Ile** Isoleucina	**Pro** Prolina	**Val** Valina

CARACTERÍSTICAS CÓDIGO GENÉTICO

CODÓN GENÉTICO
- Universal
- 20 aminoácidos = proteínas
- ARNm → proteína
  └ tripletes / codones
  - Leer de 3 en 3 en orden.
  - Leer de 5 → 3
  - Continua (no se solapan)
  - Cada triplete codifica a un aminoácido. (Ej.: AUG → Met (Metionina))
  - 64 combinaciones (≠ codones pueden codificar ⊖ aminoácido)
- Codón STOP: si pasa 3 o + seguidos (siempre al final) se suelta la proteína.

Una de las características del código genético es que este está **degenerado,** ya que existen 64 posibles tripletes y solo 20 aminoácidos diferentes; es decir, hay aminoácidos que están codificados por más de un codón. Existen cuatro codones especiales:

— **Codón AUG.** Codifica para la metionina y es la señal de inicio de la traducción.

— **Codones UAA, UGA, UAG.** Son los codones STOP. Determinan el final de la traducción.

Actividades

8. ¿Qué posibles ventajas puede tener que el código genético sea degenerado? Estableced una posible ventaja aplicando la **técnica cooperativa** *Lluvia de ideas.*

EL PROCESO DE TRADUCCIÓN

Es un **proceso continuo,** que dividimos en tres pasos para su mejor comprensión:

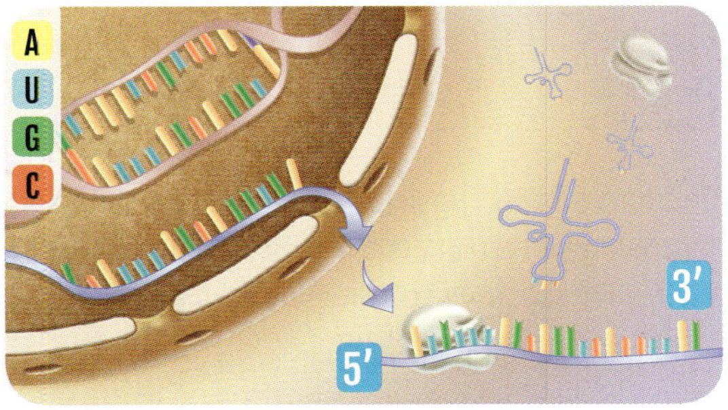

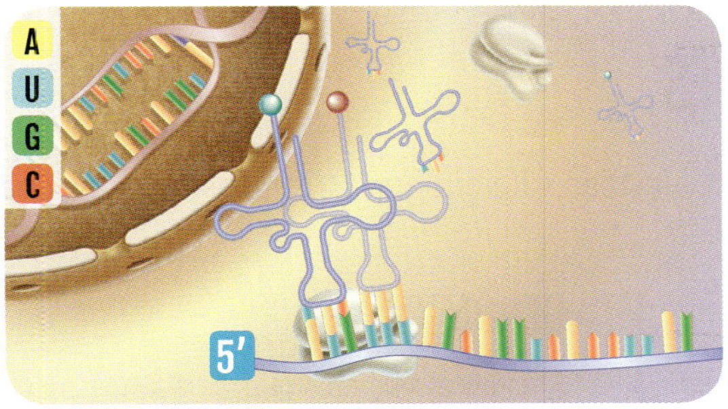

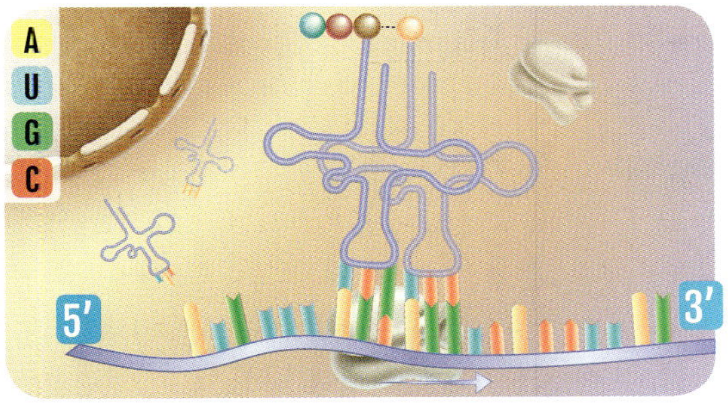

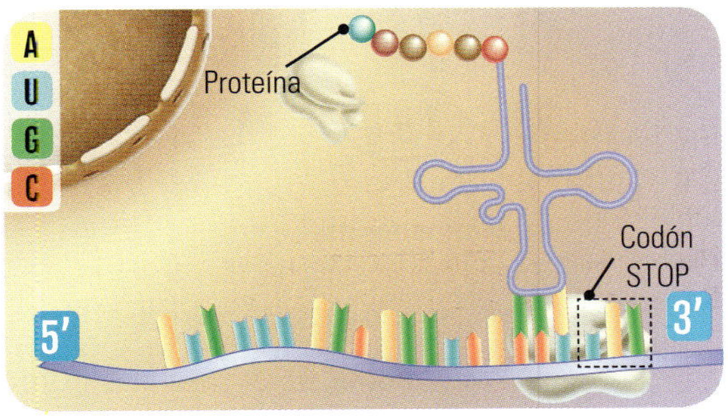

Inicio

El ARNm sale al citoplasma atravesando la membrana nuclear y una vez allí:

— Uno de los ribosomas del citoplasma se une al extremo 5′ del ARNm, por la zona donde se encuentra su codón de inicio (AUG).

— Los ARN de transferencia (ARNt) tienen en la zona inferior un triplete de bases llamado **anticodón.** Según el anticodón que presenten, en su extremo superior se unirá un aminoácido específico.

— Los ARNt se dirigirán a la zona en la que el ribosoma se encuentra unido al ARNm. El ARNt unirá su anticodón con el codón del ARNm que sea complementario. El primer ARNt en unirse es el que transporta el aminoácido **Met** y cuyo anticodón tiene la secuencia **UAC.**

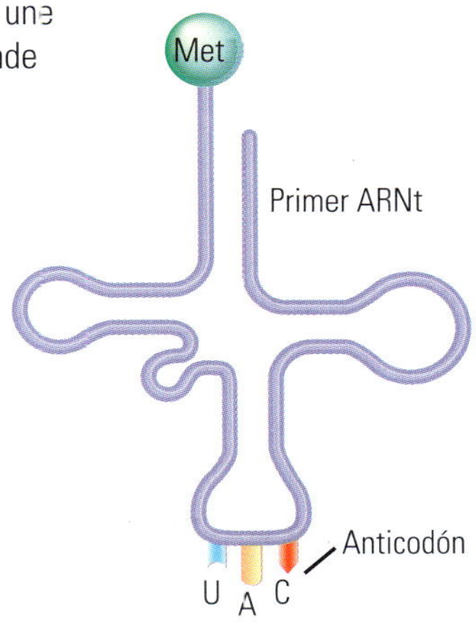

Elongación

Los ARNt se van situando sobre el ARNm, uno al lado del otro, en la zona donde se encuentra el ribosoma. El anticodón de cada nuevo ARNt se une al codón correspondiente del ARNm.

Cuando dos ARNt están unidos al ARNm, los aminoácidos de su extremo superior se unen. Entonces, el ribosoma se mueve hacia el extremo 3′ del ARNm y entra un nuevo ARNt.

Terminación

Cuando el ribosoma llega a un codón STOP del ARNm, no existe ARNt que se pueda unir.

Entonces todos los componentes se desprenden y dan como resultado una larga cadena de aminoácidos que originará una proteína específica.

Actividades

9. En un organismo hipotético se descubren 64 aminoácidos. ¿Podría organizarse su código genético en tripletes? Razona tu respuesta.

10. Aplicando la **técnica cooperativa** *Folio giratorio,* elaborad un resumen sobre cómo se llevan a cabo la transcripción y la traducción.

11. Fíjate en las siguientes secuencias y copia en tu cuaderno aquellas que correspondan al ARNm. A continuación, dibuja sobre ellas el ARNt, con su anticodón y su aminoácido, que se uniría a cada una de ellas.

5′-AUG-**3′** **5′**-TAT-**3′** **3′**-UGGAAAGCA-**5′**

5′-UGA-**3′** **5′**-ATCGCT-**3′**

AGENTES MUTÁGENOS

Son cualquier sustancia o virus que con una exposición prolongada aumenta la frecuencia normal de aparición de mutaciones

AGENTES MUTÁGENOS

La exposición a determinados agentes, llamados agentes mutágenos, puede aumentar la frecuencia normal de aparición de mutaciones. Según su naturaleza, los agentes pueden ser:

— **Físicos:** radiaciones como los rayos X o los ultravioletas.

— **Químicos:** sustancias como el benzopireno del tabaco.

— **Biológicos:** determinados virus, como el de la hepatitis B.

3. MUTACIONES Y ENFERMEDADES GENÉTICAS

Las alteraciones que se dan en el ADN y afectan a la información genética se denominan **mutaciones.**

Las **mutaciones** son cambios en la estructura o la composición del ADN. Las mutaciones suceden de manera **espontánea** por causas muy diversas, como la acción de ciertas sustancias, o bien por errores durante la replicación del ADN o durante la división celular.

Las mutaciones pueden comportar enfermedades a un determinado organismo, pero a su vez son también uno de los mecanismos que permiten la evolución.

3.1. TIPOS DE MUTACIONES

Según el tamaño del fragmento de ADN afectado, diferenciamos tres tipos de mutaciones:

GÉNICAS

Tan solo afectan a un par de bases del ADN de la secuencia de un gen. Pueden ser:

— **Deleciones.** Se pierde un par de bases.

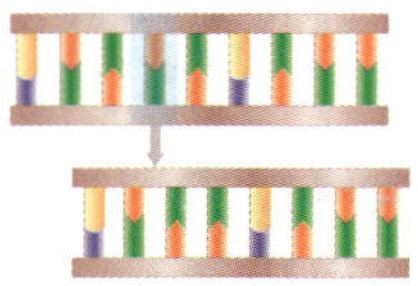

— **Inserciones.** Se añade un par de bases.

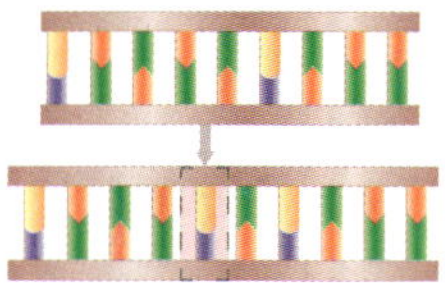

— **Sustituciones.** Un par de bases es sustituido por otro.

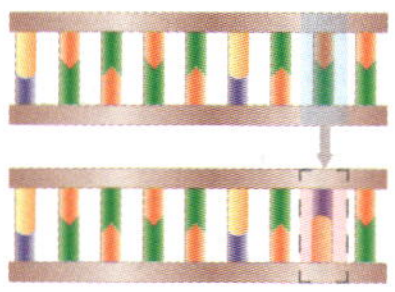

CROMOSÓMICAS

Afectan a fragmentos grandes de cromosomas, es decir, a más de un gen. Pueden ser:

— **Deleciones.** Se pierde un trozo de cromosoma.

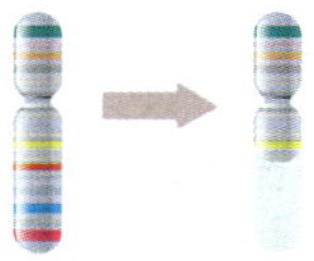

— **Duplicaciones.** Se repite un fragmento de cromosoma.

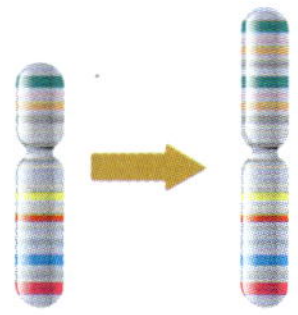

— **Translocaciones.** Un fragmento de cromosoma cambia de ubicación y se sitúa en otro cromosoma.

GENÓMICAS

Afectan al número total de cromosomas. Pueden ser:

— **Trisomías.** Se da cuando un cromosoma tiene una copia de más.

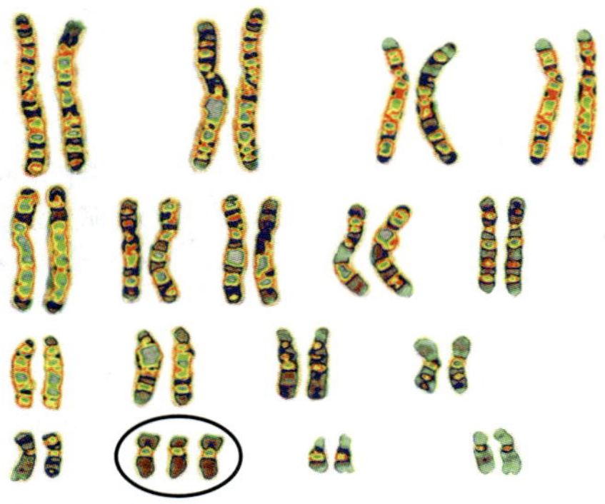

— **Monosomías.** Se produce cuando, en una célula diploide, uno de los cromosomas solo presenta una copia.

— **Poliploidías.** Es el caso más extremo. Se origina cuando toda la dotación cromosómica está duplicada. Es muy habitual en plantas y poco frecuente en animales.

Actividades

12. En el análisis de los cariotipos de diferentes espermatozoides, se encuentran con resultados de 23 cromosomas, 24 cromosomas y 46 cromosomas. ¿Qué tipo de mutaciones presentarían los cigotos resultado de la unión de cada uno de estos espermatozoides con un óvulo normal?

3.2. ENFERMEDADES GENÉTICAS

¿Qué sabes sobre...
...el mapa cromosómico humano?

Las enfermedades ocasionadas por mutaciones del genoma se denominan **enfermedades genéticas.** Son el resultado de un funcionamiento incorrecto de uno o varios genes porque no tienen la secuencia correcta de bases o porque se encuentran en la célula en un número superior o inferior al normal. Estas enfermedades pueden ser:

— **Congénitas:** cuando se manifiestan desde el nacimiento.

— **Adquiridas:** cuando la alteración tiene lugar a lo largo de la vida del afectado. Se deben a la exposición del individuo a agentes mutágenos.

— **Hereditarias:** cuando la alteración se transmite de una generación a la siguiente.

Las **enfermedades congénitas** pueden ser o no hereditarias. Ello depende de si la alteración tiene lugar durante el desarrollo embrionario o si ha sido transmitida por los progenitores.

Las **enfermedades hereditarias** pueden ser congénitas o no. En este caso, depende de si los síntomas se manifiestan desde el nacimiento o más tarde.

Según su causa, las enfermedades genéticas se pueden agrupar en dos categorías:

— Enfermedades o síndromes provocados por un **número incorrecto de cromosomas.** Son el resultado de un error en la formación de los gametos durante la meiosis. En el ser humano se pueden dar trisomías y monosomías.

Trisomías	**Síndrome de Down.** Causado por la presencia de tres cromosomas en el par 21 (trisomía 21). Provoca un grado variable de retraso cognitivo y una fisonomía particular del rostro. Este síndrome tiene una incidencia de un afectado cada 1000 recién nacidos.
	Síndrome de Patau. Provocado por la trisomía del cromosoma 13. Causa alteraciones graves en varios órganos y aparatos del organismo, lo que provoca la muerte antes del nacimiento o durante el primer año de vida. Tiene una incidencia de un afectado cada 12 000 recién nacidos.
	Síndrome de Klinefelter. Ocasionado por la presencia de uno o más cromosomas X extra en los hombres. Provoca esterilidad, presencia de mamas más grandes de lo habitual, testículos pequeños y poco o muy poco vello corporal.
Monosomías	**Síndrome de Turner.** Afecta a las mujeres y es consecuencia de la pérdida de parte o de la totalidad de uno de los cromosomas X. Las afectadas tienen baja estatura, falta de caracteres sexuales secundarios y son estériles.

— Enfermedades provocadas **por mutaciones génicas.** Este grupo de enfermedades es muy amplio. Estas son las más frecuentes:

Fenilcetonuria	Es una enfermedad causada por un error en un gen del cromosoma 12 que impide que el aminoácido fenilalanina se pueda descomponer. Provoca daños en el desarrollo cerebral y discapacidad intelectual.
Fibrosis quística	La causa es un error en un gen del cromosoma 7 que provoca la secreción de mucosidades espesas en los pulmones y el aparato digestivo. En consecuencia, aumenta el riesgo de infecciones pulmonares que pueden llegar a ser mortales.
Hemofilia	Es un trastorno ligado al cromosoma X en el que los afectados tienen dificultades en la coagulación de la sangre. Puede provocar hemorragias internas y externas, así como problemas en la cicatrización de heridas.

Actividades

13. Investiga los síntomas y las causas de la esclerosis lateral amiotrófica (ELA) y de la deficiencia de ADA, dos ejemplos de enfermedades provocadas por mutaciones génicas.

4. EL ESTUDIO DEL GENOMA

ODS

Las aplicaciones médicas de los proyectos de investigación que se han iniciado a partir del PGH abren enormes posibilidades para la mejora de la **salud y el bienestar** del ser humano.

Las principales líneas de investigación se centran en la prevención y en la detección precoz de enfermedades como el cáncer, la diabetes y las enfermedades degenerativas.

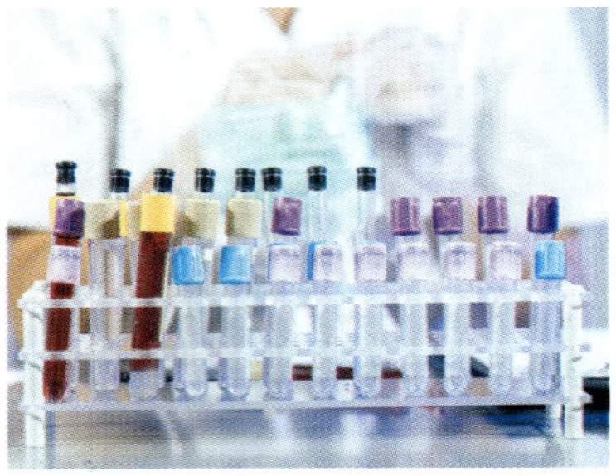

A partir de 1990, la evolución de las técnicas de análisis de ADN permitió la secuenciación de los primeros genomas de seres vivos. Eran genomas de tamaño reducido y las técnicas empleadas, costosas y lentas. Sin embargo, al conseguirse estas primeras secuencias, se abría la posibilidad de secuenciar también el genoma humano.

4.1. EL PROYECTO GENOMA HUMANO (PGH)

En 1990 se inició el Proyecto Genoma Humano (PGH), con el fin de determinar la secuencia completa de bases del genoma humano y situar e identificar los genes que lo forman. Era un objetivo muy ambicioso, que también incluía la puesta en marcha de técnicas genéticas pioneras.

El Departamento de Energía y los Institutos Nacionales de Salud de EE. UU. iniciaron el proyecto, que en un principio fue liderado por Francis Collins. Sin embargo, al final participaron un elevado número de científicos de múltiples países.

En 2003, dos años antes de lo previsto, finalizó el PGH. Los resultados se hicieron públicos, de manera que cualquier grupo de investigación podía basarse en ellos para avanzar en otros proyectos de estudio del genoma.

APLICACIONES DEL PGH

Las aplicaciones del conocimiento de la secuencia del genoma humano son muy amplias. Algunas de estas son:

— **Científicas.** Permite conocer y estudiar más a fondo los mecanismos de expresión y regulación de los genes.

— **Médicas.** Constituye el punto de partida en la investigación de terapias para enfermedades genéticas. También permite conocer la predisposición a padecer cierto tipo de enfermedades y adoptar así los hábitos preventivos adecuados.

— **Informativas.** Posibilita la obtención de un «carné génico» que da lugar a identificaciones inequívocas.

— **Eugenésicas.** Mediante el diagnóstico genético prenatal, permite «elegir» los embriones libres de determinadas enfermedades genéticas que pueden ser letales.

Las aplicaciones del conocimiento del genoma humano tienen considerables implicaciones éticas y morales.

Por este motivo, el uso y el alcance de muchas de estas aplicaciones son objeto de intensos debates éticos.

Cronología de la secuenciación de genomas

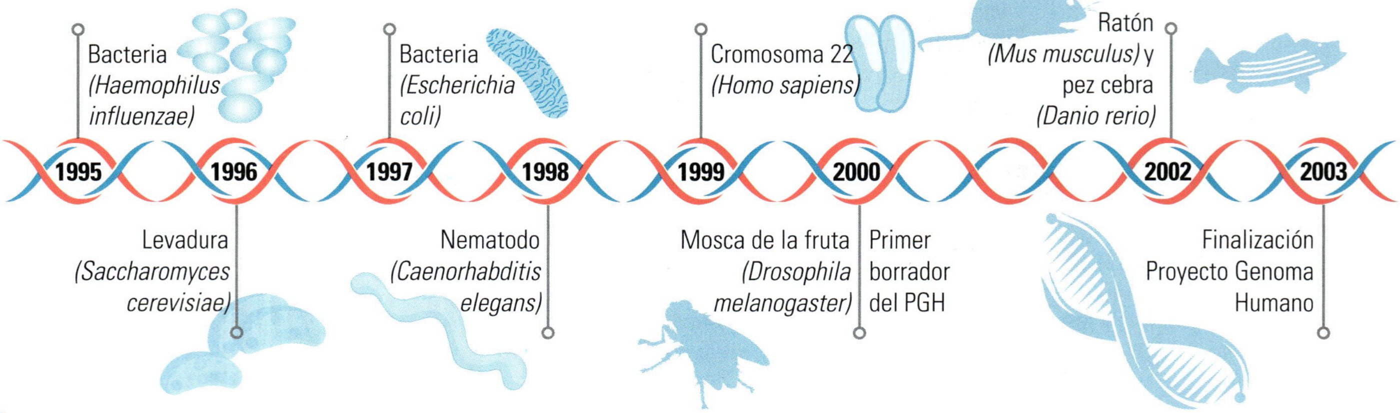

4.2. OTROS PROYECTOS DE INVESTIGACIÓN GENÉTICA

El conocimiento aportado por el PGH abrió la puerta a nuevas investigaciones en varios ámbitos de la ciencia, muchos de ellos relacionados con la prevención y el tratamiento de enfermedades.

La mayor parte de estos proyectos son interdisciplinares y están integrados por científicos de diversos organismos y países. Los datos obtenidos de estas investigaciones son abiertos, de modo que están a disposición de otros investigadores.

Entre los distintos proyectos de investigación del genoma humano destacan:

— **El Proyecto Proteoma Humano.** La finalidad de este proyecto, iniciado en 2001, es identificar, localizar y determinar la secuencia de aminoácidos de todas las proteínas del ser humano. También pretende crear un mapa de las interacciones entre proteínas, lo que ayudará a determinar mejor su función biológica y su relación con la aparición de ciertas enfermedades.

— **El Proyecto HapMap.** Llevado a cabo entre 2003 y 2006, estudió muestras de ADN de un número elevado de personas de orígenes diversos para entender cómo variaba la secuencia de nucleótidos en los genes. El proyecto localizó regiones comunes y constantes en los cromosomas que presentaban, sin embargo, pequeñas variaciones genéticas. El estudio de estas variaciones, que pueden ser de un solo par de bases, permite valorar el riesgo de padecer ciertas enfermedades, así como asignar tratamientos más eficaces a determinados pacientes.

— **El Proyecto ENCODE.** Este proyecto se inició en 2003 para estudiar la función de determinados fragmentos de ADN que actúan como «interruptores» en la regulación y expresión de los genes.

— **El Proyecto GTEx.** Iniciado en el año 2010, estudia los mecanismos que regulan la expresión de los genes en distintos tejidos del cuerpo humano. Con los datos obtenidos, los científicos pueden mejorar la prevención y la detección precoz de enfermedades como la diabetes, la esclerosis múltiple, el párkinson y las enfermedades cardiovasculares.

— **El Proyecto ICGC/TCGA.** Conocido como proyecto Pan-Cáncer; se inició en 2008 con el objetivo de conocer las alteraciones genéticas de los 50 tipos de cáncer de mayor impacto en el mundo. Los datos obtenidos permiten profundizar en la investigación del cáncer y saber qué procesos generan tumores, los genes que se activan o no en las mutaciones cancerígenas, la evolución de los tumores...

BIOINFORMÁTICA

La enorme cantidad de datos que se manejan en las investigaciones genéticas hace necesaria la intervención de la bioinformática, una disciplina que aplica la computación y la estadística en el análisis de datos biológicos.

Actividades

14. **Observa la cronología de la secuenciación del genoma de diferentes organismos e indica cuál fue:**

a) El primer organismo eucariota secuenciado.

b) El primer invertebrado secuenciado.

c) El año en que se secuenció el primer mamífero y su nombre científico.

d) El primer animal extinto del que se obtuvo la secuenciación de su genoma.

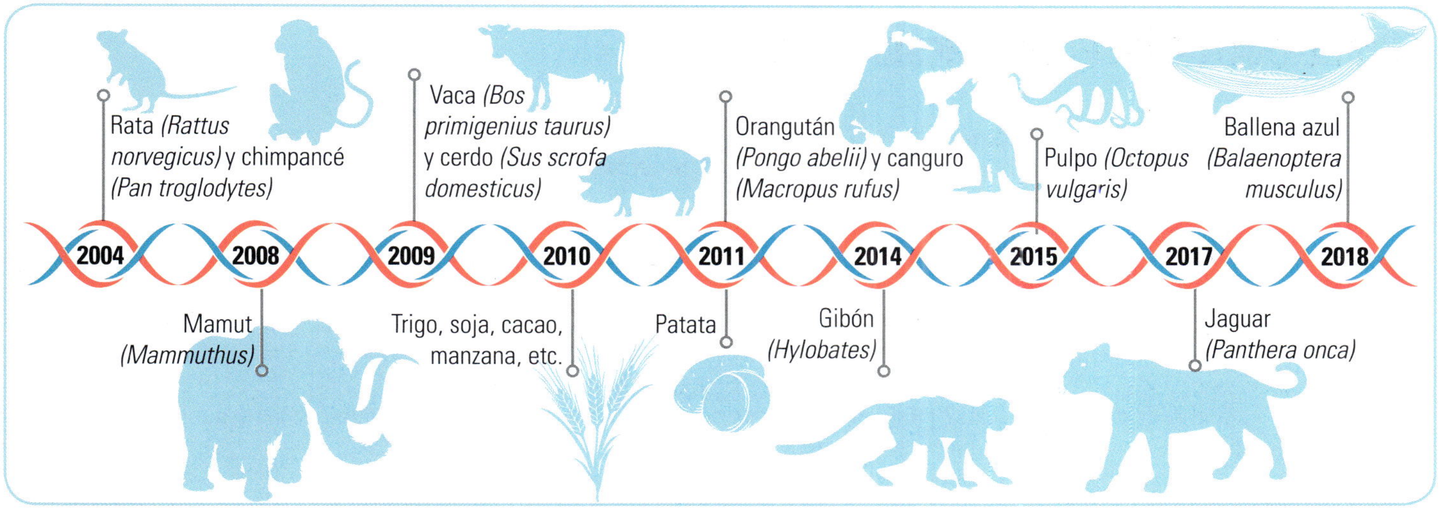

Ciencia a tu alcance

Extracción de ADN

1 Introducción

El ADN contiene toda la información sobre la identidad biológica de los seres vivos. En los últimos años, los avances en el campo de la biología molecular han conseguido extraer ADN de muestras muy pequeñas. Estas técnicas de extracción y su posterior estudio por comparación se utilizan para establecer parentescos evolutivos a partir de restos fósiles. También son una pieza clave de las investigaciones policiales, ya que se han convertido en una prueba infalible para resolver delitos que, tiempo atrás, hubieran quedado archivados para siempre.

Material

- Un vaso.
- Un vaso de precipitados de vidrio.
- Agua mineral.
- Solución de cloruro sódico (NaCl) al 6 %.
- Solución de lavavajillas al 25 %.
- Alcohol etílico de 96°.
- Pipetas Pasteur desechables.
- Unas gotas de hematoxilina.

En esta práctica aprenderás a extraer tu propio ADN a partir de las células epiteliales presentes en la saliva.

Para extraer el ADN, primero necesitamos romper las células en las que se encuentra protegido y, con ese fin, utilizamos el detergente. Más adelante empleamos el alcohol, que, por diferencia de cargas, permite separar el ADN del resto de los componentes celulares.

2 Procedimiento

Si acabas de comer, enjuágate bien la boca antes de proceder a realizar el experimento.

Los restos de comida se eliminarán y no interferirán en el resultado.

— Antes de empezar, pon el alcohol en la nevera durante unos minutos para que se vaya enfriando.

— Llena el vaso de agua mineral, bebe un sorbo y enjuágate la boca durante medio minuto.

— Vierte el agua del enjuague en el vaso de precipitados hasta un volumen aproximado de 10 mL.

— Con la ayuda de una pipeta Pasteur, añade 10 mL de la solución de NaCl y 10 mL de lavavajillas diluido en el vaso de precipitados.

— Mezcla suavemente con una varilla de vidrio durante unos minutos, evitando que aparezca espuma.

— Inclina el vaso y, con ayuda de una pipeta Pasteur, deposita con cuidado 10 mL de alcohol. Procura que las gotas vayan resbalando por las paredes del vaso.

— Espera cinco minutos y observarás cómo va apareciendo en la interfase entre el agua y el alcohol una hilera de pequeños grumos unidos por un hilillo blanquecino. Es el ADN.

— Puedes recoger las hebras con un palillo de madera y depositarlas en un vaso con alcohol para verlas mejor.

— Recoge alguno de los filamentos y colócalo sobre un portaobjetos. Añade, a continuación, unas gotas de hematoxilina durante 10 minutos.

— Lava el portaobjetos con agua destilada para eliminar el exceso de colorante, procurando no arrastrar las hebras de ADN.

— Cubre la muestra y obsérvala con el microscopio óptico.

3 Actividades

a) Describe y dibuja la forma que presenta el ADN en la muestra.

b) ¿Por qué hemos utilizado detergente durante el proceso de extracción?

c) El alcohol produce la precipitación del ADN. ¿Sabrías explicar a qué es debido? ¿Por qué crees que es necesario enfriarlo previamente?

d) ¿Dónde está el ARN de estas células? ¿Hay células en las que no se observan los cromosomas? Si la respuesta es afirmativa, explica el porqué.

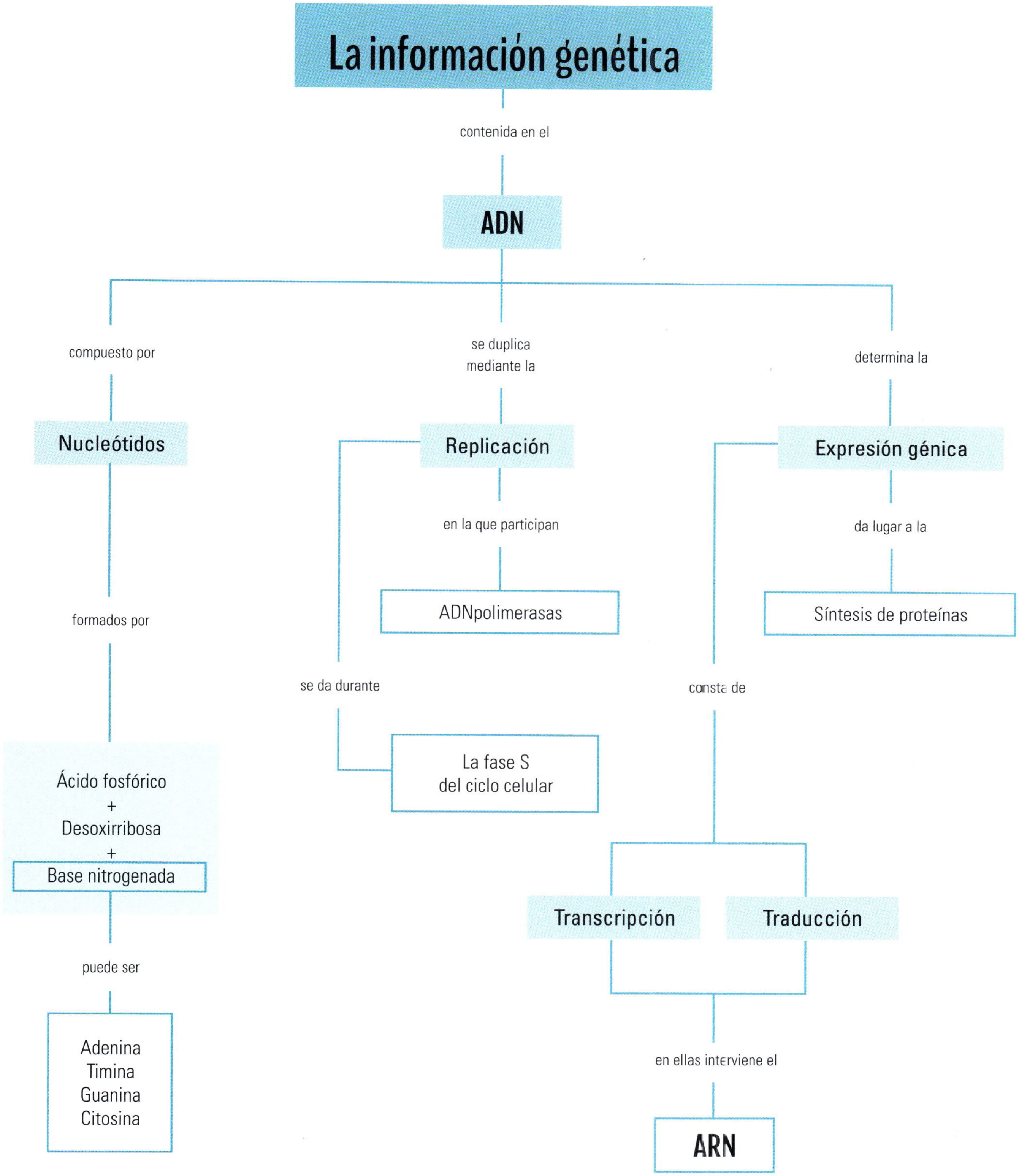
La información genética
contenida en el
ADN
compuesto por
Nucleótidos
formados por
Ácido fosfórico
+
Desoxirribosa
+
Base nitrogenada
puede ser
Adenina
Timina
Guanina
Citosina
se duplica mediante la
Replicación
en la que participan
ADNpolimerasas
se da durante
La fase S del ciclo celular
determina la
Expresión génica
da lugar a la
Síntesis de proteínas
consta de
Transcripción
Traducción
en ellas interviene el
ARN

Actividades finales

PREPARA

15. ●○○ Define qué son las características heredables y no heredables en un organismo. Pon un ejemplo de cada una.

16. ●○○ Copia y completa en tu cuaderno este esquema del dogma central de la biología con el nombre de los procesos implicados.

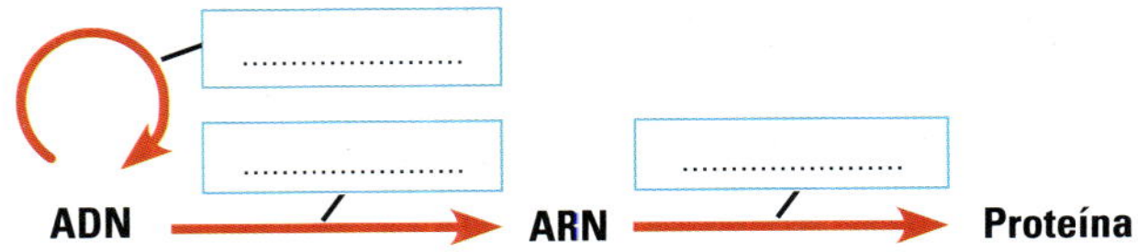

17. ●○● ¿En qué partes de una célula eucariota podemos localizar ADN? ¿Y en una célula procariota?

18. ●○○ ¿Cómo se llama la molécula de la imagen? Indica los nombres de las partes señaladas.

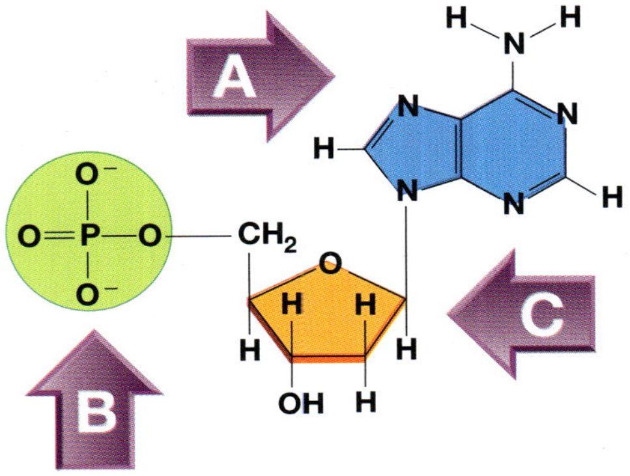

19. ●○○ ¿Qué son las ADNpolimerasas? ¿Cuál es su función en la célula?

20. ●○○ ¿Qué es una burbuja de replicación?

21. ●○○ Relaciona, en tu cuaderno, cada una de las características con el tipo de ARN correspondiente.

	ARNm	ARNt	ARNr
Se pliega sobre él mismo y presenta forma de cruz.			
Está asociado a proteínas.			
Se sintetiza utilizando de molde una cadena de ADN.			
Transporta una copia de la información contenida en el ADN.			
Aporta los aminoácidos para la síntesis de las proteínas.			
Forma los ribosomas.			

22. ●○○ Ordena en tu cuaderno los siguientes procesos.

a) Transcripción:

- Identificación de la secuencia de terminación.
- Separación de las dos cadenas de ADN.
- Proceso de maduración del ARN.
- Identificación de la secuencia promotora.
- Adición de nucleótidos por complementariedad de bases.

b) Traducción:

- Se unen nuevos ARNt al ARNm y los aminoácidos que transportan se van uniendo a la cadena proteica que se está formando.
- Se desprende la cadena de aminoácidos formada.
- El codón STOP en el ARNm detiene la traducción.
- Un ribosoma del citoplasma se une al ARNm.
- El ARNm atraviesa la membrana nuclear y sale al citoplasma.
- El primer ARNt cargado con un aminoácido (la Met) se une al complejo formado por el ribosoma y el ARNm.
- A medida que avanza la traducción, el ribosoma se va desplazando hacia el extremo 3' del ARNm hasta llegar a un codón STOP.

23. ●○○ Copia y completa en tu cuaderno el siguiente texto:

Las mutaciones que afectan a un par de bases en la secuencia de un gen se denominan .... y pueden ser de tres tipos: .... si pierden un par de bases, ... si se añade un par de bases y .... cuando un par de bases es reemplazado por otro. Este tipo de mutaciones son las responsables de generar enfermedades como la ...., en la que los afectados tienen problemas de coagulación de la sangre.

Las mutaciones .... afectan a un fragmento de gran tamaño de un cromosoma. Si se .... un trozo del cromosoma, se habla de una deleción; si se repite un fragmento, se trata de una ...., y si el fragmento se sitúa en otro cromosoma, de una .... .

Cuando las mutaciones afectan al número total de .... se denominan genómicas. Pueden ser .... si en la célula existe una copia de más de un cromosoma, como en el síndrome de ...., que afecta al cromosoma 21. Si en una célula diploide se pierde una copia de un cromosoma, se considera una ...., como en el síndrome de .... .

24. ●○○ **Explica una aplicación científica y una aplicación médica derivadas del conocimiento de la secuencia completa del genoma humano.**

ENTRENA

1. El ADN

25. ●○○ ¿Qué tipo de biomoléculas son el ADN y el ARN? ¿Cuáles son los tres componentes de un nucleótido de ADN?

26. ●●○ Explica qué significa que las dos cadenas que constituyen una molécula de ADN sean complementarias.

27. ●●○ Describe cómo se halla el ADN durante la interfase, previamente a su duplicación. ¿Qué nombre recibe el conjunto del ADN y sus proteínas asociadas? Explica los cambios que tienen lugar en la estructura del ADN que constituye los cromosomas justo antes de iniciarse la duplicación.

28. ●●○ Indica qué frases sobre la replicación del ADN son verdaderas o falsas. Justifica tu respuesta en el caso de las afirmaciones falsas.

a) La replicación del ADN tiene lugar en el núcleo celular durante la fase S.

b) Una de las principales proteínas que actúan en la replicación es la ADNpolimerasa.

c) Para la replicación se descompacta el ADN y se separan completamente las dos cadenas de ADN, de modo que, momentáneamente, quedan totalmente separadas.

d) Los nucleótidos se colocan por complementariedad de las bases nitrogenadas: adenina (A) con uracilo (U) y guanina (G) con citosina (C).

e) Al final de la replicación, habrá una molécula de ADN con los dos filamentos nuevos y otra con los dos filamentos antiguos.

29. ●●● En el enlace inferior puedes ver una recreación del proceso de duplicación del ADN. Una vez observada con atención, reproduce el dibujo que tienes a continuación y señala en él cuál de las dos cadenas se copiará directamente y cuál de ellas lo hará por segmentos. ¿A qué es debido esto?

https://links.edebe.com/hsv

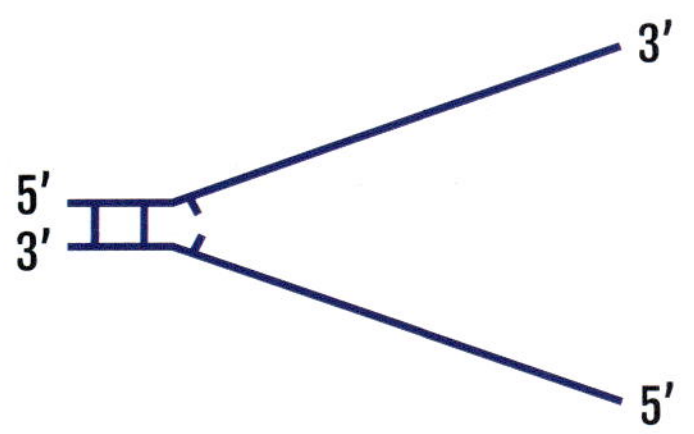

30. ●●● La siguiente microfotografía muestra una molécula de ADN en la que se observa una estructura característica. ¿De qué estructura se trata? Haz un dibujo de lo que está sucediendo y describe el proceso que se lleva a cabo.

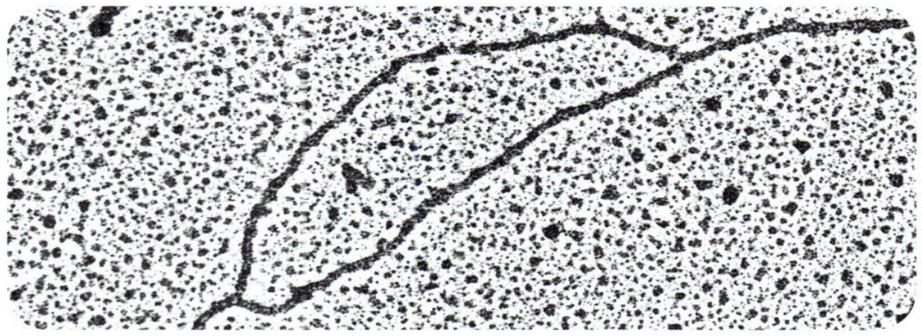

2. El ARN y la expresión génica

31. ●○○ Copia esta tabla en tu cuaderno y complétala:

	Bases nitrogenadas	Estructura (doble / simple)	Funciones
ADN			
ARN			

32. ●●○ Visiona el siguiente vídeo y responde a estas preguntas:

a) ¿Cuáles son los elementos necesarios para efectuar la transcripción del ADN a ARN?

b) ¿Cómo se llama el segmento de ADN que se transcribe?

c) ¿En qué segmento del ADN se produce la unión inicial con la ARNpolimerasa?

d) ¿Qué desencadena la separación de la ARNpolimerasa de la cadena de ADN?

https://links.edebe.com/nku

33. ●●○ Fíjate en esta ilustración:

a) Explica de qué molécula se trata y cuál es su función.

b) Indica dónde está el anticodón y el punto de unión con el aminoácido.

c) ¿Cuál sería el codón correspondiente en el ARNm? Consulta la tabla del código genético e indica cuál sería el aminoácido que transportaría enlazado.

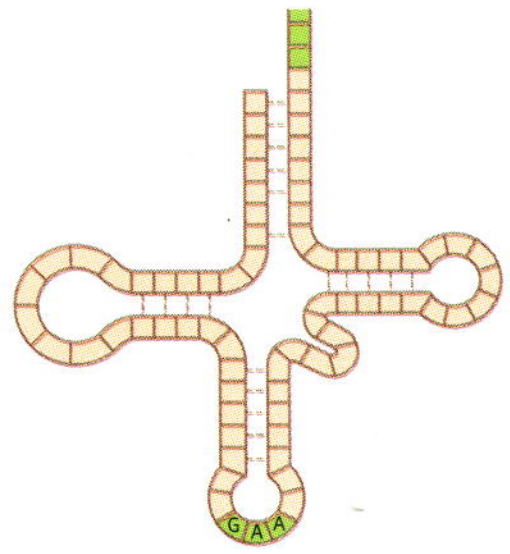

34. ●●○ Explica en qué consiste cada una de las tres fases de la traducción del ARNm en una cadena de aminoácidos.

35. ●●○ En esta frase hay un error. Localízalo y justifica tu respuesta. Después, escribe la frase correctamente.

Se cree que las diferencias entre el código genético de los humanos y el de los chimpancés no son más de un 5 % del total.

36. ●●● La noticia del siguiente enlace se titula «Descubren un gen clave en la "insensibilidad congénita al dolor"»:

https://links.edebe.com/u55a

a) Explica el significado de la palabra gen.

b) ¿Cómo puede acabar manifestándose un gen de manera que la persona se vuelva insensible al dolor?

c) ¿Cómo se llama este proceso de manifestación del gen?

37. ●●● Aunque en el año 1970 Francis Crick expresó el dogma central de la biología molecular, en años posteriores se comprobó que existen seres vivos que no se ajustan completamente a este patrón, de forma que se amplió con otros procesos.

Dogma central de la biología

Dogma central de la biología ampliado

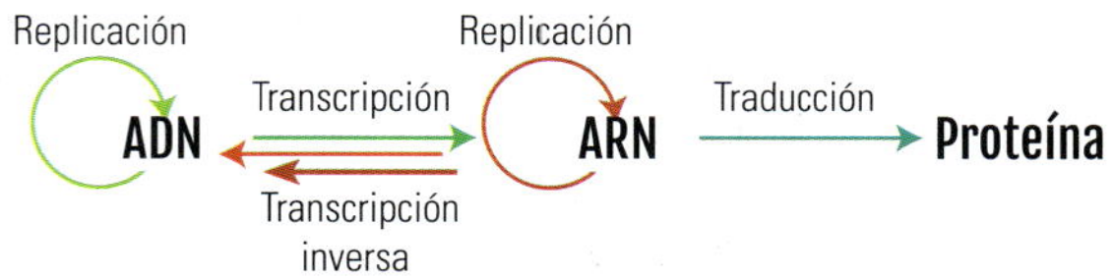

a) ¿Qué nuevos procesos se incluyeron en el dogma?

b) Deduce del gráfico en qué consisten estos dos procesos.

c) Investiga qué organismos llevan a cabo la transcripción inversa y en qué circunstancias. Puedes consultar el siguiente enlace:

https://links.edebe.com/oC

d) ¿Crees que el descubrimiento de la transcripción inversa invalidó el dogma central de la biología? Justifica tu respuesta.

3. Mutaciones y enfermedades genéticas

38. ●○○ Explica qué son los agentes mutágenos, di qué tipos de agentes existen y pon un ejemplo de cada uno.

39. ●●○ Clasifica las siguientes anomalías genéticas en función del tipo de mutación implicado:

— El síndrome de Down es consecuencia de la presencia en las células del individuo de tres copias del cromosoma 21.

— Una de las causas de la fibrosis quística es el cambio en uno de los pares de nucleótidos del ADN, lo que provoca que, en la proteína codificada, una fenilalanina se vea sustituida por otro aminoácido.

— El síndrome de Prader-Willi, que se manifiesta entre otros síntomas por la falta de pigmentación, obesidad y dificultades respiratorias, está causado por la pérdida de un fragmento del brazo largo del cromosoma 15.

— El síndrome de Turner aparece en individuos en cuyas células únicamente se distingue, de los dos cromosomas sexuales, un cromosoma X solitario.

40. ●●○ Busca información sobre las enfermedades genéticas. Averigua, para cada caso, el nombre de una enfermedad o trastorno genético que cumpla las siguientes características:

— Que sea congénita y hereditaria.

— Que sea congénita y no hereditaria.

— Que sea hereditaria y no congénita.

A continuación, explica brevemente las características de cada una de las enfermedades o trastornos.

4. El estudio del genoma

41. ●○○ Explica cuál era el principal objetivo del Proyecto Genoma Humano. ¿Cuándo se inició y finalizó este proyecto?

42. ●●○ ¿Por qué se eligió un organismo procariota para realizar la primera secuenciación de un genoma y no el ser humano?

43. ●●○ ¿Qué es el Proyecto Proteoma Humano (PPH)? Explica brevemente en qué consiste y cuál es su relación con el Proyecto Genoma Humano (PGH).

— ¿Por qué el HPP se inició una vez concluido el PGH?

44. ●●● El estudio del genoma y de sus potenciales aplicaciones tiene profundas implicaciones sociales, económicas y, por tanto, también bioéticas.

a) ¿Qué es la bioética? ¿Cuál es su campo de actuación?

b) Confeccionad una lista con los principales aspectos del PGH que consideréis susceptibles de ser debatidos desde una perspectiva bioética.

c) Elegid uno de ellos entre todos y organizad un debate.

Podéis consultar las siguientes páginas:

https://links.edebe.com/5yu

https://links.edebe.com/8met

APLICA

45. ●●○ Realiza un eje cronológico en el que aparezcan algunos de los acontecimientos más notables de la historia de la genética.

1865 - Mendel publica sus leyes de la herencia. / 1869 - Friedrich Miescher descubre los ácidos nucleicos. / 1902 - Sutton y Boveri establecen que los cromosomas son los portadores de los factores hereditarios. / 1949 - Erwin Chargaff descubre que la cantidad de adenina en el ADN es igual a la de timina, y lo mismo para la guanina y la citosina. / 1952 - Martha Chase y Alfred Hershey demuestran que el ADN es el responsable de los caracteres heredables. / 1953 - El equipo de Watson, Crick, Franklin y Wilkins descubre la estructura en doble hélice del ADN. / 1970 - Francis Crick publica el dogma central de la biología.

— Incluye en el eje cronológico cuándo tuvieron lugar las secuenciaciones del primer ser vivo, del primer eucariota y del primer vertebrado, así como el inicio de los proyectos PGH, HapMap y GTEx.

— Sitúa, sobre el mismo eje cronológico, otros acontecimientos políticos y sociales de la época: Primera Guerra Mundial, Segunda Guerra Mundial, caída del muro de Berlín...

46. ●●○ Siguiendo la **técnica cooperativa** *El número,* confeccionad un esquema en el que expliquéis detalladamente el proceso de transcripción del ARNm y otro en el que mostréis el proceso de traducción. Indicad el punto de partida y el resultado de cada uno de ellos, el compartimento de la célula eucariota donde tienen lugar, así como todos los elementos que intervienen. Señalad también las diferencias entre uno y otro.

47. ●●○ Indica si las siguientes afirmaciones sobre el estudio del genoma humano son verdaderas o falsas. Corrige las falsas en tu cuaderno.

a) El PGH se llevó a cabo durante 10 años.

b) A partir de los datos obtenidos del PGH, los científicos investigan nuevas terapias para enfermedades génicas.

c) El Proyecto Proteoma Humano tiene como finalidad estudiar los mecanismos que regulan la expresión de los genes en los distintos tejidos humanos.

48. ●●● Los 20 aminoácidos que forman nuestras proteínas están codificados a partir de cuatro tipos de nucleótidos de ARN, combinados de tres en tres (tripletes).

a) ¿Cuántos aminoácidos se podrían obtener si la codificación fuera por pares de nucleótidos?

b) ¿Cuántas posibles combinaciones de codificación nos ofrece por tripletes? Si solo necesitamos 20, ¿qué pasa con las combinaciones que «sobran»? ¿Qué característica del código genético es consecuencia de ello?

49. ●●● Algunos virus, a diferencia del resto de los seres vivos, pueden no tener su material genético constituido por ADN de cadena doble. El picornavirus, responsable del resfriado común, presenta únicamente una cadena de ARN de cadena simple. El rotavirus, causante de la gastroenteritis en bebés, tiene, en cambio, un ARN de cadena doble. Los circovirus, que infectan a los humanos sin producirles síntomas la mayoría de las veces, presentan un ADN de cadena simple.

En la siguiente tabla se muestra el porcentaje de bases nitrogenadas obtenido a partir de la hidrólisis de tres muestras de ácido nucleico, una de cada uno de los virus citados, más otra obtenida a partir de una muestra de células humanas. Asigna cada muestra a la especie a la cual pertenece y justifica tu elección.

	A	G	T	U	C
Muestra 1	27	23		24	26
Muestra 2	23	27	23		27
Muestra 3	26	24		26	24
Muestra 4	26	27	23		24

50. ●●● En 1986, en la actual Ucrania, cerca de la ciudad de Chernóbil, una explosión provocó uno de los mayores accidentes de la energía nuclear en la historia. Una gran cantidad de materiales radiactivos fueron arrojados a la atmósfera, de manera que la contaminación radiactiva llegó a detectarse en trece países europeos. Esta contaminación radiactiva provocó un incremento de la incidencia del cáncer de tiroides en la población de la zona afectada.

a) ¿De qué modo puede la radiactividad acabar desencadenando el desarrollo de células tumorales?

b) Una persona a la que la radiación le ha provocado un cáncer de tiroides ¿podría transmitir esta enfermedad a su descendencia?

c) Para que la afectación provocada por la radiactividad se transmita a la descendencia, ¿a qué células habría de afectar?

Piensa sobre...

51. Aunque parezca extraño, en nuestro cuerpo encontramos un grupo de células sin núcleo y, por tanto, sin ADN. ¿Sabes cuáles son? Investígalo.

52. Imagina que lees el siguiente titular de una noticia: «Se ha verificado que existe vida extraterrestre al analizar el código genético de las células encontradas en el meteorito XY4-R37». ¿En qué crees que se habrían basado los científicos para realizar esta afirmación y descartar que los restos hallados no provienen de nuestro planeta?

53. Indica si estás de acuerdo o en desacuerdo con esta afirmación:

Los contenidos sobre la información genética me despiertan un gran interés y me gustaría profundizar sobre ellos.

A B C

Pon a prueba tus competencias

54. Lee atentamente el siguiente texto y completa las actividades que encontrarás a continuación:

Reconstruyendo una dinastía

Un equipo de científicos de la Universidad de El Cairo, dirigido por el arqueólogo Zahi Hawass, realizó en 2008 un estudio sobre el parentesco de 11 momias que databan de aproximadamente el año 1300 a. C., entre las que se encontraba la momia del famoso faraón Tutankamón.

Para llevar a cabo este estudio disponían de dos posibilidades: estudiar y comparar las secuencias de nucleótidos del ADN de los tejidos de las momias, o bien establecer comparaciones entre las secuencias de aminoácidos de proteínas obtenidas de los mismos cadáveres. Finalmente, el estudio se efectuó sobre el ADN.

Se extrajeron muestras de ADN del tejido óseo de cada una de las momias, se purificaron y secuenciaron. Las secuencias obtenidas se compararon entre ellas.

Para comparar las secuencias de ADN se estudiaron 16 regiones concretas (r1 hasta r16). Se contó el número de veces que aparecía una secuencia repetitiva de nucleótidos característica de cada región. Para decidir el grado de parentesco entre dos momias se valoró el número de regiones en las que coincidía el número de repeticiones.

A. ¿Qué relación existe entre la secuencia de aminoácidos de una proteína y la secuencia de nucleótidos del ADN?

B. Dado que el código genético es un código degenerado, ¿cuál de las dos secuencias nos aportará una información más precisa: la del ADN o la de la proteína? ¿A qué es debido?

C. Si se hubieran obtenido las muestras de ADN a partir de tejidos diferentes en el caso de cada momia, por ejemplo, tejido muscular en algunos casos y óseo en otros...

a. El resultado habría sido distinto, ya que las células de cada tejido tendrían una secuencia diferente.

b. El resultado habría sido el mismo, pues tanto las células musculares como las óseas presentarían el mismo genoma.

c. El resultado habría sido distinto, porque cada tipo de célula tiene su propio código genético.

d. El resultado habría sido distinto, ya que presentarían proteínas diferentes.

D. ¿Por qué la comparación de secuencias de nucleótidos de las momias nos puede aportar información sobre su parentesco?

E. En esta tabla se expone el número de repeticiones en cada región del ADN de tres momias: Yuya, Akenatón y Tutankamón.

Secuencias repetitivas del ADN y número de repeticiones

Regiones de ADN	r1	r2	r3	r4	r5	r6	r7	r8	r9	r10	r11	r12	r13	r14	r15	r16
Yuya	11	13	6	15	22	27	29	34	8	10	12	12	9	12	20	25
Akenatón	10	12	15	15	16	26	29	34	11	13	16	19	9	22	20	23
Tutankamón	10	12	10	15	16	26	29	34	8	13	19	19	6	12	23	23

— Completa una tabla como la siguiente sobre las secuencias que coinciden en el número de repeticiones:

	Regiones de ADN con igual n.º de repeticiones	N.º de coincidencias
Yuya vs. Akenatón	r4, r7, r8, r13, r15	5
Yuya vs. Tutankamón		
Tutankamón vs. Akenatón		

F. A la vista de los resultados, ¿cuáles de las tres momias están más emparentadas? Justifica tu respuesta.

55. Lee este texto y completa las actividades planteadas:

El WAS y la terapia génica

El **síndrome de Wiskott-Aldrich** (WAS) es una enfermedad que provoca que las personas que la padecen tengan hemorragias frecuentes, una elevada susceptibilidad a las infecciones, presencia de eccemas y una mayor tendencia a manifestar tumores y respuestas autoinmunes.

La causa de este trastorno se halla en la mutación del gen WAS, situado en el cromosoma X. Este gen codifica para la síntesis de la proteína WASP (Wiskott-Aldrich Syndrome Protein), que se expresa en las células sanguíneas. El gen mutado da lugar a una proteína anómala que no lleva a cabo correctamente su función.

El tratamiento para curar esta enfermedad consiste habitualmente en un trasplante de médula ósea. No obstante, el trasplante puede presentar problemas de rechazo y no siempre da buen resultado.

Una de las líneas de investigación en el tratamiento de esta enfermedad es la terapia génica. La base de esta terapia consiste en extraer del enfermo células madre, incorporar a su genoma una copia correcta del gen WAS mediante la infección por un virus inactivado y reincorporarlas al paciente. Las células madre se desarrollan y diferencian, y originan células sanguíneas que presentan la proteína WASP. De este modo, se consiguieron ya en el año 2010 mejoras importantes en pacientes que presentaban este síndrome.

A. ¿Crees que el síndrome de Wiskott-Aldrich es hereditario? ¿Por qué?

B. Cuando hablamos del gen WAS, ¿a qué nos estamos refiriendo en concreto? ¿Cuáles serán sus constituyentes? ¿La proteína WASP estará compuesta por los mismos materiales?

C. ¿Todos los humanos presentan el gen para WASP? ¿Cuál es la causa de que algunas personas presenten el síndrome de Wiskott-Aldrich y otras no?

D. La ilustración de la derecha muestra el proceso llevado a cabo para tratar a un paciente de WAS mediante terapia génica. Relaciona en tu cuaderno cada uno de estos textos con su lugar correspondiente en el esquema:

a. Modificación genética de las células del paciente al incorporarse la nueva secuencia a su genoma.

b. En el laboratorio se obtienen virus capaces de incorporar su ADN a células huésped, sin provocar enfermedades.

c. Las células modificadas proliferan, se diferencian y producen la proteína WASP.

d. Se introducen las células modificadas en el paciente.

e. Se inserta el gen WAS en el virus.

f. Se extraen células madre del paciente.

g. Las células del paciente se ponen en contacto con los virus modificados.

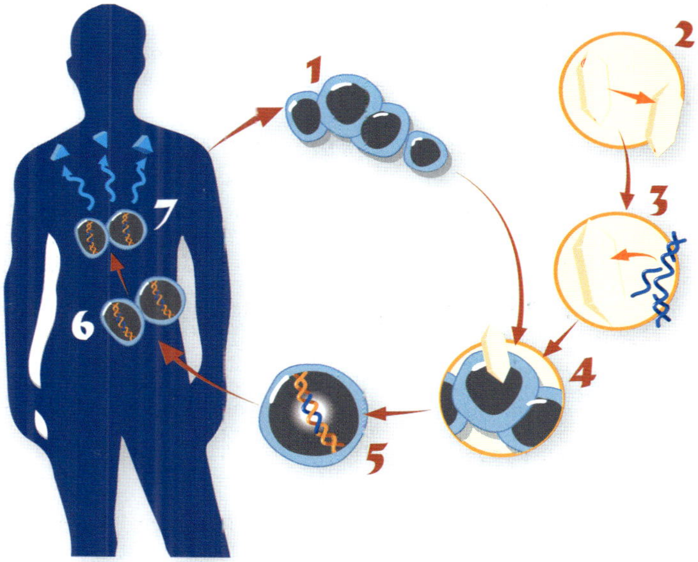

E. Las células con el gen no mutado se multiplican en el cuerpo del paciente de forma que las células hijas...

a. ...contendrán copias del gen no mutado, al ser su genoma una copia del genoma de la célula modificada.

b. ...no contendrán copias del gen no mutado, al no habérselas introducido.

c. ...provocarán que todas las células del cuerpo tengan copias del gen no mutado.

8

Bloque 2. Las bases de la vida

La herencia genética

Contenidos

- ADN, genes y alelos
- La transmisión de caracteres
- La herencia y sus tipos
- Las leyes de Mendel
- Biotecnología e ingeniería genética

Y además...

Ciencia a tu alcance

Descendencia y genética

¿Lo sabías?

¿Por qué a veces los hijos presentan características que no se dan en sus progenitores?

¿Sabes que existen alelos recesivos, dominantes y equipotentes? Pero ¿qué es un alelo?

¿Por qué Mendel eligió el guisante para llevar a cabo sus experimentos sobre la herencia? ¿Fue por azar?

¿Comemos organismos genéticamente modificados de forma habitual?

¿Lo vemos?
ADN, genes y alelos

1. ADN, GENES Y ALELOS

Todas las células de un mismo organismo tienen la misma información genética en su núcleo; es decir, tienen el mismo ADN, ya que proceden de la división de un único zigoto.

Cada cromosoma contiene cientos de **genes.** En la unidad anterior, hemos estudiado que un gen es un fragmento de ADN que codifica para una proteína que, a su vez, intervendrá en la expresión de una característica. Por tanto, también podemos decir que:

> Un **gen** es un fragmento de ADN que contiene la información para una característica concreta del organismo llamada **carácter.**

Las células diploides tienen dos copias de cada gen, una copia en cada cromosoma de la pareja de **cromosomas homólogos,** situadas exactamente en la misma posición en ambos cromosomas.

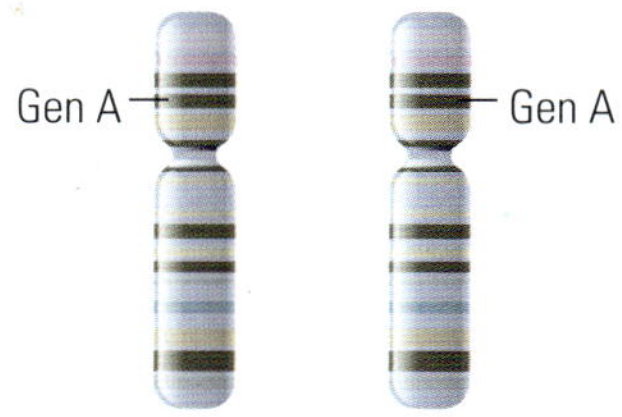

Cromosomas homólogos

Un cromosoma contiene centenares de genes que determinan cientos de caracteres del organismo.

¿UN GEN, UN CARÁCTER?

Aunque por regla general un gen controla la información para un carácter, existen numerosas excepciones.

Podemos encontrar genes que controlen **más de un carácter** (en el guisante de jardín, el gen que controla el color de las flores también controla el color de la cubierta de la semilla) y caracteres controlados por **más de un gen** (en humanos, un tipo de sordera congénita está controlada por dos genes diferentes).

La mayor parte de los caracteres físicos visibles del ser humano no depende de un solo gen, sino de una combinación de diversos genes.

Todos los individuos de una misma especie:

— Tienen el mismo número de cromosomas o dotación cromosómica.

— Tienen el mismo número y tipo de genes (y en la misma posición).

No obstante, no son iguales entre sí. Por tanto, deben poseer una información genética distinta.

> Llamamos **alelo** a cada una de las diferentes informaciones o **alternativas** que puede presentar un gen para un determinado carácter.

Como existen dos copias de cada gen, para cada carácter habrá tres combinaciones posibles de alelos. Veámoslo con un ejemplo:

CARÁCTER

«Color de la semilla»

Las semillas del guisante de jardín presentan dos posibles coloraciones: amarillas o verdes.

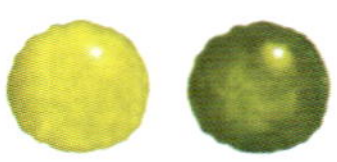

ALELOS

En la posición del gen que determina el color de la semilla, podemos encontrar dos alelos:

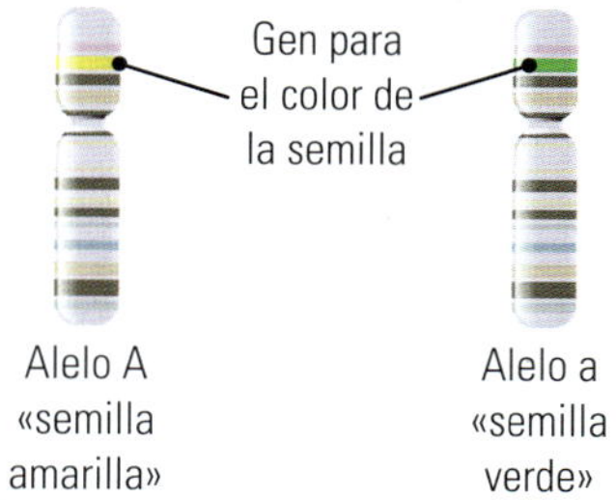

COMBINACIONES

Como tenemos dos copias del gen, pueden darse dos situaciones: **homocigosis,** cuando los dos alelos son iguales y **heterocigosis,** cuando los alelos son diferentes.

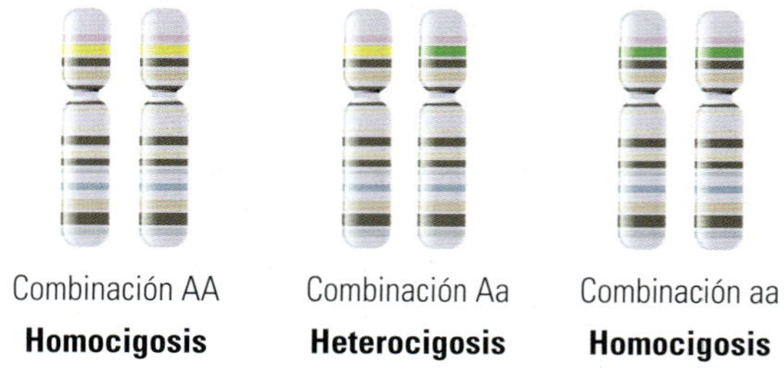

2. LA TRANSMISIÓN DE CARACTERES

¿Qué sabes sobre...
...la transmisión de caracteres?

Los **gametos** son las células encargadas de transmitir la información genética a los descendientes. Como ya sabemos, los gametos son células **haploides** y solo disponen de un cromosoma de cada pareja de homólogos y, por tanto, de **un solo alelo** de cada gen.

En el siguiente ejemplo, mostramos el proceso de la transmisión de un par de caracteres situados en un mismo cromosoma:

Tomaremos como ejemplo dos genes situados en el mismo par de cromosomas homólogos, uno en **homocigosis** (AA) y otro en **heterocigosis** (Bb).

Después de la fase S del ciclo celular, cada cromosoma homólogo tiene dos cromátidas hermanas; en ese momento, en cada célula habría cuatro copias de cada gen.

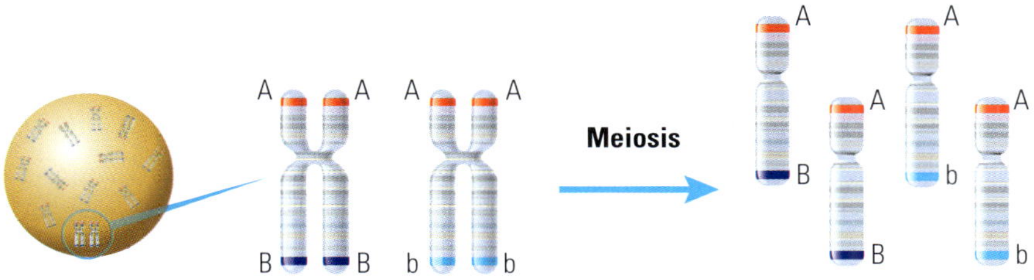

Al final de la meiosis, obtenemos **cuatro** gametos. En cada uno de ellos hay una copia del cromosoma y, por tanto, **una sola copia del gen.**

Para el carácter homocigoto, todos presentarán el mismo alelo (A), pero para el heterocigoto no (B o b).

Más tarde, durante la **fecundación,** se unen las dotaciones cromosómicas de dos gametos: óvulo y espermatozoide. El resultado será el **cigoto** que ya es diploide; es decir, el cigoto tendrá dos copias de cada gen, una en cada cromosoma del par de homólogos. Estos genes no tienen por qué contener la misma información, sino que pueden ser dos alelos diferentes, ya que cada uno proviene de un progenitor.

Los **gametos** producidos por un individuo son diferentes entre sí, ya que presentan distintas combinaciones de alelos.

El hecho de que el cigoto sea homocigoto o heterocigoto para un carácter determinado depende de los gametos que hayan participado en la fecundación.

La participación de unos u otros gametos en la fecundación es **aleatoria.**

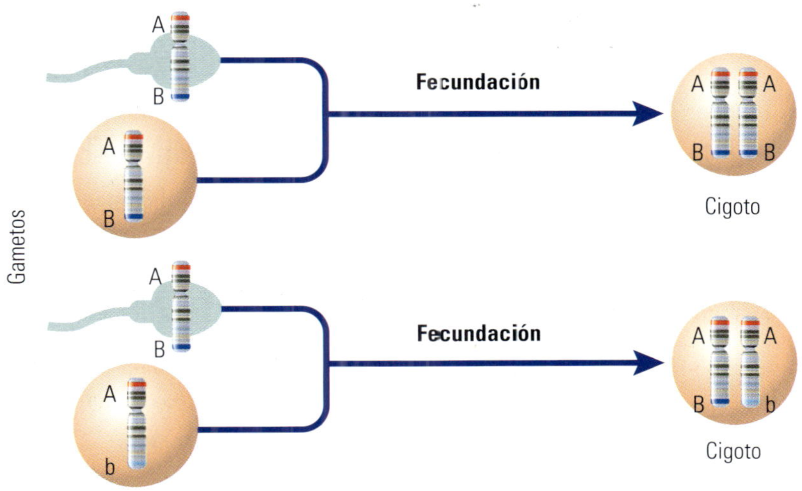

Actividades

1. Copia en tu cuaderno esta tabla y complétala:

   — Dibuja, en cada caso, los cromosomas de los gametos para cada uno de los tres caracteres. Ten en cuenta que el carácter «Color de la flor» tiene tres alelos posibles.

Carácter	Alelos		Combinaciones
«Color del pelaje»	Marrón: M	Blanco: m	Homocigotos: MM, mm Heterocigotos: Mm
«Pigmentación de la piel»	Oscura: A	Albina:	Homocigotos: .... Heterocigotos: ....
«Color de la flor»	Roja: .... Amarilla:	Blanca:	Homocigotos: .... Heterocigotos: ....

Asómate
Los tipos de herencia

3. LA HERENCIA Y SUS TIPOS

La **herencia** es la relación existente entre los diferentes alelos que puede presentar un determinado gen.

El **genotipo** es la combinación de alelos de un organismo para un determinado carácter.

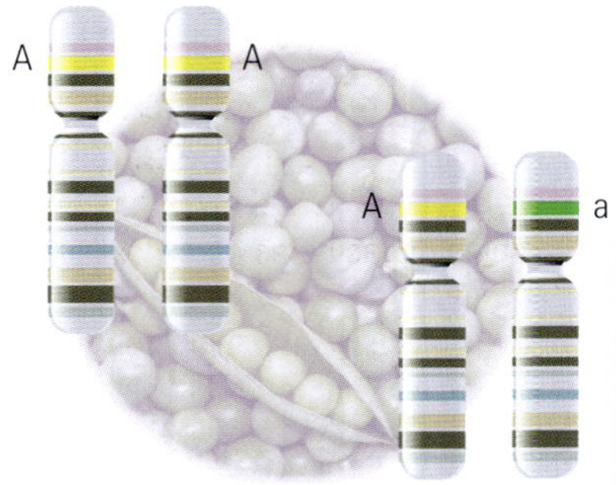

Puede ser **homocigoto (AA o aa)** si ambas copias son iguales, o **heterocigoto (Aa)** si son diferentes.

El **fenotipo** es la información que se expresa de un determinado carácter. Para el carácter *«color de la semilla»* del guisante, los individuos que tienen el genotipo **AA** presentarán las semillas de color amarillo; es decir, su fenotipo para este carácter será «amarillo». De igual forma, el fenotipo de los individuos **aa** será «verde».

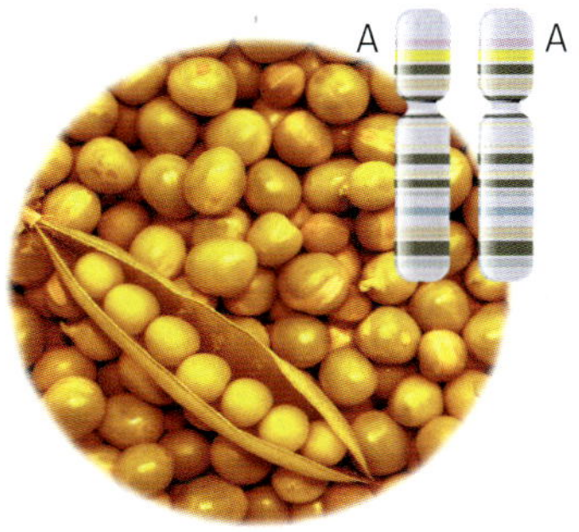

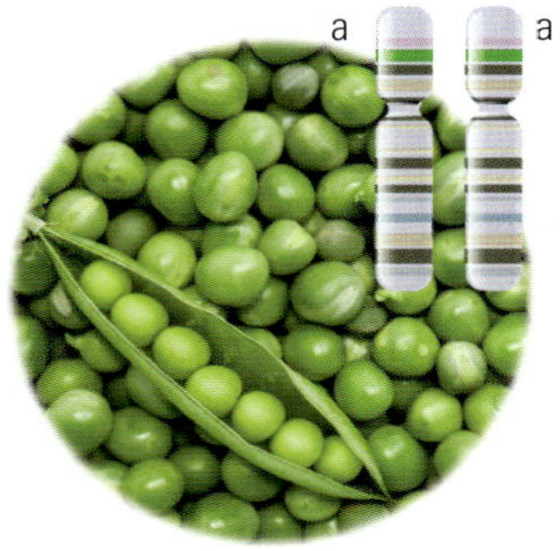

El fenotipo de los individuos heterocigotos (Aa) dependerá del tipo de herencia que presente el carácter.

3.1. HERENCIA DOMINANTE

La herencia dominante se da cuando la información de un alelo, al que llamaremos **dominante,** domina sobre la información del otro, al que llamaremos **recesivo.** En la anotación, escribiremos en **mayúscula** el alelo dominante y en **minúscula** el recesivo.

HERENCIA DOMINANTE

En este tipo de herencia, el **fenotipo del heterocigoto** (Aa) se corresponde con la **información del alelo dominante.** Tomaremos como ejemplo el carácter *«color de la semilla»* del guisante de jardín. Podemos observar que el fenotipo del heterocigoto (Aa) es «semilla amarilla», al igual que el fenotipo del homocigoto dominante (AA):

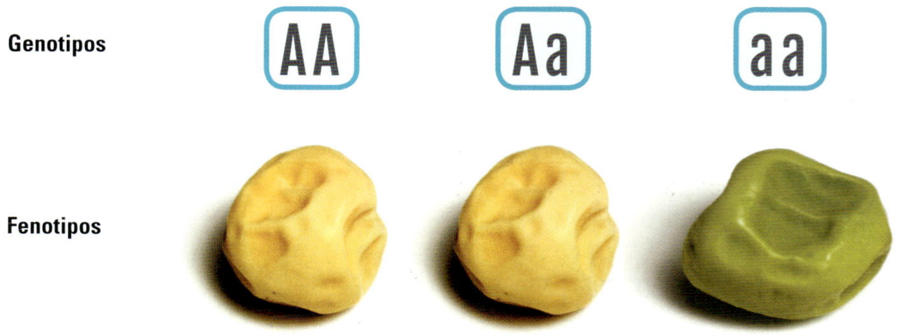

Actividades

2. Dibuja las parejas de cromosomas que darían lugar a los diferentes genotipos del carácter *«color del guisante».*

3. Los individuos que presentan el fenotipo de un alelo recesivo ¿tienen un genotipo homocigoto o heterocigoto? ¿Por qué?

3.2. HERENCIAS INTERMEDIA Y CODOMINANTE

En estos dos tipos de herencia, la información que presenta un alelo no es dominante sobre la que presentan los otros. Por tanto, no habrá ni alelos dominantes ni recesivos; decimos que los alelos son **equipotentes.** Los anotaremos ambos en mayúsculas.

HERENCIA INTERMEDIA

En este tipo de herencia el **fenotipo de los heterocigotos** (RB) es una **mezcla** del fenotipo de los dos homocigotos. Tomaremos como ejemplo el carácter *«color de la flor»* de la planta dondiego de noche, en la que podemos apreciar que el heterocigoto presenta el fenotipo «flor rosa».

Genotipos	RR	RB	BB
Fenotipos			

HERENCIA CODOMINANTE

Los heterocigotos manifiestan los **fenotipos de los dos homocigotos a la vez.** Un carácter que tiene esta herencia es el aspecto de las plumas de una variedad de gallinas que presenta tres fenotipos diferentes: plumas lisas, plumas rizadas y combinación de ambas. Los heterocigotos para el carácter *«aspecto de las plumas»* presentan un fenotipo en el que se combinan ambos tipos de plumas.

Genotipos	LL	LR	RR
Fenotipos			

FENOTIPO Y AMBIENTE

El fenotipo de muchos caracteres no depende exclusivamente del genotipo, sino que también está influenciado por el ambiente en el que el individuo desarrolla su actividad vital:

Fenotipo = Genotipo + Ambiente

Un ejemplo muy claro es la coloración de la piel, ya que esta dependerá de la información genética heredada (genotipo), pero también de las horas de exposición solar (ambiente).

Actividades

4. Copia esta tabla en tu cuaderno y complétala teniendo en cuenta que todos los caracteres que aparecen presentan herencia dominante:

Carácter	Alelos	Genotipos	Fenotipos
«Pigmentación de la piel en humanos»	Pigmentada: A Albina: a	AA, ...	Pigmentada Albina
«Color del pelaje en conejos»	Negro: N Blanco:	NN, ...	Negro Blanco
«Longitud del tallo de la guisantera»	Alto: .... Bajo:	....	....

5. Copia la tabla en tu cuaderno y completa los espacios en blanco sabiendo que todos los caracteres que aparecen presentan herencia codominante o intermedia:

Carácter	Alelos	Genotipos	Fenotipos
«Color del pelaje en cobayas»	Pardo .... Blanco: ...	....	Pardo Moteado Blanco
«Color del pelaje en ratones»	Negro: N Blanco: B	....	Gris
«Color del fruto del pimiento»	Rojo: P Amarillo: A	....	Rojo

3.3. LA HERENCIA DE ALELOS MÚLTIPLES

Existen genes que pueden presentar más de dos variedades o alelos, entre los cuales puede haber diferentes relaciones de herencia. Un ejemplo es el sistema sanguíneo AB0 en humanos.

Para conocer la herencia de este carácter en humanos, vamos a estudiar primero en qué consiste.

EL FACTOR RH

Además del grupo en el sistema AB0, en las transfusiones de sangre también se tiene en cuenta el factor Rh, una proteína que forma parte de la membrana de los glóbulos rojos.

El grupo Rh tiene una herencia dominante en la que el alelo **Rh+** (proteína estándar) es dominante frente al **Rh-** (proteína modificada). Las personas Rh- no pueden recibir sangre Rh+.

EL GRUPO SANGUÍNEO ABO

Es uno de los principales parámetros que se tienen en cuenta en las transfusiones sanguíneas.

Las personas pueden presentar **cuatro fenotipos** para este carácter: *grupo A, grupo B, grupo AB* y *grupo 0*. Los fenotipos afectan a los glóbulos rojos y al plasma sanguíneo.

En la siguiente tabla se observan los diferentes fenotipos que puede presentar el ser humano para el carácter *«grupo sanguíneo AB0»*.

	Glóbulos rojos		Plasma sanguíneo	
Grupo A	Los glóbulos rojos de estas personas presentan la **proteína A** en la membrana.	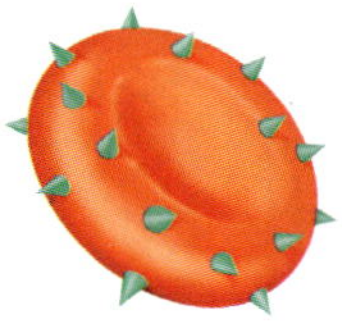	Contiene anticuerpos que reaccionan con la proteína B: anticuerpos **anti-B.**	
Grupo B	Los glóbulos rojos de estas personas presentan la **proteína B** en la membrana.	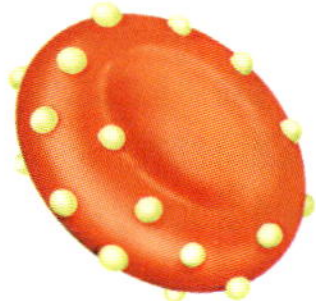	Contiene anticuerpos que reaccionan con la proteína A: anticuerpos **anti-A.**	
Grupo AB	Los glóbulos rojos de estas personas presentan las **proteínas A** y **B** en la membrana.	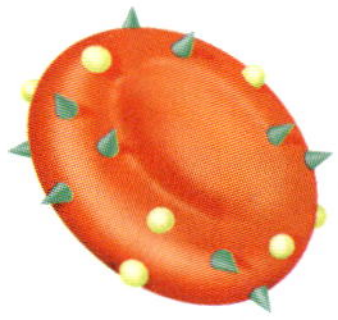	**No contiene** ni anti-A ni anti-B.	
Grupo 0	Los glóbulos rojos de estas personas no presentan ni la **proteína A** ni la **proteína B** en la membrana.	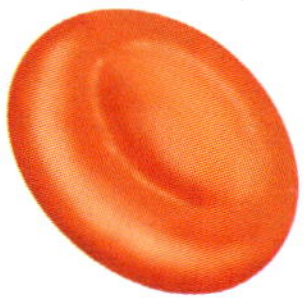	Contiene anticuerpos **anti-A** y **anti-B.**	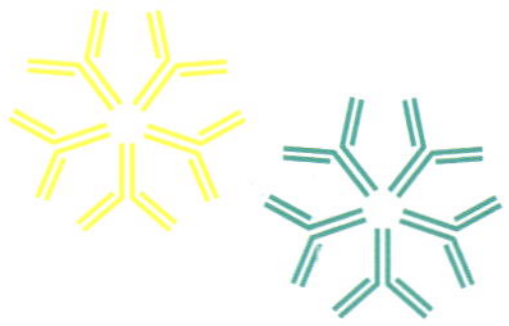

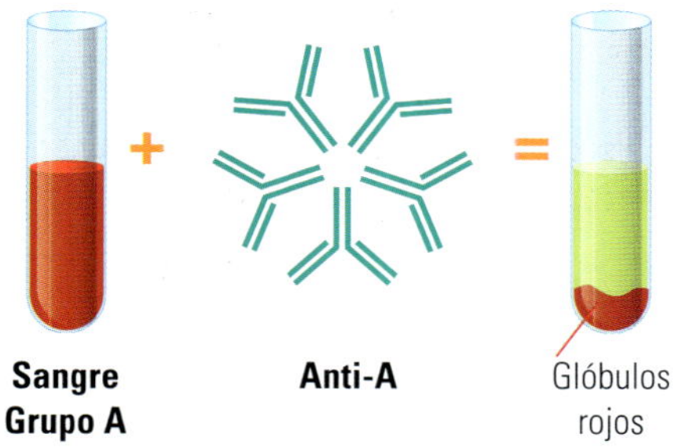

Si se pone en contacto sangre de un grupo con sangre que contenga el anticuerpo para la proteína de la sangre receptora, los glóbulos rojos se aglutinarán y precipitarán. Si esto sucede en una transfusión real, estos grumos comprometerían la supervivencia del individuo.

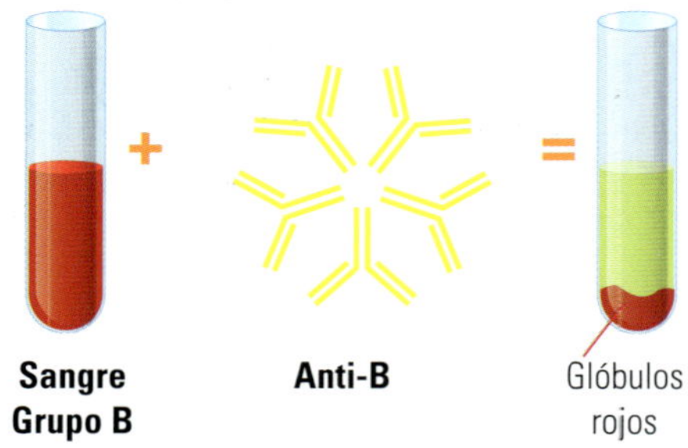

Según lo anterior, podemos confeccionar una **tabla de donantes y receptores** posibles en función del grupo AB0:

DONANTES \ RECEPTORES	Grupo A	Grupo B	Grupo AB	Grupo 0
Grupo A	✓	✗	✓	✗
Grupo B	✗	✓	✓	✗
Grupo AB	✗	✗	✓	✗
Grupo 0	✓	✓	✓	✓

Podemos saber a qué grupo sanguíneo pertenece una persona haciendo reaccionar dos muestras de su sangre: una con anticuerpos anti-A y la otra con anticuerpos anti-B. Si, por ejemplo, la muestra de sangre con anti-A aglutina y la muestra con anti-B no aglutina, significa que la persona es del grupo A.

HERENCIA DEL GRUPO SANGUÍNEO ABO

La herencia del grupo AB0 es más compleja que las vistas hasta ahora, ya que, por un lado, implica tres alelos diferentes y, por otro, las relaciones de estos tres alelos pueden ser de dominancia o de codominancia.

El gen que determina el grupo sanguíneo AB0 puede presentar tres alelos diferentes: A, B y 0. Entre ellos se establecen distintas relaciones de herencia, de forma que:

— Alelo A: dominante frente a 0; codominante frente a B.

— Alelo B: dominante frente a 0; codominante frente a A.

— El alelo 0 es recesivo siempre.

Por tanto, el carácter *«grupo sanguíneo AB0»* de una persona dependerá de los alelos que estén presentes en su genotipo.

Genotipos

Fenotipos

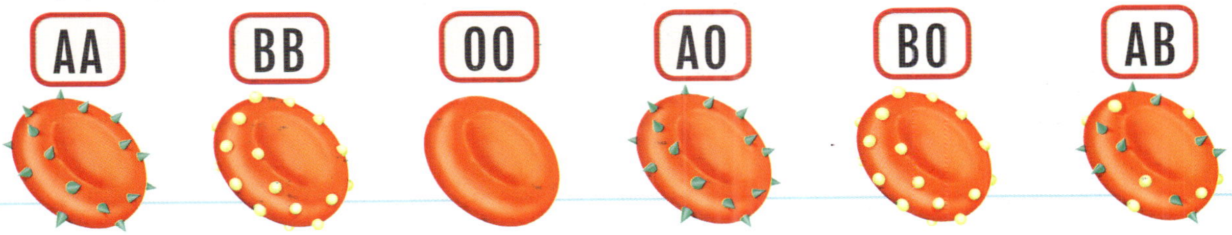

Actividades

6. En la siguiente tabla se muestra con qué anticuerpos se ha producido aglutinación al analizar la sangre. Deduce el grupo sanguíneo de cada persona y anótalo en tu cuaderno.

Persona	Anti-A	Anti-B	Grupo sanguíneo
1	✗	✗	
2	✗	✓	
3	✓	✗	
4	✓	✓	

7. ¿Las personas de qué grupo sanguíneo pueden donar sangre a todos los demás (donantes universales)?

— ¿De qué grupo serán las personas receptoras universales? Dibuja los glóbulos rojos de cada una de ellas.

8. Indica en cada caso si un niño de grupo AB puede tener los progenitores siguientes. Razona tu respuesta.

a) Un progenitor 0 y otro progenitor con cualquier genotipo.

b) Dos progenitores heterocigotos.

c) Dos progenitores homocigotos, uno del grupo A y otro del grupo B.

¿Qué sabes sobre...
...los tipos de herencia?

TEST DE ISHIHARA

El **daltonismo** es una anomalía en la percepción del color. Hay diferentes tipos de daltonismo. El más común consiste en la imposibilidad de distinguir el color rojo del verde, ya que ambos colores se ven del mismo tono.

El test de Ishihara consiste en una serie de láminas de colores que combinan figuras y números, y que permiten detectar el daltonismo.

En el enlace podrás realizar el test de Ishihara en línea:

https://links.edebe.com/7ei

3.4. HERENCIA DEL SEXO Y HERENCIA LIGADA AL SEXO

La mayoría de los organismos con reproducción sexual presenta los sexos separados: el masculino y el femenino.

Los factores que determinan el sexo de un individuo varían según la especie.

A continuación, vamos a estudiar cómo se hereda el sexo en el ser humano y el tipo de herencia relacionada:

HERENCIA DEL SEXO

El sexo de una persona depende de la pareja de cromosomas n.º 23 de su cariotipo. Son los llamados **cromosomas sexuales** y son diferentes en el sexo femenino y en el masculino. El resto de los cromosomas se llaman **autosomas.**

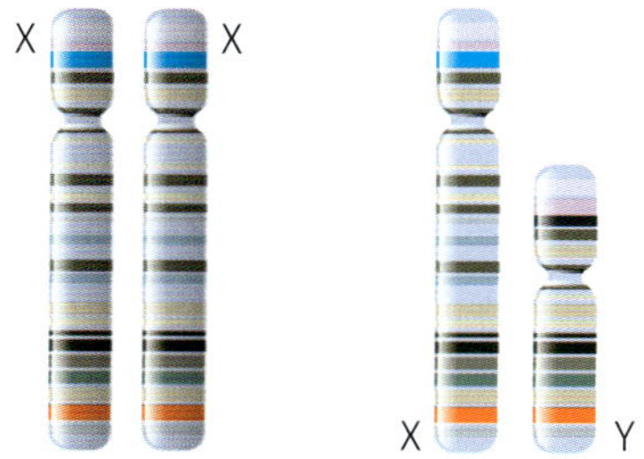

Cromosomas sexuales femeninos

Cromosomas sexuales masculinos

— Las personas de **sexo femenino** presentan dos cromosomas iguales u homólogos porque tienen información para los mismos caracteres. Se anotan **XX.**

— Las personas de **sexo masculino** tienen dos cromosomas diferentes o heterólogos porque se aparejan durante las divisiones, pero no contienen información para los mismos caracteres. Uno de ellos es más pequeño y se llama Y. Se anotan **XY.**

HERENCIA LIGADA AL SEXO

Se llama así a la herencia de los genes que están presentes en el cromosoma X y que no se encuentran en el cromosoma Y. Estos genes se expresarán de forma diferente según el sexo.

Vamos a tomar como ejemplo el daltonismo o ceguera para los colores. El gen que determina este carácter se encuentra en el cromosoma X y presenta dos alelos:

— X, que determina «no afectado de daltonismo». Es dominante.

— X^d, que determina «afectado de daltonismo». Es recesivo.

Genotipos	XX	X^dX^d	X^dX	XY	X^dY
Fenotipos					

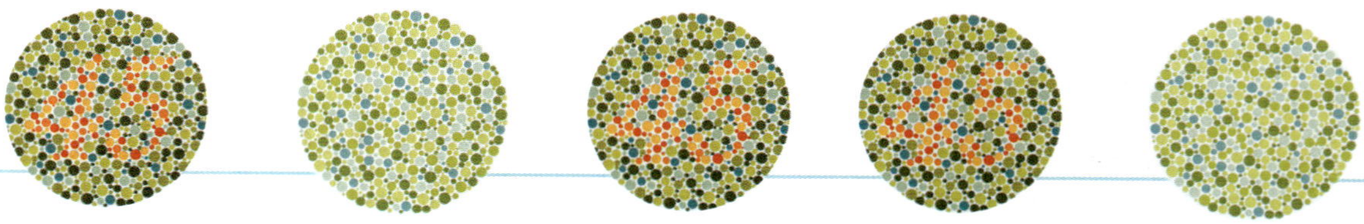

Actividades

9. ¿En qué cromosoma es probable que se encuentre un gen que determina un carácter que solo se expresa en personas de sexo masculino y nunca en las de sexo femenino? ¿Por qué?

10. La hemofilia es una enfermedad con herencia ligada al sexo. Especifica el tipo de anotación que utilizarás para los dos alelos, y anota todos los genotipos y los fenotipos posibles en hombres y mujeres.

3.5. LOS ÁRBOLES GENEALÓGICOS

Para poder determinar el tipo de herencia de un carácter, se debe estudiar cómo ha ido pasando de generación en generación. El método más utilizado para tal fin es la elaboración de **árboles genealógicos.**

En el siguiente esquema, vamos a aprender cómo se elaboran los árboles genealógicos en el caso del ser humano.

1 Los sexos femenino y masculino se representan con símbolos diferentes.

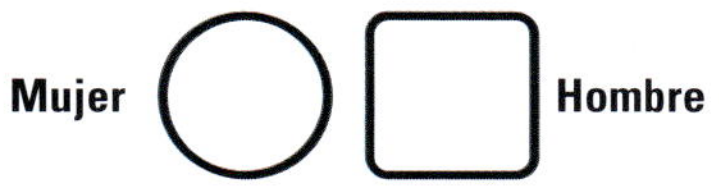

2 Debemos **indicar el fenotipo** de cada individuo para el carácter que estamos estudiando. Tenemos dos posibilidades:

— En los **alelos múltiples,** se anota el fenotipo directamente sobre los símbolos.

— Para los **alelos binarios,** el color más oscuro indica que el individuo presenta el carácter que se estudia, y el color más claro, que no lo presenta.

3 Una **pareja** se indica mediante una línea horizontal.

Los **descendientes** de una pareja se dibujan debajo de esta ordenados de izquierda a derecha según la fecha de nacimiento.

4 Cada **fila horizontal** de individuos es una **generación.** La primera es la **generación parental** y se indica con una **P** mayúscula.

Las siguientes generaciones se señalan con una **F** y un subíndice que indica el número de generaciones que los separa de la parental.

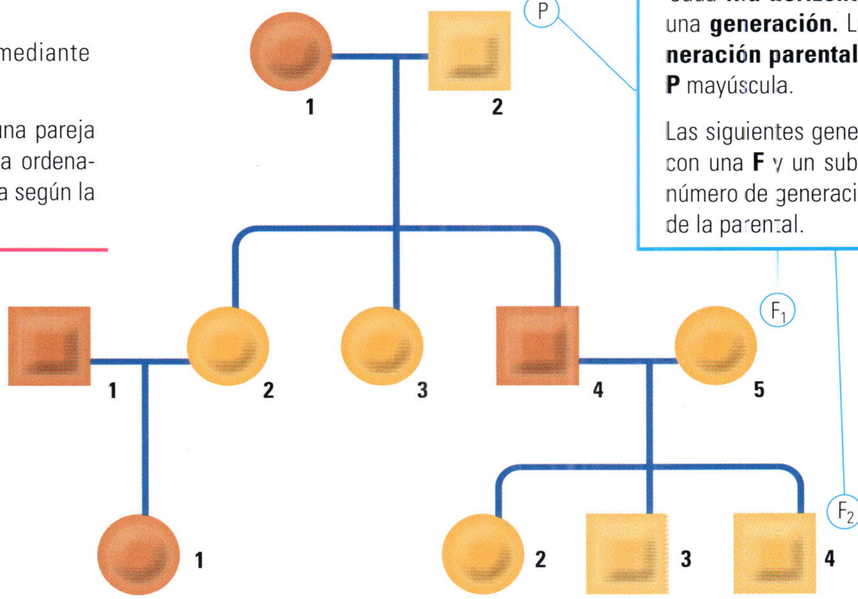

5 Para identificar a los distintos **individuos,** se utiliza la **numeración arábiga.** Se inicia la numeración en cada generación.

Dentro de cada generación, se numeran todos los individuos que tengan relación con la familia, sean descendientes de la generación parental o no lo sean.

Actividades

11. El gen que determina el carácter *«pigmentación de la piel»* presenta dos alelos: un alelo q, que determina «albinismo», y el alelo Q dominante, que determina «normalidad». Copia en tu cuaderno el árbol genealógico de la derecha:

a) Deduce los genotipos que faltan.

b) Si el individuo $F_2$3 tiene hijos con una mujer de genotipo QQ, ¿qué genotipo y qué fenotipo presentaran estos futuros descendientes?

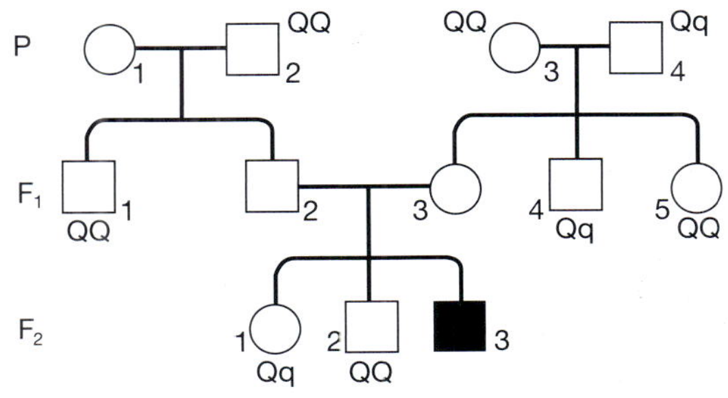

4. LAS LEYES DE MENDEL

Los estudios realizados por Mendel con el guisante de jardín se centraron en caracteres fácilmente observables, como el color y la textura de la semilla, el color de la flor, el aspecto de la vaina y la longitud del tallo de la planta.

Para conseguir las denominadas razas puras, hibridaba plantas con el fenotipo que buscaba durante varias generaciones hasta que todos los individuos hijos mostraban ese fenotipo. De ahí el nombre de raza pura.

Gregor Mendel (Heinzendorf, 1822 - Brno, 1884) fue un monje que, actualmente, se considera el padre de la genética. En la época en la que vivió Mendel, numerosos investigadores, conocidos como **hibridadores,** cruzaban diferentes organismos de una misma especie y estudiaban cómo eran los descendientes. Mendel fue uno de ellos, aunque el éxito de sus observaciones reside en la simplicidad del diseño experimental que utilizó:

— Al contrario que sus coetáneos, solo estudiaba en cada experimento la herencia de **uno** o **dos caracteres** como máximo; es decir, si en un determinado experimento se fijaba en el color de la semilla, en esas plantas no observaba ni anotaba el resto de características. Además, los caracteres estudiados eran fáciles de observar y el organismo utilizado (guisante de jardín) era sencillo de mantener y de controlar su fecundación, además de presentar un tiempo de generación relativamente corto.

— Para iniciar su estudio, partió de lo que él llamaba razas puras (se corresponde con lo que hoy denominamos **homocigotos**) para el carácter que estudiaba. Cuando Mendel desarrolló su investigación, aún no se conocían ni el ADN, ni los cromosomas, ni la meiosis. Dedujo sus leyes a partir del **estudio estadístico** de los resultados que obtuvo.

Mendel presentó sus resultados en 1865, pero fueron ignorados. No fue hasta 30 años más tarde, con Mendel ya fallecido, cuando otros científicos recuperaron su trabajo. Investigaciones posteriores han demostrado que los mecanismos de la herencia son a menudo más complejos de lo que revelan sus estudios. No obstante, las leyes de Mendel siguen siendo la base fundamental de la genética.

Como resultado de sus estudios, Mendel formuló tres leyes.

PRIMERA LEY DE MENDEL

También llamada *ley de la uniformidad de la primera generación.*

Si cruzamos **dos homocigotos** diferentes para un determinado carácter, todos los descendientes serán **heterocigotos** e iguales entre sí.

Mendel estudió el carácter *«aspecto de la semilla»*. Observó que había guisantes de semillas lisas y de semillas rugosas. Entonces cruzó plantas homocigotas de semillas lisas con plantas homocigotas de semillas rugosas. El resultado fue el siguiente:

— El **alelo L** (lisa) es dominante frente al **alelo l** (rugosa).

— Todos los gametos del primer individuo tendrán el **alelo L.**

— Todos los gametos del segundo individuo tendrán el **alelo l.**

Por tanto, después de la fecundación, todos los descendientes serán **heterocigotos** y de aspecto liso para el carácter *«aspecto de la semilla»*.

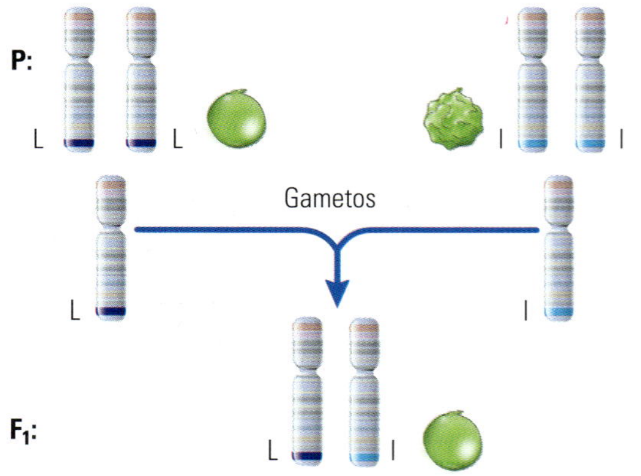

Actividades

12. **Para el gen que determina el carácter *«altura de la planta»* de la tomatera, existe un alelo que determina «alta» y otro que determina «enana».**

Realizamos el siguiente cruce de dos tomateras: una de fenotipo «alta» y otra de fenotipo «enana» y el resultado que obtenemos es de 28 descendientes, todos ellos de fenotipo «alta».

a) ¿Cuál de los dos alelos será el recesivo? ¿Qué tipo de herencia tiene el carácter *«altura de la planta»*? ¿Cuál será el genotipo de los progenitores?

b) Haz un esquema del cruce en el que aparezcan las anotaciones para cada tipo de alelo, el genotipo y el fenotipo de los progenitores, los gametos producidos, y el genotipo y el fenotipo de los descendientes con sus proporciones.

SEGUNDA LEY DE MENDEL

Conocida como *ley de la segregación de los alelos.*

Si cruzamos **dos heterocigotos de la F_1** entre sí, veremos que en la descendencia (F_2) obtenemos todos los genotipos y los fenotipos posibles siguiendo unas **proporciones concretas.**

Para deducir su segunda ley, Mendel cruzó las plantas de la primera generación filial (F_1) entre sí. Todas las plantas de la F_1 son heterocigotas para el carácter *«aspecto de la semilla»* y su fenotipo es «semilla lisa». Mendel se basó en que:

— Todos los individuos de la F_1 generan dos tipos de gametos: gametos con el **alelo L** y gametos con el **alelo l.**

— Como todos los gametos tienen las mismas posibilidades de participar en la fecundación, se tienen en cuenta todas las posibles combinaciones.

Como resultado, la segunda generación filial (F_2) presentará unas proporciones fijas tanto de genotipos como de fenotipos:

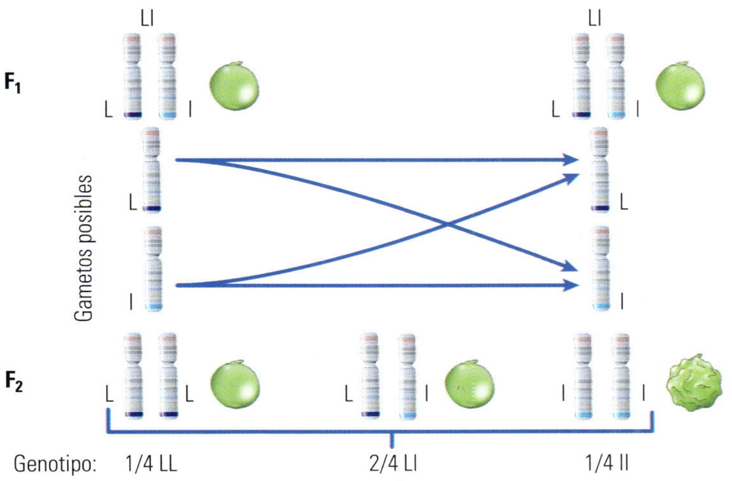

Cuadro de Punnett

Alelos posibles del gameto masculino

♀ \ ♂	L	l
L	LL	Ll
l	Ll	ll

Alelos posibles del gameto femenino

Combinaciones posibles en la descendencia

CUADRO DE PUNNETT

Ideado por Reginald C. Punnett, un importante genetista inglés (1875-1967). El cuadro de Punnett consiste en una tabla de doble entrada en la que se anotan los posibles gametos de cada progenitor; al combinar todos los gametos entre sí, se obtienen todos los genotipos posibles de la descendencia.

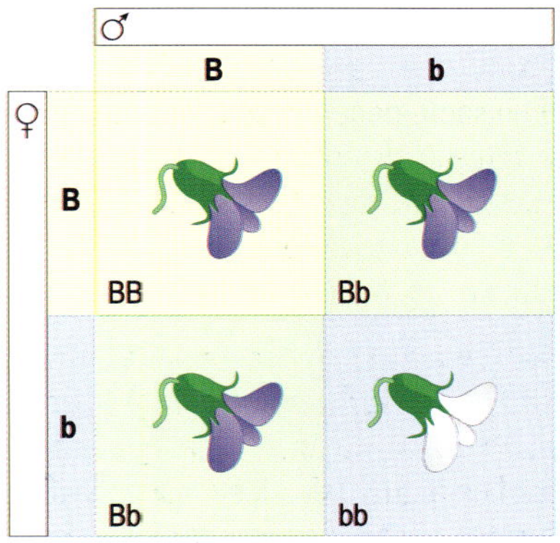

Actividades

13. Como ya hemos visto, el carácter *«color de la flor»* en el dondiego de noche presenta herencia intermedia. Si cruzamos una planta de flores blancas (BB) con una planta de flores rojas (RR):

a) ¿Cómo será la F_1? ¿Y la F_2? Completa un cuadro de Punnett para deducir el resultado. Recuerda que para obtener la F_2 debes plantear un cruce entre dos individuos heterocigotos procedentes de la F_1.

b) Indica las proporciones genotípicas y fenotípicas en ambos casos.

14. La capacidad para doblar la lengua es un carácter que se hereda de padres a hijos siguiendo una herencia dominante. Se sabe que aproximadamente el 30 % de las personas no pueden doblar la lengua, mientras que el 70 %, sí.

a) ¿Qué alelo es dominante, el «doblar la lengua L» o el «no doblar la lengua l»? Justifica tu respuesta.

b) Dibuja un cruce entre dos progenitores heterocigóticos para este carácter y demuestra que se cumplen las proporciones que se citan en el enunciado. Puedes ayudarte de un cuadro de Punnett para calcular las probabilidades.

Puedes aprender las leyes de Mendel y otros conceptos clave de genética con un simulador virtual que te permitirá experimentar con las distintas formas de herencia que has estudiado en esta unidad.

https://links.edebe.com/vrorb

TERCERA LEY DE MENDEL

Denominada también *ley de la independencia de los alelos.*

Si estudiamos cómo pasan a la descendencia **dos caracteres diferentes,** veremos que estos se **heredan de forma independiente** cumpliendo con la primera y la segunda ley.

Mendel tuvo en cuenta dos caracteres de la semilla:

— *«Aspecto de la semilla».*

Alelos: L (lisa)

l (rugosa)

— *«Color de la semilla».*

Alelos: A (amarilla)

a (verde)

Después de cruzar los **homocigotos** para los dos caracteres, vemos que, de acuerdo con la primera ley, toda la F_1 es heterocigota e igual entre sí.

Si cruzamos los individuos de la F_1, se formarán diferentes combinaciones de alelos en los gametos. Obtendremos una F_2 en la que se podrán observar todos los genotipos y los fenotipos posibles para los dos caracteres y en proporciones fijas.

P: LLAA x llaa

↓

F_1: LlAa x LlAa

↓

Combinaciones posibles de gametos en la fecundación:

F_2:

♀ \ ♂	**LA**	**La**	**lA**	**la**
LA	LLAA	LLAa	LlAA	LlAa
La	LLAa	LLaa	LlAa	Llaa
lA	LlAA	LlAa	llAA	llAa
la	LlAa	Llaa	llAa	llaa

Genotipos					**Fenotipos**
1/16 LLAA	2/16 LLAa	2/16 LlAA	4/16 LlAa	→	9/16 Lisa y amarilla
		1/16 LLaa	2/16 Llaa	→	3/16 Lisa y verde
		1/16 llAA	2/16 llAa	→	3/16 Rugosa y amarilla
			1/16 llaa	→	1/16 Rugosa y verde

Esta ley no se cumple cuando:

— Los caracteres estudiados están determinados por genes situados en el mismo cromosoma.

— Los caracteres estudiados están determinados por genes situados en los cromosomas sexuales.

Actividades

15. Fíjate en la tabla de doble entrada que describe los cruzamientos de la tercera ley de Mendel y dibuja los cromosomas de la F_1 y los de la F_2.

— Si del cruce se han obtenido un total de 192 plantas en la F_2, indica cuántas es probable que presenten cada genotipo.

5. BIOTECNOLOGÍA E INGENIERÍA GENÉTICA

La **biotecnología** es el conjunto de disciplinas que estudian los seres vivos y tienen como objetivo la obtención de bienes y servicios. El concepto es muy amplio y abarca diversos campos de aplicación, como la medicina, la agricultura o la alimentación. Las técnicas de biotecnología se aplican desde el Neolítico, como la selección artificial de las variedades de plantas y animales que poseen las mejores características para el consumo. Sin embargo, desde la irrupción de la ingeniería genética, la biotecnología ha experimentado un gran desarrollo.

La **ingeniería genética** es la parte de la genética que elabora técnicas destinadas a la manipulación del ADN de los organismos. Las técnicas fundamentales de la ingeniería genética son la PCR, el ADN recombinante y el sistema CRISPR.

TÉCNICA DE LA PCR

La técnica de la PCR (Reacción en Cadena de la Polimerasa) permite conseguir muchas copias de una secuencia de ADN a partir de una cantidad mínima de muestra. Los elementos básicos de la PCR son: una polimerasa, unas secuencias cebadoras *(primers)* que marcan la secuencia del gen que se quiere amplificar, nucleótidos de ADN libres (dNTP) y una máquina que controla la temperatura del proceso (termociclador). El proceso es el siguiente:

— **Desnaturalización:** la temperatura aumenta (96 °C) y las hebras de ADN se separan.

— **Templado:** la reacción se enfría (55 a 65 °C) y los *primers* se unen al ADN que se quiere amplificar.

— **Extensión:** se aumenta de nuevo la temperatura de la reacción (72 °C) para que la polimerasa añada los dNTP donde le marcan los *primers*.

Estos pasos, que constituyen un ciclo, se repiten de 25 a 35 veces y así se obtienen numerosas copias del ADN.

EL ADN RECOMBINANTE

La técnica del ADN recombinante se utiliza para crear moléculas de ADN artificiales que incorporan ADN de otros organismos.

El proceso consta de estas fases: se identifica y se aísla el gen que se quiere incorporar; se forma el ADN recombinante introduciendo el gen en un vector (generalmente un virus o bacteria) que lo transportará a la célula anfitriona; finalmente, se introduce el vector en la célula anfitriona del organismo en el que queremos que se exprese el gen.

SISTEMA CRISPR

CRISPR es una técnica que actúa como unas tijeras genéticas. Se basa en el mecanismo que utilizan las bacterias para eliminar ADN de virus y plásmidos incrustados en su genoma.

El sistema CRISPR se emplea para **editar genes,** ya que permite cambiar la secuencia concreta de un gen, agregar bases o eliminarlas. También se ha adaptado el sistema para actuar sobre la transcripción de los genes, de modo que se pueden activar o silenciar genes.

Actividades

16. Durante 2020 la pandemia de la COVID-19 asoló el planeta y la técnica PCR pasó a ser conocida por la población general. Investiga para que se utiliza esta técnica en relación con la pandemia y elabora un breve informe en el que lo expliques.

Asómate
La técnica de la PCR

Francisco Mojica (Elche, 1963) fue uno de los descubridores del sistema CRISPR, unas secuencias repetidas en el genoma de algunas bacterias que actúan como un sistema de defensa bacteriano contra los virus.

Jennifer Doudna y **Emmanuelle Charpentier** demostraron que se podía utilizar el sistema CRISPR como herramienta de ingeniería genética y ganaron el Premio Nobel de Química en 2020 por su trabajo.

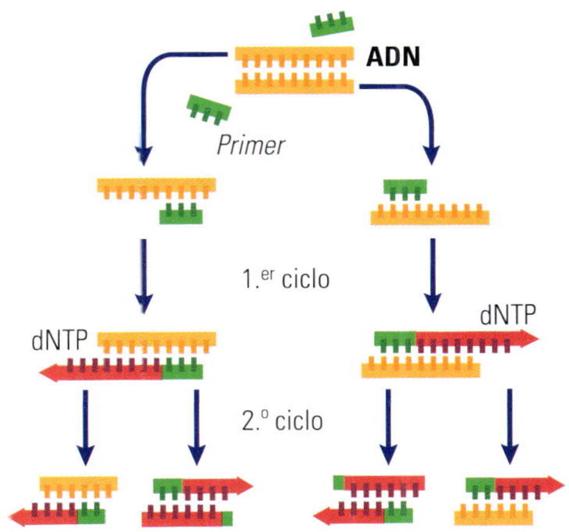

Técnica de la PCR.

Algunas de las principales aplicaciones de la ingeniería genética son la **terapia génica,** la obtención de organismos **transgénicos** y la **clonación** de organismos.

5.1. LA TERAPIA GÉNICA

Existen numerosas enfermedades causadas por la alteración del ADN. La terapia génica tiene como finalidad reparar el ADN dañado de las células del paciente y revertir estas enfermedades. Se distinguen dos procedimientos básicos de terapia génica:

— **Corrección** de la mutación de un determinado gen que causa una enfermedad.

— **Sustitución** de un gen dañado por el gen correcto, o **inserción** de un gen que falta.

La transferencia de genes al paciente puede realizarse *ex vivo,* fuera del organismo, o directamente, *in vivo.* Veamos los dos procedimientos:

Transferencia *in vivo*

1. Se sintetiza el gen modificado y se introduce en un virus no patógeno que actúa como vector.
2. Se inyecta el vector con el gen terapéutico en el paciente.
3. El virus se dirige a las células afectadas e introduce el gen en su interior.

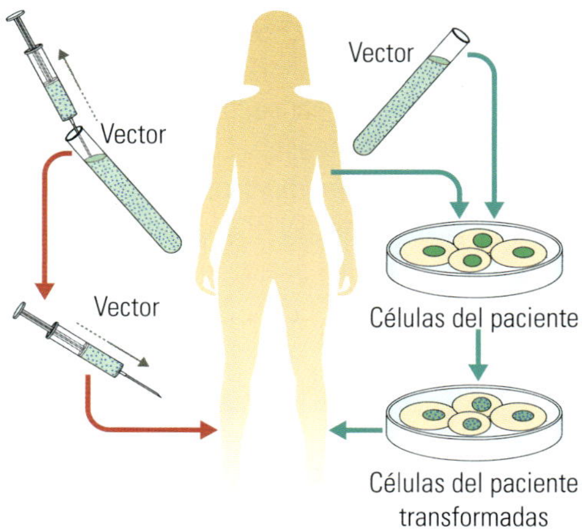

Transferencia *ex vivo*

1. Se sintetiza el gen modificado y se introduce en un virus no patógeno que actúa como vector.
2. Se ponen en contacto los vectores con las células dañadas del paciente en un cultivo *in vitro.*
3. Se seleccionan las células transformadas, se cultivan si se requiere un mayor número de ellas, y se introducen en el paciente.

En la actualidad, este tipo de tratamientos ya se aplican en enfermedades como la deficiencia de lipoproteína lipasa o la enfermedad de Wilson.

5.2. LOS ORGANISMOS TRANSGÉNICOS

Un **organismo transgénico** es aquel al que se le ha introducido en su ADN uno o varios genes procedentes de otro organismo distinto.

El siguiente esquema reproduce el proceso de transgénesis para la obtención de una variedad de maíz resistente a una de sus principales plagas, la del gusano taladrador.

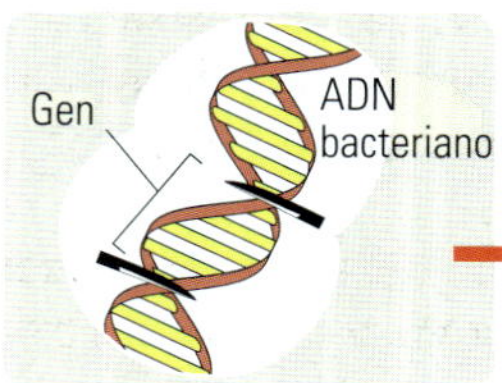

1. Se aísla el gen de la bacteria del suelo *Bacillus thuringiensis* que produce una sustancia tóxica para el gusano taladrador.

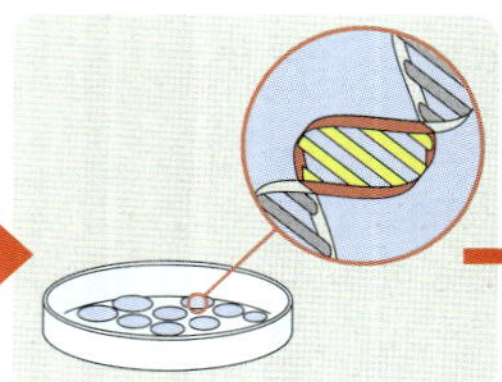

2. Se incorpora el gen aislado en otra bacteria y se cultiva para obtener un gran número de copias.

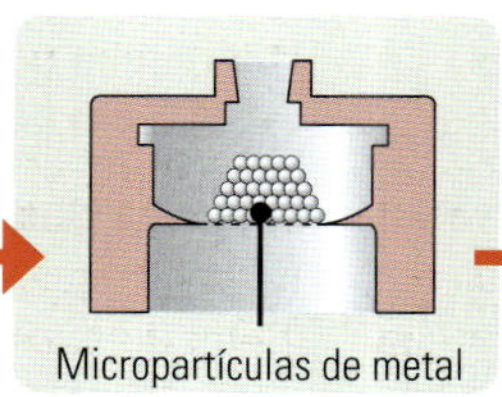

3. Las copias del gen obtenidas se fijan en micropartículas de metal.

4. Un cañón de ADN proyecta las micropartículas con los genes sobre unas finas capas del tejido vegetal. Como resultado, el gen se integra en algunas células.

5. Se seleccionan las células que han incorporado el gen y se hacen crecer.

6. Se obtienen semillas transgénicas resistentes al ataque del gusano taladrador.

5.3. LA CLONACIÓN DE ORGANISMOS

La **clonación** es la obtención de conjuntos de células o bien organismos enteros genéticamente idénticos. En la actualidad se pueden clonar genes, células o seres vivos.

La clonación de seres vivos se lleva a cabo de forma natural en los individuos con reproducción asexual. Hoy en día, es posible clonar organismos enteros que de forma natural no se podrían clonar.

Existen dos tipos de clonación: la clonación reproductiva y la clonación terapéutica:

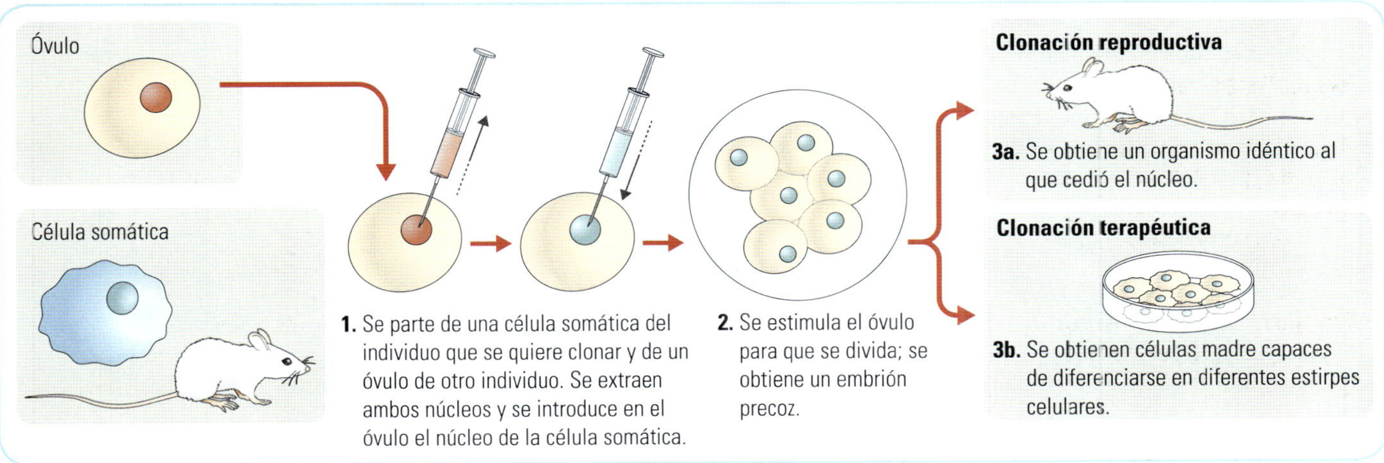

Actualmente, las aplicaciones de la clonación terapéutica van encaminadas a la clonación de órganos y tejidos para autotransplantes, lo que evitaría el rechazo de los mismos. La clonación reproductiva se ha aplicado en casos puntuales, como la oveja Dolly, pero no se puede realizar en seres humanos por las repercusiones éticas que todo ello implica.

5.4. APLICACIONES DE LA INGENIERÍA GENÉTICA.

Las aplicaciones de la ingeniería genética son muy amplias y abarcan diversos ámbitos. De todos modos, su aplicación proporciona muchas ventajas, aunque no están exentas de inconvenientes.

ÁMBITO	VENTAJAS	INCONVENIENTES
Salud	Se pueden obtener nuevos fármacos (levaduras transgénicas capaces de producir antibióticos o insulina humana) y terapias personalizadas.	Se podrían modificar características que no tienen un valor médico. La aplicación de las terapias génicas podría estar restringida a la élite de la población.
Agricultura y ganadería	Mejora de la producción agrícola y ganadera, con cultivos resistentes a plagas o a la sequía, animales con mayor rendimiento y productos con mayor calidad nutritiva, como el arroz con provitamina A.	Los productos modificados genéticamente pueden incrementar las alergias en los seres humanos y facilitar las resistencias a los antibióticos en las bacterias y a ciertos herbicidas en las plantas.
Medio ambiente	Se pueden modificar los microorganismos para que degraden contaminantes en el suelo y en el agua.	Se desconoce si puede tener lugar la propagación de resistencias a variedades salvajes. También se teme por la eliminación de las variedades autóctonas.

Actividades

17. ¿Qué procedimientos básicos existen en la terapia génica? ¿Qué tipo de enfermedades serían el principal objetivo de la terapia génica?

18. ¿De qué modo la introducción de un gen de resistencia a un herbicida puede mejorar la producción agrícola?

19. ¿Por qué en los individuos con reproducción asexual se da un proceso de clonación natural? ¿Existen casos de clonación natural en la especie humana?

20. Explica las ventajas que proporciona la clonación terapéutica con respecto a los trasplantes tradicionales.

Ciencia a tu alcance

PBL: Descendencia y genética

Material

- Bolígrafo, tijeras y láminas de dotaciones cromosómicas impresas a partir del link:

https://links.edebe.com/hjf

1 Introducción

En esta actividad, llevaréis a cabo cruzamientos entre individuos de una especie ficticia de escarabajo a la que llamaremos *Mutatis mutandis*. En la siguiente tabla, podéis ver los genotipos y los fenotipos posibles para siete caracteres presentes en los individuos de esta especie.

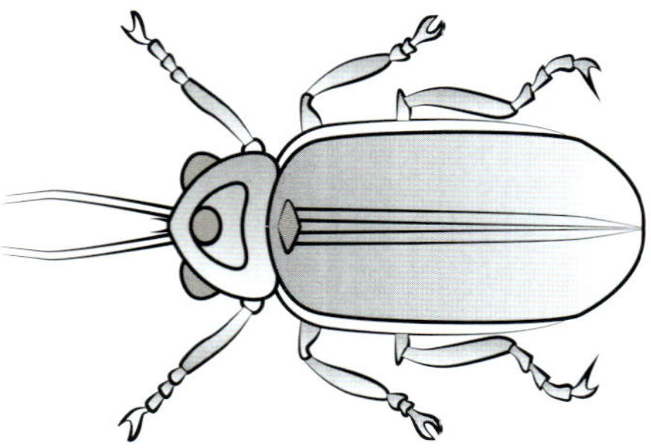

Mutatis mutandi

Carácter	Genotipos y fenotipos		
Longitud de las antenas	LL largas	Ll largas	ll cortas
Forma de las antenas	DD rectas	DE curvadas	EE espiraladas
Color de los ojos	RR rojos	Rr rojos	rr blancos
Forma de los ojos	GG globosos	GF aplanados	FF planos
Coloración de los élitros	NN negros	NA manchados	AA amarillos
Tipo de patas	PP sin pelos	Pp sin pelos	pp peludas
Sexo	XX hembra	XY macho	

2 Procedimiento y actividades

Cada uno de vosotros recibirá una hoja con una dotación cromosómica completa (2n) de un individuo. Algunos recibirán la de un macho y otros, la de una hembra.

— Cada uno de los caracteres se halla localizado en un cromosoma diferente, como se indica en la hoja. Elegid un genotipo para cada carácter y escribid los alelos correspondientes en los cromosomas adecuados. **¿Para cuántos caracteres es homocigoto?**

— Dibujad en el recuadro de vuestra hoja el fenotipo asociado a cada carácter para vuestro individuo. **¿Qué tipo de herencia presenta cada carácter?**

— Ahora, formad parejas de modo que uno de los componentes tenga la ficha de un individuo masculino y el otro, una de un individuo femenino.

— Por separado, recortad los cromosomas y emparejad los homólogos.

— Elegid al azar un cromosoma de cada pareja del individuo masculino y apiladlos para formar la dotación del espermatozoide. **¿De qué tipo de dotación se trata?** Haced lo mismo para los cromosomas del individuo femenino, formando la dotación del óvulo. **¿Qué tipo de división da lugar al óvulo?**

— Vamos a proceder a la fecundación. Juntad las pilas de cromosomas que representan los gametos masculino y femenino. **¿Qué tipo de dotación obtenemos? ¿De qué célula se trataría?**

— Ordenad la dotación cromosómica obtenida. **¿Se trata de un macho o de una hembra?** Pedid al profesor la hoja correspondiente (macho o hembra) y completadla con los genotipos y los fenotipos del nuevo individuo.

— **¿Es idéntico a alguno de los progenitores? ¿En qué caracteres se parece a uno y en cuáles al otro? ¿Manifiesta algún fenotipo que no se manifestara en los padres? ¿A qué es debido?**

— Con los nuevos individuos obtenidos entre toda la clase, volved a formar parejas y repetid nuevamente el proceso.

Síntesis

Características heredadas de los seres vivos

determina las

Información genética: ADN

- se transmite a los descendientes a través de los
  - **Gametos**
    - para cada gen presentan diferentes
      - Alelos
- organizada en
  - **Genes**
    - pueden presentar
      - Herencia dominante
      - Herencia codominante
      - Herencia intermedia
      - Herencia de alelos múltiples
      - Herencia ligada al sexo
    - se expresan y transmiten según
      - **Leyes de la herencia de Mendel**
        - son tres leyes
          - Primera ley de Mendel
          - Segunda ley de Mendel
          - Tercera ley de Mendel
- es objeto de estudio de la
  - **Ingeniería genética**
    - algunas de sus aplicaciones son
      - Terapia génica
      - Organismos transgénicos
      - Clonación de organismos

Actividades finales

PREPARA

21. ●○○ Completa estas oraciones en tu cuaderno:

a) Un .... es un fragmento de .... con información para una característica concreta del organismo.

b) En las células diploides se encuentran .... copias de cada gen, localizadas en la misma posición en cada uno de los cromosomas .... .

c) A cada una de las diferentes variaciones que puede presentar un .... para un determinado .... se le denomina .... .

22. ●○○ Define los siguientes conceptos:

homocigosis - heterocigosis - cigoto

23. ●○○ Explica con tus propias palabras qué es el fenotipo y el genotipo para un determinado carácter.

24. ●○○ ¿Qué es el factor Rh de la sangre? ¿Qué tipo de herencia presenta?

25. ●○○ En la especie humana, ¿qué sexo tiene el individuo con dos cromosomas sexuales homólogos?

26. ●○○ ¿Cómo se denomina la herencia de los caracteres situados en el cromosoma X que no se localizan en el cromosoma Y?

— Indica un ejemplo de este tipo de herencia.

27. ●○○ ¿Qué entendemos por vector en ingeniería genética? ¿Cuáles son los principales vectores utilizados?

28. ●○○ Ordena los siguientes pasos en la técnica del ADN recombinante:

a) Introducción del gen en un vector de expresión y de transporte.

b) Identificación y aislamiento de un gen que se quiere incorporar a otro organismo.

c) Introducción del vector en el organismo en el que queremos que se exprese el gen.

29. ●○○ Esta ilustración esquematiza el proceso para efectuar una clonación terapéutica de tejidos, con el fin de realizar trasplantes en un individuo.

Indica a qué número corresponden cada una de las siguientes afirmaciones:

a) Obtención de células embrionarias clonadas.

b) Óvulo de una donante.

c) Eliminación del núcleo del óvulo.

d) Inducción de la célula clonada para que se divida.

e) Extracción del núcleo de la célula del paciente e inserción en el óvulo anucleado (sin núcleo).

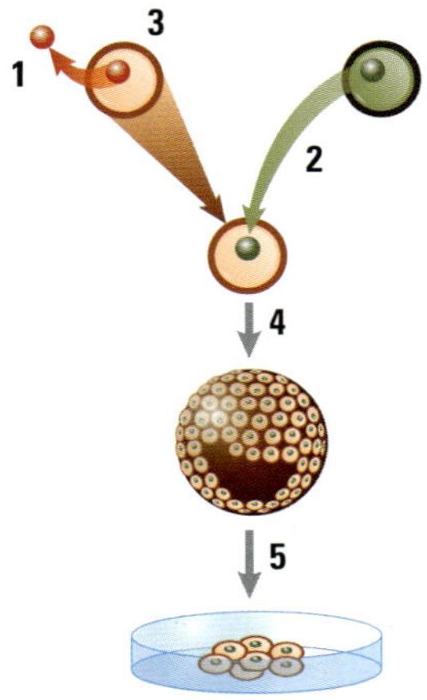

ENTRENA

1. ADN, genes y alelos

30. ●○○ Define los siguientes términos:

gen – alelo – carácter

31. ●●○ Olav es de Noruega y tiene la piel muy blanca, como todos los miembros de su familia. En verano viene de vacaciones al Mediterráneo y pasa muchos días en la playa, de modo que cuando regresa a su país está mucho más moreno que su hermana Bibi. ¿Ha cambiado su genotipo o su fenotipo? ¿Qué explicación tiene este caso?

32. ●●○ Aplicando la **técnica cooperativa** *Folio giratorio,* en grupos de cuatro, anotad cada uno de vosotros tres características propias. A continuación, decidid cuáles de estas características son hereditarias y cuáles no. Comentad vuestros resultados con el resto de la clase y justificad vuestra decisión.

2. La transmisión de caracteres

33. ●○○ ¿Qué son los gametos? ¿Qué dotación cromosómica tienen?

34. ●●○ Copia en tu cuaderno el siguiente dibujo y complétalo con el nombre del tipo de división que se lleva a cabo.

— Dibuja los cromosomas y los alelos presentes en los gametos.

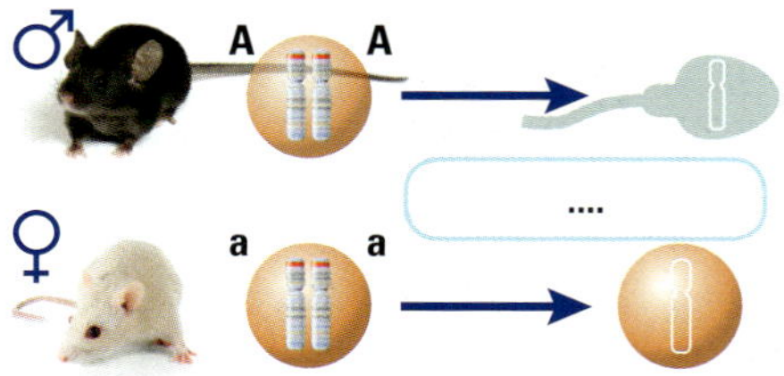

35. ●●○ **Di si las siguientes afirmaciones son verdaderas o falsas. A continuación, escribe correctamente las que sean falsas.**

a) En un organismo diploide, si los dos alelos de un determinado gen son iguales, se dice que se encuentran en homocigosis.

b) En los gametos de un ser humano, todos los genes se encuentran en heterocigosis.

c) En un embrión de una especie diploide, todos los genes presentan dos alelos.

36. ●●○ **En la especie humana, el citoplasma del óvulo es mucho mayor que el del espermatozoide; por lo tanto, constituye el principal material del cigoto. No obstante, los caracteres se heredan en igual proporción de ambos progenitores. Explica a qué es debido.**

3. La herencia y sus tipos

37. ●○○ **Identifica el tipo de herencia que tiene lugar en cada caso:**

a) El fenotipo de los individuos heterocigotos es una mezcla de los dos fenotipos homocigóticos.

b) El fenotipo es el resultado de las diferentes relaciones de herencia que pueden existir entre los más de dos alelos que hay para un determinado carácter.

c) En el fenotipo de los individuos heterocigotos se aprecian los dos fenotipos homocigóticos a la vez.

d) El fenotipo está ligado al sexo del individuo.

e) El fenotipo de los individuos heterocigotos coincide con el fenotipo del alelo dominante.

38. ●●○ **La miopía es una característica hereditaria que viene determinada por la presencia de un alelo M. Otro alelo, m, codifica para la visión normal.**

Jorge, María y Pedro son hermanos, pero mientras que los dos chicos tienen miopía, su hermana no. Además, sabemos que Jorge es heterocigoto para este carácter, mientras que María y Pedro son homocigotos.

a) Indica cuáles son los alelos que presenta cada uno de ellos para el carácter *«miopía»*.

b) Según tus resultados, ¿qué tipo de herencia tiene la miopía? ¿Por qué?

c) ¿Sabrías decir cuál es el genotipo de Juan y Adela, los padres de Jorge, María y Pedro, respecto a la miopía? ¿Son miopes?

39. ●●○ **¿Puede manifestarse un carácter en un individuo si no se manifiesta ni en su padre ni en su madre? Justifica tu respuesta y pon un ejemplo.**

40. ●●○ **Lee la siguiente afirmación y argumenta si es cierta o no:**

«Como la distrofia muscular de Duchenne es una enfermedad ligada al sexo, solo la pueden padecer los hombres».

41. ●●● **En el siguiente árbol genealógico, puedes ver los miembros de tres generaciones de una familia:**

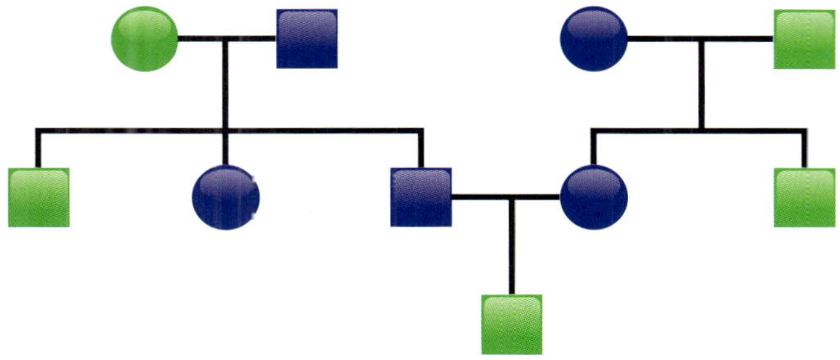

En verde aparecen los individuos que presentan un tipo de sordera hereditaria.

a) Copia el esquema en tu cuaderno y numera las generaciones y los individuos del árbol.

b) ¿Podrías deducir qué tipo de herencia presenta esta sordera? Justifica tu respuesta e indica los fenotipos de todos los individuos de la genealogía.

42. ●●● **En una clínica confunden por error cuatro recién nacidos. Los grupos sanguíneos de los bebés son 0, A, B y AB. Las parejas de padres que los reclaman presentan los siguientes grupos sanguíneos:**

a) AB x 0

b) A x 0

c) A x AB

d) 0 x 0

Indica, de forma razonada, qué bebé asignarías a cada pareja.

43. ●●● **Sabemos que el daltonismo o ceguera para los colores viene dado por un alelo recesivo situado en el cromosoma X y que no tiene equivalente en el cromosoma Y. Una mujer daltónica tiene un hijo con un hombre que no es daltónico.**

a) ¿Qué probabilidad hay de que el hijo sea daltónico si es niño? ¿Y si es niña?

b) Haz un esquema del cruce, en el que anotes todos los genotipos y los fenotipos.

4. Las leyes de Mendel

44. ●○○ **¿Qué características del guisante de jardín estudió Mendel para poder establecer sus leyes de la herencia?**

— ¿Con qué término actual se corresponde lo que Mendel denominaba *raza pura*?

Actividades finales

45. ●●○ Contesta a las siguientes preguntas sobre las leyes de Mendel:

a) ¿Cómo es la descendencia si se cruzan dos progenitores homocigóticos diferentes para un determinado carácter?

b) Utiliza los datos del enunciado a) y los de tu respuesta para formular la primera ley de Mendel.

c) ¿Y si se vuelven a cruzar dos individuos de la anterior F_1 entre sí? ¿Cómo será su descendencia?

d) Utiliza los datos del enunciado c) y los de tu respuesta para formular la segunda ley de Mendel.

e) La tercera ley de Mendel estudia cómo se heredan dos caracteres independientes y se demuestra que también cumplen la primera y la segunda ley. Indica en qué situaciones no se cumple la tercera ley de Mendel.

46. ●●○ En las cobayas, el pelo de color negro (N) es dominante sobre el color blanco (n). Por otro lado, en otro cromosoma se halla un gen que codifica para la longitud del pelo. En este caso, el pelo largo (c) es recesivo frente al pelo corto (C).

Si cruzamos una cobaya homocigota para estos dos caracteres, con el pelo largo y negro, con otra también homocigota para los dos, con el pelo corto y blanco, ¿qué proporciones genotípicas y fenotípicas obtendremos en la F_1? ¿Y en la F_2?

47. ●●○ Si se cruza una gallina de plumaje negro con un gallo blanco, la descendencia presenta plumas blancas y negras mezcladas. Si tomamos un gallo de esta descendencia, con plumas blancas y negras, y lo cruzamos con una gallina blanca, ¿cuál será el plumaje que esperaremos hallar en su descendencia? ¿Por qué?

48. ●●○ La forma de la raíz de los rábanos viene dada por un par de alelos que presentan herencia intermedia, R y A. En un cruzamiento entre rábanos de raíz redonda y de raíz alargada, toda la descendencia presenta la raíz ovalada.

a) Si cruzamos rábanos de raíz ovalada con rábanos de raíz redonda, ¿qué tipos de raíz presentará la descendencia?

b) ¿Y si cruzamos rábanos de raíz ovalada con rábanos de raíz alargada?

49. ●●● Sobre el par de cromosomas homólogos de la derecha aparecen marcados los genes que codifican para la forma de las alas y para el color del cuerpo de un determinado insecto.

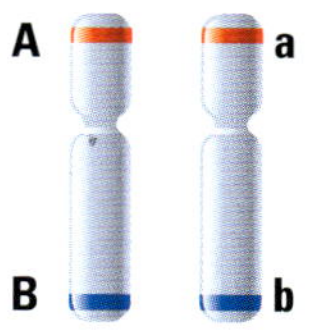

A es dominante y determina alas curvadas, mientras que a es recesivo y determina alas rectas. B es dominante y codifica para el color de cuerpo verde, mientras que b, recesivo, codifica para cuerpo marrón.

a) ¿Se trata de un homocigoto o de un heterocigoto para estos caracteres?

b) Si cruzamos dos individuos como los del ejemplo, nunca aparecen en la descendencia individuos verdes con las alas rectas, ni individuos marrones con las alas curvadas. ¿A qué podría ser debido? Indica qué gametos producirán los progenitores a partir de la meiosis y qué combinaciones son posibles.

5. Biotecnología e ingeniería genética

50. ●○○ Define los siguientes términos:

ingeniería genética – organismo transgénico – clonación – terapia génica

51. ●●○ Explica por qué se puede considerar que la selección de las semillas de las plantas más productivas para utilizarlas como plantel para el año siguiente es una técnica de la biotecnología.

52. ●●○ Muchos científicos trabajan en las aplicaciones de la ingeniería genética para conseguir mejoras en los cultivos y en la ganadería, nuevas terapias para prevenir y curar enfermedades, innovadoras técnicas para revertir la contaminación y otros muchos proyectos. Pero existen grupos de opinión que se oponen a ellos por los inconvenientes ecológicos y éticos que plantean. Dividid la clase en grupos de cuatro personas para realizar un debate sobre las ventajas y los inconvenientes de la ingeniería genética: la mitad de los grupos se posicionará a favor de la ingeniería genética y la otra mitad en contra.

Podéis consultar los siguientes enlaces:

https://links.edebe.com/scba

https://links.edebe.com/FymBrr

53. ●●● Margarita Salas (1938-2019) ha sido una de las científicas españolas con más proyección internacional en el campo de la ingeniería genética. Sus principales logros se centraron en los estudios de la ADNpolimerasa de un virus que ataca bacterias (bacteriófago *phi29*) y de sus aplicaciones como método para amplificar ADN.

Lee el artículo que se muestra en este enlace y contesta a las siguientes preguntas:

https://links.edebe.com/zAm

a) ¿A qué técnica empleada en ingeniería genética se parece la polimerasa del *phi29*? Describe para qué se emplean estas técnicas.

b) ¿Qué ventaja presenta la polimerasa del *phi29* sobre la otra técnica?

c) Explica por qué el uso de la polimerasa del *phi29* como test de detección de virus podría ser útil en una crisis como la que causó la pandemia de la COVID-19 iniciada en 2020.

APLICA

54. ●●○ El pelo largo en los conejos viene determinado por un alelo dominante L, mientras que el pelo corto lo es por uno recesivo l. Cruzamos dos individuos heterocigotos para este carácter.

a) Elabora una tabla con los gametos y los genotipos de la descendencia.

b) ¿Cuál es el fenotipo de los progenitores?

c) ¿Qué proporciones fenotípicas se darán en la descendencia?

55. ●●○ ¿Qué cromosomas sexuales presentan los óvulos de la especie humana? ¿Y los espermatozoides? Justifica, a partir de estos datos, el hecho de que la descendencia se distribuya en una proporción del 50 % de hombres y el 50 % de mujeres.

56. ●●○ Uno de los organismos más estudiados en el campo de la genética es la mosca de la fruta *(Drosophila melanogaster)*.

Esta ilustración presenta los cromosomas en una célula diploide de *Drosophila* obtenida a partir de tejido muscular.

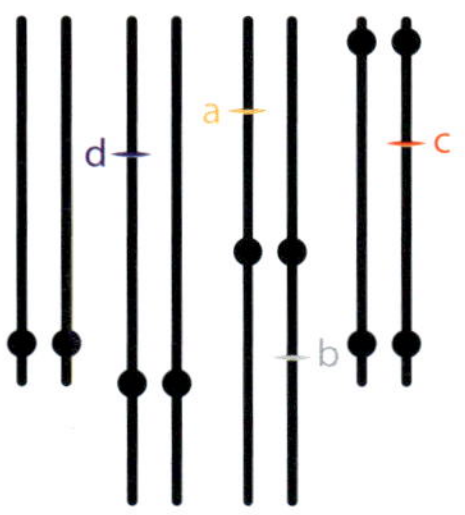

a) Anota la dotación cromosómica de la célula.

b) ¿Qué dotación tendrá una neurona de *Drosophila melanogaster*? ¿Por qué?

c) ¿Qué dotación tendrá un óvulo de *Drosophila melanogaster*? ¿Por qué?

d) Copia el dibujo en tu cuaderno e indica cuáles son los pares de cromosomas homólogos.

e) En los cromosomas se han indicado las posiciones de los genes que determinan ciertos caracteres:

a. Ojos de color sepia	c. Ausencia de ojos
b. Cuerpo de color oscuro	d. Alas curvadas

Señala la posición de la segunda copia de cada uno de estos genes en el mapa cromosómico.

f) Para el gen que determina los ojos de color sepia existen dos alelos: N, que codifica para ojos de color rojo (normales), y n, que codifica para ojos de color sepia.

Sabemos que en uno de los cromosomas el individuo que estamos estudiando presenta el alelo N. Si el individuo es homocigoto para este carácter, ¿cuál será el alelo que presentará en el cromosoma homólogo para este mismo gen?

57. ●●● La mosca *Drosophila* presenta el mismo tipo de herencia del sexo que los humanos, basado en un par de cromosomas sexuales XY. De los 257 descendientes resultado del cruce entre un macho de ojos rojos y una hembra de ojos blancos, todos los machos tienen los ojos blancos y todas las hembras, los ojos rojos.

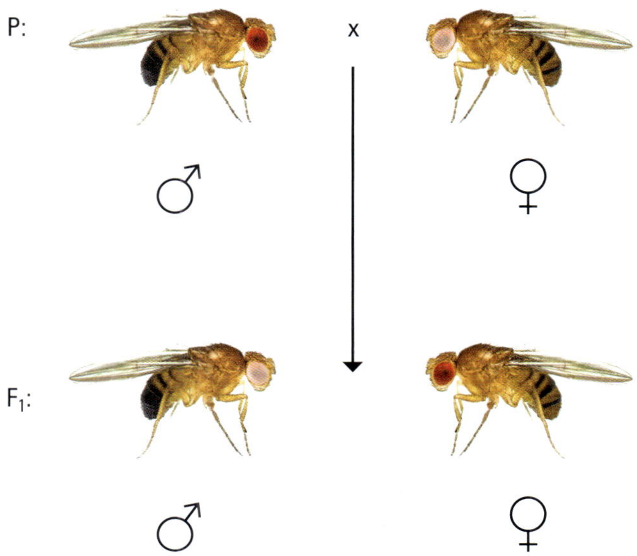

a) ¿Este resultado es compatible con una herencia ligada al sexo? Razona tu respuesta.

b) ¿Cómo sería el alelo que determina los ojos rojos? ¿Y el que determina los ojos blancos?

Esquematiza el cruzamiento y razona tu respuesta.

Piensa sobre...

58. Compara tu físico con el de tus padres. ¿A quién te pareces más? ¿Qué caracteres te parece que has heredado de tu madre? ¿Y de tu padre? ¿Hay algún carácter que no esté visible en tus padres pero sí en tus abuelos?

59. La ingeniería genética ofrece la posibilidad de diseñar, modificar, copiar o suprimir numerosas características de los seres vivos. Debatid en clase sobre la necesidad o no de regular estas actividades por razones éticas.

60. Indica si estás de acuerdo o en desacuerdo con esta afirmación:

Los organismos transgénicos son un avance positivo para la sociedad en general y también para el medio ambiente.

Pon a prueba tus competencias

61. Lee este texto y realiza las siguientes actividades:

Los organismos genéticamente modificados

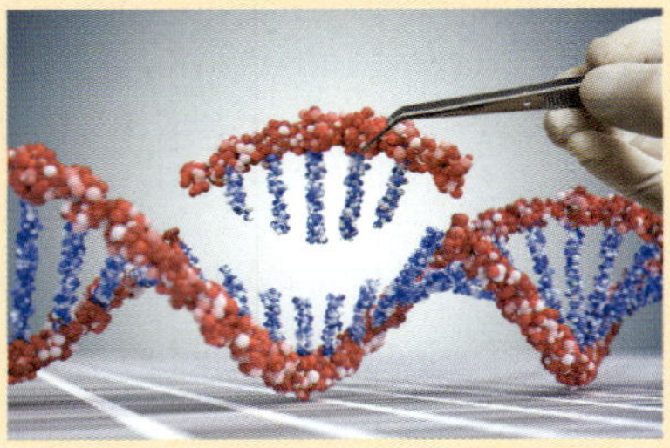

Cuando a un organismo se le modifica su material genético mediante técnicas de ingeniería genética para que adquiera una característica que antes no poseía, se considera que es un **organismo genéticamente modificado,** un **OGM.** Aquellos casos en los que a un OGM se le ha introducido material genético de otra especies se le considera un **organismo transgénico.**

Mediante ingeniería genética se pueden mejorar las propiedades y la productividad de los cultivos, así como de las especies animales de las cuales el ser humano obtiene materias primas como la carne, la leche, la lana, etc.

En la UE los OGM aprobados para ser cultivados son unas 60 variedades, principalmente de remolacha, soja, algodón y maíz. Estas variedades han pasado controles muy estrictos para detectar posibles problemas de toxicidad o de alergenicidad.

País	Millones de hectáreas	Cultivo OGM
Canadá y Estados Unidos	68	Maíz, soja, algodón, colza, manzanas, remolacha, calabacín
Brasil	51	Soja, maíz, algodón, caña de azúcar y colza
Argentina	24	Maíz, algodón, soja
India	12	Algodón

A. Define con tus propias palabras OGM y organismo transgénico.

B. Indica cuáles de las afirmaciones siguientes sobre OGM y organismos transgénicos son ciertas. Justifica tu respuesta en cada caso.

a) Todos los OGM son transgénicos.

b) Todos los transgénicos son OGM.

c) Cuando un ganadero cruza dos razas distintas para una mejora genética, puede obtener un OGM.

d) Tanto en los organismos transgénicos como en los OGM es necesaria la aplicación de técnicas de ingeniería genética.

C. Si en el año 2018 se destinaron 190 millones de hectáreas en el planeta al cultivo de OGM, representa en un gráfico de sectores los mayores productores mundiales de estos cultivos que aparecen en la tabla de la introducción. ¿Qué porcentaje de hectáreas sobre el total mundial suman estos grandes productores?

D. Ordena los pasos que deben realizarse para obtener un organismo transgénico:

— Se seleccionan los tejidos o células receptoras en cuyo ADN se localiza el gen modificado.

— Introducción del gen en una bacteria para obtener muchas copias del gen transgénico.

— Se tratan las copias de los genes para que no se degraden (fijación).

— Se introduce el gen modificado en el tejido o célula receptora.

— Se identifica y aísla el gen de la especie donadora.

— Se cultivan los tejidos o las células receptoras para obtener el organismo transgénico.

E. Los OGM han sido manipulados genéticamente para conseguir mejoras en su producción. Explica, según tu criterio, qué ventajas con respecto a una variedad no manipulada puede tener un OGM que:

a) Sea más resistente a las plagas que acostumbran a atacar el cultivo.

b) Requiera de menos agua para su desarrollo.

c) Pueda soportar mayor salinidad.

F. La producción de OGM no está exenta de controversia porque no se ha demostrado que el cultivo de estas variedades no contaminen las especies silvestres. Intenta dar una explicación a la siguiente situación:

El agricultor de una plantación de melocotoneros que colinda con una zona de cultivo de soja transgénica resistente a los herbicidas se ha dado cuenta de que tiene muchas dificultades para eliminar las plantas de soja que crecen entre sus árboles.

62. Lee la siguiente noticia y realiza las actividades que se indican a continuación:

¿Qué enfermedades genéticas podemos transmitir a nuestro hijo?

Cada persona es portadora de entre tres y cinco mutaciones genéticas recesivas. Algunas son especialmente frecuentes, como la ligada a la *fibrosis quística* (presente en una de cada 25 personas) o la *atrofia muscular espinal* (una de cada 50). Ser portador no implica sufrir la enfermedad, ni presentar síntomas, ni que se hayan manifestado antes en algún familiar. Pero, si se diera la casualidad de que los dos miembros de la pareja tengan alterado el mismo gen, existe un riesgo del 25 % de que los hijos padezcan la patología. ¿Cómo saberlo?

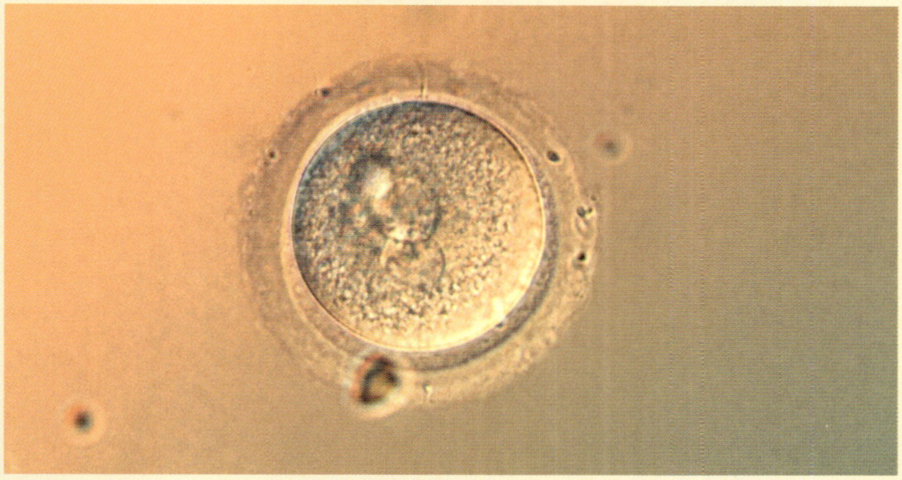

Uno de los últimos servicios que ofrecen los centros de reproducción asistida son los llamados test de *compatibilidad genética*. Gracias a esta posibilidad, cualquier pareja que quiera tener descendencia podrá conocer qué mutaciones tiene cada uno de ellos y si existe riesgo de transmitir determinadas enfermedades (depende del test, entre 200 y 600). Con esta información, podrán saber si pueden intentar un embarazo natural sin asumir riesgos (al menos, los conocidos) o si les compensa recurrir a procedimientos para esquivar las mutaciones, ya sea a través de un programa de donación de gametos (embriones u óvulos) o someterse a un proceso de reproducción asistida que permita estudiar los embriones en el laboratorio e implantar el que no haya heredado la enfermedad (diagnóstico genético preimplantacional).

Un grupo de investigadores ha elaborado un estudio con 137 parejas que han pedido consejo genético, y ha observado que hasta el 7 % de las parejas que se han hecho el test tenían riesgo (el 25 % por bebé) de tener un hijo enfermo por enfermedades recesivas o ligadas al cromosoma X.

El País, 28-3-2015 (adaptación).

A. ¿A qué nos referimos cuando hablamos de mutaciones genéticas recesivas?

B. En la noticia, se dice que si los dos miembros de la pareja tienen alterado el mismo gen, existe un riesgo del 25 % de que los hijos padezcan la patología. En este caso, el cruzamiento sería:

a) Entre progenitores heterocigotos.

b) Entre progenitores homocigotos.

c) Entre un homocigoto dominante y un heterocigoto.

d) Entre un homocigoto recesivo y un heterocigoto.

C. ¿Por medio de qué procedimientos explica el texto que una pareja podría esquivar la aparición de una enfermedad genética en su futuro hijo? ¿En qué casos se podría aplicar una o la otra?

D. A partir de los datos que aparecen en el último párrafo de la noticia, calcula cuántas parejas que se hicieron el test para el estudio presentaban un riesgo de tener un hijo enfermo por enfermedades genéticas recesivas o ligadas al cromosoma X.

9

Bloque 2. Las bases de la vida

La evolución biológica

Contenidos

- El origen de la vida
- Teorías sobre el origen de las especies
- El darwinismo
- Neodarwinismo y teorías actuales
- Las pruebas de la evolución
- La evolución humana

Y además...

- **Ciencia a tu alcance**
  La historia evolutiva

¿Te has fijado?

¿Existe vida en otros planetas?

¿Cómo aparece una nueva especie? ¿Qué papel juega la adaptación al entorno?

¿Sabes qué son el tigardo, el cebroide y el tigón?

¿El ser humano proviene del mono?

¿Lo vemos?
El origen de la vida

Materia orgánica en descomposición
↳ aparecían seres vivos
1ª teoría del origen de biomoléculas:
GENERACIÓN ESPONTÁNEA

1. EL ORIGEN DE LA VIDA

Uno de los retos científicos más importantes de la biología es averiguar cuándo y de qué modo surgió la vida en el planeta. Sin embargo, antes de conocer la evolución de las diferentes teorías sobre dicho origen, es necesario conocer las principales características de la **vida.**

LOS PILARES DE LA VIDA

COACERVADOS: 1ª biomoléculas
+ sencillas que se encontraron

¿Qué es la vida? ¿Qué cualidades distinguen a un ser vivo de la materia inerte? Un ser vivo, para considerarse como tal, debe llevar a cabo las tres funciones vitales: nutrición, relación y reproducción.

Los seres vivos, además, presentan una **composición** característica:

BIOELEMENTOS

Los bioelementos son aquellos elementos de la Tabla Periódica que forman parte de la composición de los seres vivos.

Los **bioelementos primarios** son los que componen a los seres vivos en un porcentaje total del orden del 96 %. Son el oxígeno (O), el carbono (C), el hidrógeno (H), el nitrógeno (N), el fósforo (P), el azufre (S) y ~~el calcio (Ca)~~.

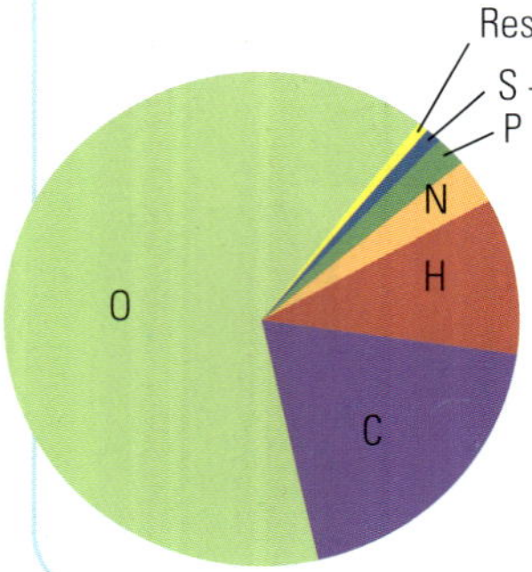

Proporción en masa de los bioelementos primarios.

BIOMOLÉCULAS

Una molécula es la unión estable de un grupo de átomos. Las biomoléculas son aquellas que están compuestas por la unión de bioelementos. Las **biomoléculas** pueden ser *inorgánicas* (como el agua y las sales minerales) u *orgánicas*. Dentro de las orgánicas, distinguimos:

- Glúcidos (glucosa, celulosa)
- Lípidos (colesterol, fosfolípidos)
- Proteínas (colágeno, actina, miosina)
- Ácidos nucleicos (ADN, ARN)

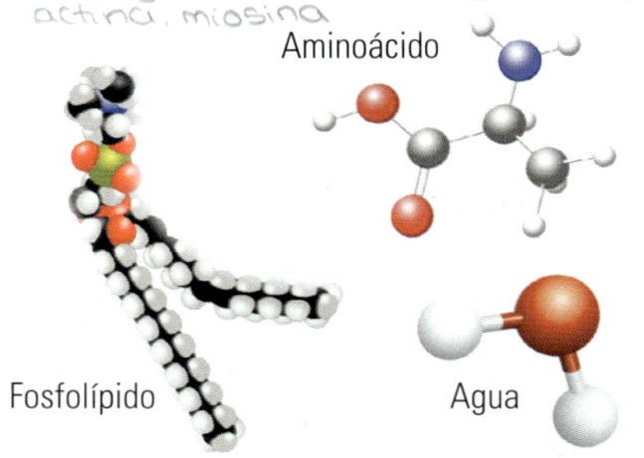

CÉLULAS

La célula es la unidad **funcional** y **estructural** de los seres vivos. Como ya hemos estudiado, las células pueden ser procariotas o eucariotas, y estas, animales o vegetales.

Cualquier hipótesis sobre el origen de la vida en la Tierra trata de explicar cómo se originaron las primeras células.

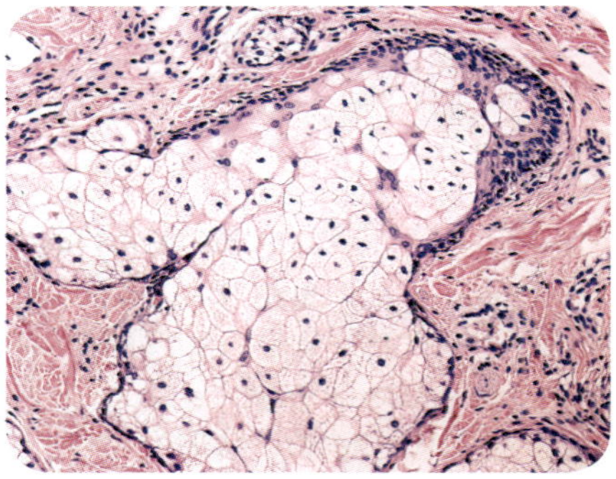

Sales minerales $CaCO_3$ ‖ Fosfatos.

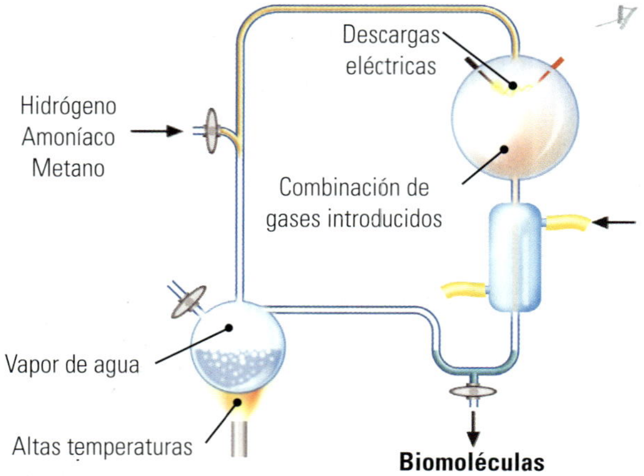

Experimento de Urey y Miller

ORIGEN DE LAS BIOMOLÉCULAS

En la década de 1920, **Alexander Oparin** (1894-1980) y **John Haldane** (1892-1964) propusieron por separado una misma hipótesis sobre el tema: en la **atmósfera primitiva** terrestre, compuesta por hidrógeno, amoníaco, metano y vapor de agua, y en la que no había presencia de oxígeno, se pudieron producir las reacciones químicas adecuadas para dar lugar a biomoléculas, formando una «sopa» o «caldo» primitivo.

En 1953, los bioquímicos **Harold Urey** (1893-1981) y **Stanley Miller** (1930-2007) llevaron a cabo un experimento para reproducir las condiciones de la atmósfera primitiva. Se obtuvieron unas 20 biomoléculas que demostraron que la hipótesis de Oparin y Haldane era posible.

Estos experimentos consiguen explicar la formación de algunas biomoléculas; sin embargo, no desvelan el origen de los seres vivos.

CRONOLOGÍA DE LA VIDA EN LA TIERRA

Para conocer el origen de la vida en la Tierra es necesario investigar la aparición de los primeros procariotas, ya que estos son las células más simples que existen.

Vamos a ver los principales eventos y teorías sobre la aparición de la vida en la Tierra.

Hace 4500 Ma: **formación de la Tierra.**

4500 Ma

Hace 3700 Ma: aparición de las **primeras células procariotas.**

3700 Ma

Teorías sobre su formación:

El **caldo primitivo.** Oparin postuló que en el «caldo primitivo» se formaron unos agregados de moléculas, los coacervados, con una estructura membranosa. Los consideró los precursores de la célula, aunque no contenían material genético.

Las **protocélulas.** En 1960, Sidney W. Fox consiguió obtener unas microesferas proteinoides, formadas a partir de aminoácidos. Las llamó *protocélulas,* pero no contenían material genético.

El **mundo de ARN.** Según esta hipótesis, las primeras moléculas de material genético capaces de replicarse fueron de ARN. Este debió constituir el material genético de los primeros procariotas.

Las **cadenas mixtas** de ARN y ADN. El primer material genético, según esta teoría, lo constituyeron cadenas formadas por una hebra de ARN y otra de ADN, ya que las cadenas exclusivamente de ARN son mucho más inestables.

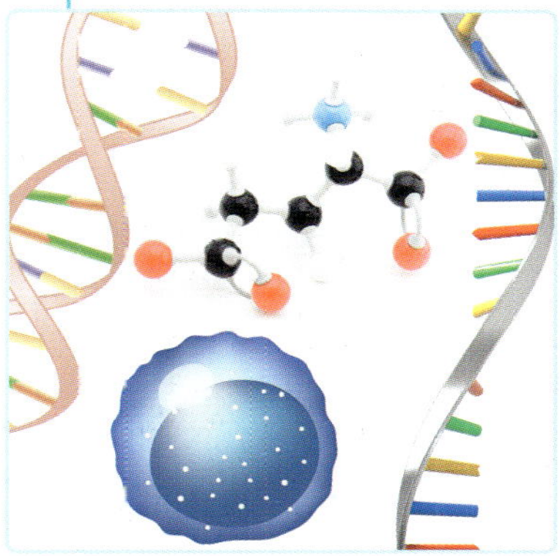

Hace 2300 Ma: concentración de **oxígeno atmosférico** similar al actual.

2300 Ma

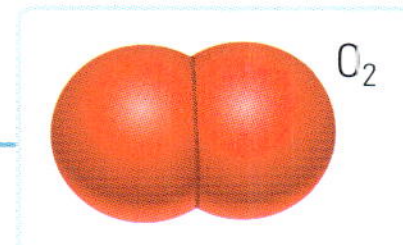

Hace 2100 Ma: aparición de las **primeras células eucariotas.**

2100 Ma

La **teoría endosimbiótica,** postulada por Lynn Margulis, afirma que las células eucariotas provienen de la asociación estable de células procariotas en simbiosis.

Esta teoría se basa en que determinados orgánulos celulares (los cloroplastos y las mitocondrias) tienen una membrana similar a la celular y material genético propio.

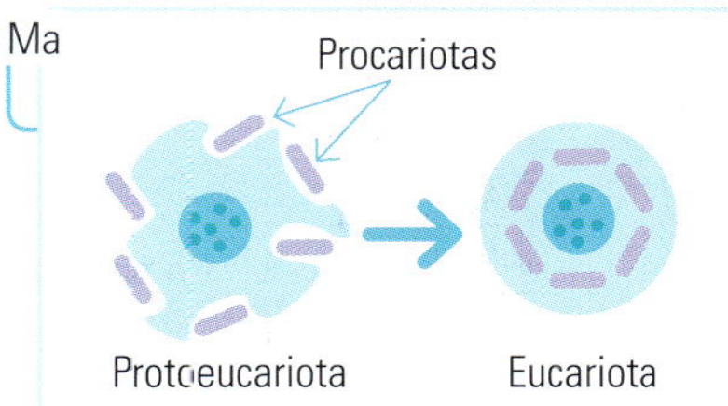

Hace 700 Ma: aparición de los **primeros organismos pluricelulares.**

700 Ma

A partir de ese momento, la evolución se aceleró dando lugar a una gran biodiversidad.

Actividades

1. El hallazgo de biomoléculas en un planeta distinto a la Tierra ¿sería prueba suficiente para asegurar que existe vida extraterrestre? Razona tu respuesta.

2. Oparin y Haldane elaboraron la hipótesis del «caldo primitivo». ¿Por qué era una hipótesis y no una teoría? ¿Una teoría científica, una vez formulada, es irrevocable?

3. Visita la página https://links.edebe.com/8yf y explica sobre qué hechos fundamentales se sustenta la hipótesis del origen de las células a partir de hebras mixtas de ADN y ARN.

4. Busca información y explica en qué consiste la teoría de la «eucariogénesis viral».

2. TEORÍAS SOBRE EL ORIGEN DE LAS ESPECIES

A lo largo de la historia de la biología, siempre ha habido científicos que se han preguntado sobre el origen de la gran diversidad de especies.

En la antigua Grecia, pensadores como Anaximandro ya se planteaban el origen de las especies. Durante los siglos XIX y XX, se elaboraron numerosas teorías al respecto.

Muchas veces estas teorías estaban más influidas por las creencias religiosas de la época que basadas en observaciones científicas exhaustivas. Ello conllevó numerosos problemas e incluso el descrédito de algunos científicos en desacuerdo con esas creencias.

A continuación, vamos a conocer algunas de estas teorías.

2.1. TEORÍAS CREACIONISTAS: FIJISMO Y CATASTROFISMO

Las teorías creacionistas son las que están basadas en la interpretación literal de la Biblia y que consideran que todos los seres vivos existentes en la Tierra tienen su origen en la Creación divina. Estas teorías están científicamente descartadas en la actualidad; no obstante, dieron pie a intensos debates a lo largo de los siglos XIX y XX.

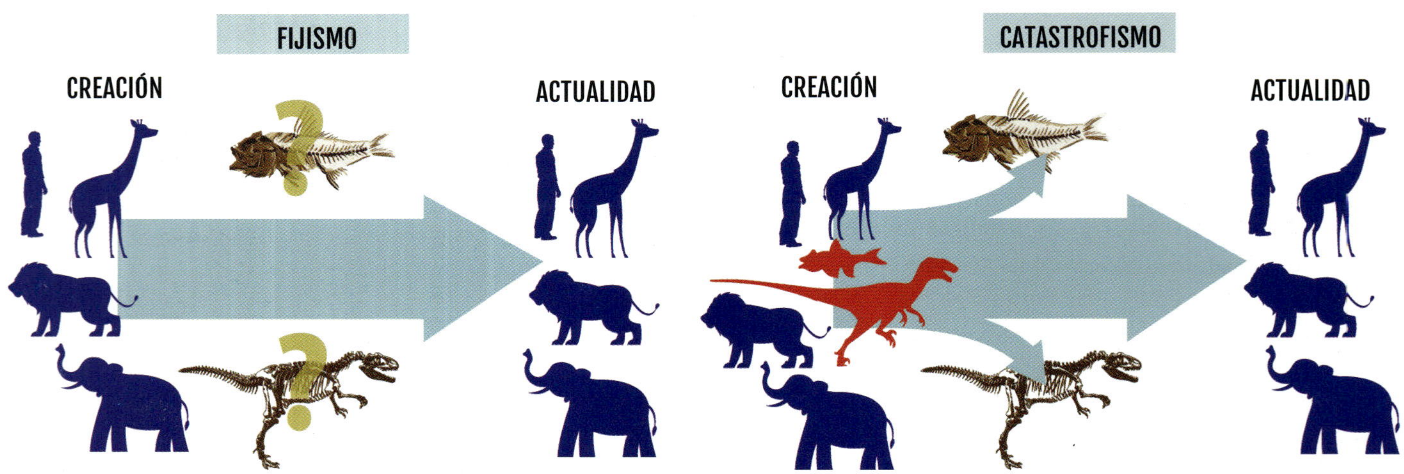

Según la **teoría fijista,** todas las especies tienen su origen en la Creación bíblica y se han mantenido tal y como fueron creadas hasta la actualidad.

Esta teoría no podía explicar, entre otros hechos, la existencia de fósiles de especies diferentes a las actuales.

Según la **teoría catastrofista,** hubo extinciones de algunas especies que coincidieron con las catástrofes descritas en la Biblia.

Estas catástrofes explicarían la existencia de fósiles de especies que ya no existían.

Conoces a...
Georges Cuvier

Georges Cuvier (Francia, 1769-1832) fue uno de los naturalistas más conocidos de su época y el principal defensor de la teoría **catastrofista.**

Cuvier hizo importantes contribuciones a la paleontología y poseía un gran conocimiento del registro fósil. Para justificar la existencia de dicho registro, sostenía que, después de cada catástrofe, el espacio dejado por las especies extinguidas era ocupado por especies procedentes de otros lugares geográficos.

2.2. TEORÍAS EVOLUCIONISTAS

Echa un vistazo a...
El origen de las especies

Son todas aquellas teorías que proponen la diversidad de especies actual como fruto de cambios sucesivos en especies anteriores.

EL LAMARCKISMO

Esta teoría toma el nombre de Jean Baptiste de Monet, caballero de Lamarck. En 1809, Lamarck publicó su obra *Filosofía zoológica,* considerada la primera teoría evolucionista de la historia científica moderna.

La teoría de Lamarck se resume en los puntos siguientes:

— Todas las **especies actuales** proceden de otras **anteriores,** a partir de las que se han originado mediante cambios sucesivos.

— Estos cambios se han producido por un **esfuerzo intencionado** de los organismos, dirigido a mejorar ciertas cualidades. Estas cualidades mejoradas serán los llamados caracteres adquiridos.

— Los **caracteres adquiridos** a lo largo de la vida de un organismo que resultan beneficiosos pasarán a sus descendientes.

El siguiente ejemplo hipotético esquematiza la teoría de Lamarck:

1. Los antecesores de las jirafas serían unos animales de cuello corto parecidos a los okapis.
2. Cuando escaseaba el alimento, los individuos se esforzaron para llegar a las capas de follaje más altas. De este modo, se les alargó el cuello.
3. El carácter *«cuello largo»* pasa a los descendientes que, a su vez, alargarán más el cuello, y así sucesivamente hasta las jirafas actuales.

Ya en su época, Lamarck fue duramente atacado por Cuvier y su teoría nunca estuvo vigente. Actualmente, no se aceptaría la teoría de Lamarck por dos razones:

— Los caracteres que pasan a la descendencia son los caracteres heredables, cuya información se encuentra en el ADN. Los organismos no pueden inducir cambios voluntariamente sobre el ADN y, por tanto, **no hay intencionalidad en la evolución.**

— Los cambios físicos y fisiológicos que se dan en un organismo a lo largo de su vida y no afectan al ADN no pasarán a sus descendientes.

EL DARWINISMO

En 1859, **Charles Darwin** publicó la obra *El origen de las especies,* en la que exponía la teoría sobre la evolución de las especies. Esta teoría es la base del concepto actual de evolución y por ello la trataremos ampliamente a continuación.

Actividades

5. ¿Qué diferencias existen entre la teoría fijista y la teoría catastrofista? ¿Cuál de las dos justifica la existencia de fósiles? ¿Cómo lo hace?

6. Explica por qué en la actualidad ni el fijismo ni el catastrofismo están aceptados científicamente.

— ¿Qué pruebas aportarías para rebatir ambas teorías?

7. ¿Por qué la teoría de Lamarck es evolucionista? ¿Por qué el alargamiento del cuello de las jirafas del ejemplo no pasará a los descendientes?

8. Georges Louis Leclerc, conde de Buffon, fue uno de los naturalistas que inspiraron las teorías evolucionistas de Lamarck y Darwin. Busca información sobre él y explica su teoría sobre el origen de las especies.

3. EL DARWINISMO

Charles Darwin (1809-1882) es uno de los científicos más conocidos e influyentes de la historia de la biología. Darwin destacó por sus grandes dotes como observador naturalista.

3.1. EL VIAJE DE DARWIN

Después de abandonar los estudios de Medicina, Darwin emprendió un viaje alrededor del mundo que duró cinco años (1831-1836) y lo hizo a bordo del *Beagle*. Durante este viaje, llevó a cabo numerosas expediciones.

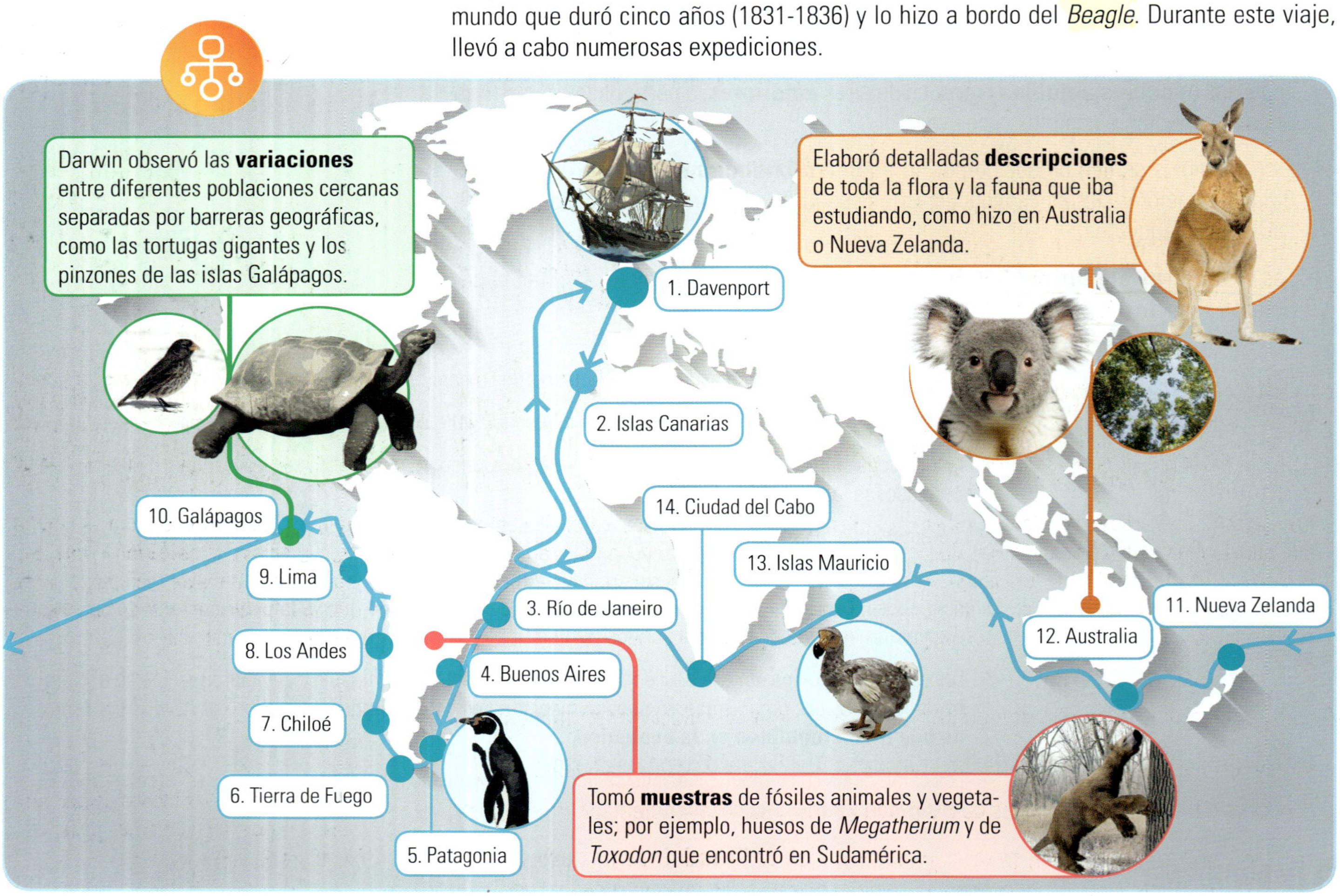

Posteriormente, dedicó su vida al estudio de las notas y las muestras recopiladas. Todos los datos que iba obteniendo de su estudio apuntaban hacia una teoría evolucionista. En 1858, un joven científico llamado Alfred Russel Wallace remitió sus teorías evolucionistas a Darwin. Viendo los numerosos puntos en común de las dos investigaciones, decidieron publicar conjuntamente sus opiniones en la revista de la Sociedad Linneana de Londres.

Un año después, en 1859, Darwin publicó su obra *El origen de las especies.*

Actividades

9. Busca información sobre el viaje de Darwin y responde a las siguientes cuestiones:

a) Cita tres de las especies que observó Darwin que contribuyeron a la elaboración de su teoría de la evolución.

b) ¿Qué especie animal descubre en la isla de Chiloé? ¿Qué hace con el ejemplar que encuentra? ¿Crees que sería un proceder adecuado en la actualidad? ¿Por qué?

3.2. LA TEORÍA DE DARWIN

Para saber más...
Darwinismo: puntos fundamentales

La teoría de la evolución de Darwin se asienta en tres puntos fundamentales:

VARIABILIDAD

Las poblaciones de seres vivos no son uniformes, sino que presentan cierta variabilidad, mayor o menor en función de la especie observada.

En un ambiente estable con suficientes recursos, las poblaciones mantienen el número de individuos y conservan su variabilidad.

Por ejemplo: los antecesores de las jirafas actuales formaban una población con cierta **variabilidad** para el carácter *«longitud del cuello»*: ciertos individuos tenían el cuello más largo.

ADAPTACIÓN

Ante un cambio en el ambiente desfavorable para una especie, de entre toda la variabilidad existente, habrá algunos individuos que presentarán unas características más adecuadas al nuevo ambiente.

Estos individuos estarán mejor adaptados.

Por ejemplo: cuando escasea el alimento, los individuos con el cuello más largo llegan mejor a las capas superiores del follaje y se alimentan con mayor facilidad. Están mejor **adaptados.**

SELECCIÓN NATURAL

Los **individuos mejor adaptados** se reproducirán más fácilmente y dejarán más descendencia que el resto de la población.

Si esta selección natural se repite en cada generación, al cabo de miles de años, toda la población presentará el carácter que determinaba esa mejor adaptación.

Por ejemplo: los individuos con el cuello más largo, gracias a la **selección natural,** se reproducirán con mayor facilidad y finalmente toda la población estará compuesta por individuos de cuello largo.

No obstante, quedaron algunas preguntas que Darwin no pudo solucionar en su momento:

— ¿Cómo se generaba la variabilidad en la población de una determinada especie?

— ¿Cómo pasaban los caracteres de los progenitores a sus descendientes?

Debemos tener en cuenta que, pese a que los trabajos de **Mendel** fueron publicados en 1865, Darwin nunca llegó a conocerlos. No sabía ni que existían unas partículas que determinaban las características de un individuo, ni que estas eran heredables, ni cómo tenía lugar la herencia.

No fue hasta más tarde cuando los conocimientos sobre genética permitieron dar respuesta a las preguntas que planteaba la teoría de Darwin.

La publicación de las teorías de Darwin causó un gran revuelo en la sociedad científica de la época.

Visita el siguiente enlace para conocer los motivos, así como los principales opositores:

https://links.edebe.com/sfm

Actividades

10. Enumera seis características que demuestren la variabilidad presente en la especie humana. Procura que alguna de ellas no sea una característica observable a simple vista.

11. Busca información y explica brevemente por qué transcurrieron más de 20 años entre el viaje de Darwin y la publicación de su teoría.

12. Explica las diferencias entre la teoría lamarckista y la de Darwin. Averigua si Darwin tuvo en cuenta las ideas de Lamarck para desarrollar su propia teoría.

13. ¿Cómo explicaría Darwin la evolución de las alas en los pingüinos? Utiliza un esquema como el que aparece en el libro para explicarlo.

Idea principal
como teorías creacionistas
+ Definiciones de FV y SN.

Definiciones

4. NEODARWINISMO Y TEORÍAS ACTUALES

THEODOSIUS DOBZHANSKY

T. Dobzhansky (Ucrania, 1900-EE. UU., 1975) es un genetista que, junto a Ernst Mayr, G. L. Stebbins y G. G. Simpson, sentaron las bases de la **teoría sintética** o neodarwinismo.

Desde la publicación en 1937 de su libro *Genética y el origen de las especies*, la teoría sintética se considera el principio general para el estudio de la evolución.

En 1900, dieciocho años después de la muerte de Darwin, se descubrieron los trabajos de **Mendel.** Este hecho y los avances en los conocimientos sobre la reproducción celular determinaron el inicio del auge de la genética. Los conocimientos sobre genética fueron la clave para solucionar los interrogantes que planteaba la teoría de Darwin.

En la década de 1930 a 1940, diversos científicos incorporaron los conocimientos sobre genética a sus estudios y elaboraron la denominada **teoría neodarwinista** o **sintética.** Los neodarwinistas tomaron como base la teoría de Darwin, pero solucionaron los puntos para los que él no tuvo explicación, la **variabilidad** y la **herencia,** y ampliaron la teoría aplicando los nuevos descubrimientos en biología.

A continuación veremos cuáles son las fuentes de **variabilidad,** así como los **mecanismos** en los que se basa la evolución según la teoría sintética.

CONOCIMIENTOS CIENTÍFICOS.

FUENTES DE VARIABILIDAD

Son aquellas que dan lugar a un aumento del número de alelos para un carácter en una población o a un cambio en la combinación y la distribución de estos.

Las fuentes de variabilidad genética son:

Las mutaciones

Como ya hemos visto, una mutación es un **cambio permanente** en el **ADN.** Si el cambio afecta a un gen, da lugar a la aparición de nuevos alelos y, por tanto, a nuevos fenotipos.

Las mutaciones se producen al **azar,** por lo que no siempre representan una ventaja adaptativa.

Si afectan al ADN de los **gametos,** se pueden heredar y así pasar a los descendientes. ADN hereditario

La recombinación genética

La recombinación es un **intercambio de fragmentos de ADN** que tiene lugar durante la **profase I** de la meiosis.

La recombinación normalmente nc genera nuevos alelos, pero da lugar a **nuevas combinaciones** de genes dentro de un mismo cromosoma.

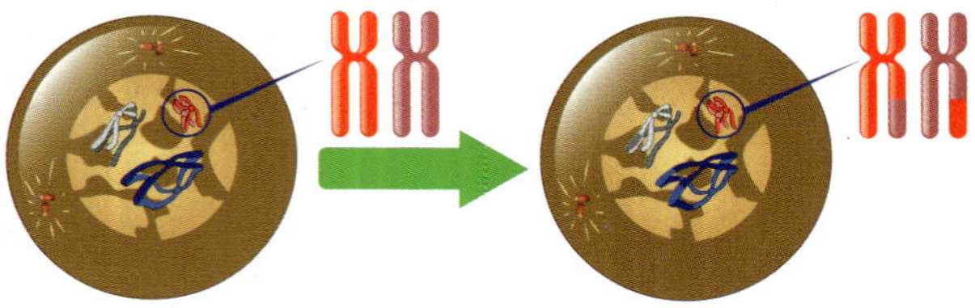

MECANISMOS EVOLUTIVOS

Según la teoría sintética, los mecanismos más importantes de la evolución son la selección natural y la deriva génica.

La selección natural

El número de individuos de la población de una determinada especie **no puede crecer hasta el infinito,** ya que los recursos del ambiente donde vive son limitados.

Normalmente, el número de individuos se mantiene constante hasta que un cambio en el entorno favorece el aumento del número de aquellos **mejor adaptados.** Este mecanismo es lo que conocemos como selección natural.

La deriva génica

La deriva génica es el **cambio de proporción** de un alelo de una generación a otra.

Este cambio se produce de manera aleatoria; es decir, sin que el carácter seleccionado represente una ventaja aparente y sin que hayan variado las condiciones del entorno en el que se vive.

Solo se da en poblaciones con un número reducido de individuos.

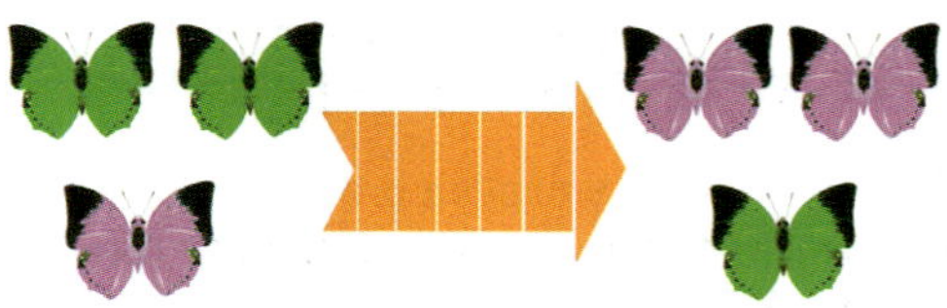

4.1. LA ESPECIACIÓN

Las teorías actuales sobre el origen de las especies toman como base la teoría sintética de la evolución, pero difieren entre ellas sobre todo en lo relativo al momento y al cómo se da la aparición de nuevas especies o **especiación.**

LA ESPECIACIÓN

Una **especie** es un conjunto de individuos, semejantes entre sí, que son capaces de reproducirse entre ellos y dar lugar a descendencia fértil. El proceso de aparición de una nueva especie a partir de una preexistente es lo que llamamos **especiación.**

Para que ocurra la especiación, deben producirse los siguientes fenómenos:

1. Un grupo de individuos de una determinada población se **separa** del resto de la población. Esta separación puede ser física (aparición de una barrera física, conquista de un nuevo nicho ecológico) o genética (aparición de un grupo de la población con una mutación importante).
2. Ese grupo de individuos **no puede reproducirse** con la población inicial debido a la propia separación física (ej.: vivir en dos islas diferentes) o temporal (ej.: épocas de fertilidad en distintas estaciones).
3. Las **diferencias** entre las dos poblaciones son cada vez mayores, hasta que llega un momento en el que si se intentaran reproducir dos individuos de cada una de las poblaciones iniciales, no llegarían a hacerlo o no tendrían descendencia fértil. Ya se trata de dos especies diferentes.

Según la interpretación evolucionista del origen de las especies científicamente aceptada, todas las poblaciones de **especies actuales** provienen de otras **especies ancestrales,** a partir de las cuales se han originado. La **biodiversidad** actual es el resultado de la evolución por especiaciones sucesivas desde los primeros seres vivos que poblaron la Tierra hace 3500 millones de años.

La historia y el parentesco evolutivo de una especie o grupo de especies se pueden representar mediante un **árbol filogenético:**

ODS

LA PÉRDIDA DE BIODIVERSIDAD

Todas las especies están adaptadas a subsistir en un ambiente determinado. Si este entorno cambia y no existe ningún grupo de individuos de la población adaptado a los nuevos cambios, puede producirse la desaparición de la especie o **extinción.**

A lo largo de la historia de la Tierra, han existido numerosas extinciones de especies, algunas de ellas masivas, como la de los dinosaurios.

En el presente, el ser humano es capaz de **cambiar drásticamente** su entorno y variar el medio al que están adaptadas miles de especies de seres vivos.

Actualmente, según datos de la UICN (Unión Internacional para la Conservación de la Naturaleza), existen unas 23 250 especies en **peligro de extinción,** la mayoría de ellas debido a la actividad humana, que pone en riesgo la biodiversidad del planeta.

Juega con...
Nudos filogenéticos

Un **árbol filogenético** es un esquema con forma de árbol en el que se muestran las relaciones de parentesco evolutivo de diferentes especies de seres vivos.

Cada nudo del árbol representa un antepasado común para los organismos o grupos ubicados al final de cada rama.

El nudo marcado como ejemplo indica el antepasado común a mamíferos, reptiles y aves.

Actividades

14. Según la teoría sintética, ¿cómo se explicaría la evolución de las alas de los pingüinos? ¿Y la evolución de las alas de los avestruces?

— ¿Qué nuevas ideas aporta la teoría sintética respecto a la de Darwin?

15. La mula es el animal híbrido resultado del cruce entre una yegua y un asno. Las mulas presentan características híbridas de asno y yegua, pero son estériles.

— ¿Por qué el asno y la yegua no se consideran de la misma especie? ¿Por qué la mula no es una especie?

Lo pregunta como las teorías creacionistas

LAS TEORÍAS ACTUALES

En la actualidad, existen tres teorías sobre cómo tiene lugar la evolución: el gradualismo, el puntualismo y el neutralismo.

GRADUALISMO

El gradualismo sostiene que:

— Una población de una especie determinada va **acumulando cambios** fruto de la adaptación progresiva al entorno en el que vive.

— La acumulación de cambios lleva, primero, a la aparición de variedades y subespecies y, después, a la especiación.

— La aparición de nuevas especies es un proceso gradual que se da a lo largo de miles de años.

La principal crítica a esta teoría es la falta de fósiles de los hipotéticos pasos intermedios de muchas especies actuales. Los gradualistas defienden su postura sosteniendo que existieron ejemplares de los pasos intermedios, pero que, debido a las específicas condiciones de fosilización, se formaron fósiles de muy pocas especies.

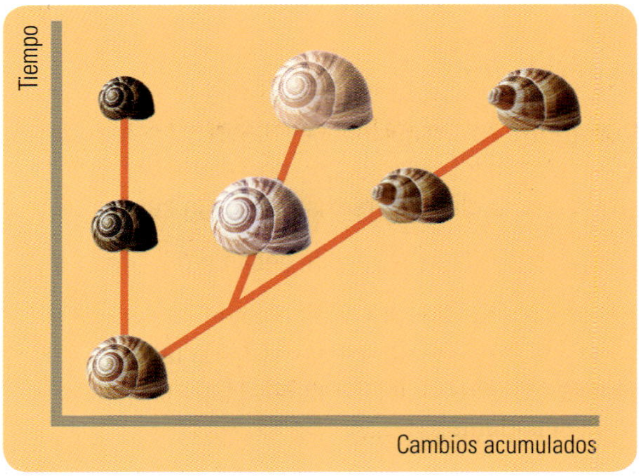

PUNTUALISMO

La teoría puntualista o del **equilibrio puntuado** fue enunciada en 1972 por Stephen Jay Gould y Niles Eldredge. Se considera una actualización del saltacionismo, teoría que en la actualidad está prácticamente descartada. Se fundamenta en:

— Una población de una especie determinada que vive en un ambiente que no varía se mantiene estable y sin cambios a lo largo del tiempo.

— La especiación se dará en una porción pequeña de esa población que, por motivos diversos, se ha quedado aislada en un ambiente diferente.

— Los cambios se sucederán de forma brusca en un **período corto de tiempo** (cientos de años).

Esta teoría explicaría el hecho de no encontrar fósiles que muestren los cambios graduales. Los puntualistas sostienen su teoría como la principal, pero no excluyen que en determinados casos se pueda dar el modelo gradualista.

No excluyente con gradualismo → complementarias

NEUTRALISMO

Ocurren mutaciones que no son beneficiosas ni perjudiciales. No actúan en la selección natural. Evolución viene dada por azar. deriva genética

La teoría **neutralista** fue propuesta por el científico japonés Motoo Kimura hacia finales de la década de 1960. Según esta teoría, la mayoría de las mutaciones son evolutivamente neutras y se van acumulando en las poblaciones sin que actúe la selección natural.

Para los neutralistas, el principal mecanismo de la evolución es la **deriva génica,** ya que en la mayoría de los casos no es el ambiente el que determina la selección de un carácter, sino el **azar.**

El profesor Matoo Kimura.

Actividades

16. Explica las principales diferencias entre la teoría gradualista y la teoría puntualista.

17. ¿Cómo explica la teoría puntualista la ausencia de fósiles de las formas intermedias?

18. La teoría de Darwin ¿era gradualista o puntualista? Justifica tu respuesta.

19. De las tres teorías expuestas en esta página, ¿cuál de ellas difiere más de Darwin? ¿Por qué?

5. LAS PRUEBAS DE LA EVOLUCIÓN

lo pregunta específico

Darwin elaboró su teoría de la evolución a partir de la observación de las especies en los diferentes ambientes y también a partir del estudio de fósiles. Desde entonces, los diversos científicos que han estudiado la evolución han tenido que encontrar pruebas que justificasen sus teorías.

Las principales pruebas de la evolución son las **anatómicas** (anatomía comparada), las **biogeográficas,** las **paleontológicas** y las **moleculares.**

LAS PRUEBAS EMBRIOLÓGICAS

Son una especialidad de las pruebas anatómicas que se basan en el estudio del desarrollo del embrión de diferentes especies en los vertebrados. Si los comparamos, observaremos que en los primeros estadios los embriones son casi idénticos entre sí.

Cuanto más tiempo tarden en diferenciarse los embriones de dos especies, más próximas evolutivamente estarán.

5.1. LAS PRUEBAS ANATÓMICAS

La actual **diversidad** de especies se ha generado por **especiaciones sucesivas,** a partir de los primeros seres vivos. Por tanto, todos los seres vivos actuales estamos «emparentados» en mayor o menor grado.

Este hecho se puede demostrar mediante la **anatomía comparada,** que se encarga del estudio y la comparación de órganos de diferentes especies. En anatomía comparada, se distinguen tres tipos de órganos:

¿Lo vemos?
Anatomía comparada

HOMÓLOGOS

Son órganos de especies diferentes que presentan la misma estructura pese a ser utilizados para funciones distintas.

Esto significa que comparten un **antepasado común** del que heredaron la estructura del órgano. Por ejemplo, son órganos homólogos las extremidades anteriores de los siguientes animales:

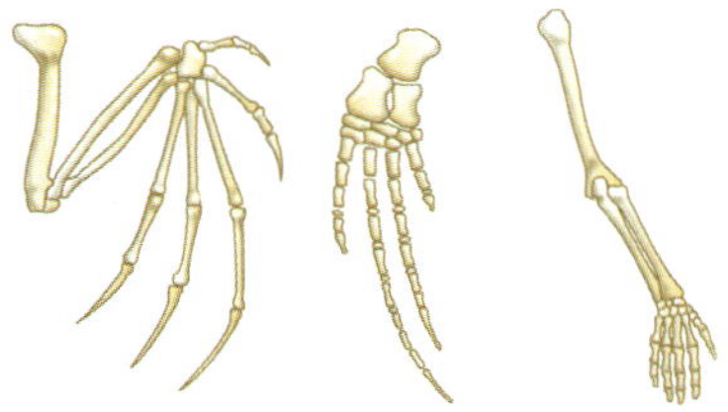

Murciélago Ballena Ser humano

ANÁLOGOS

Son órganos de especies diferentes que tienen distinta estructura, pero una forma similar, ya que son utilizados para la misma función.

Los órganos análogos son una prueba de la **adaptación** de las especies al medio donde viven. Las alas de un insecto y las de un ave son órganos análogos.

Insecto Ave

VESTIGIALES

Son estructuras que, a lo largo de la evolución de una especie, han quedado atrofiadas.

Los órganos vestigiales son **reminiscencias estructurales** de órganos que eran útiles en los antepasados de una especie.

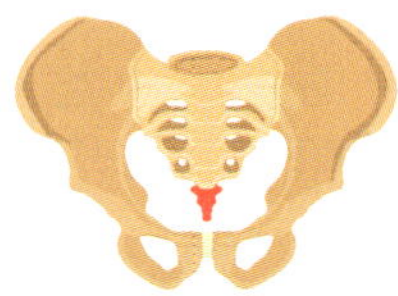

El coxis es el extremo de la columna vertebral. Carece de función en el ser humano y se considera una herencia propia de los mamíferos con cola.

TUBERCULO DE DARWIN

5.2. LAS PRUEBAS BIOGEOGRÁFICAS

rama de ciencia que estudia distribución seres vivos sobre la tierra, así como causas que determinan dicha distribución

Se basan en el estudio de la **distribución geográfica** de las diferentes especies. A menudo, se han estudiado grupos de especies muy parecidas que viven en entornos cercanos, pero **aislados** entre sí. De su estudio, se puede deducir que las diferencias entre estas especies son fruto de las **sucesivas adaptaciones** que los individuos han ido haciendo a los nuevos hábitats, a partir de una única especie antecesora.

La biogeografía, como prueba de la evolución, ya la utilizó Darwin. En su viaje a bordo del *Beagle,* estudió la distribución de las diferentes especies de pájaros pinzones *(Geospiza sp.)* de las islas Galápagos. La ilustración de la derecha muestra cómo, a partir de una única especie inicial de pinzones, los individuos que fueron colonizando nuevas islas fueron adaptándose a nuevos ambientes y acabaron por dar lugar a nuevas especies.

PINZÓN DE DARWIN

Fósil animal: tetrápodo del género *Seymouria.*

Fósil vegetal: hoja de helecho.

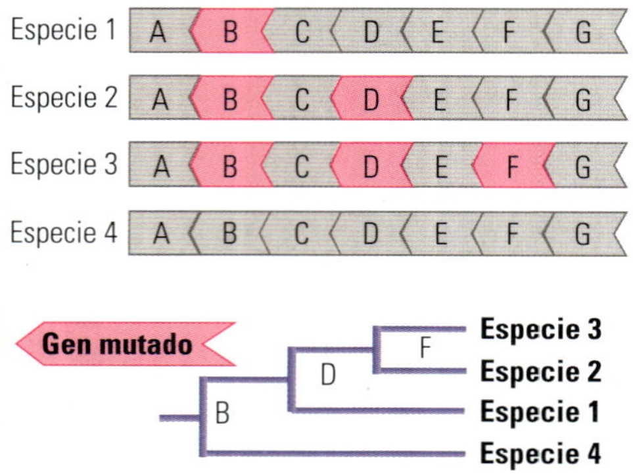

Si comparamos el ADN de las especies 1, 2, 3 y 4, y analizamos las mutaciones que comparten, se puede deducir que las especies que se separaron más tarde constituyendo especies diferentes son la 2 y la 3.

5.3. LAS PRUEBAS PALEONTOLÓGICAS

El estudio de los fósiles ha permitido conocer las características de especies que dejaron de existir.

El registro fósil es una importante fuente de información para entender los cambios evolutivos de muchas especies, pero presenta ciertos problemas a la hora de interpretarlos.

— **Registro incompleto.** Como ya hemos visto, para que se forme un fósil se tienen que dar unas condiciones muy específicas. Ello supone que no disponemos de fósiles de todas las especies que han existido. Por tanto, hay huecos en la interpretación de la evolución de muchas especies.

— **Dificultad en la datación.** Es muy importante datar un fósil para poder situarlo dentro de la historia evolutiva de una especie, pero no siempre es fácil hacerlo. Históricamente se ha utilizado la datación estratigráfica, basada en los estratos geológicos.

Actualmente, también se utilizan métodos físico-químicos, como la datación por carbono 14 (14 C), que tiene un límite de datación de 70 000 años, o la datación por potasio 40 (40 K), que se utiliza a partir de 100 000 años de antigüedad. El problema se da cuando la datación estratigráfica y la físico-química no coinciden.

— **Tipo de restos fósiles.** Debido a las características del proceso de fosilización, mayoritariamente solo se conservan restos óseos, ya que raramente fosilizan las partes blandas de los organismos.

5.4. LAS PRUEBAS MOLECULARES

Las pruebas más recientes son las relacionadas con la comparación de ciertas moléculas presentes en todos los seres vivos. Cuanto mayores sean las diferencias entre dichas moléculas, mayor distancia evolutiva habrá entre las especies comparadas. Se pueden comparar ciertas **proteínas** y, la más utilizada, la **comparativa de ADN.**

Todos los seres vivos comparten el mismo código genético y solo se diferencian por el número y el tipo de genes. Estas diferencias son debidas a que las especies van acumulando mutaciones a lo largo del proceso evolutivo. Por tanto, dos especies se diferenciarán entre sí por el número y el tipo de mutaciones que han ido acumulando.

Las técnicas de **ingeniería genética** actuales permiten el análisis y la secuenciación del ADN. Cuando se dispone de esta información, se puede comparar el material genético entre distintas especies. Así, dos especies evolutivamente cercanas presentarán menos diferencias en sus respectivas secuencias.

La imagen de la izquierda muestra un ejemplo sencillo de comparación de ADN entre cuatro especies hipotéticas distintas.

Actividades

20. Di si los siguientes órganos son homólogos, análogos o vestigiales. Justifica tus respuestas:

— La pata de un pato y la aleta de un pez.

— La aleta de una ballena y el brazo del ser humano.

— La pelvis reducida de los cetáceos.

21. Dibuja una secuencia de ADN imaginaria que contenga 20 genes. Numéralos del 1 al 20. Decide y marca los genes que estarán mutados y pon un nombre a la secuencia. A continuación, formad grupos de ocho componentes y, mediante la **técnica de trabajo cooperativo** *Folio giratorio,* elaborad un cladograma de todas vuestras secuencias.

6. LA EVOLUCIÓN HUMANA

El ser humano actual pertenece a la especie *Homo sapiens* y forma parte del gran grupo de los primates. De todos ellos, los más cercanos al ser humano son, por orden: el chimpancé *(Pan sp.)*, el gorila *(Gorilla sp.)* y el orangután *(Pongo sp.)*, ya que compartimos un antepasado común y estas características:

— Capacidad craneal elevada en comparación con su tamaño.

— Visión en tres dimensiones. Gran importancia de la visión si se compara con otros mamíferos.

— Dedos pulgares oponibles en las cuatro extremidades. El ser humano ha perdido esta capacidad en los pulgares de los pies.

— Tendencia al bipedismo; solo es completo en el ser humano.

— Estructura y comportamiento social complejo.

— Período de cuidado de las crías muy prolongado.

— Ausencia de la cola.

La única especie que actualmente existe del género *Homo* es el *Homo sapiens.* Llamamos **hominización** al conjunto de cambios evolutivos que han dado lugar a la aparición del *Homo sapiens.*

SER HUMANO Y EVOLUCIÓN

Aristóteles (siglo v a. C.) propuso una de las primeras clasificaciones naturales a la que llamó «gran cadena del ser». Esa clasificación, en la que el ser humano es la cumbre de los seres vivos de la Tierra, se mantuvo vigente en la sociedad científica occidental hasta la aceptación de la teoría de la evolución (finales del siglo XIX).

https://links.edebe.com/3ce

https://links.edebe.com/jdj

— ¿El ser humano es el punto culminante de la evolución?

— ¿Existen especies más evolucionadas que otras?

6.1. LA HOMINIZACIÓN

Entre los cambios evolutivos básicos del proceso de hominización, destacan la adquisición del **bipedismo,** el aumento de la **capacidad craneal** y el desarrollo de una **cultura** compleja.

EL BIPEDISMO

Es la adquisición de la postura erguida sobre las extremidades posteriores. La anatomía comparada entre el ser humano y el chimpancé nos permitirá conocer los cambios y las ventajas que conlleva el bipedismo.

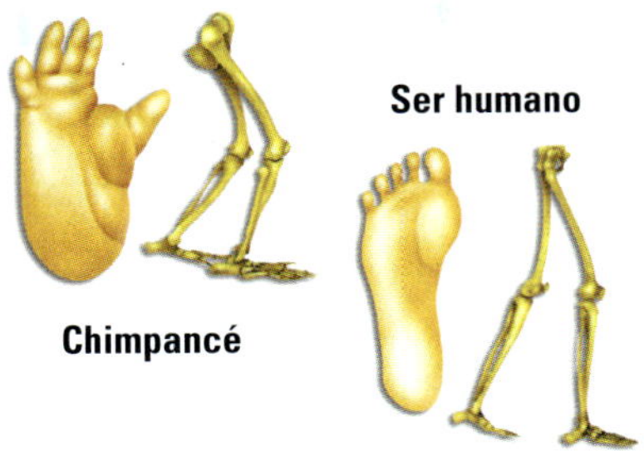

El peso del cuerpo recae en pies y piernas. Ello comporta un menor gasto energético en los desplazamientos.

— Se acortan los dedos de los pies y el pulgar deja de ser oponible.

— Las piernas se alargan y ya no están flexionadas.

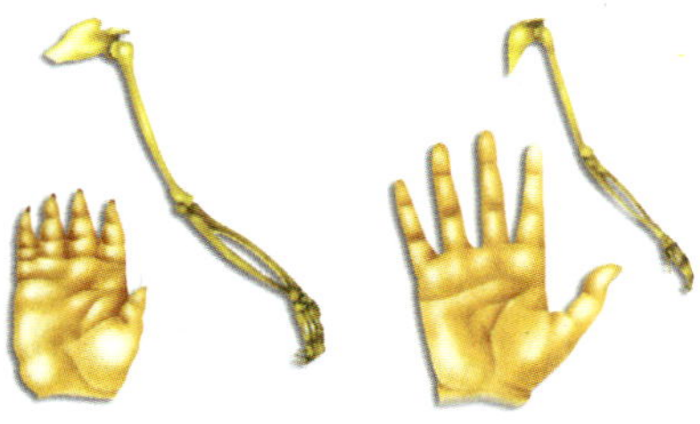

Manos y brazos quedan libres. Esto posibilita el transporte de alimentos para compartir con las crías.

— Se alargan los dedos de las manos para facilitar la manipulación.

— Se acortan los brazos.

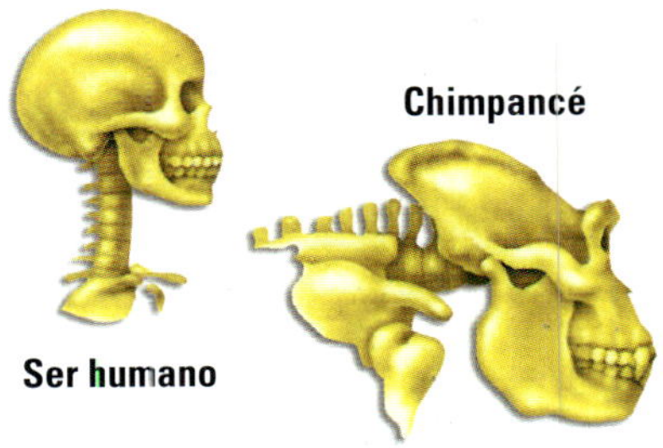

La cabeza se sitúa en la parte superior del eje central del cuerpo.

— Los bípedos pasan a tener un mayor alcance visual y a conocer mejor su entorno.

— La unión de la columna al cráneo tiene lugar en a base del cráneo.

EL GRAN VALLE DEL RIFT

Situado al este de África, es una zona donde se han encontrado numerosos fósiles de los primeros homininos.

Este hecho y sus especiales características orográficas han llevado a considerarlo el origen geográfico de la hominización.

Echa un vistazo a...
Los homininos

CAPACIDAD CRANEAL Y CULTURA

El proceso de hominización está asociado a un aumento progresivo de la **capacidad craneal.** De forma paralela y seguramente relacionado con ella, se observa la profunda evolución de la **cultura** en el género *Homo*.

Desde un punto de vista biológico, la cultura es el conjunto de prácticas, comportamientos y sus manifestaciones que son transmisibles por aprendizaje y, por tanto, independientes de la genética.

Si observamos las investigaciones sobre la evolución humana, veremos que la capacidad craneal tiende a aumentar (se triplica en tan solo 4 Ma) en los sucesivos grupos de **homininos** y al mismo tiempo, la cultura cada vez es más compleja.

Se consideran homininos los componentes de los géneros *Ardipithecus, Australopithecus, Paranthropus* y *Homo*.

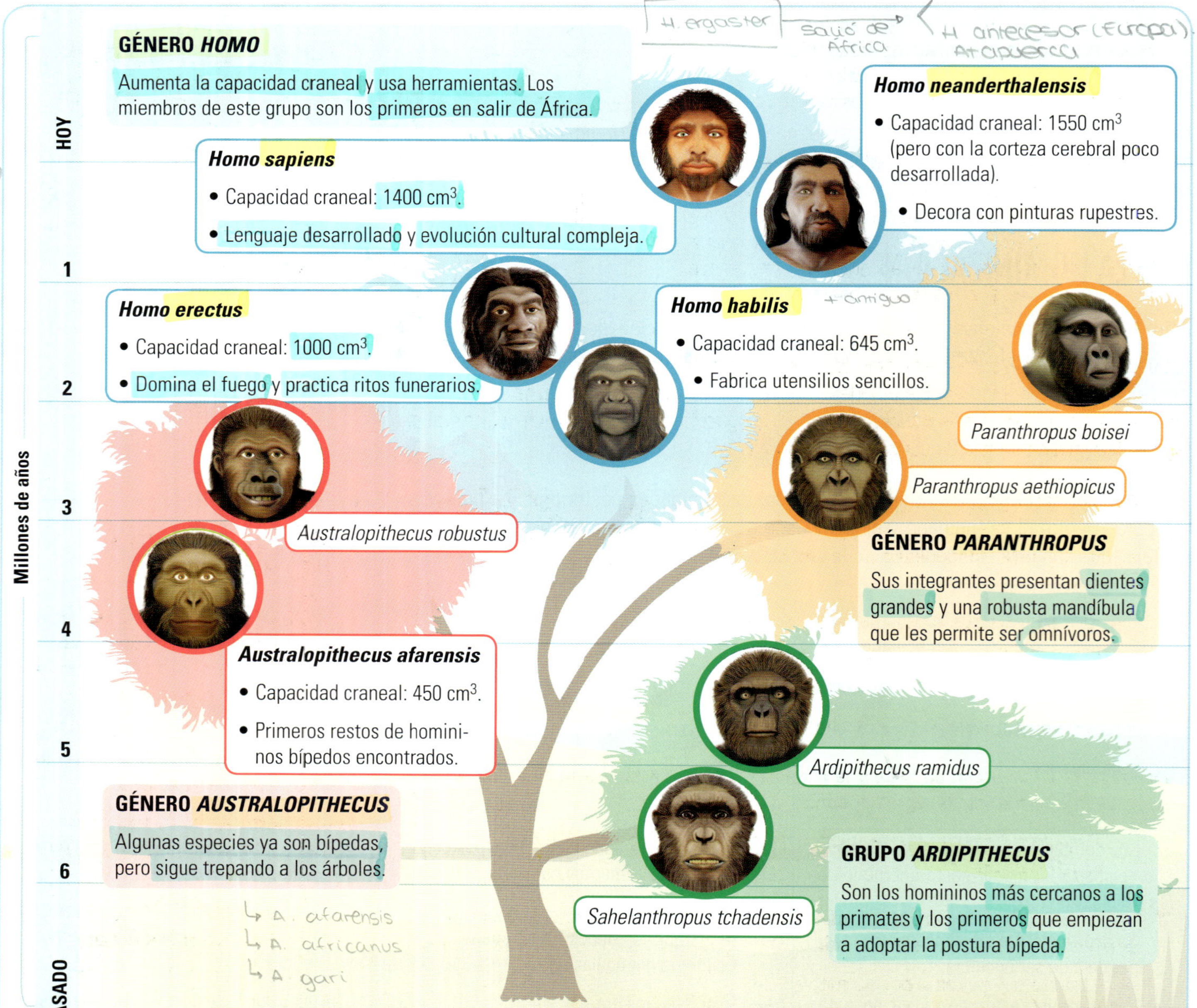

Los géneros y las especies están situados teniendo en cuenta la cronología de la datación de sus restos fósiles.

¿A qué se considera homininos?

6.2. EL ORIGEN DEL *HOMO SAPIENS*

Todos los seres humanos actuales descendemos de una primera población ancestral de *Homo sapiens* que apareció en la Tierra hace aproximadamente 160 000 años. La datación del registro fósil y los recientes análisis genéticos confirman que durante miles de años los *Homo sapiens* convivieron con otras especies de *Homo,* como el *Homo neanderthalensis.*

A continuación, se presentan la evolución humana y la expansión del *Homo sapiens* según las últimas teorías aceptadas por la mayor parte de la comunidad científica:

1. El *Homo erectus* es considerado el primer hominino que migra fuera de África.

   La población de *H. erectus* europea entra por el estrecho de Gibraltar. Con el tiempo, se cree que daría lugar al *Homo neanderthalensis.*

2. El *Homo sapiens* tiene su origen en África, siendo el *H. erectus* su probable antecesor. Protagoniza la segunda gran migración, por fases, fuera de África. Así, se extiende por todo el mundo desplazando a otras especies del género *Homo* con las que coexistió.

   El ser humano es la única especie del género *Homo* que no se ha extinguido. Todos los seres humanos pertenecemos a la misma especie. La variabilidad genética entre los *Homo sapiens* actuales es fruto de las adaptaciones a los diferentes ambientes. Esta variabilidad es tan baja que no se habla de razas, sino de poblaciones humanas.

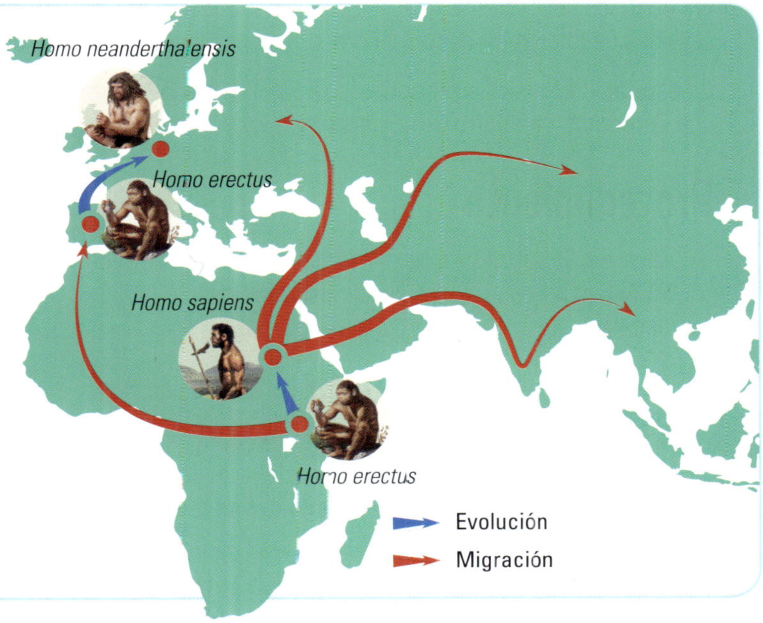

EL *HOMO ANTECESSOR*

En el yacimiento de Atapuerca (Burgos) se han encontrado los restos del posible hominino más antiguo de Europa: el *Homo antecessor.* Obtén más información en el enlace:

https://links.edebe.com/z5d

Determinar la línea evolutiva, así como la relación entre los diferentes restos de homininos que se van hallando, es complicado y depende de la interpretación de innumerables datos y muestras. Las pruebas más utilizadas en la investigación de la evolución humana son el registro fósil y las pruebas de comparación del ADN.

Actividades

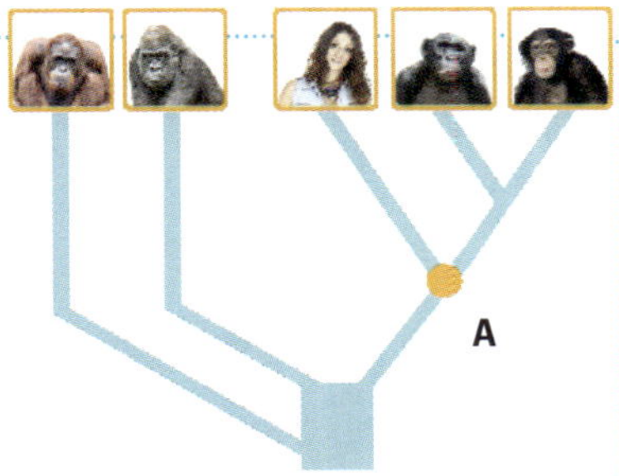

22. **Fíjate en el árbol filogenético de la derecha y responde:**

— ¿Qué dos especies son las que más se parecen? ¿Por qué?

— ¿De qué especies es ancestro común «A»?

— ¿En qué rama situarías todos los homininos?

23. **Observa la infografía de la página anterior y ordena cronológicamente todas las especies de homininos representadas.**

— El eje cronológico resultante ¿representa la evolución filogenética de la especie humana? ¿Por qué?

24. **Anota en una lista los posibles motivos que llevaron a que el *Homo sapiens* sea el único superviviente de los homininos.**

— Compara tu lista con la de esta noticia:

https://links.edebe.com/qrt

ADN DE NEANDERTALES Y *HOMO SAPIENS*

En 2010, un equipo internacional de investigadores dirigido por Svante Pääbo demostró la presencia de ADN neandertal en el *Homo sapiens* moderno.

Recientes investigaciones también apuntan a la presencia de ADN de *Homo sapiens* en restos de neandertales.

Estas investigaciones demuestran que ambas especies se cruzaron y tuvieron descendencia fértil desde hace aproximadamente 100 000 años.

https://links.edebe.com/r78

Ciencia a tu alcance

La historia evolutiva

Recursos de la bioinformática

Hoy día pueden consultarse y compararse secuencias de ADN en bases de datos informatizadas como la europea ***EMBL-Bank*** o la norteamericana ***GenBank.***

Para el alineamiento de secuencias se suele utilizar el programa ***BLAST,*** capaz de comparar una secuencia determinada con otras registradas en la base de datos de manera rápida y eficaz.

1 Introducción

Como hemos visto en la unidad, el estudio comparativo de la secuencia del ADN de diferentes especies nos puede ayudar a comprender mejor el grado de parentesco que tienen entre sí y nos puede permitir deducir el proceso evolutivo que ha conducido a la situación actual.

En este ejercicio, vas a tener que comparar el fragmento de ADN de 4 especies distintas que determina una parte de la síntesis de los ribosomas.

2 Procedimiento

— Observa la secuencia de nucleótidos del fragmento de ADN de cada una de las cuatro especies que se han de estudiar.

- Especie 1: A T C C G C C C C A T T A C C C G A A T C C G A C
- Especie 2: A G C C T A T A G C T T A A T C G C T T A A T G C
- Especie 3: C C C C T G C T A T T A G C C G A T T G C C A C T
- Especie 4: C C G G C G C T T T A C G C G A T T C G G T C G C

— Realiza los cuatro pasos que se indican a continuación:

1. **Alineamiento.** Alinea las secuencias para poder compararlas. Para ello, utiliza como base la secuencia de la especie 1, y busca en las otras especies los nucleótidos que sean comunes a la secuencia base. En tu cuaderno, deberás reescribir las cuatro secuencias bien alineadas, de modo que se produzca el mayor grado de coincidencia entre ellas.
2. **Comparación.** Localiza las zonas conservadas, que no han variado a lo largo de la evolución, a partir de la especie 1. Para ello, marca en color rojo las zonas coincidentes entre las diferentes especies. Verás que habrá especies con más coincidencias y otras con más diferencias. En azul marca las mutaciones (cambios de nucleótidos) producidas.
3. **Cálculo de la distancia genética.** Se trata de una estimación de la distancia filogenética entre las diferentes especies. Para ello, hemos de contar el número de mutaciones, es decir, de nucleótidos diferentes que hay entre las secuencias de las especies 2, 3 y 4 respecto a la 1.
4. **Elaboración de un cladograma.** Permite representar la historia evolutiva y el parentesco entre las especies estudiadas. Podemos utilizar el modelo de cladograma que aparece en la actividad c. Para representar la distancia filogenética, separaremos el inicio de cada ramificación del límite derecho del esquema 1 cm por cada mutación producida.

3 Actividades

a) Según el análisis realizado en estas secuencias y el cladograma que has elaborado, ¿qué especies se encuentran más emparentadas entre sí? Justifica tu respuesta.

b) Un estudio científico real no consideraría suficiente este análisis para establecer una clasificación fidedigna de las especies estudiadas. ¿Qué crees que debería hacerse para mejorar la fiabilidad de nuestro estudio?

c) En otra investigación paralela, se ha estudiado comparativamente la morfología de las cuatro especies. El resultado ha sido el siguiente cladograma:

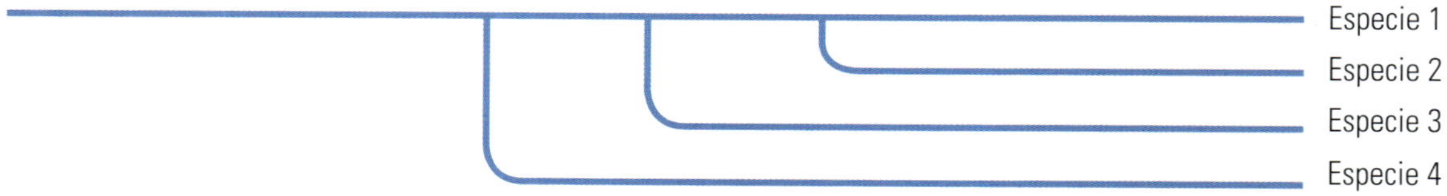

Analiza si coincide con el que has dibujado a partir del estudio genético anterior. ¿A qué se pueden deber las diferencias existentes?

Síntesis

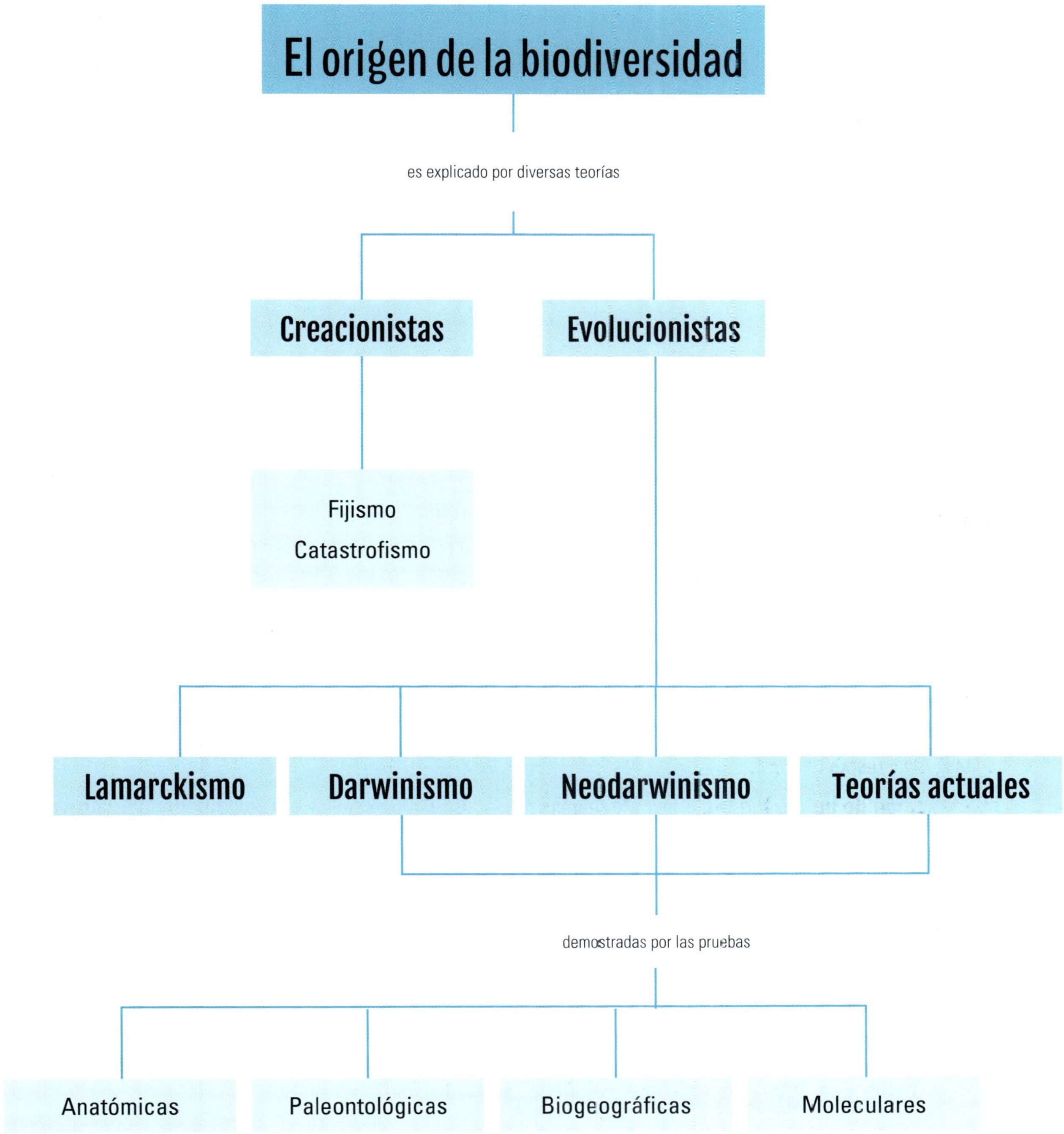
El origen de la biodiversidad
es explicado por diversas teorías
Creacionistas
Evolucionistas
Fijismo
Catastrofismo
Lamarckismo
Darwinismo
Neodarwinismo
Teorías actuales
demostradas por las pruebas
Anatómicas
Paleontológicas
Biogeográficas
Moleculares

Actividades finales

PREPARA

25. ●○○ Define los siguientes términos: bioelementos, bioelementos primarios y biomoléculas.

26. ●○○ Ordena cronológicamente los siguientes hechos importantes relacionados con el origen y evolución de la vida en la Tierra:

a) Primeros fósiles de procariotas (estromatolitos).

b) Pérdida de la atmósfera primitiva.

c) Aparición de fósiles de organismos pluricelulares.

d) Formación de una atmósfera secundaria carente de oxígeno.

e) Aparición de células eucariotas (teoría endosimbiótica).

f) Formación de la atmósfera actual, con oxígeno.

27. ●○○ Indica a cuál de las teorías sobre el origen de la biodiversidad (fijismo, catastrofismo, lamarckismo y darwinismo) pertenece cada uno de los siguientes principios:

— Los seres vivos tienen una intención de evolucionar y se esfuerzan por modificar sus características.

— Algunos seres vivos se extinguieron debido a las catástrofes que describe la Biblia.

— Los seres vivos no se han modificado desde su creación.

— Un cambio en el ambiente puede favorecer a una parte de la población con características diferentes de la mayoría.

— Es la selección natural la que hace que unos individuos se vean favorecidos y otros, perjudicados.

— Los seres vivos utilizan intensivamente una parte de su cuerpo, de manera que esta finalmente cambia.

— En las poblaciones hay variabilidad, es decir, todos los individuos no son iguales.

— Los caracteres que se adquieren a lo largo de la vida pasan después a los descendientes.

28. ●○○ Identifica los términos que se describen a continuación, relacionados con la teoría de la evolución de Darwin:

a) Propiedad de un individuo que presenta unas características más adecuadas que el resto de la población a un cambio desfavorable del ambiente.

b) Variaciones que presenta una población con respecto a un carácter determinado.

c) Proceso por el cual los individuos mejor adaptados al medio dejan más descendencia que el resto y consiguen transmitir estas características a las próximas generaciones.

29. ●○○ Explica qué es y para qué sirve un árbol filogenético.

30. ●○○ ¿Cuáles son las dos principales fuentes de variabilidad genética de las especies? Explica brevemente en qué consisten.

31. ●○○ Identifica qué teoría explica cómo tiene lugar la evolución según las siguientes características:

a) La especie sufre mutaciones que no son ni favorables ni desfavorables y en las que no actúa la selección natural. Por azar, mediante la deriva genética, se seleccionan los caracteres.

b) La especie se mantiene estable a lo largo del tiempo. Una fracción de la población queda aislada y muestra cambios de forma brusca. Aparece una nueva especie.

c) Se da una acumulación de cambios a lo largo del tiempo, lo que conlleva una aparición de variedades, luego de subespecies y finalmente de nuevas especies.

32. ●○○ ¿Qué son los órganos homólogos, análogos y vestigiales? Explica brevemente por qué constituyen una prueba anatómica de la evolución.

33. ●○○ Cita tres cambios evolutivos que son característicos del proceso de hominización.

34. ●○○ Ordena las siguientes especies de homininos según su antigüedad:

Homo neanderthalensis / Australopithecus afarensis / Homo sapiens / Homo habilis

ENTRENA

1. El origen de la vida

35. ●○○ Explica brevemente en qué consiste la teoría endosimbiótica.

36. ●○○ ¿Qué característica común tienen los coacervados y los protenoides de los experimentos de Oparin y Fox, respectivamente?

37. ●●○ En cada uno de los siguientes grupos de palabras, hay una intrusa. Identifica qué representa cada grupo de palabras e indica el término infiltrado.

a) Célula eucariota animal, célula eucariota vegetal, célula procariota, virus.

b) Oxígeno, carbono, hidrógeno, litio, nitrógeno, fósforo, azufre y calcio.

c) Ácidos nucleicos, lípidos, proteínas, glúcidos, agua.

38. ●●○ Visita el siguiente enlace, explica qué son los estromatolitos y describe su proceso de formación.

https://links.edebe.com/xgt

— ¿Qué interés pueden tener los estromatolitos en la investigación del origen de la vida?

39. ●●● Hace unos 2300 Ma, empezaron a aparecer en la atmósfera terrestre grandes cantidades de oxígeno y esta adquirió así unas características similares a la atmósfera actual. Se habla de la primera gran contaminación atmosférica. Visita las siguientes páginas web y responde a las preguntas planteadas a continuación:

https://links.edebe.com/senw

https://links.edebe.com/qq4

— ¿Por qué se habla de la primera gran contaminación atmosférica? ¿Cuál fue el origen de ese oxígeno?

— ¿Qué indicios demuestran ese cambio en la composición de la atmósfera?

— ¿Qué otra gran contaminación, en este caso reciente, conoces? ¿Qué organismo es el responsable?

2. Teorías sobre el origen de las especies

40. ●○○ ¿Por qué motivo se llaman teorías creacionistas aquellas que están basadas en una interpretación literal de la Biblia?

— ¿Qué tienen en común y en qué se diferencian el fijismo y el catastrofismo?

41. ●○○ ¿Qué característica tienen en común las teorías evolucionistas?

42. ●●○ Reescribe las siguientes afirmaciones tal como las corregiría Darwin:

— Todas las especies actuales proceden de los tiempos de la Creación.

— Todas las especies se han originado a partir de especies anteriores que, de repente, han sufrido cambios en sus características.

— La variabilidad presente en las especies es el resultado del esfuerzo de los individuos por mejorar sus características.

— Los cambios que aparecen en las especies a lo largo del tiempo son siempre perjudiciales.

43. ●●○ Aparte de Cuvier, ¿qué otros científicos de su época defendían posturas creacionistas?

— ¿Qué científicos anteriores a Lamarck se opusieron a Cuvier? ¿Qué argumentos utilizaron estos?

Puedes encontrar la información necesaria en esta página web:

https://links.edebe.com/b9f

3. El darwinismo

44. ●○○ ¿Qué dos cuestiones no pudo solucionar Darwin con su teoría de la evolución? ¿De qué manera la genética dio respuesta a estas cuestiones?

45. ●●○ Darwin basó su teoría de la evolución en tres puntos básicos.

a) Explícalos brevemente.

b) Relaciona los siguientes ejemplos con cada uno de los tres puntos en los que se basa la teoría de Darwin:

— Población con peces que pueden respirar oxígeno en estado gaseoso en épocas de sequía.

— Las hembras de una especie de pájaros tienen predilección por los machos con plumas grandes y de vistosos colores, y nunca eligen machos con plumas de un solo color y de menor tamaño.

— Población de roedores con individuos que poseen grandes incisivos e individuos que tienen incisivos pequeños.

4. Neodarwinismo y teorías actuales

46. ●○○ Según la teoría sintética, ¿cuáles son los mecanismos más importantes que hacen posible la evolución?

47. ●●○ Indica si las siguientes afirmaciones son ciertas o falsas.

a) Las mutaciones raramente se producen al azar.

b) Las mutaciones solamente pueden trasmitirse a la descendencia si afectan a los gametos.

c) La recombinación genética es un proceso que tiene lugar durante la profase I de la mitosis.

d) La selección natural desfavorece a los individuos mejor adaptados.

e) Se denomina deriva genética el cambio de proporción de un alelo de una generación a otra.

f) La deriva genética solamente tiene lugar en poblaciones reducidas.

48. ●●○ Indica qué fuente de variabilidad o mecanismo evolutivo corresponde a cada una de las distintas descripciones:

— En una población de chimpancés, hay una mayoría de individuos con cinco dedos en cada mano y un porcentaje muy pequeño de individuos con cuatro dedos en cada mano, los cuales tienen dificultades para manejar las herramientas rudimentarias que usan para recolectar hormigas. Después de que la población se vea afectada por una epidemia vírica letal causada por la ingestión de hormigas infectadas, en pocos años la mayoría de la población de chimpancés de ese ecosistema tiene cuatro dedos en cada mano.

— Una población de artrópodos acuáticos presenta individuos que solo respiran el oxígeno disuelto en el agua, e individuos que bien pueden respirar el oxígeno disuelto en el agua o bien el oxígeno atmosférico. Con el cambio climático, el riachuelo en el que viven deja de recibir aporte de agua y solo sobreviven los que pueden respirar tanto bajo el agua como en el aire.

Actividades finales

— Un gato de pelo largo y blanco se aparea con una gata de pelo corto y negro. En la descendencia, hay varios gatos con pelo largo y negro.

— En una población de lagartos que tiene individuos con las escamas marrones e individuos con las escamas verdes, nacen unos lagartos con las escamas azules.

49. ●●○ **Busca una especie que habite en la Península Ibérica y que esté en peligro de extinción. Haz una lista de los posibles cambios que se han producido en su entorno para provocar la disminución de su población.**

— ¿Crees que en las condiciones en las que vive la especie que has elegido será fácil que deje restos fósiles? Justifica tu respuesta.

Puedes encontrar la información que necesitas en esta página web:

https://links.edebe.com/6f

50. ●●○ **Lee atentamente la siguiente afirmación: «La mutación que pueda padecer el ADN de las células no reproductivas de un individuo no tendrá ningún efecto sobre la evolución de la especie a la que pertenece». Justifica su validez.**

51. ●●● **En la población humana actual, ¿se podría dar el mecanismo de la deriva génica? Busca información y justifica tu respuesta.**

52. ●●● **Un investigador captura dos roedores de la selva, y aunque son prácticamente idénticos, tiene dudas sobre si pertenecen a la misma especie.**

a) Diseña una estrategia o experimento para averiguar si son de la misma especie o no.

b) En caso de no pertenecer a la misma especie, indica cuál puede haber sido la causa de la especiación en caso de haberlos capturado:

— En orillas opuestas de un río.

— Alrededor de un estanque.

5. Las pruebas de la evolución

53. ●○○ **¿Cuáles son los cuatro tipos principales de pruebas de la evolución que estudia la biología?**

54. ●●○ **Indica si los siguientes pares de estructuras son órganos homólogos, análogos o vestigiales. Justifica tus respuestas.**

— La cola de un delfín y las patas de una gallina.

— El rizoide de un musgo y la raíz de un árbol.

— Las alas de un murciélago y las alas de una libélula.

— El coxis humano con respecto a la cola de un mamífero.

55. ●●● **A continuación, podemos observar el esquema general de la extremidad anterior de los vertebrados:**

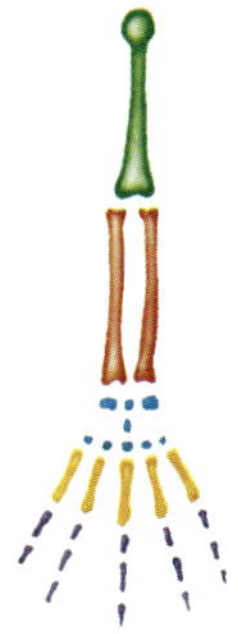

A. Primer tercio

B. Tercio medio

C. Grupo de huesecillos

D. Huesos de las falanges

a) Ahora, calca los siguientes dibujos de la extremidad anterior de la paloma, la ballena, el murciélago y el ser humano. Compara los dibujos con el esquema general y colorea los huesos según su disposición.

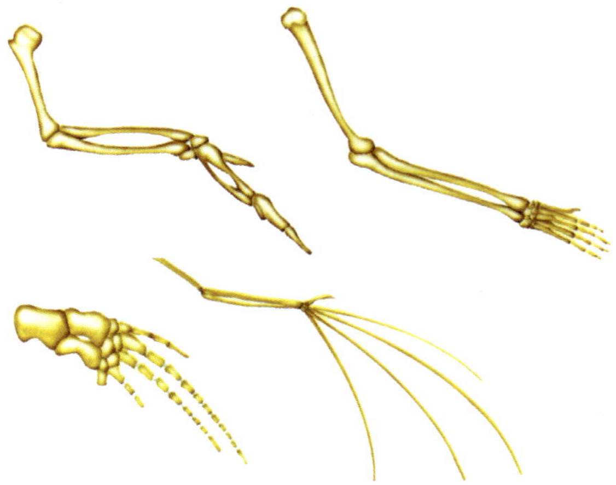

b) Aplica la **destreza** *Inferencia deductiva* para determinar qué tipo de relación tienen los órganos de los diferentes animales y a qué se deben sus diferencias y similitudes.

6. La evolución humana

56. ●●○ **¿A qué especie pertenece el ser humano? En la actualidad, ¿existen más especies del mismo género?**

57. ●●○ **Indica, de las siguientes características de los primates, cuáles están presentes en el ser humano:**

cola muy corta / piernas largas y no flexionadas / dedos pulgares oponibles en las cuatro extremidades / brazos y manos libres / unión de la columna al cráneo por la base del cráneo / visión en dos dimensiones.

58. ●●● **Los cráneos de *Homo neanderthalensis* que se han encontrado tienen una capacidad craneal superior a la del *Homo sapiens*. ¿Por qué crees que se hace referencia al inferior desarrollo de la corteza cerebral en el hombre de Neanderthal?**

59. ●●● Después de analizar una secuencia de ADN de cuatro genes (A, B, C y D), se ha elaborado el siguiente cladograma o árbol filogenético entre cuatro especies diferentes:

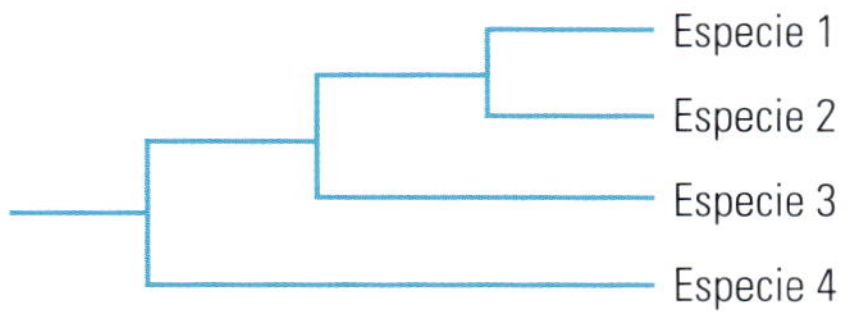

Inventa una secuencia de ADN para cada especie que se ajuste al cladograma. Indica con diferente color el gen mutado que se da en cada una de ellas.

APLICA

60. ●●○ En el experimento de Urey y Miller, se recrearon las condiciones primitivas de la atmósfera terrestre.

a) ¿Cuál es el objetivo del experimento?

b) Explica razonadamente qué elementos o fenómenos naturales representan los distintos componentes del experimento:

— Agua.

— Gases (hidrógeno, amoníaco y metano).

— Descargas eléctricas.

— Altas temperaturas.

61. ●●○ En una población imaginaria de ranas, se ha observado la existencia de unos pocos machos que, en lugar de croar para encontrar pareja, realizan unos movimientos complejos con las extremidades ante las hembras. A estos machos que no saben croar les cuesta más encontrar pareja. Por otro lado, el próximo mes, al lado de la charca de estas ranas, se instalará una fábrica muy ruidosa que funcionará las 24 horas del día. ¿Cómo crees que evolucionará la población de ranas de la charca después de la instalación de la fábrica? Señala en tu explicación:

— ¿Para qué carácter encontramos la variabilidad en la población de ranas y qué variedades existen?

— ¿Cuál es el cambio ambiental que afectará a la población de ranas?

— ¿Qué ranas presentarán una mejor adaptación al nuevo ambiente y por qué?

— ¿Cómo actuará la selección natural?

62. ●●● La exobiología es la disciplina que estudia la posible existencia de vida en otros planetas y las condiciones en la que esta podría darse. Sus estudios se apoyan en la física, la astronomía, la biología molecular, la geología y otras disciplinas del área de las ciencias.

a) Una de las teorías que explican la presencia de vida en la Tierra es la panspermia. Investiga y explica brevemente en qué consiste esta teoría y qué pruebas actuales las sustentan.

https://links.edebe.com/68d

b) Uno de los proyectos más importantes de la exobiología consiste en estudiar la habitabilidad de otros planetas. Para ello, conviene tener claras las condiciones que debe tener un planeta para ser habitable. Consulta estos enlaces y responde a las preguntas:

https://links.edebe.com/fip

— ¿Qué aspectos básicos son necesarios para afirmar que un planeta es habitable?

— ¿Qué tipo de seres vivos es más probable que encontremos en un planeta habitable?

63. ●●● Observa la siguiente imagen y responde a las preguntas:

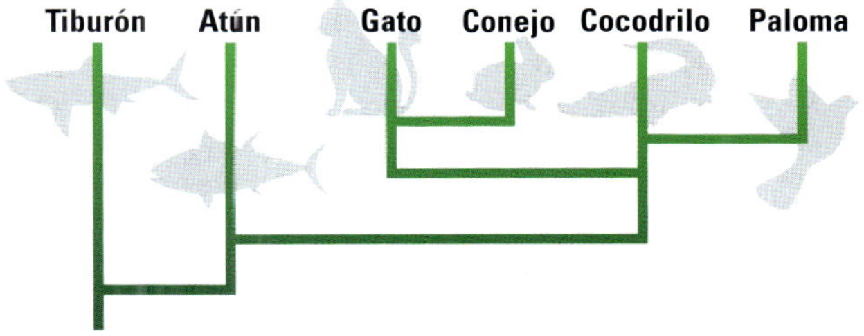

— ¿Qué mecanismo ha dado lugar a los distintos organismos que se aprecian en la imagen?

— Señala en la imagen cuáles son las especies actuales y dónde se ubica el ancestro común a todas ellas.

— ¿Cuál es la especie actual que se originó antes? ¿Y la más reciente?

— Según el esquema, ¿qué especie apareció primero: el gato, el conejo o la paloma?

Piensa sobre...

64. ¿Cómo le explicarías a una persona que carece de los conocimientos que has aprendido en esta unidad que a lo largo de la historia de la Tierra la vida se ha vuelto más compleja?

65. El ser humano ha cruzado animales de distintas especies. ¿Sabes qué animal resulta al cruzar un león y un tigre? ¿Y de cruzar una cebra con cualquier otro equino?¿Qué características tendrá su descendencia?¿Conoces otros cruces entre especies animales?

66. Indica si estás de acuerdo o en desacuerdo con esta afirmación:

En la actualidad, existen numerosas pruebas que sustentan la teoría de la evolución de las especies.

A B C

Pon a prueba tus competencias

67. Lee con atención y completa las actividades propuestas.

La **selección natural** es el mecanismo que permite a los seres vivos sobrevivir y perpetuar la especie cuando las condiciones ambientales son cambiantes. Sobreviven y se reproducen los individuos que poseen los genes que les confieren las características óptimas para vivir en un ambiente determinado. Las distintas poblaciones de *Homo sapiens* que abandonaron África hace unos 150 000 años tuvieron que adaptarse a las nuevas condiciones que presentaban los diferentes hábitats que iban invadiendo. Por ejemplo, su piel se volvió más oscura en las zonas con mayor exposición solar y más clara en las regiones con menor exposición solar.

También existen otros caracteres, no tan evidentes, que demuestran la adaptación de las diferentes poblaciones humanas. Un ejemplo es la **prevalencia de ciertas enfermedades** en zonas en las que representan una ventaja frente a enfermedades endémicas concretas, como es el caso de la *anemia falciforme* y la *malaria*. Esta es una enfermedad que puede ser mortal y es causada por un parásito que infecta solo eritrocitos sanos, pero, en cambio, el parásito no puede infectar las células sanguíneas de las personas que tienen anemia falciforme, una enfermedad genética.

Otra causa de la presencia de caracteres en una elevada frecuencia en una población determinada es el **efecto fundador.** Este se produce cuando unos pocos miembros de la población original establecen una colonia. Este pequeño tamaño poblacional implica que la colonia puede tener poca variabilidad genética, respecto a la población original o una muestra no aleatoria de los genes de la población original. Por ejemplo, la población afrikáner de colonos holandeses de Sudáfrica desciende principalmente de unos pocos colonos. En la actualidad, en la población afrikáner existe una frecuencia excepcionalmente alta del gen que causa la corea de Huntington.

A. ¿Cómo se llama el mecanismo por el cual los individuos que tienen las características más adaptadas al medio son los que sobreviven y pasan esas mismas características a su descendencia?

B. La vitamina D es necesaria para la formación de los huesos. Esta es ingerida en la dieta y se requiere cierta exposición de la piel a la luz solar, concretamente a los rayos ultravioleta, para su correcto funcionamiento. Teniendo esto en cuenta, explica por qué motivo las poblaciones que viven en latitudes altas de la Tierra presentan la piel más clara que las poblaciones que habitan en latitudes ecuatoriales.

C. El mapa de la izquierda muestra la distribución de la malaria en África y el de la derecha, el porcentaje de población africana que presenta anemia falciforme.

a) ¿Qué relación observas entre la distribución de la malaria y de la anemia falciforme en África? ¿A qué es debido?

b) Teniendo en cuenta que la anemia falciforme puede llegar a ser mortal, relaciona los principios de la selección natural y la presencia o ausencia de anemia falciforme en las distintas poblaciones africanas.

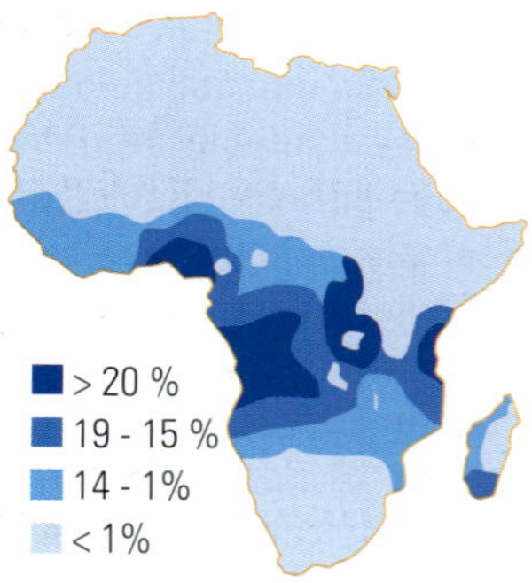

D. ¿Por qué en la población afrikáner actual hay una incidencia elevada de la corea de Huntington?

a) Porque en esa zona hay más probabilidades de contraer la enfermedad.

b) Porque los colonos originales eran casualmente portadores del gen que provoca la enfermedad.

c) No es posible saber la causa de la incidencia de la enfermedad.

E. ¿Qué es el efecto fundador?

a) La prevalencia de determinados genes en una población que originariamente parte de pocos miembros portadores de esos genes.

b) El aumento de enfermedades genéticas en una población determinada.

c) La transmisión de generación en generación de genes que causan enfermedades.

F. Pon un ejemplo, real o ficticio, de efecto fundador en relación con un rasgo que no sea una enfermedad.

68. Lee este texto y completa las actividades planteadas a continuación:

El origen de los humanos modernos se refiere al fenómeno por el cual nuestra especie, el *Homo sapiens,* aparece y se expande a través de la Tierra, sustituyendo a todas las demás especies de *Homo* existentes.

El **modelo de la continuidad multirregional** sostiene que, después de que el *Homo erectus* salió de África y se dispersó a otras partes del Viejo Mundo, las poblaciones regionales evolucionaron lentamente en los humanos modernos. En contraste, el **modelo *Out of Africa*** afirma que los humanos modernos evolucionaron de forma relativamente reciente en África, migraron a Eurasia y reemplazaron a todas las poblaciones que habían descendido de *Homo erectus.*

El origen africano de los humanos modernos está determinado con base en la información sobre la historia de nuestra especie, la cual viene de varias fuentes, tales como el registro paleoantropológico, los restos arqueológicos y las inferencias históricas basadas en las diferencias genéticas actuales observadas en los humanos. Estas fuentes de información han dado como resultado un origen para el *Homo sapiens* en el África subsahariana entre hace 140 000 y 200 000 años.

A. ¿Qué especie, evolutivamente hablando, apareció primero: el *Homo sapiens* o el *Homo erectus*?

B. ¿Cuáles son las dos principales teorías que explican la aparición de poblaciones de *Homo sapiens* por toda la Tierra?

C. ¿Qué principales diferencias se aprecian entre las teorías multirregional y *Out of Africa*?

a) La teoría multirregional afirma que los *Homo sapiens* se mezclaron genéticamente con los *Homo erectus* antes de expandirse por el resto de los continentes.

b) La teoría *Out of Africa* sostiene que los humanos modernos provienen de los *Homo erectus* que salieron de África.

c) La teoría multirregional explica que el *Homo sapiens* evolucionó en Europa a partir de los ejemplares de *Homo erectus,* mientras que la teoría *Out of Africa* defiende la aparición del *Homo sapiens* originalmente en África.

D. Un estudio sobre las distancias genéticas entre continentes puede resumirse en un esquema simplificado como el cladograma de la derecha.

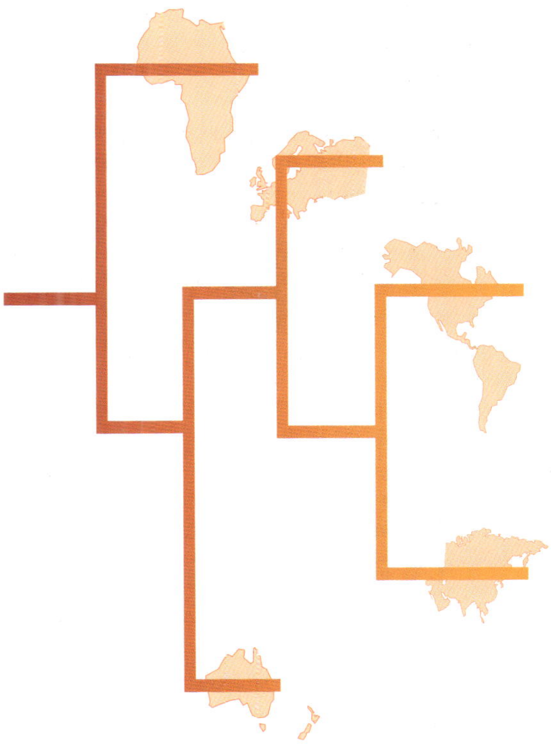

a) Según el cladograma, ¿dónde viven las poblaciones genéticas más antiguas?

b) ¿Y las más modernas?

c) Teniendo en cuenta que las mutaciones o cambios en el genoma se producen a lo largo del tiempo, observa el cladograma e indica en qué orden el *Homo sapiens* fue poblando los distintos continentes.

Evaluación de competencias

La división celular

La división celular es un proceso complejo en el que todos los componentes de una célula se reparten entre sus células hijas. Pero, ¿qué sucede con el ADN? ¿Cómo se reparte? La clave está en duplicar el ADN antes de que las células se separen y repartir luego los cromosomas entre las dos células, pero de modo que cada célula hija reciba un juego de cromosomas, ni uno más, ni uno menos.

1. Para comprender los procesos que tienen lugar en la división celular, es importante tener claros algunos conceptos. Relaciona, en tu cuaderno, cada concepto con su definición:

Ciclo celular •	• Generación de dos células hijas a partir de una célula madre.
Interfase •	• Conjunto de fenómenos que tienen lugar a lo largo de la vida de la célula.
División celular •	• Período de la célula en la que no tiene lugar la división celular.
Citocinesis •	• Repartición del contenido del citoplasma entre las dos células hijas.

2. En la división celular de las células somáticas, el mecanismo característico es la mitosis. Durante la misma, el ADN del núcleo celular se reparte de manera equitativa; para ello, se han producido antes una serie de procesos durante la interfase. Identifica, de la lista siguiente, cuáles son estos procesos:

A. Duplicación del ARN.

B. Síntesis de proteínas que formarán el huso mitótico.

C. Acumulación de fragmoplastos para formar la pared, que luego dividirá las dos células hijas.

D. Replicación del ADN.

E. Duplicación de los centriolos en las células eucariotas animales.

3. La mitosis es un proceso que se desarrolla de manera continua desde que la célula se prepara para su división hasta que se forman dos células hijas. Observa las imágenes que ilustran este proceso y ordena la secuencia:

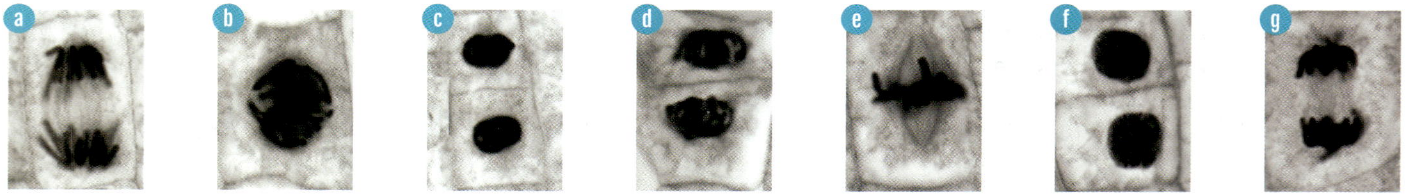

A continuación, responde a las siguientes preguntas.

A. ¿Qué etapa de la mitosis ilustra la imagen «b»? Para entrar en dicha fase, ¿qué le ha tenido que suceder antes al ADN?

B. Si en la imagen «e» todos los cromosomas se han dispuesto alineados en el centro o ecuador de la célula, ¿de qué fase se trata? ¿Cómo se denomina la estructura que se crea justo en el ecuador de la célula?

C. Durante la anafase, los husos se contraen y acercan los cromosomas a los polos celulares. ¿Qué imágenes describen este proceso?

D. ¿Qué estructura esperarías encontrar durante la mitosis si la célula que se divide fuese animal? ¿Y si fuese vegetal? Estas imágenes ¿corresponden a células animales o vegetales? Justifica tu respuesta.

4. La siguiente imagen ilustra uno de los procesos más característicos de la meiosis. Elige, para cada afirmación, la respuesta correcta.

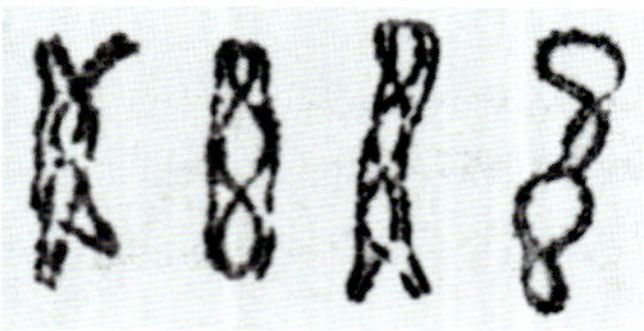

A. Durante este proceso se intercambian fragmentos entre *alelos* / *cromosomas* homólogos.

B. Este proceso tiene lugar durante la *profase* / *anafase* de la *primera* / *segunda* división meiótica.

C. Con este proceso se consigue *estabilizar* / *aumentar* la variabilidad de los gametos.

D. La meiosis tiene lugar durante la división de las células *somáticas* / *precursoras* de los gametos.

La evolución de los caballos

El caballo que conocemos en la actualidad, del género *Equus,* es el resultado de un proceso evolutivo que se remonta unos 55 Ma atrás. Los primeros antepasados eran pequeños, se alimentaban de hojas y vivían en las selvas tropicales de América del Norte. La formación de las Montañas Rocosas, al oeste del continente, cambió el clima; este se hizo mucho más seco, de modo que las selvas retrocedieron y surgieron extensas llanuras herbáceas.

Con el paso del tiempo, este animal aumentó de tamaño, el dedo central creció y se desarrolló un casco que lo protegía. Las especies anteriores al caballo se adaptaron a comer hierba, lo que favoreció el desarrollo de unas mandíbulas más fuertes y dientes de mayor tamaño.

5. **En la línea evolutiva, observa los cambios que han dado lugar al caballo actual e identifica si las siguientes afirmaciones son ciertas o falsas. Justifica las afirmaciones falsas.**

A. En general, se puede afirmar que la selección natural ha favorecido el crecimiento de los individuos con el paso de las generaciones.

B. A lo largo de la evolución del género *Equus,* se ha tendido a reducir el número de dedos de las extremidades.

C. El dedo predominante en los ancestros del caballo, y también en actual, es el pulgar.

D. La dieta de los primeros ancestros del caballo se basaba principalmente en matas herbáceas (gramíneas) propias de las zonas de la selva tropical, y la de los caballos actuales, en hojas verdes de los árboles.

6. **La evolución de las especies de équidos ha supuesto, para este grupo de animales, un aumento de su tamaño y también de la longitud de sus extremidades.**

A. Describe cómo explicaría Lamarck el aumento de la longitud de las extremidades de los équidos.

B. Ahora, repite el proceso si la explicación la hiciera Charles Darwin.

C. ¿Cuáles son los mecanismos en los que se basa la evolución de las especies según la teoría sintética o neodarwinismo?

7. **En la actualidad, las distintas especies de équidos pertenecen todas al género *Equus* e incluye los caballos, las cebras y los asnos. Su parentesco implica que han seguido el mismo camino evolutivo. Observa el siguiente árbol filogenético y contesta a las preguntas:**

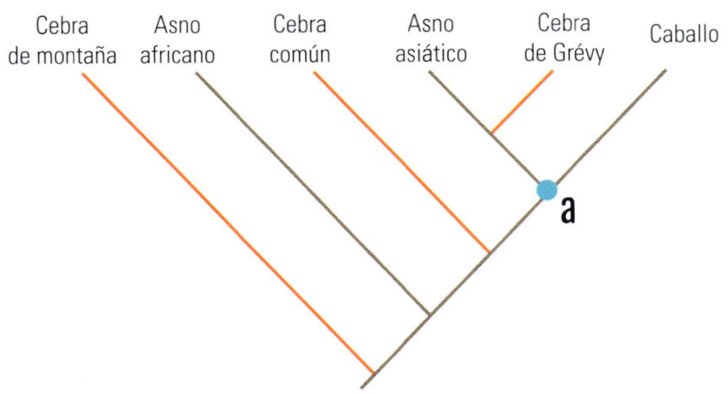

A. Indica el orden en que han aparecido las distintas especies actuales de équidos.

B. Copia el árbol filogenético en tu cuaderno y marca la posición del ancestro más antiguo del caballo. ¿Con quién comparte el caballo este ancestro antiguo?

C. ¿De qué especies es ancestro común «a»?

D. ¿Qué especies crees que se parecen más, el asno asiático y el caballo, o el asno asiático y la cebra de Grévy? Justifica la respuesta.

E. ¿Se puede cruzar una cebra de montaña con un caballo? ¿Cómo será su descendencia? ¿Por qué?

La herencia de la agresividad

El comportamiento social de los seres humanos tiene un marcado componente social y de aprendizaje, y es muy difícil determinar si existen componentes biológicos y heredables, o sea genes, que puedan determinarlo. Algunos experimentos, como el del científico Dmitri Belyaev, han comprobado que ciertos comportamientos son heredables: el científico cruzó repetidamente entre sí y por separado ratas con comportamientos agresivos y las ratas con comportamientos mansos. Obtuvo dos cepas de roedores: una extremadamente mansa y otra de comportamientos muy agresivos. Se ha comprobado que roedores y humanos compartimos en gran medida los numerosos genes y las regiones del cerebro que controlan la agresión.

Uno de los genes asociados a los comportamientos agresivos es el **MAO-A,** que codifica para una enzima llamada *monoaminooxidasa.* Esta enzima descompone tres de los neurotransmisores que se usan para transmitir las señales entre neuronas. Estas sustancias deben eliminarse una vez cumplida su tarea, pues de otro modo, las neuronas que han de entrar en estado de reposo se mantienen anormalmente activas.

El papel del **gen MAO-A** se descubrió en 1993 en el estudio de una familia holandesa en la que los hombres tenían una fuerte propensión a comportamientos violentos. Los ocho individuos afectados habían heredado una versión mutada del MAO-A que da lugar a una enzima inefectiva. Al no haber suficientes enzimas activas, los neurotransmisores se acumulan en exceso, lo que hace que los individuos se comporten de manera agresiva.

Otro proceso relacionado con este gen tiene que ver con las secuencias promotoras de su transcripción. Los individuos pueden tener en su ADN dos, tres, cuatro o cinco copias de la secuencia promotora y, como consecuencia, cuantas más copias posean, más cantidad de MAO-A se sintetizará. En un estudio realizado en Estados Unidos se comprobó que, mientras las personas con tres, cuatro o cinco copias del promotor presentaban comportamientos normales, aquellos que solamente disponían de dos copias tenían una probabilidad significativamente mayor de cometer actos delictivos.

Adaptado de: Nicholas Wade, *Una herencia incómoda.*

8. Según el texto, ¿cuál sería la causa de que determinadas conductas agresivas fueran hereditarias?

9. La MAO-A es una enzima, y por lo tanto, una proteína. Explica mediante un esquema el proceso por el que se produce la síntesis de la MAO-A a partir del gen correspondiente.

10. El texto nos explica que determinadas personas pueden presentar versiones de la enzima MAO-A incompletas a causa de una mutación.

— ¿De qué modo una mutación puede provocar que la síntesis de la MAO-A se interrumpa?

11. El gen MAO-A se halla situado en el cromosoma X. ¿Este dato permite entender por qué este tipo de agresividad se da con mayor frecuencia en hombres que en mujeres? Explícalo.

12. Mediante dibujos comentados, explica de qué modo un padre que presenta un déficit de MAO-A puede transmitir a su descendencia este problema. Deben intervenir estos conceptos: *gametogénesis, meiosis, gameto, fecundación, cigoto, mitosis* y *embrión.*

13. Elige la opción correcta para completar la frase: Una mujer que fuera heterocigota para el alelo MAO-A mutado...

A. ... No produciría enzima MAO-A activa.

B. ... Produciría solo la mitad de cantidad de enzima MAO-A activa.

C. ... Tendría una producción de MAO-A normal.

14. ¿Qué significa secuencia promotora de un gen? ¿Cómo puede influir en la tasa de producción de una enzima el hecho de tener dicha secuencia repetida varias veces?

15. En el otro lado del espectro, a los pacientes con determinados tipos de depresión se les recetan medicamentos que contienen sustancias que interactúan con la enzima MAO-A. La siguiente gráfica muestra los efectos de una de estas sustancias, la clorgilina:

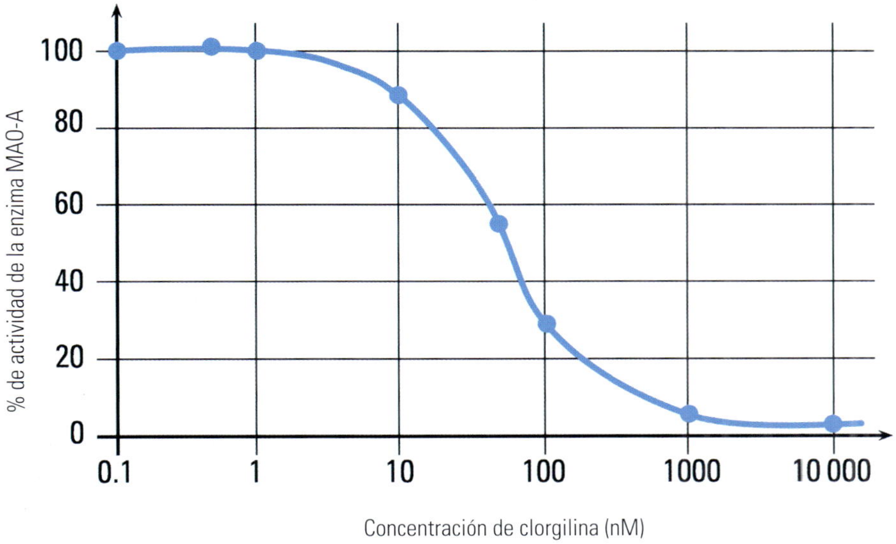

A. ¿Afecta la clorgilina a la actividad de la enzima MAO-A? A partir de la gráfica, comenta cuál es el efecto de la clorgilina sobre la MAO-A.

B. ¿Cuál es el porcentaje de actividad aproximado de la MAO-A si la concentración de clorgilina es de 10 nM?

C. Aproximadamente, ¿a qué concentración de clorgilina la actividad de la MAO-A desciende hasta el 50 %?

16. ¿Qué efectos crees que tendrá el tratamiento con clorgilina sobre un paciente con depresión severa que presente un déficit de neurotransmisores?

— ¿Qué sucedería si este mismo tratamiento se suministrara a una persona que presenta conducta agresiva por tener únicamente dos copias del promotor del gen de la MAO-A?

17. En su libro de 2014, *Una herencia incómoda,* Nicholas Wade expone la idea de que dadas dos poblaciones humanas equivalentes, con el mismo porcentaje de incidencia del gen MAO-A mutado, sometida una a un ambiente en el que se den frecuentes confrontaciones, mientras que la otra se mantiene en un entorno pacífico y calmado, las dos poblaciones divergirán con el tiempo en lo que respecta al porcentaje de individuos que presenten la variante inactiva de MAO-A. ¿Crees que sería así? ¿Por qué?

18. Los lobos y los *basset hound* son miembros de la misma especie, *Canis lupus,* y los niveles de agresividad de unos y otros difieren en un grado muy alto.

A. ¿Mediante qué proceso se ha podido llegar a esta diferenciación de caracteres tan marcada?

B. ¿Qué tipo de perros tendrán un mayor porcentaje de genes en homocigosis: los denominados «de raza» o los perros que no lo son?

19. Los planteamientos de Wade han sido foco de numerosas polémicas dadas sus implicaciones sociales. El mismo autor expone el hecho de que sobre la conducta humana influyen tantos genes que no se pueden llevar a cabo extrapolaciones a partir del estudio de uno solo.

Explica qué implicaciones sociales puede tener el planteamiento de Wade sobre la agresividad humana y argumenta por qué es foco de numerosas polémicas.